重点大学计算机专业系列教材

数据库原理与技术（Oracle版）
（第3版）

尹为民 李石君 金银秋 曾慧 吴迪倩 编著

清华大学出版社
北京

内 容 简 介

本书是一部关于数据库系统的基本原理与方法、现代技术及应用的教科书,全书分为两篇:第1篇介绍知识、理论与方法,描述数据库基础知识、关系模型与关系理论、数据库语言及数据库设计方法。第2篇介绍技术、应用及发展,描述数据库管理系统技术、对象关系数据库方法,介绍数据库产品 Oracle 11g 的主要技术、编程及开发应用示例,讨论现代数据库及其高级论题。

本书是作者多年从事数据库原理课程教学与科研实践的结晶,注重核心理论的描述、注意理论和应用技术的结合。删减繁冗,同时又根据本学科教学科研发展的动态,介绍新型数据库系统的特点及相关知识,本书有配合教学的课程网站,以方便师生的教与学。

本书可作为高等院校计算机及相关专业学生数据库课程的教材,也可供从事信息领域工作的科技人员及其他人员参阅。

图书在版编目(CIP)数据

数据库原理与技术:Oracle 版/尹为民等编著.—3 版.—北京:清华大学出版社,2014(2024.6重印)
重点大学计算机专业系列教材
ISBN 978-7-302-34695-1

Ⅰ.①数… Ⅱ.①尹… Ⅲ.①数据库系统 Ⅳ.①TP311.13

中国版本图书馆 CIP 数据核字(2013)第 290845 号

责任编辑:魏江江　赵晓宁
封面设计:常雪影
责任校对:时翠兰
责任印制:杨　艳

出版发行:清华大学出版社
　　　网　　　址:https://www.tup.com.cn,https://www.wqxuetang.com
　　　地　　　址:北京清华大学学研大厦 A 座　　　　邮　　编:100084
　　　社　总　机:010-83470000　　　　　　　　　　邮　　购:010-62786544
　　　投稿与读者服务:010-62776969,c-service@tup.tsinghua.edu.cn
　　　质量反馈:010-62772015,zhiliang@tup.tsinghua.edu.cn
　　　课件下载:https://www.tup.com.cn ,010-83470236
印　装　者:三河市龙大印装有限公司
经　　　销:全国新华书店
开　　　本:185mm×260mm　　印　张:21.75　　　字　　数:527 千字
版　　　次:2011 年 1 月第 1 版　2014 年 5 月第 3 版　　印　次:2024 年 6 月第 14 次印刷
印　　　数:6501~7000
定　　　价:34.50 元

产品编号:054500-01

INTRODUCTION

出版说明

随着国家信息化步伐的加快和高等教育规模的扩大,社会对计算机专业人才的需求不仅体现在数量的增加上,而且体现在质量要求的提高上,培养具有研究和实践能力的高层次的计算机专业人才已成为许多重点大学计算机专业教育的主要目标。目前,我国共有 16 个国家重点学科、20 个博士点一级学科、28 个博士点二级学科集中在教育部部属重点大学,这些高校在计算机教学和科研方面具有一定优势,并且大多以国际著名大学计算机教育为参照系,具有系统完善的教学课程体系、教学实验体系、教学质量保证体系和人才培养评估体系等综合体系,形成了培养一流人才的教学和科研环境。

重点大学计算机学科的教学与科研氛围是培养一流计算机人才的基础,其中专业教材的使用和建设则是这种氛围的重要组成部分,一批具有学科方向特色优势的计算机专业教材作为各重点大学的重点建设项目成果得到肯定。为了展示和发扬各重点大学在计算机专业教育上的优势,特别是专业教材建设上的优势,同时配合各重点大学的计算机学科建设和专业课程教学需要,在教育部相关教学指导委员会专家的建议和各重点大学的大力支持下,清华大学出版社规划并出版本系列教材。本系列教材的建设旨在"汇聚学科精英、引领学科建设、培育专业英才",同时以教材示范各重点大学的优秀教学理念、教学方法、教学手段和教学内容等。

本系列教材在规划过程中体现了如下一些基本组织原则和特点。

1. 面向学科发展的前沿,适应当前社会对计算机专业高级人才的培养需求。教材内容以基本理论为基础,反映基本理论和原理的综合应用,重视实践和应用环节。

2. 反映教学需要,促进教学发展。教材要能适应多样化的教学需要,正确把握教学内容和课程体系的改革方向。在选择教材内容和编写体系时注意体现素质教育、创新能力与实践能力的培养,为学生知识、能力、素质协调发展创造条件。

3. 实施精品战略,突出重点,保证质量。规划教材建设的重点依然是专业基础课和专业主干课;特别注意选择并安排了一部分原来基础比较好的优秀教材或讲义修订再版,逐步形成精品教材;提倡并鼓励编写体现重点大学计算机专业教学内容和课程体系改革成果的教材。

4. 主张一纲多本,合理配套。专业基础课和专业主干课教材要配套,同一门课程可以有多本具有不同内容特点的教材。处理好教材统一性与多样化的关系;基本教材与辅助教材以及教学参考书的关系;文字教材与软件教材的关系,实现教材系列资源配套。

5. 依靠专家,择优落实。在制订教材规划时要依靠各课程专家在调查研究本课程教材建设现状的基础上提出规划选题。在落实主编人选时,要引入竞争机制,通过申报、评审确定主编。书稿完成后要认真实行审稿程序,确保出书质量。

繁荣教材出版事业,提高教材质量的关键是教师。建立一支高水平的以老带新的教材编写队伍才能保证教材的编写质量,希望有志于教材建设的教师能够加入到我们的编写队伍中来。

教材编委会

前言

本书总结了前一版(武汉大学"十一五"规划教材)的教学经验,是在前一版的基础上更新、扩展、编著而成的,其指导思想是帮助学生掌握数据库系统的基本原理与方法、现代技术及应用,了解新型数据库的特点及发展趋势,培养其数据库系统的研究、设计和应用能力。

从本书的组织结构来看,其内容分为两大篇。

第1篇 知识、理论与方法,包括第1~第5章,介绍数据库基础知识、数据库标准语言及访问接口,描述关系数据库理论与方法,讨论关系数据库设计。

第2篇 技术、应用及发展,包括第6~第10章,描述数据库安全性、完整性控制与事务管理技术,介绍对象关系数据库及相关方法,结合数据库产品 Oracle 11g,介绍其主要技术、数据库编程及开发应用示例,讨论现代数据库及其高级论题。附录 B 给出了数据库设计案例。

与上一版相比,本书做了较多的更新和补充,删减烦琐、过时的内容,并在内容顺序上有所调整,以更利于知识的连贯性。主要增加了查询优化器的关键技术、新型复合触发器、复杂数据类型、数据库对象访问接口等内容的介绍;更新了 Oracle 数据库的安全、完整、并发控制与恢复技术;根据技术发展与应用需求,补充了云数据库、物联网数据库知识;新增了第7~第9章的数据库应用技术(武汉大学的吴迪倩同学参与了其中的应用设计、英语翻译、图表制作等工作)。

本书具有以下特点:

(1) 删减繁冗,体现数据库的主流与核心技术、体现教学改革新成果。

(2) 知识更新,结合新产品讲解,突出理论与实践结合的特征。

(3) 可读性强,有大量例题与图示、丰富的教学辅助资源,内容简要、新颖。

本书力求诠释专业规范的思想,把新的课程体系和教学内容生动地表述出来,其动态更新的课件可从武汉大学课程中心的课程网站上获取。

　　本书受到 2012 年湖北省教学改革项目的支持,得到武汉大学计算机学院领导、同行们的大力帮助。作者在编著本书过程中参阅了相关的书籍、技术文档和网上资料等,在此对其作者表示感谢。

　　由于作者水平所限,书中难免存在不足或疏漏之处,恳请广大读者批评指正。

编　者

2013 年 11 月于武汉大学

C O N T E N T S

目录

第1篇　知识、理论与方法

第 2 篇 技术、应用及发展

知识、理论与方法 第 1 篇

知识、理论与方法　　　第1章

数据库系统概论　第 1 章

本章主要描述有关数据库系统的基本概念、数据模型的要素及信息模型的表示,介绍 3 种基本数据模型、数据库系统的组成、结构及其特点,讲解数据库管理系统的功能及其工作过程。

1.1　数据库与数据管理

数据是人类活动的重要资源,人们需要高效地存储、管理和充分地共享各种数据。数据库技术正是瞄准这一目标发展起来的专业技术。

数据库技术是计算机科学技术中发展最快的领域之一,它的出现使得计算机应用渗透到工农业生产、商业管理、科学研究、工程技术及国防军事等各个领域,如生物基因数据库、商务物流数据库、气象数据库及航天数据库等。安全可靠的数据库已成为计算机信息管理及其应用系统的重要基石。现在,数据库系统的建设规模、数据库信息量的大小以及网络应用的程度已成为衡量一个部门信息化程度的重要标志。

那么,什么是数据库? 什么是数据库管理系统? 什么是数据库系统? 数据库管理技术是怎样发展起来的? 这些就是本节要介绍的内容。

1.1.1　数据库的基本概念

1. 数据与信息

现代社会是信息的社会,信息正在以惊人的速度增长。因此,如何有效地组织和利用它们已成为急需解决的问题。引入数据库技术的目的就是为了高效地管理及共享大量的信息,而信息与数据是分不开的。

数据是描述事物的符号记录,也是数据库中存储、用户操纵的基本对象。数据不仅是数值,而且可以是文字、图形、动画、声音、视频等。数据是信息的符号表示。例如,描述 2013 年武汉大学计划招生信息,可用一组数据“武汉大学,2013 年,99 个专业,7895 人”。这些符号被赋予了特定的语义,具体描述了一条信息,具有了传递信息的功能。

信息是有一定含义的,经过加工处理的,对决策有价值的数据。例如,气象局每天从各地收集到大量有关气象的图形或文字记录,包括各地温度、湿度、风力、阴晴等的具体描述,这些就是表示各地气象信息的数据。当气象局对这些数据进行综合处理、分析、判断,做出气象预报时,人们可以根据气象预报安排生产和生活。这些处理过的数据又表示了对决策或行动有价值的新的信息。因此,信息是对现实世界中存在的客观实体、现象、联系进行描述的有特定语义的数据,它是人类共享的一切知识及客观加工提炼出的各种消息的总和。

信息与数据的关系可以归纳为:数据是信息的载体,信息是数据的内涵。即数据是信息的符号表示,而信息通过数据描述,又是数据语义的解释。

2. 数据库

“数据库”这个名词起源于 20 世纪中叶,当时美军为作战指挥需要建立起了一个高级军事情报基地,把收集到的各种情报存储在计算机中,并称之为“数据库”。起初人们只是简单地将数据库看作是一个电子文件柜、一个存储数据的仓库或容器。后来随着数据库技术的产生,人们引申并沿用了该名词,给“数据库”这个名词赋予了更深层的含义。

那么,数据库到底是什么呢?可以简单归纳为:数据库(DataBase,DB)是按照一定结构组织并长期存储在计算机内的、可共享的大量数据的有机集合。

解释如下:

(1) 数据库中的数据是按照一定的结构——数据模型来进行组织的,即数据间有一定的联系以及数据有语义解释。数据与对数据的解释是密不可分的。例如,2010,若描述一个人的出生日期,表示 2010 年;若描述跑道的长度则表示 2010m。

(2) 数据库的存储介质通常是硬盘,也用磁带、光盘、U 盘等,可大量地、长期地存储及高效地使用。

(3) 数据库中的数据能为众多用户所共享,能方便地为不同的应用服务。

(4) 数据库是一个有机的数据集成体,它由多种应用的数据集成而来,故具有较少的冗余、较高的数据独立性(即数据与程序间的互不依赖性)。

(5) 数据库由用户数据库和系统数据库(即数据字典)两大部分组成。数据字典是关于系统数据的数据库,通过它能有效地控制和管理用户数据库。

3. 数据库管理系统

数据库管理系统(DataBase Management System,DBMS)是管理和维护数据库的系统软件,是数据库和用户之间的一个接口,其主要作用是在数据库建立、运行和维护时对数据库进行统一的管理控制和提供数据服务。

解释如下:

(1) 从操作系统角度。DBMS 是使用者,它建立在操作系统的基础之上,需要操作系统提供底层服务,如创建进程、读写磁盘文件、CPU 和内存管理等。

(2) 从数据库角度。DBMS 是管理者,是数据库系统的核心,是为数据库的建立、使用和维护而配置的系统软件,负责对数据库进行统一的管理和控制。

（3）从用户角度。DBMS是工具或桥梁，是位于操作系统与用户之间的一层数据管理软件。用户发出的或应用程序中的各种操作数据库的命令，都要通过它来执行。

产业化的 DBMS 称为数据库产品，常用的数据库产品有 Oracle、SQL Server、DB2、MySQL、PostgreSQL、FoxPro、Access 等（详见附录 A）。

4. 数据库系统

数据库系统（DataBase System，DBS）是实现有组织地、动态地存储大量关联数据、方便多用户访问的计算机软件、硬件和人组成的系统。

在一般计算机系统中引入数据库技术后即形成数据库系统，故可简单地说数据库系统是具有管理数据库功能的计算机系统，其简化表示为

$$DBS = 计算机系统（硬件、软件平台、人）+ DBMS + DB$$

数据库系统包含了数据库、DBMS、软件平台与硬件支撑环境及各类人员；DBMS 在操作系统（Operating System，OS）的支持下，对数据库进行管理与维护，并提供用户对数据库的操作接口。它们之间的关系如图 1-1 所示。

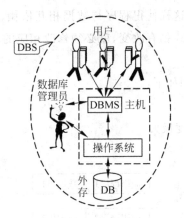

图 1-1 DB、DBMS、DBS 之间的关系

5. 信息系统

信息系统（Information System，IS）是由计算机硬件、网络和通信设备、计算机软件、信息资源、信息用户等组成的以处理信息流为目的的人机一体化系统。它是以提供信息服务为主要目的数据密集型、人机交互的计算机应用系统，具有对信息进行加工处理、存储和传递，同时具有预测、控制和决策等功能。

信息系统的 5 个基本功能是输入、存储、处理、输出和控制。一个完整的信息系统应包括控制与自动化系统、辅助决策系统、数据库（含知识库）系统以及与外界交换信息的接口等，它是一个综合、动态的管理系统。

从信息系统的发展和系统特点来看，可大致分为数据处理系统、管理信息系统、决策支持系统、虚拟现实系统、专家或智能系统等类型。无论是哪种类型的系统都需要基础数据库及其数据管理的支持，故数据库系统是信息系统的重要基石。

1.1.2 数据管理技术的发展

目前,在计算机的各类应用中,用于数据处理的约占 80%。数据处理是指对数据进行收集、管理、加工、传播等一系列工作。其中,数据管理是研究如何对数据分类、组织、编码、存储、检索和维护的一门技术,其优劣直接影响数据处理的效率,因此它是数据处理的核心。数据库理论技术是应数据管理的需求而产生的,而数据管理又是随着计算机技术的发展而完善的。数据管理技术经历了人工管理、文件系统管理、数据库系统管理阶段,随着新技术的发展,其研究与应用已迈向高级数据库系统阶段。

1. 人工管理

人工管理阶段是计算机数据管理的初级阶段。当时计算机主要用于科学计算,数据量少、不能保存。数据面向应用,多个应用涉及的数据相同时,由于用户各自定义自己的数据,无法共享,因此存在大量的数据冗余。此外,当时没有专门的软件对数据进行管理,程序员在设计程序时不仅要规定数据的逻辑结构,而且还要设计其物理结构(即数据的存储地址、存取方法、输入输出方式等),这样使得程序与数据相互依赖、密切相关(即数据独立性差),一旦数据的存储地址、存储方式稍有改变,就必须修改相应的程序。人工管理阶段程序与数据的关系如图 1-2 所示。

人工管理阶段的主要问题如下:

(1) 数据不能长期保存。

(2) 数据不能共享,冗余度极大。

(3) 数据独立性差。

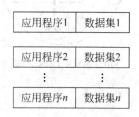

图 1-2 人工管理阶段程序与数据间关系

2. 文件系统管理

到了 20 世纪 50 年代末,计算机不仅用于科学计算,而且大量用于数据管理,同时磁盘、磁鼓等大容量直接存储设备的出现,可以用来存放大量数据。操作系统中的文件系统就是专门用来管理所存储数据的软件模块。

这一阶段数据管理的特点有:数据可以长期保存;对文件进行统一管理,实现了按名存取,文件系统实现了一定程度的数据共享(文件部分相同,则难以共享);文件的逻辑结构与物理结构分开,数据在存储器上的物理位置、存储方式等的改变不会影响用户程序(即物理独立性好),但一旦数据的逻辑结构改变,必须修改文件结构的定义,修改应用程序(即逻辑独立性差)。文件系统中程序与数据的关系如图 1-3 所示。此外,文件是为某一特定应用服务的,难以在已有数据上扩充新的应用,文件之间相对独立,有较多的数据冗余,应用设计与编程复杂。

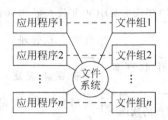

图 1-3　文件系统中程序与数据间关系

文件系统管理的主要问题如下:

(1) 逻辑独立性差。

(2) 数据冗余度较大。

(3) 文件应用编程复杂。

3. 数据库系统管理

随着数据管理的规模日趋增大,数据量急剧增加,数据操作与管理日益复杂,文件系统管理已不能适应需求。20 世纪 60 年代末发生了对数据库技术有着奠基作用的 3 件大事:1968 年美国的 IBM 公司推出了世界上第一个层次数据库管理系统;1969 年美国数据系统语言协会的数据库任务组发表了网状数据库系统方案报告;1970 年美国 IBM 公司的高级研究员 E. F. Codd 连续发表论文,提出了关系数据库的理论。这些标志着以数据库系统为手段的数据管理阶段的开始。

数据库系统对数据的管理方式与文件系统不同,它把所有应用程序中使用的数据汇集起来,按照一定结构组织集成,在 DBMS 软件的统一监督和管理下使用,多个用户、多种应用可充分共享。数据库系统中程序与数据之间的关系如图 1-4 所示。数据库管理技术的出现为用户提供了更广泛的数据共享和更高的数据独立性,并为用户提供了方便的操作使用接口。

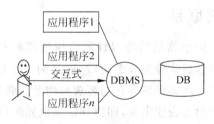

图 1-4　数据库系统中程序与数据的关系

现在,数据库系统的管理技术高度发展,正在进入管理非结构化数据、海量数据、知识信息,面向物联网、云计算等新的应用与服务为主要特征的高级数据库系统阶段。数据库系统管理正向着综合、集成、智能一体化的数据库服务系统时代迈进!

数据管理经历的各个阶段有自己的背景及特点,数据管理技术也在发展中不断地完善,其 3 个阶段的比较见表 1-1。

表 1-1　数据管理 3 个阶段的比较

数据管理的 3 个阶段		人工管理 (20 世纪 50 年代中期)	文件系统 (50 年代末至 60 年代中期)	数据库系统 (60 年代后期至今)
背景	应用背景	科学计算	科学计算、管理	大规模数据、分布数据的管理
	硬件背景	无直接存取存储设备	磁带、磁盘、磁鼓	大容量磁盘、可擦写光盘、按需增容磁带机等
	软件背景	无专门管理的软件	利用操作系统的文件系统	由 DBMS 支撑
	数据处理方式	批处理	联机实时处理、批处理	联机实时处理、批处理、分布处理
特点	数据的管理者	用户/程序管理	文件系统代理	由 DBMS 管理
	数据应用及其扩充	面向某一应用程序、难以扩充	面向某一应用系统、不易扩充	面向多种应用系统、容易扩充
	数据的共享性	无共享、冗余度极大	共享性较差、冗余度大	共享性好、冗余度小
	数据的独立性	数据的独立性差	物理独立性好,逻辑独立性差	具有高度的物理独立性、具有较好的逻辑独立性
	数据的结构化	数据无结构	记录内有结构、整体无结构	统一数据模型、整体结构化
	数据的安全性	应用程序保护	文件系统提供基本保护	由 DBMS 提供完善的安全保护

1.2　数据模型与信息模型

数据库系统是一个基于计算机的、统一集中的数据管理机构。而现实世界是纷繁复杂的,那么现实世界中各种复杂的信息及其相互联系是如何通过数据库中的数据来反映的呢?这就是本节要讨论的问题。

1.2.1　3 个世界及其联系

现实世界错综复杂联系的事物最后能以计算机所能理解和表现的形式反映到数据库中,这是一个逐步转化的过程,通常分为 3 个阶段,称之为 3 个世界,即现实世界、信息世界及机器世界(即计算机世界)。现实世界存在的客观事物及其联系,经过人们大脑的认识、分析和抽象后,用物理符号、图形等表述出来,即得到信息世界的信息,再将信息世界的信息进一步具体描述、规范并转换为计算机所能接受的形式,则成为机器世界的数据表示。3 个世界及其联系如图 1-5 所示。

1. 现实世界

现实世界就是客观存在的世界,它是由事物及其相互之间的联系组成。在现实世界中,人们通常选用感兴趣的以及最能表示事物本质的若干特征来描述事物。如在人事档案管理中,人的特征可用姓名、性别、住址等,还可用表示人的生理特征的数据如身高、指纹、相片等来表示。同时事物之间的联系也是丰富多样的。如在学校,有教师与学生的教学关系、管理

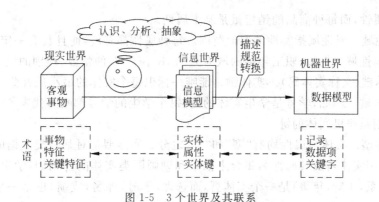

图 1-5　3 个世界及其联系

关系、学生与课程的选课关系等。要想让现实世界在计算机的数据库中得以展现,重要的就是将那些最有用的事物特征及其相互间的联系提取出来。

2. 信息世界

现实世界中的事物及其联系由人们的感官感知,经过人们头脑的分析、归纳、抽象形成信息。对这些信息进行记录、整理、归类和形式化后,形成一些基本概念及联系,它们就构成了信息世界。信息世界是一种相对抽象与概念化的世界,它介于现实世界与计算机世界之间,起着承上启下的作用。信息世界的基本概念有以下几种:

(1) 实体。将现实世界中客观存在,并能相互区分的事物经过加工,抽象成为信息世界的实体。实体是信息世界的基本单位,它可指事物,也可指事物之间的联系;它可以是具体的,也可以是抽象的。例如,一个学生、一门课程、一个公司等均为具体的实体,而一个学生选课、一个公司里雇主与雇员间的雇佣关系等都是抽象的实体,它们反映的是实体之间的联系。信息模型是反映实体集及实体集之间联系的一个抽象模型。

(2) 属性。属性指实体所具有的某方面特性。现实世界中的事物都具有一些特征,这些特征在信息世界中通过与其对应的实体反映出来。人们抽取出实体的有用特征后,用属性名来表示。一个实体可由若干属性来刻画,如学生实体可用学号、姓名、性别、入学时间等属性来描述。属性类型通常分为以下几种:

① 简单属性和复合属性。简单属性也称为原子属性,就是不可再分的属性,如人的姓名、性别、年龄。复合属性可以被分解为更简单、更基本的属性。例如,地址这个属性可进一步划分为省、市、区、街道、邮编,故地址就是一个复合属性。若复合属性只作为整体进行引用,则不必将其划分为子属性,而直接作为属性。复合属性的值是由组成它的简单属性的值所构成。

② 单值属性和多值属性。通常,一个实体的某个具体属性只有一个值,这样的属性称为单值属性,如人的年龄。而有些属性可能有多个值,这样的属性称为多值属性。例如,汽车实体的属性颜色就是个多值属性,因为对于同色的汽车,其颜色只有一个值,而对于双色的汽车,其颜色就不止一个值了,又如经理可能有多个联系的电话号码。

③ 存储属性和派生属性。存储属性和派生属性也称基本属性和导出属性,如学生的平均成绩是由学生的各科成绩总和、再平均计算后得到的。因此,学生的各科成绩是基本属性,而平均成绩就是派生属性。又如,销售商品的总量是由每种商品的销售量统计而来的,

故它是派生属性,而每种商品的销售量是基本属性。

(3) 属性域。属性域指属性的取值范围。每种属性都有值,而且具有一定的取值范围,此范围称为属性域。例如,职工年龄的域为大于 18 小于 65 的整数,性别的域为男或女。

(4) 实体键(又称实体码)。实体键是能唯一标识每个实体的最小属性集。每一个实体集一定有实体键。例如,学号是学生实体的键,每个学生的学号都唯一代表了一个学生。而驾驶执照号则是司机实体的键。

(5) 实体型。实体与属性均有"型"和"值"之分。实体型是对某一类数据的结构和特征的描述,它是用实体名及其属性名集合来抽象和刻画同类实体的。例如,学生(学号,姓名、性别,所属院系,年龄,年级)是一个实体型,而选课(学号,课名,成绩)也是一个反映联系的实体型。

实体值是实体型的具体内容,是由描述某实体型的各属性值构成,如(99004,王小明,女,信息学院,19,2010)及(99004,数据库技术,92)均是实体值。

(6) 实体集。实体集是指同类型实体的集合。例如,全体学生就是一个实体集。全部图书也是一个实体集。具体表示时,一个表(或文件)中每一行(记录)是一个实体,表中所有实体具有相同的属性集合即相同的型,因此构成一个实体集(实体集既包含了值又隐含了型)。

3. 机器世界

用计算机管理信息,必须对信息进行数据化,数据化后的信息则成为机器世界的数据,数据是能够被计算机识别、存储并处理的。在机器世界采用记录、数据项来描述信息世界的实体及属性。数据模型是一种表示数据及其联系的模型,是对现实世界数据特征与联系的反映与刻画。

3 个世界术语间关系如图 1-6 所示。

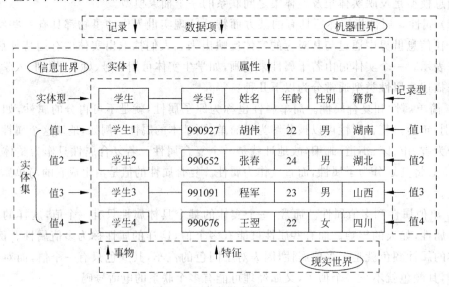

图 1-6　3 个世界术语间关系

4．两类模型

在现实世界里，常常用物理模型对某个对象进行抽象并模拟。例如，建筑模型，它反映了该建筑的风格、外貌、类型及特征。在机器世界里，常常用数据模型来对某个对象进行抽象表示。例如，一栋建筑用钢混结构、楼层、房间数、位置、总面积等一系列数据来表示，它描述了该建筑的形式、组成结构与特征。

在数据库技术中，根据模型应用的不同目的，划分为两类，即信息模型（也称概念模型）和数据模型（也称数据库模型）。在信息世界中，对所研究的信息需建立一个抽象的模型，以反映实体集及实体集之间的联系，人们称之为信息模型。它是从用户的观点来对数据建模，主要用于数据库设计。在机器世界则采用数据模型来具体描述、进一步刻画信息模型，它是从计算机系统的观点来对数据建模，主要用于 DBMS 的实现。

在不同的环境中解释同一个客观对象时，以不同的方式进行描述，即描述同一个客观对象在信息世界用信息模型，在机器世界用数据模型。

1.2.2　信息模型的表示

信息模型是现实世界到机器世界的一个中间层次。现实世界的事物反映到人的大脑中，人们把这些事物首先抽象为一种既不依赖于具体的计算机系统又不受某一 DBMS 所左右的信息模型，然后再把信息模型转换为计算机上某一 DBMS 所支持的数据模型。

1．实体集间的联系

实体集间的联系包括两种，即实体集之间的联系与实体集内部的联系。

实体集之间的联系是指不同实体集之间的联系，如学生集合与教师集合、学院集合与班级集合的联系。

实体集内部的联系指实体集的各属性之间的相互联系。例如，学生实体集的"姓名"与其"借书证号"有一个对应关系；"教工"实体集的"职称"与"指导研究生"之间有一定的约束联系，若为初级职称，则不能指导研究生。

两个实体集间的联系分为以下 3 类：

（1）一对一联系（1：1）。对于实体集 X 中的每一个实体，实体集 Y 中有 0 个或 1 个实体与之联系，反之亦然，则称实体集 X 与实体集 Y 之间具有一对一的联系，见图 1-7(a)。

例如，一个班级只有一个班长，一个班长仅在一个班中任职，则班级与班长之间具有一对一联系。另外，病人与病床、公司与总经理等均有一对一联系。

（2）一对多联系（1：n）。对于实体集 X 中的每一个实体，实体集 Y 中有 0 个或多个实体与之联系，反之，对于实体集 Y 中的每一个实体，实体集 X 中有 0 个或 1 个实体与之对应，则称实体集 X 与实体集 Y 具有一对多的联系，见图 1-7(b)。

例如，一个班级有若干个学生，每个学生只在某一个班级中学习，则班级与学生之间具有一对多联系。此外，单位与所属职工、大学与所具有的教学楼等均有一对多联系。

（3）多对多联系（m：n）。对于实体集 X 中的每一个实体，实体集 Y 中有 0 个或多个实体与之联系，反之，对于实体集 Y 中的每一个实体，实体集 X 中有 0 个或多个实体与之对应，则称实体集 X 与实体集 Y 之间具有多对多的联系，如图 1-7(c)所示。

数据库原理与技术(Oracle 版)(第 3 版)

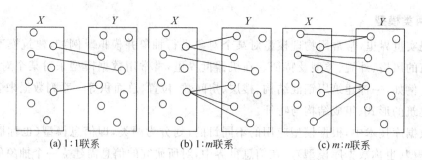

(a) 1:1联系　　　　(b) 1:m联系　　　　(c) m:n联系

图 1-7　实体集之间的联系

例如,一门课程同时有若干个学生选修,而一个学生同时可选修多门课程,则课程与学生之间具有多对多联系。此外,运动员与项目、售货员与顾客等均有多对多联系。

2. 信息模型的表示方法

信息模型的表示方法有多种,最常用的一种是实体-联系(Entity-Relationship)方法,简称 E-R 法。该方法用 E-R 图来描述现实世界的信息模型,故又称实体联系模型。E-R 图提供了表示实体集、属性和联系的方法。在 E-R 图中,事物用实体集表示,事物的特征用属性表示,事物之间的关联用联系表示。实体联系模型是数据库设计的有效工具。

1) E-R 图的基本成分

E-R 图中的基本成分如下:

(1) 实体集。用矩形表示,矩形框内标注实体集名(一般用名词)。

(2) 属性。用椭圆形表示,椭圆形框内标注属性名(一般用名词),并用无向边将其与相应的实体集连接起来。

(3) 联系。用菱形表示,菱形框内标注联系名(一般用动词),并用无向边分别与有关实体集连接起来,同时在无向边旁标上联系的类型(1:1、1:n 或 m:n)。

用 E-R 图表示的信息模型示例如图 1-8 所示。该图反映了实体集学生与课程、课程与院系的属性及其联系。需要说明的是,联系上也可以有属性,如属性成绩是学生与课程发生联系——选课的结果,故作为联系上的属性。

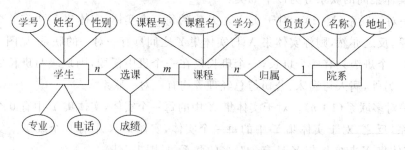

图 1-8　用 E-R 图表示的信息模型示例

2) 实体集间的联系

实体集间联系可分为两实体集间的联系、多实体集间的联系及同一实体集内的联系。几种不同联系的 E-R 图如图 1-9 所示(为简明起见,略去了属性部分)。

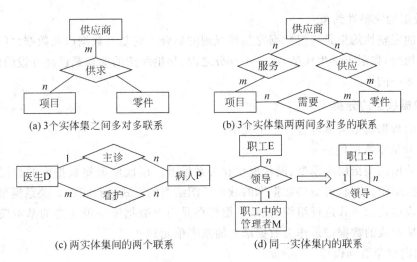

(a) 3个实体集之间多对多联系　　(b) 3个实体集两两间多对多的联系

(c) 两实体集间的两个联系　　(d) 同一实体集内的联系

图 1-9　几种不同联系的 E-R 图

1.2.3　数据模型的组成

数据模型是描述数据特征及数据之间联系的模型。它是在信息模型的基础上建立的一个适于计算机表示的数据层的模型,是对信息模型进一步数据描述得到的模型。

1. 数据模型的三要素

一个数据模型应当描述数据对象的 3 个要素,即数据结构、数据操作和数据的完整性约束。

1) 数据结构

数据结构是指数据对象类型的集合,它描述数据对象的数据类型、性质及数据之间的联系。数据结构是对数据库静态特性的描述。

解释如下:

(1) 数据结构是描述数据模型最重要的方面,通常按数据结构的类型来命名数据模型。例如,层次结构即树结构的数据模型叫层次模型,网状结构即图结构的数据模型叫网状模型,关系结构即表结构的数据模型叫关系模型。

(2) 数据对象类型的集合包括与数据类型、性质及数据之间联系有关的对象,如关系模型中的域、属性、关系、各种键等。

(3) 表示数据之间的联系有隐式的和显式的两类。隐式联系是指通过数据本身关联或相对位置顺序表明联系;显式联系是指通过附加指针表明联系或直接表示。

2) 数据操作

数据操作是指允许对数据库中数据值进行操作的集合,包括操作语言及有关操作规则,在数据模型中需对其详细定义。数据操作是对数据库动态特性的描述。

解释如下:

(1) 数据库主要有查询和更新(包括插入、删除、修改)两大类基本操作。

(2) 数据模型必须定义这些操作的确切含义、操作符号、操作规则(如优先级)以及实现操作的语言。

3) 数据的完整性约束

数据的完整性约束是一组数据完整性规则的集合。它是对数据以及数据之间关系的制约和依存规则,如限定学生成绩在 0~100 分之内、学生所选的课程是已经开设的课程、学生证编号是唯一的等。

2. 数据模型的分类

常见的数据模型大体可分为以下几类。

1) 3 种基本数据模型

基本数据模型指层次模型、网状模型和关系模型。层次模型将数据库的数据按树结构的形式进行组织。网状模型将数据库的数据按图结构的形式进行组织。关系模型将数据库的数据按表结构形式进行组织,关系数据模型是当今数据库中最主要的基本模型。它们都以数据项组成的数据记录作为数据结构的基本单元。

2) 面向对象数据模型

面向对象数据模型以对象类及其类层次为基本的数据结构,采用了面向对象方法中的对象、方法、消息、属性、继承等概念,对现实世界的抽象更为自然和直接。该模型能描述复杂世界,具有较强的灵活性、可扩充性与可重用性。

3) 谓词模型(逻辑模型)

谓词模型是一种基于逻辑的数据模型,它用一阶谓词及谓词公式表示实体集、属性、联系与完整性约束等,以建立数据的抽象模型。该模型表现力强、形式简单,是演绎数据库及知识库的基础模型。

4) XML 数据模型

XML(eXtensible Markup Language,可扩展的标记语言)是互联网上数据表示和交换的标准。网页数据是一种特殊的半结构化数据。XML 数据模型本身是树状模型,一个格式良好且有效的 XML 文档经过解析后,就会在内存中建立一棵树。因此,对于现实世界中数据具有的次序语义和层次结构,该数据模型能够方便地表示和便于动态维护。因为 XML 是层次化的,故很容易以自然的格式捕捉不同数据之间的关系。

5) 非 SQL(Structured Query Language,结构化查询语言)数据模型

其数据结构简单、多样,适于数据高并发读写和海量数据的存储,是一些新型数据库采用的数据模型,包括键值模型、列式模型、文档模型、图形模型。它们适用于不同的领域,需要根据实际应用的场景进行选择,对于大型复杂应用常使用多种不同模型,从而有效处理各种不同类型的负载(详见 10.4.1 小节)。

6) 扩充的数据模型

在基本数据模型基础上进行扩充、综合多种模型的特点所得到的模型,这类模型扬长避短,具有多种模型的优势,如对象关系模型、数据联合模型、云数据库模型等。

根据数据库的发展,按数据模型来划分,数据库可分为层次数据库、网状数据库、关系数据库、面向对象数据库、对象关系数据库、演绎数据库、XML 数据库、云数据库和智能数据库等。

1.2.4 基本数据模型

数据库系统是按照数据模型来构造的,数据库系统的基本数据模型有 3 种:层次模型、网状模型和关系模型。

1. 层次模型

层次模型是数据库系统中最早出现的数据模型。层次模型用树形结构表示各类实体集以及实体集间的联系。20世纪60年代末，层次模型数据库系统曾流行一时。其中最具代表性的是美国IBM公司的IMS(Information Management Systems)。

1) 层次模型的数据结构

层次模型是用树形结构来表示各类实体集以及实体集间的联系。图1-10(a)给出了一个层次模型。它表示了该层次数据库的型，其层次模型所对应数据库的部分值如图1-10(b)所示。层次模型对父子实体集间具有一对多的层次关系的描述非常自然、直观、容易理解。层次模型具有两个较为突出的问题：首先，在层次模型中具有一定的存取路径，需按路径查看给定记录的值。其次，层次模型比较适合于表示数据记录类型之间的一对多联系，而对于多对多的联系难以直接表示，需进行转换，将其分解成若干个一对多联系。

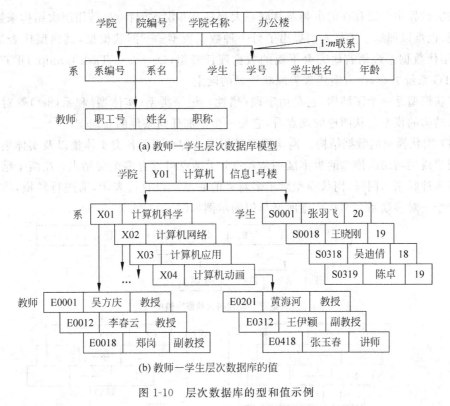

图1-10　层次数据库的型和值示例

2) 层次模型的数据操作

数据库的基本操作包括数据记录的查询、插入、删除和修改等操作。层次模型的物理数据常用两种存储方法：按先根次序顺序存储及用左孩子右兄弟链式存储。故层次模型支持按层次顺序查询和按层次路径查询操作。由此可知，对层次模型数据库中的数据进行查询操作时，操作者必须熟悉数据的层次结构，而且每次操作只能取一个记录，若要取多个记录，必须使用循环语句。此外，系统提供给用户的数据库语言为过程化的语言，数据独立性较差。

3) 层次模型的数据完整性约束

层次数据的结构特性使得对层次模型数据库进行插入、删除、修改操作时必须遵守父子约束、一致性约束、数据的型和值需保持树型结构等。层次模型的数据结构组织,使得它适应变化的能力非常差。在层次模型中,不能改变原数据库结构中所定义的记录型间的父子关系,否则就要对整个数据库进行重新组织,这无疑大大增加了系统的开销,且难以适应许多动态变化的应用环境。

4)层次模型的优、缺点

层次模型的主要优、缺点如下:

① 数据结构较简单;查询效率高。

② 提供良好的完整性支持。

③ 不易表示多对多的联系。

④ 数据操作限制多、独立性较差。

2. 网状模型

现实世界中广泛存在的事物及其联系大都具有非层次的特点,若用层次结构来描述,则不直观,也难以理解。于是人们提出了另一种数据模型——网状模型,其典型代表是 20 世纪 70 年代数据系统语言研究会下属的数据库任务组(DataBase Task Group,DBTG)提出的 DBTG 系统方案,该方案代表着网状模型的诞生。

网状模型是一个图结构,它是由字段(属性)、记录类型(实体型)和系(set)等对象组成的网状结构的模型。从图论的观点看,它是一个不加任何条件的有向图。

(1)网状模型的数据结构。网状模型是用图结构来表示各类实体集以及实体集间的联系。网状模型与层次模型的根本区别是:一个子结点可以有多个父结点;在两个结点之间可以有多种联系。同样,网状模型对于多对多的联系难以直接表示,需进行转换,将其分解成若干个一对多联系。网状数据库型与值的示例如图 1-11 所示。

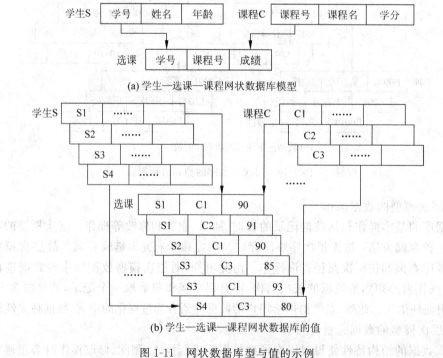

(a) 学生—选课—课程网状数据库模型

(b) 学生—选课—课程网状数据库的值

图 1-11 网状数据库型与值的示例

（2）网状模型的数据操作。包括查询、插入、删除和修改等操作，使用的是过程化语言。网状模型数据库值的存储常用链接法。由于实体集间的联系本质上通过存取路径指示的，因此网状数据库是导航式数据库，用户在对数据库进行操作时，必须说明做什么、如何做。例如，进行查询操作时，不仅要在语句中说明查询对象，还要规定其存取的路径。

（3）网状模型的数据完整性约束。对网状数据模型数据库进行插入、删除、修改操作时必须遵守的主要约束是父子约束、主从约束。

（4）网状模型的优缺点。网状模型的主要优缺点如下：

① 较为直接地描述现实世界。

② 存取效率较高。

③ 结构较复杂、不易使用。

④ 数据独立性较差。

3. 关系模型

关系模型是最重要的一种基本模型。美国 IBM 公司的研究员 E. F. Codd 于 1970 年首次提出了数据库系统的关系模型。关系模型的建立，是数据库历史发展中最重要的事件。过去 40 多年中大量的数据库研究都是围绕着关系模型进行的。数据库领域当前的研究大多数是以关系模型及其方法为基础扩展、延伸的。

一个关系模型的数据结构是若干二维表结构，它表示不同的实体集及实体集之间的联系。在关系模型中，把二维表称为关系，二维表由行和列组成。每行称为一个元组，每列称为一个属性。

与网状模型和层次模型不同，关系模型中，实体集之间的联系是通过表格自然表示的。此外，表之间还有型和值的隐式联系（用于完整性约束和关联查询），均不需人为设置指针。关系模型的数据结构示例如图 1-12 所示，虚线表示隐式联系。

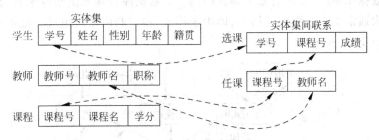

图 1-12 关系模型的数据结构示例

由于数据本身和数据之间的联系均是通过表结构描述，故物理存储时，数据只需以文件的形式存储即可。关系模型的数据操作主要包括查询和更新数据。这些操作必须满足关系的完整性约束（即数据限制，具体内容将在 2.1.4 小节介绍）。

由于表结构是一种线性结构，且存取路径对用户透明，故查询效率往往不如非关系数据模型。此外，它在执行查询操作时，还需要执行一系列的拆分表、连接、合并表操作，故较耗时。因此，为了提高性能，系统必须对用户的查询请求进行优化，这增加了 DBMS 的负担。

关系模型的主要优缺点为：有坚实的理论基础；结构简单、易用；数据独立性及安全性好；查询效率较低。

自 20 世纪 80 年代以来,计算机厂商新推出的 DBMS 几乎都支持关系模型,非关系系统的产品也大都加上了关系接口。由于关系模型具有坚实的逻辑和数学基础,使得基于关系模型的 DBMS 得到了最广泛的应用,占据了数据库市场的主导地位。

4．基本数据模型的比较

3 种基本数据模型之间的比较见表 1-2。

表 1-2　3 种基本数据模型比较

特点 模型	数据结构	联系表示的特点	联系的方式	使用与效率	数据操作语言	理论基础
层次模型	树结构	适于表示 $1:n$ 层次联系	通过指针(或路径)	较难使用、效率较高	过程化	无
网状模型	图结构	可间接表示 $m:n$ 联系	通过指针(或路径)	使用复杂、效率较高	过程化	无
关系模型	表结构	便于表示 $m:n$ 联系	自然联系及创建联系	容易使用、效率较低	非过程化及过程扩展	关系理论

说明:同一客观事物可以用不同的数据模型描述。层次、网状和关系 3 种数据模型描述可以相互转换。现在,采用先进查询优化技术的现代关系数据库系统的操作效率,已超过了传统的建立在层次模型、网状模型上的数据库系统。其他数据模型将在后面对应章节介绍。

1.3　数据库系统结构

1.3.1　3 级模式结构

要了解数据库系统,关键需要了解其结构。从数据库管理系统角度来看,数据库系统内部的体系结构通常采用 3 级模式结构,即由子模式、模式和内模式组成。数据库系统的 3 级模式结构如图 1-13 所示。

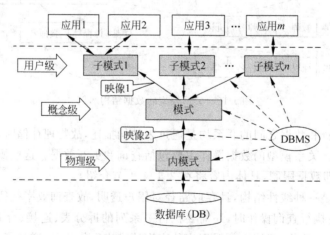

图 1-13　数据库系统的 3 级模式结构

1．模式（Schema）

模式（也称概念模式或逻辑模式）是数据库中全体数据的逻辑结构和特征的描述，是所有用户的公用数据库结构。它描述了现实世界中的实体及其性质与联系，具体定义了记录型、数据项、访问控制、保密定义、完整性（正确性与可靠性）约束以及记录型之间的各种联系。

解释如下：

（1）一个数据库只有一个模式。

（2）模式与具体应用程序无关，它只是装配数据的一个框架。

（3）模式用语言描述和定义，需定义数据的逻辑结构、数据有关的安全性等。

2．子模式（External Schema）

子模式（也称外模式或用户模式）是数据库用户所见和使用的局部数据的逻辑结构和特征的描述，是用户所用的数据库结构。子模式是模式的子集，它主要描述用户视图的各记录的组成、相互联系、数据项的特征等。

解释如下：

（1）一个数据库可以有多个子模式；每个用户至少使用一个子模式。

（2）同一个用户可使用不同的子模式，而每个子模式可为多个不同的用户所用。

（3）模式是对全体用户数据及其关系的综合与抽象，子模式是根据所需对模式的抽取。

3．内模式（Internal Schema）

内模式（也称存储模式）是数据物理结构和存储方法的描述。它是整个数据库的最低层结构的表示。内模式中定义的是存储记录的类型，存储域的表示，存储记录的物理顺序、索引和存取路径等数据的存储组织，如存储方式按哈希方法存储，索引按顺序方式组织，数据以压缩、加密方式存储等。

解释如下：

（1）一个数据库只有一个内模式。内模式对用户透明。

（2）一个数据库由多种文件组成，如用户数据文件、索引文件及系统文件等。

（3）内模式设计直接影响数据库的性能。

关系数据库的逻辑结构就是表格框架。图 1-14 是关系数据库 3 级结构的一个实例。

4．数据独立性与二级映像功能

数据独立性是指数据与程序间的互不依赖性。一般分为物理独立性与逻辑独立性。

物理独立性是指数据库物理结构的改变不影响逻辑结构及应用程序。即数据的存储结构的改变，如存储设备的更换、存储数据的位移、存取方式的改变等都不影响数据库的逻辑结构，从而不会引起应用程序的变化，这就是数据的物理独立性。

逻辑独立性是指数据库逻辑结构的改变不影响应用程序。即数据库总体逻辑结构的改变，如修改数据结构定义、增加新的数据类型、改变数据间联系等，不需要相应修改应用程序，这就是数据的逻辑独立性。

为实现数据独立性，数据库系统在 3 级模式之间提供了两级映像。

（1）映像 1。子模式/模式映像。子模式/模式映像是指由模式生成子模式的规则。它定义了各个子模式和模式之间的对应关系。

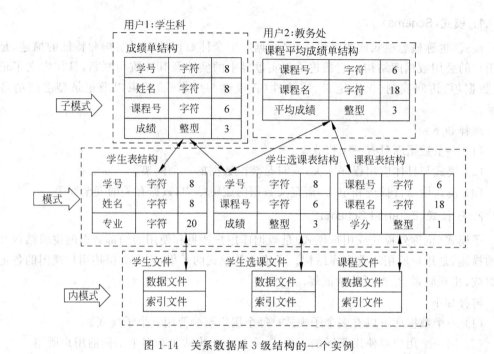

图 1-14 关系数据库 3 级结构的一个实例

(2) 映像 2。模式/内模式映像。模式/内模式映像是说明模式在物理设备中的存储结构。它定义了模式和内模式之间的对应关系。

注意:

(1) 模式/内模式映像是唯一的。当数据库的存储结构改变时,如采用了更先进的存储结构,由数据库管理员对模式/内模式映像作相应改变,可以使模式保持不变,从而保证了数据的物理独立性。

(2) 子模式/模式映像不唯一。当模式改变时,如增加新的数据项、数据项改名等,由数据库管理员对各个子模式/模式的映像作相应改变,可以使子模式保持不变,从而保证了数据的逻辑独立性。

例如,在图 1-14 中,若模式"学生表结构"分解为"学生表 1—简表"和"学生表 2—档案表"两部分,此时子模式"成绩单结构",只需由这两个新表和原来的"学生选课表结构"映射产生即可。不必修改子模式,因而也不会影响原应用程序,故在一定程度上实现了数据的逻辑独立性。

以上所述说明,正是这 3 级模式结构和它们之间的两层映像,保证了数据库系统的数据能够具有较高的逻辑独立性和物理独立性。有效地实现 3 级模式之间的转换是 DBMS 的职能。

说明:模式与数据库的概念是有区别的。模式是数据库结构的定义和描述,只是建立一个数据库的框架,它本身不涉及具体的数据;数据库是按照模式的框架装入数据而建成的,它是模式的一个"实例"。数据库中的数据是经常变化的,而模式一般是不变或很少变化的。

1.3.2　数据库系统体系结构

从最终用户角度来看,数据库系统外部的体系结构分为单用户式、主从式、客户/服务器式、分布式和并行结构等。数据库体系结构已由主机/终端的集中式结构发展到了网络环境的分布式结构、多层 B/S 结构、物联网以及移动环境下的动态结构,以满足不同应用的需求。下面介绍常见的数据库系统体系结构。

1. 单用户式结构

单用户式数据库系统运行于单台计算机上。整个数据库系统,包括应用程序、DBMS、数据,都装在一台计算机上,某时间段仅为一个用户所独占,且不同机器之间不能直接共享数据,如图 1-15 所示。

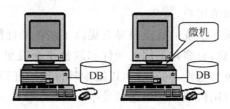

图 1-15　单用户数据库系统

2. 主从式结构

主从式结构的数据库系统指一个主机带多个终端的多用户数据库系统,如图 1-16 所示。在这种结构中,数据库系统,包括应用程序、DBMS、数据,都集中存放在主机上,所有处理任务都由主机来完成,各个用户通过主机的终端并发地存取、使用数据库,共享数据资源。主从式数据库系统中的主机是一个通用计算机,既执行 DBMS 功能又执行应用程序。

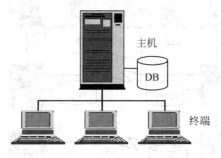

图 1-16　主从式结构数据库系统

主从式结构数据库系统的优点是数据易于管理与维护。其缺点是主机的任务可能会过于繁重,成为瓶颈,从而使系统性能大幅度下降;当主机出现故障时,整个系统瘫痪,因此系统的可靠性不高。

3. 客户/服务器结构

随着工作站功能的增强和广泛使用,人们开始把 DBMS 功能和应用分开,网络中某些节点上的计算机专门用于存放数据库和执行 DBMS 功能,称为数据库服务器,简称服务器;其他节点上的计算机安装 DBMS 的外围应用开发工具,支持用户的交互与应用,称为客户机，这就是客户/服务器结构的数据库系统，如图 1-17 所示。

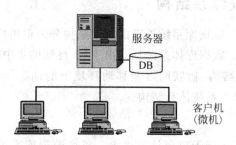

图 1-17　客户/服务器结构数据库系统

在客户/服务器结构中，客户端的用户请求被传送到数据库服务器，数据库服务器进行处理后，只将结果数据返回给用户。

客户/服务器结构数据库系统的优点是显著提高了系统的性能、吞吐量和负载能力。该结构的数据库往往更加开放，有多种不同的硬件和软件平台及更灵活的数据库应用开发工具，应用程序具有更强的可移植性，同时也可以减少软件维护开销。其缺点是要求服务器主机具有高性能，并且远程应用依赖于网络通信效率。

4. 分布式结构

分布式结构的数据库系统指数据库中的数据在逻辑上是一个整体，但物理地分布在计算机网络的不同节点上，如图 1-18 所示。网络中的每个节点都可以独立处理本地数据库中的数据，执行局部应用；同时也可以存取和处理多个异地数据库中的数据，执行全局应用。分布式结构的数据库系统是计算机网络发展的必然产物，它适应了地理上分散的公司、团体和组织对于数据库应用、远程共享的需求。

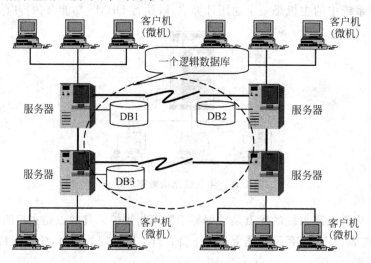

图 1-18　分布式结构数据库系统

分布式结构的数据库系统是以网络为平台的数据库系统，数据分布对用户是透明的，用户面对的仍是一个逻辑上完整的数据库。故该类系统优点是能充分共享、高效地使用远程资源，各节点又能独立自治。其缺点是：数据的分布存放给数据的处理、管理与维护带来困难；当用户需要经常访问多处远程数据时，系统效率会明显地受到网络交通的制约。

5．并行结构

并行结构的数据库系统是在并行机上运行的具有并行处理能力的数据库系统。它用高速网络连接各个数据处理节点，整个网络中的所有节点构成逻辑上统一的整体，用户可以对各个节点上的数据进行透明存取。图 1-19 是一种并行数据库系统结构示意图，它建立在并行计算机系统上，采用多 CPU 和多硬盘的并行工作方式，极大地提高了系统的处理速度和I/O 速度。

并行数据库系统将数据库技术与并行技术相结合，发挥多处理机结构的优势，采用先进的并行查询技术和并行数据管理技术，实行任务分布，利用各节点协同作用，并行地完成数据库任务，提高数据库系统的整体性能。它的目标是提供一个高性能、高可用性、高可扩展性的DBMS，而在性能价格比方面，较相应大型机上的 DBMS 高得多。其缺点是实现技术较复杂。

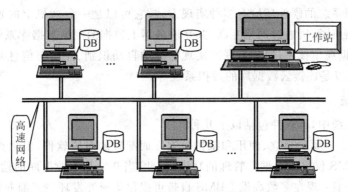

图 1-19　一种并行结构的数据库系统

1.3.3　数据库系统的组成

要了解数据库系统，首先需要了解它由哪几个部分组成。数据库系统由三大部分组成，即硬件平台、软件系统（包括操作系统、DBMS、数据库、语言工具与开发环境、数据库应用软件等）及各类人员。这三大部分构成了一个以 DBMS 为核心的完整的运行实体，称之为数据库系统。数据库系统的组成如图 1-20 所示。

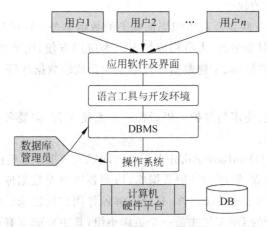

图 1-20　数据库系统的组成

1. 硬件平台

数据库系统中的硬件平台包括以下两类。

(1) 计算机设备。它是系统中硬件的基础平台,如微型机、小型机、中型机、大型机及特殊工作站。

(2) 网络及其通信设施。过去数据库系统一般建立在单机上,现在它更多地建立在网络上。

总之,在数据库系统中应有存放数据文件的大容量存储器,还需要相应的输入输出(I/O)设备、中央处理机等,它们构成了数据库系统运行的基础硬件。在数据处理中,数据处理的速度除了与计算机本身的运算速度有关外,主要的就是 I/O 所占的时间。在为数据库系统选取硬件设备时,要着重考虑 CPU、I/O 的速度和存储容量。对于网络上运行的数据库系统,还需要考虑其传输效率。

一个数据库系统的硬件环境有多种实现方式,它可以是一台微机上的独立的数据库系统,也可以是多台计算机通过网络互联,共享服务器上数据的网络数据库系统;可以是利用传感器、无线数据通信技术,通过互联网实现物品的自动识别、互联与信息共享的物联网数据库系统;还可以是连接云数据库的虚拟系统等。

2. 软件系统

在数据库系统中,其软件包括以下几种:

(1) DBMS。它是为建立、使用和维护数据库而配置的系统软件,由数据库软件制造商提供。一些 DBMS 仅提供数据库管理的功能,因此,当开发基于数据库的信息系统时,还要利用一些开发工具;现在多数高端 DBMS 自带可视化集成开发环境或商业智能开发平台。

(2) 操作系统。它是整个数据库系统的重要软件平台,提供基础功能与支撑环境。目前常用的有 Windows、UNIX、Linux 与 OS2 等。

(3) 语言工具与开发环境。开发数据库应用系统所使用的语言、工具及集成开发环境,它包括高级程序设计语言、可视化开发工具、与网络有关的编程环境,如.NET、XML、C♯、各种脚本语言以及一些专用图形、图像、视频等处理工具。此外,数据库与应用、数据库与网络之间还存在着多种访问接口或中间件,实现异构数据库的互访、互操作。

(4) 数据库应用软件。数据库系统中,应用软件和界面是利用 DBMS 及其相关的开发工具为特定应用而开发的软件。

(5) 数据库。它是反映企业或组织当前状态的数据集合。这里当前状态是指企业或组织的经营情况,如当前财务情况、人员构成情况。为应用方便,用数据库中主体数据的含义来标识数据库,如人事数据库、生物数据库及学生学籍成绩数据库等。

3. 人员

数据库系统的建设、使用与维护可以看作一个系统工程,需要各种人员配合来完成,数据库系统中的人员包括:

(1) 数据库管理员(DataBase Administrator,DBA)。DBA 是数据库系统中的一个重要角色,主要负责设计、建立、管理和维护数据库,协调各用户对数据库的要求等。因此,DBA 要熟悉、掌握程序语言和多种系统软件,充分了解各种用户的需求、各应用部门的业务工作才能控制全局。大系统的 DBA 往往是一个工作小组,其主要职责有:数据库结构设计;数据库维护；调整数据库结构、扩充系统功能、改善数据库系统性能等。

（2）系统分析员和数据库设计人员。系统分析员是数据库系统设计中的高级人员，主要负责数据库系统建设的前期工作，包括应用系统的需求分析、规范说明和数据库系统的总体设计等。数据库设计人员参与用户需求调查、应用系统的需求分析后，主要负责数据库的设计，包括各级模式的设计、确定数据库中的数据等。

（3）应用程序员。应用程序员负责设计、编写数据库应用的程序模块，用以完成对数据库的操作。他们使用某些高级语言或利用多种数据库开发工具生成应用程序，组合成系统，并负责调试和安装。

（4）用户。也称终端用户，如公司、银行职员、操作员等。人们通过用户界面，如浏览器网页、图形表格、功能菜单等使用数据库。

4. 数据库系统的特点

数据库系统有很多不同于其他系统的特点。

（1）数据集成性好。数据库系统的数据集成性主要表现在以下几个方面：

① 统一的数据模型。这是数据库系统与文件系统的本质区别。

② 面向多个应用。数据库是全局的、多个应用共享的有机数据集合。

③ 局部与全局的独立统一。局部与局部、局部与全局的数据库结构既独立又统一。

（2）数据共享性高。数据共享性高主要表现在以下几个方面：

① 充分共享且范围广。数据库中数据的共享可到数据项级；数据库组织的规范和标准也有利于数据的网络传输和更大范围、更多应用的共享。

② 冗余度低。冗余度是指同一数据被重复存储的程度，数据库系统由于数据整体按结构化构造、规范化组织，并充分精简，使得冗余可以降到最低。这不仅可节省存储空间，更重要的是可减少数据的不一致性（即同一数据的不同副本的数据值不一致）。

③ 易扩充。由于设计时考虑数据充分组织并结构化，面向整个系统，而不是面向某个应用，所以容易扩充。应用改变时，可重选或扩充数据集。

（3）数据独立性强。一个具有数据独立性的系统可称为面向数据的系统，即数据的逻辑结构、存储结构与存取方式的改变不影响应用程序，而应用的改变也不至于马上引起数据库结构的调整。由于应用程序不是直接从数据库中取数，是通过 DBMS 间接存取，而 DBMS 提供了相应的屏蔽功能，故较好地实现了应用程序与数据库数据的相互独立。

（4）数据控制力度大。数据库中数据由 DBMS 统一管理和控制。由于数据库是共享的，即多个用户可以同时存取数据库中的数据，甚至可以共享数据库中同一个数据。为此，DBMS 必须提供强有力的数据安全性保护、并发控制、故障恢复等功能。

1.3.4　数据库管理系统

1. DBMS 的功能

DBMS 是一种负责数据库的定义、建立、操纵、管理和维护的软件系统，其职能是有效地实现数据库 3 级模式之间的转换。DBMS 是数据库系统的核心，它建立在操作系统的基础之上，是位于操作系统与用户之间的一层数据管理软件，负责对数据库进行统一的管理和控制。用户发出的或应用程序中的各种操作数据库中数据的命令，都要通过 DBMS 来执行。DBMS 还承担着数据库的维护及并发操作的协调工作，能够按照数据库管理员所规定的要求,保证数据库的安全性和完整性。

由于不同 DBMS 要求的硬件资源、软件环境是不同的,因此其功能与性能也存在差异。一般说来,DBMS 的功能主要包括以下 6 个方面:

(1) 数据定义。DBMS 提供数据定义语言,供用户定义数据库的子模式、模式、内模式,定义各个子模式与模式之间、模式与内模式之间的映射,定义保证数据库中数据具有正确语义的完整性规则、保证数据库安全的用户口令和存取权限等。

(2) 数据操作。DBMS 提供了数据操纵语言,以实现对数据库的查询检索、插入、修改、删除等基本操作。高端 DBMS 还提供了复杂数据的操作,如全文搜索、领域搜索、多维数据查询、浏览等。

(3) 数据组织和管理。数据库中需要存放多种数据,如数据字典、用户数据、存取路径等,DBMS 负责分门别类地组织、存储和管理这些数据,确定以何种文件结构和存取方式物理地组织这些数据,如何实现数据之间的联系,以便提高存储空间利用率以及提高随机或顺序查找、增删改等操作的时间效率。

(4) 数据库运行管理。对数据库的运行进行管理是 DBMS 运行时的核心工作,包括对数据库进行并发控制、安全性检查、完整性约束条件的检查和执行、数据库的内部维护(如索引、数据字典的自动维护)等。所有访问数据库的操作都要在这些控制程序的统一管理下进行,以保证数据的安全性、完整性、一致性以及多用户对数据库的并发使用。

(5) 数据库的建立和维护。建立数据库包括数据库初始数据的导入与数据转换等。维护数据库包括数据库的转储与恢复、数据库的重组织与重构造、性能的监视与分析等。

(6) 数据接口。DBMS 需要提供与其他软件系统进行通信的功能。例如,提供与其他 DBMS 或文件系统的接口,从而能够实现不同软件的数据转换,实现异构数据库之间的互访和互操作功能等。此外,现代 DBMS 还提供了先进辅助设计工具、可视化的集成开发环境或商业智能开发平台等。

2. DBMS 的工作过程

用户程序访问数据库时,DBMS 的工作过程如图 1-21 所示。在使用数据库时,存取一个记录的过程如下:

① 用户程序 A 向 DBMS 发出调用数据库中数据的命令,命令中给出所需记录类型名和主键值等有关参数。

② DBMS 分析命令,取出应用程序 A 对应的子模式,从中找出有关记录的数据库描述。检查 A 的存取权限,决定是否执行 A 的命令。

③ 决定执行后,DBMS 取出对应模式,根据子模式与模式变换的定义,决定为了读取记录需要哪些模式记录类型。

④ DBMS 取出内模式,并通过模式与内模式的变换找到这些记录类型的内模式名以及有关数据存放的信息。决定从哪台设备,用什么方式读取哪个物理记录。

⑤ DBMS 根据第④步的结果,向操作系统(OS)发出执行读取记录的命令。

⑥ OS 向记录所在的物理设备发出调页命令,由 DBMS 送至系统缓冲区。

⑦ DBMS 根据模式、子模式导出应用程序所要读取的逻辑记录,并将数据从系统缓冲区传送到程序 A 的用户工作区。

⑧ DBMS 在程序调用的返回点提供成功与否的状态信息。

⑨ 记载工作日志。

⑩ 应用程序检查状态信息，若成功则对工作区中的数据正常处理；若失败则决定下一步如何执行。

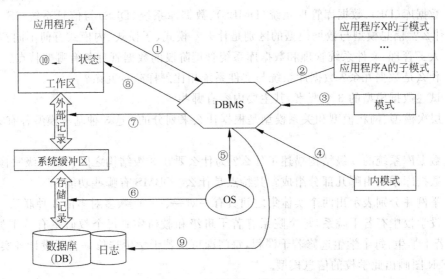

图 1-21　DBMS 的工作过程

1.4　本章小结

数据库技术是研究数据库的结构、存储、设计、管理和使用的一门软件学科。它已成为多种计算机应用及信息系统的基石。

在信息世界中，常使用一种典型的信息模型，即通过 E-R 图来描述实体集及其联系。在机器世界则采用数据模型来具体描述、刻画数据及其联系。

基本数据模型有关系模型、层次模型、网状模型。关系模型中，一切实体及其联系均用二维表结构来表示。层次模型中，用树结构来表示数据关系及其数据组织。网状模型中，用图结构表示数据关系及数据组织。

数据库系统结构为 3 级模式结构。子模式是直接面向用户的，表示局部的用户数据库结构；模式描述全局数据库的逻辑结构；内模式是全局数据库结构的物理表示，描述数据的实际存储结构及方法。数据库系统的 3 级结构和两级映像保证了较高的数据独立性。

数据库系统是包括 DBMS、数据库在内的整个计算机系统。主要由硬件平台、软件系统及各类人员组成。数据库系统的特点是能对数据实行统一、高效的集中管理，提高数据独立性，实现高度共享，保证数据的完整性与安全性。

DBMS 是数据库系统的核心，它是负责数据库的定义、建立、操纵、管理和维护的系统软件，其职能是有效地实现数据库 3 级模式之间的转换。

习题 1

1. 数据库(DB)、数据库管理系统(DMBS)、数据库系统(DBS)与信息系统(IS)之间的关系是什么? 信息模型与数据模型的区别是什么? 模式、子模式、内模式有何不同?

2. 人工管理、文件系统管理和数据库系统管理阶段的数据管理各有哪些特点?

3. 什么是数据冗余? 数据库系统与文件系统相比怎样减少冗余?

4. 试述数据模型的 3 个要素,其主要内容有哪些?

5. 层次模型、网状模型和关系模型是根据什么来划分的? 这 3 种基本模型各有哪些优、缺点?

6. 数据库系统的 3 级结构描述了什么? 为什么要在 3 级结构之间提供两级映像?

7. 数据库系统由哪几部分组成? 其特点是什么? DBMS 有哪些功能?

8. 举例并分别表示出两个实体集之间具有一对一、一对多、多对多的 3 种联系。

9. 设学校中有若干院系,每个院系有若干班级和教研室;每个教研室有若干教员,每个班有若干学生,每个学生选修若干课程,每门课可由若干学生选修。自行设计各实体的属性,用 E-R 图画出此学校的信息模型。

10. 有一个记录球队、队员和球迷信息的数据库,包括:

(1) 对于每个球队,有球队的名字、队员、队长(队员之一)及队服的颜色。

(2) 对于每个队员,有其姓名和所属球队。

(3) 对于每个球迷,有其姓名、最喜爱的球队、最喜爱的队员及最喜爱的颜色。

用 E-R 图画出该数据库的信息模型。

关系数据库 第 2 章

本章主要描述关系数据库系统的基础知识,其中包括关系数据库的基本概念、关系模型的要素、关系代数及其扩充运算,介绍关系数据库的查询优化方法与技术,为以后学习关系数据库系统的理论与技术做知识储备。

2.1 关系模型

2.1.1 关系模型的特点

关系数据库应用数学方法来处理数据库中的数据。系统而严格地提出关系模型的是美国 IBM 公司的 E. F. Codd,他从 1970 年起连续发表了多篇论文,奠定了关系数据库的理论基础。不久,人们开始了关系数据库原型的研制,并不断使数据库走向实用化。于是,1981 年的图灵奖授予了 E. F. Codd——这位"关系数据库之父"。

20 世纪 80 年代末,关系数据库系统已成为数据库发展的主流,不但用在大型机和小型机上,而且微机上的产品也越来越多。90 年代以来,伴随着计算机网络的广泛使用,与之相适应的分布式数据库系统也日渐成熟,随后又产生了对象关系数据库、Web 数据库、物联网数据库以及其他扩充的关系数据库系统,数据库的研究与应用取得了辉煌的成就。其中,关系模型及关系数据理论为数据库后续研究与发展奠定了坚实的基础。

关系模型是用表结构表示实体集与实体集之间联系的一种模型。它具有以下特点:

(1) 结构简单,表达力强。在关系模型中,实体集和实体集间的联系都用关系来表示,不用人为设置指针。用户透明度高,易于理解和掌握。

(2) 语言的一体化。数据模式的描述与数据操纵统一的语言表示,从而使得关系模型的数据语言一体化,简化了数据语言,极大地方便了用户的使用。

(3) 非过程化的操作。在关系模型中,用户不必了解系统内的数据存取路径，只需提出干什么，而不必具体指出该怎么干。

（4）坚实的数学基础。关系模型以关系代数为基础，其特点是可用数学方法来表示关系模型系统，为进一步扩展创造了条件。

组成关系模型的 3 个要素是关系数据结构、关系数据操作、关系的完整性约束。

2.1.2　关系数据结构

在关系模型中，实体及实体之间的联系均用关系来表示。那么，关系数据结构如何表示？为了说明这一点，首先介绍一组相关概念。

1. 笛卡儿积

笛卡儿积是在域上的一种运算。域是一组具有相同数据类型的值集合。例如，整数、实数、字符串、集合以及小于 100 的正整数等都可以是域。域用来表明所定义属性的取值范围。给定一组域 $D_1, D_2, \cdots, D_n$，则 $D_1, D_2, \cdots, D_n$ 的笛卡儿积为

$$D_1 \times D_2 \times \cdots \times D_n = \{(d_1, d_2, \cdots, d_n) \mid d_i \in D_i, i = 1, 2, \cdots, n\}$$

其中每一个元素 $(d_1, d_2, \cdots, d_n)$ 称为一个元组，元素中的每一个值 d_i 称为一个分量，d_i 值取自对应的域 D_i。允许一组域中存在相同的域。

【例 2.1】　设给出两个域：姓名集 $D_1 = \{$李倩，王刚，张洪宁$\}$ 和 性别集 $D_2 = \{$男，女$\}$。则 $D_1 \times D_2 = \{($李倩，男$)($王刚，男$)($张洪宁，男$)($李倩，女$)($王刚，女$)($张洪宁，女$)\}$。笛卡儿积产生的这 6 个元组可构成一张二维表，表中部分元组称为其子集，如图 2-1 所示。从图 2-1 中可以看出，笛卡儿积会包含一些无意义的元组。

2. 关系

笛卡儿积的有限子集称为对应域上的关系。

设有属性 $A_1, A_2, \cdots, A_n$，它们分别在域 $D_1, D_2, \cdots, D_n$ 中取值，则这些域构成的一个笛卡儿乘积空间 $D = D_1 \times D_2 \times \cdots \times D_n$ 中的任意一个子集 D' 为一个关系，记为 R。R 表示关系的名字。称 R 是 n 元（或 n 目）关系。

由上可知，关系是元组的集合。关系基本的数据结构是二维表。每一张表称为一个具体关系或简称为关系。

在实际使用中，关系是属性值域的笛卡儿儿积中有意义的元组集合。可从图 2-1 所示的笛卡儿积中取出一个有意义的子集，构造一个二元关系：people（姓名，性别），该关系的元组是实际的姓名与性别值，如表 2-1 所示。

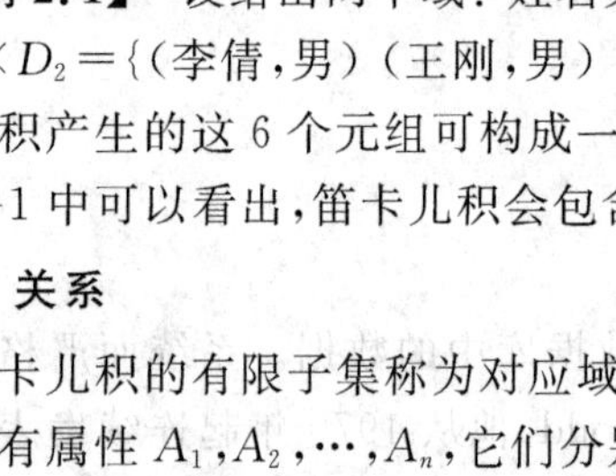

图 2-1　笛卡儿儿积中抽取子集

表 2-1　people 关系

姓名	性别
王刚	男
张洪宁	男
李倩	女

关系中基本术语如下:

(1) 元组与属性。二维表中的每一行称为关系的元组(Tuple),二维表中的每一列称为关系的属性(有型和值之分),列中的元素为该属性的值,称为分量。每个属性所对应的值变化的范围叫属性的域,它是一个值的集合。如学生关系中,其元组、属性和域及其关联如图 2-2 所示。

(2) 候选键(简称键,也称候选码)。在一个关系中,若某一属性(或属性集)的值可唯一地标识每一个元组,即其值对不同的元组是不同的,这样的属性集合称为候选键。例如,在图 2-2 中,学号可唯一地标识每一个学生元组,故为候选键。若增加一个学生借书卡号属性,因借书卡号也可唯一地标识每一个学生,故它也是候选键。可见,一个关系中候选键可能有多个。

(3) 主键(主关键字,也称主码)。当用关系组织数据时,常选用一个候选键作为组织该关系及唯一性操作的对象。被选用的候选键称为主键。例如,图 2-2 中学号为候选键,选其作为组织该关系的主键。那么,按学号进行查询、插入、删除等操作时,操作的元组是唯一的;还可在学号上建索引,使其值在逻辑上有序。

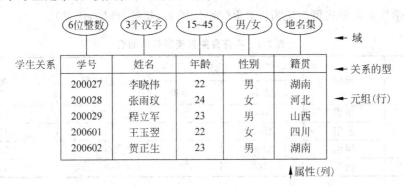

图 2-2 关系、元组、属性和域及其关联

(4) 外键(外来关键字,也称外码)。若关系 R_1 的属性(或属性集) A_1 不是 R_1 的候选键,而是另一关系 R_2 的候选键,则称 A_1 为 R_1 的外键。外键提供了一种表示两个关系联系的方法。

有时需要一个关系的全部属性作为该关系的候选键,例如,购买关系涉及顾客、商品、售货员这 3 个属性及其值,由于这三者均为多对多关系,任何一个或两个属性的值不能决定整个元组,故选顾客、商品、售货员三者组合为候选键,也作为主键,称之为全键。

3. 关系的性质

关系应具备下列性质:

(1) 列的同质性。即每一列中的分量是同一类型的数据,来自同一个域。

(2) 列名唯一性。即每列要给予不同的属性名,但不同列的值可出自同一个域,如学号和年龄的值均可出自整数域。

(3) 元组相异性。即关系中任意两个元组不能完全相同,至少主键值不同。

在许多实际关系数据库产品中,若用户没有定义有关的约束条件,允许关系表中存在两个完全相同的元组。

(4) 行序无关性。行的次序无关紧要,可以互换。

(5) 列序无关性。列的次序无关紧要,可以互换。

(6) 分量原子性。即分量值是原子的,每一个分量都必须是不可分的数据项。

关系模型要求关系必须是规范的,最基本的条件是,关系的每一个分量必须是一个不可分的数据项,即不允许表中出现表达式或一个分量多个值、不允许表嵌套。不符合关系模型规范的表如表 2-2 所示。

4. 关系模式

关系模式(Relational Scheme)是关系结构的描述和定义,即二维表的表结构定义。关系实质上是一张二维表,表的每一行为一个元组,每一列为一个属性。因此,关系模式必须指出这个元组集合的结构,即它由哪些属性构成、这些属性来自哪些域以及属性与域之间的对应关系。

关系模式具体通过 DBMS 的语言来定义。讨论问题时,关系模式可简记为关系的属性名表: $R(U) = R(A_1, A_2, \cdots, A_n)$,其中 U 代表属性全集,$A_1, A_2, \cdots, A_n$ 代表各个属性名。

例如,学生关系模式可简记为:学生(学号,姓名,年龄,性别,籍贯)。

表 2-2　不符合关系模型规范的表

车间号	班组	工资		超额奖	实发
		基本	补助		
01	甲组	5000	200	500	5700
	乙组	4500	100	300	4900
02	甲组	4800	0	200+50	5050
30	丙组	3500	500	500~900	4500

5. 关系数据库

关系数据库是建立在关系模型之上的关系的集合。它是基于关系模型的数据库,现实世界中的各种实体以及实体之间的各种联系均用关系来表示,并借助于关系的方法来处理数据库中的数据。一个具体的关系数据库是对应于一个应用的全部关系的集合。关系数据库的型是关系模式的集合,即数据库结构等的描述,其值是反映当前数据状态的关系集合。

关系、关系模型、关系模式、关系数据库之间的联系如下:

(1) 一个关系只能对应一个关系模式,一个关系模式可对应多个关系。

(2) 关系模式是关系的型,按其型装入数据值后即形成关系。

(3) 关系模式是相对静态的、稳定的,而关系是动态的、随时间变化的。

(4) 一个关系数据库是相关关系的集合,而关系模型的结构是相关关系模式的集合。

2.1.3　关系数据操作

1. 常用的关系数据操作

关系模型中常用的关系数据操作有 4 种。

(1) 数据查询。基本操作有关系属性的指定、元组的选择;两个关系的合并。

(2) 数据插入。在关系内插入一些新元组。

(3) 数据删除。在关系内删除一些元组。

(4) 数据修改。修改关系元组的内容。可先删除要修改的元组,再插入新元组。

上述 4 种操作功能的操作对象都是关系,其操作结果仍为关系,即关系数据操作是一种集合式操作。复杂的关系数据操作可通过基本的关系数据运算获得。此外,还需要有关系的操作规则及具体的关系数据语言来实现这些操作。

2. 关系数据语言

关系数据语言可分为研究用的抽象语言和可使用的实现语言。关系数据语言大体分成 3 类,如表 2-3 所示。

表 2-3　关系数据语言的分类

关系数据语言(抽象语言)		关系数据语言(实现语言)
关系代数语言		如 ISBL
关系演算语言	元组关系演算语言	如 ALPHA
	域关系演算语言	如 QBE
具有关系代数和关系演算双重特点的语言		如 SQL

解释如下:

(1) 关系代数语言是通过对关系的运算来表达查询要求的语言。它需要指明所用操作。

(2) 关系演算语言是用谓词来表达查询要求的语言。它只需描述所需信息的特性。关系演算语言又分为两种,即元组关系演算和域关系演算。前者以元组变量作为演算的基本对象,后者以域变量作为演算的基本对象。

(3) 具有关系代数和关系演算双重特点的语言是综合特性的语言。其实现语言如结构化查询语言(Structured Query Language,SQL),不仅具有丰富的查询功能,而且具有数据定义和数据控制功能,它是通用的、功能极强的关系数据库的标准语言。

(4) 关系代数、元组关系演算和域关系演算这 3 种语言在表达能力上是完全等价的。

(5) 抽象语言与具体的实现语言并不完全一样,但它是语言的实现基础,可用来作为评估语言能力的标准。实现语言也称数据库语言,它是用户用来操作数据库的工具。

关系数据语言尽管种类多样、风格不同,但都有共同的特点:具有完备的表达能力;是非过程化的集合操作语言;功能强且有多种使用方式。

2.1.4　关系的完整性约束

为了维护关系数据库的完整性和一致性,数据与数据的更新操作必须遵守以下 3 类完整性约束。

1. 实体完整性

实体完整性规则:若属性(组) A 是基本关系 R 主键上的属性,则属性 A 不能取空值。

解释如下:

(1) 实体完整性规则是对基本关系的约束和限定。

(2) 每个实体具有唯一性标识——主键。

(3) 组成主键的各属性都不能取空值(有多个候选键时,主键外的候选键可取空值)。

【例 2.2】　设在学生关系数据库中有 3 个关系,其关系模式分别为:

学生（<u>学号</u>，姓名，借书卡号，年龄，所在院系）

课程（<u>课程号</u>，课程名，学分）

选修（<u>学号</u>，<u>课程号</u>，成绩）

其中：带下画线的属性为对应关系的主键。

在学生关系中，"学号"为主键，则它不能取空值。若为空值，说明缺少元组的关键部分，则实体不完整。候选键"借书卡号"在未发借书卡时可为空。

实体完整性规则规定基本关系主键上的每一个属性都不能取空值，而不仅是主键整体不能为空值。例如，选修关系中，"学号"与"课程号"为主键，则两个属性都不能取空值。

2. 参照完整性

现实世界中的实体集之间往往存在某种联系，在关系模型中，实体集及实集体间的联系都是用关系来描述的。这样就自然存在着关系与关系间的引用。

引用关系是指关系中某属性的值需要参照另一关系的属性来取值。设例 2.2 中的 3 个关系之间存在着属性间的引用，即选修关系引用了学生关系的主键"学号"和课程关系的主键"课程号"。显然，选修关系中的学号值必须是学生关系中实际存在的某学号；选修关系中的课程号值也必须是已开设的某课程号。换言之，选修关系中某些属性的值需要参照学生关系及课程关系对应的属性内容来取值。称选修关系为依赖表（或参照关系），学生关系和课程关系为目标表（或被参照关系）。

不仅两个或两个以上的关系之间可以存在引用关系，同一关系内部属性间也可能存在引用关系。

【例 2.3】 设关系模式：学生（<u>学号</u>，姓名，性别，院系号，年龄，合作者），院系（<u>院系号</u>，院系名称，办公地点）。

这里有学生关系中的"院系号"引用了院系关系中的"院系号"（关系之间的引用）；学生关系中的"合作者"引用了自身关系中的"学号"（关系内部的引用，设学生实验的合作者为本班某一个学生，取其学号值），如图 2-3 所示。

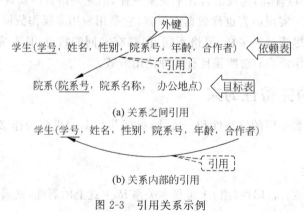

(a) 关系之间引用

(b) 关系内部的引用

图 2-3 引用关系示例

设基本关系 R、S（可为同一关系）。若 F 是 R 的一个属性（组），但不是 R 的键。如果 F 与 S 的主键 K 相对应，则称 F 是 R 的外键。并称 R 为依赖表，S 为目标表。

注意：主键 K 和外键 F 必须定义在相同数据域上（类型相同、取值范围相同），它们相对应即有引用关系。对应的属性名可以不相同，如专业对应专业名。

参照完整性规则：若属性(组)F 是 R 的外键,它与 S 的主键 K 相对应,则对于 R 中每个元组在 F 上的值必须取空值(F 的每个属性值均为空值),或者等于 S 中某个元组的主键值。

参照完整性又称为引用完整性,它定义了外键与主键之间的引用规则。外键与主键提供了一种表示元组之间联系的手段。外键要么空缺,要么引用一个实际存在的主键值。

在例 2.3 中,学生关系中每个元组的"院系号"只能取下面两类值：

(1) 空值,表示该学生刚被录取,尚未分配到院系。

(2) 非空值,这时该值必须是院系关系中某个院系号的值。

同理,学生关系中每个元组的"合作者"只能取某一学号值或为空值,若为空值表示该学生尚未分配合作者,如不具备合作实验资格等。

在例 2.2 中,选修关系中的"学号"与学生关系的主键"学号"相对应,因此是外键；选修关系中的"课程号"与课程关系的主键"课程号"相对应,故也是外键。根据参照完整性规则,它们要么空缺,要么引用对应关系中实际存在的主键值。但由于选修关系自身的主键为"学号"与"课程号",又根据实体完整性规则,它们均不能为空,故只能取对应目标表中的实际值,而不能取空值,即实体完整性优先于参照完整性。

3．用户定义的完整性

实体完整性和参照完整性适用于任何关系数据库系统。此外,不同系统根据其应用环境的不同,往往还需要一些特殊的约束条件。用户定义的完整性就是针对某一具体关系数据库的约束,它反映某一具体应用所涉及的数据必须满足的语义要求及约束条件。例如,学生关系中的年龄在 15～45 之间,选修关系中的成绩在 0～100 之间。更新职工表时,工资、工龄等属性值通常只增加,不减少等。关系 DBMS 应提供定义和检验这类完整性的机制,以便用统一的系统方法处理它们,而不要由应用程序承担这一功能。

关系数据库系统一般包括以下几种用户定义的完整性约束：

(1) 定义属性是否允许为空值。

(2) 定义属性值的唯一性。

(3) 定义属性的取值范围。

(4) 定义属性的默认值。

(5) 定义属性间函数依赖关系。

2.2　关系代数

关系代数是一种抽象语言,它通过对关系的运算来表达查询。关系代数以关系为运算对象,通过对关系进行"组合"或"分割",得到所需的数据集合——一个新的关系。

关系代数可分为：

(1) 集合运算(并、交、差；广义笛卡儿积)。

(2) 关系运算(投影、选择、连接和除运算)。

(3) 扩充的关系运算(广义投影、外连接、半连接、聚集等)。

关系运算是一组施于关系上的高级运算,每个运算都以一个或多个关系作为它的运算对象,并生成另一个关系作为该运算的结果。

集合运算将关系看成元组的集合,其运算是以关系的行为元素来进行的,而关系运算不仅涉及行而且涉及列。

扩充的关系运算是人们为适应关系理论的发展而对关系运算进行的扩充表示。

关系代数常用的运算符如表 2-4 所示,包括以下 4 类:

(1) 集合运算符。

(2) 专门的关系运算符。

(3) 比较运算符。

(4) 逻辑运算符。

表 2-4 关系代数常用的运算符

运算符		含义
集合运算符	∪	并
	−	差
	∩	交
专门的关系运算符	×	广义笛卡儿积
	σ	选择
	Π	投影
	⋈	连接
	÷	除
比较运算符	>	大于
	⩾	大于等于
	<	小于
	⩽	小于等于
	=	等于
	≠	不等于
逻辑运算符	¬	非
	∧	与
	∨	或

其中,比较运算符和逻辑运算符是用来辅助专门的关系运算符进行操作的。这里不包括扩充的关系运算符。

2.2.1 集合运算

集合运算包括并、交、差、广义笛卡儿积 4 种运算。其中,除广义笛卡儿积外,其他运算中参与运算的两个关系必须是相容的同类关系,即它们必须有相同的元(列数),且相应的属性值取自同一个域(属性名可以不相同)。

设:t 为元组变量;R、S 为同类的 n 元关系。集合运算定义如下:

(1) 并(Union)。关系 R 与关系 S 的并由属于 R 或属于 S 的元组组成。其结果关系仍为 n 元关系。记做

$$R \cup S = \{t \mid t \in R \vee t \in S\}$$

(2) 差(Difference)。关系 R 与关系 S 的差由属于 R 而不属于 S 的所有元组组成。其结果关系仍为 n 元关系。记做

$$R - S = \{t \mid t \in R \wedge t \notin S\}$$

(3) 交(Intersection)。关系 R 与关系 S 的交由既属于 R 又属于 S 的元组组成,其结果关系仍为 n 元关系。记做

$$R \cap S = \{t \mid t \in R \wedge t \in S\}$$

或者表示为

$$R \cap S = R - (R - S)$$

这种可用其他关系代数式表示的运算称为非基本运算。

(4) 积(Cartesian Product)(即广义笛卡儿积)。设：R 为 k_1 元的关系、有 n_1 个元组，S 为 k_2 元关系、有 n_2 个元组。广义笛卡儿积的结果关系为一个 $k_1 + k_2$ 元的新关系，有 $n_1 \times n_2$ 个元组。每个元组由前 k_1 列关系 R 的一个元组，与后 k_2 列关系 S 的一个元组拼接而成。记做

$$R \times S = \{t_r t_s \mid (t_r \in R) \land (t_s \in S)\}$$

说明：R、S 可以是不同类关系，结果为不同类关系。当需要得到一个关系 R 和其自身的广义笛卡儿积时，必须引入 R 的别名，比如 R'，把表达式写为 $R \times R'$ 或 $R' \times R$。运算中出现同名属性亦如此区别。

上述运算中，并运算、交运算和积运算均满足结合律，但求差运算不满足结合律。

【例 2.4】 已知 R、S，见图 2-4(a)和图 2-4(b)，求以下运算：①$R \cup S$；②$R \cap S$；③$R - S$；④$R \times S$。

解：其集合运算结果如图 2-4(c)至图 2-4(f)所示。

R

A	B	C
1	2	3
4	5	6
7	8	9

(a)

S

A	B	C
1	2	3
7	8	9
10	11	12

(b)

$R \cup S$

A	B	C
1	2	3
4	5	6
7	8	9
10	11	12

(c)

$R \cap S$

A	B	C
1	2	3
7	8	9

(d)

$R - S$

A	B	C
4	5	6

(e)

$R \times S$

A	B	C	A'	B'	C'
1	2	3	1	2	3
1	2	3	7	8	9
1	2	3	10	11	12
4	5	6	1	2	3
4	5	6	7	8	9
4	5	6	10	11	12
7	8	9	1	2	3
7	8	9	7	8	9
7	8	9	10	11	12

(f)

图 2-4 集合运算

2.2.2 关系运算

关系运算包括选择、投影、连接、除等。

设 t 为 R 的元组变量,$R(U) = R(A_1, A_2, \cdots, A_n)$,则引入记号 $t[A]$,表示关系 R 在 A 属性(组)上的所有值。

例如,t[学号,姓名]:表示 R 中在学号、姓名两列上的所有属性值。

1. 选择(Selection)

选择运算是在关系行上进行的元组挑选,结果产生同类关系。记做

$$\sigma_F(R) = \{t \mid (t \in R) \wedge F(t) = \text{True}\}$$

含义:$\sigma_F(R)$ 表示由从关系 R 中选出满足条件表达式 F 的那些元组所构成的关系。其中,F 由属性名(值)、比较符、逻辑运算符组成。

【例 2.5】 已知关系 T,见图 2-5(a),则选择运算:

$\sigma_{A_2 > 5 \vee A_3 \neq 'f'}(T)$ 也可表示为 $\sigma_{[2] > 5 \vee [3] \neq 'f'}(T)$ 的运算结果如图 2-5(b)所示。

2. 投影(Projection)

投影运算是在关系列上进行的选择,结果产生不同类关系。记做

$$\Pi_A(R) = \{t[A] \mid (t \in R)\}$$

含义:R 中取属性名表 A 中指定的列,消除重复元组。

【例 2.6】 已知关系 T,见图 2-5(a),则投影运算 $\Pi_{A_3, A_2}(T)$ 的结果见图 2-5(c)。

关系 T

A_1	A_2	A_3
a	3	f
b	2	d
c	2	d
e	6	f
g	6	f

(a)

$\sigma_{A_2 > 5 \vee A_3 \neq 'f'}(T)$

A_1	A_2	A_3
b	2	d
c	2	d
e	6	f
g	6	f

(b)

$\Pi_{A_3, A_2}(T)$

A_3	A_2
f	3
d	2
f	6

(c)

图 2-5 选择、投影运算示例

3. 连接(Join)

连接运算也称为 θ 连接。它是从两个关系的笛卡儿积中选取属性间满足一定条件的元组。记做

$$R \underset{A\theta B}{\bowtie} S = \{\widehat{t_r t_s} \mid (t_r \in R) \wedge (t_s \in S) \wedge t_r[A] \, \theta \, t_s[B]\}$$

上式可用其他关系代数式表示为

$$R \underset{A\theta B}{\bowtie} S = \sigma_{R.A \, \theta \, S.B}(R \times S)$$

其中,A 和 B 分别为 R 和 S 上列数相等且可比的属性组。

含义:从 $R \times S$ 中选取 R 关系在 A 属性组上的值与 S 关系在 B 属性组上值满足 θ 关系的元组,构成一个新关系。

常用的连接运算有：

（1）等值连接。即 θ 为"="的连接。可用其他关系代数式表示为

$$R \underset{A=B}{\bowtie} S = \sigma_{R.A=S.B}(R \times S)$$

（2）自然连接（Natural Join）。它是一种特殊的等值连接，要求两个关系中进行比较的分量必须是相同的属性组，并且要在结果中把重复的属性去掉。若 R 和 S 具有相同的属性组 B，则自然连接记做

$$R \bowtie S = \{\widehat{t_r\,t_s} \mid (t_r \in R) \wedge (t_s \in S) \wedge (t_r[B]=t_s[B])\}$$

自然连接可用其他关系代数式表示。设 R、S 有同名属性 $B_i(i=1,2,\cdots,k)$，有

$$R \bowtie S = \Pi_{\text{无重复属性名表}}(\sigma_{R.B_1=S.B_1 \wedge \cdots \wedge R.B_k=S.B_k}(R \times S))$$

自然连接要求 R、S 有同名属性，其连接结果为满足同名属性值也对应相同，并且去掉重复属性后的连接元组集合。自然连接的运算步骤可分解为：

① 计算 $R \times S$。

② 选择满足等值条件 $R.B_1 = S.B_1 \wedge \cdots \wedge R.B_k = S.B_k$ 的元组。

③ 去掉重复属性 $S.B_1, \cdots, S.B_k$。

【例 2.7】 已知有图 2-6(a)和图 2-6(b)所示的关系 R、S，其笛卡儿积见图 2-6(c)，则：

（1）条件连接示例，其运算的结果如图 2-6(d)所示。

（2）等值连接示例，其运算的结果如图 2-6(e)所示。

（3）自然连接示例，其运算的结果如图 2-6(f)所示。

说明：等值连接与自然连接的区别是：等值连接的连接属性不要求是同名属性；等值连接后不要求去掉同名属性。

4. 除（Division）

设关系 $R(X,Y)$ 和 $S(Y,Z)$，X,Y,Z 为属性组。X 属性上的值为 x_i。除运算记做

$$R \div S = \{t[X] \mid t \in R \wedge \Pi_Y(S) \subseteq Y_X\}$$

分解 $R \div S$ 的运算步骤如下：

① 求 $\Pi_X(R)$。

② 求 $\Pi_Y(S)$。

③ Y_X 为 X 在 R 中的像集（Images Set），它表示 R 中属性组 X 上值为 x_i 的诸元组在 Y 上分量的集合。

求像集 Y_X 的方法为：对于每个值 $x_i,x_i \in \Pi_X(R)$，求 $\Pi_Y(\sigma_X = x_i(R))$。

④ $R \div S$ 运算结果为：像集 Y_X 包含了 $\Pi_Y(S)$ 的 x_i。

【例 2.8】 设关系 $R(A,B,C)$、$S(B,C,D)$，如图 2-7(a)所示，计算 $R \div S$ 的结果。

解：① 求 $\Pi_A(R)$。

$\Pi_A(R) = \{a_1,a_2,a_3,a_4\}$，即在关系 R 中，A 可以取 4 个值 $\{a_1,a_2,a_3,a_4\}$。

② 求 $\Pi_{B,C}(S)$。S 在 (B,C) 上的投影为 $\{(b_1,c_2),(b_2,c_1),(b_2,c_3)\}$。

③ 求 a_i 在 R 中的像集 $BC_{a_i}(i=1\sim4)$。即对于每个 $a_i \in \Pi_A(R)$，求 $\Pi_{B,C}(\sigma_{A=a_i}(R))$ $(i=1\sim4)$。

根据关系的性质，元组的次序无关紧要，故调换一下 R 中元组的次序，如图 2-7(b)所示。故：

数据库原理与技术(Oracle 版)(第 3 版)

R

A_1	A_2	A_3
b	2	d
b	3	b
c	2	d
d	3	b

(a)

S

A_2	A_3
2	d
3	b

(b)

$R \times S$

$R.A_1$	$R.A_2$	$R.A_3$	$S.A_2$	$S.A_3$
b	2	d	2	d
b	2	d	3	b
b	3	b	2	d
b	3	b	3	b
c	2	d	2	d
c	2	d	3	b
d	3	b	2	d
d	3	b	3	b

(c)

$R \underset{[2]>[1]}{\bowtie} S$

$R.A_1$	$R.A_2$	$R.A_3$	$S.A_2$	$S.A_3$
b	3	b	2	d
d	3	b	2	d

(d)

$R \underset{[2]=[1]}{\bowtie} S$

$R.A_1$	$R.A_2$	$R.A_3$	$S.A_2$	$S.A_3$
b	2	d	2	d
b	3	b	3	b
c	2	d	2	d
d	3	b	3	b

(e)

$R \bowtie S$

A_1	A_2	A_3
b	2	d
b	3	b
c	2	d
d	3	b

(f)

图 2-6 多种连接的示例

a_1 在 R 中的像集为 $\{(b_1,c_2),(b_2,c_1),(b_2,c_3)\}$

a_2 在 R 中的像集为 $\{(b_3,c_7),(b_2,c_3)\}$

a_3 在 R 中的像集为 $\{(b_4,c_6)\}$

a_4 在 R 中的像集为 $\{(b_6,c_6)\}$

④ 求出像集 BC_{a_i} 包含了 $\Pi_{B,C}(S)$ 的 a_i。显然,只有 a_1 在 R 中的像集 BC_{a_1} 包含了 $\Pi_{B,C}(S)$,所以结果为:$R \div S = \{a_1\}$,如图 2-7(c)所示。

关系代数定义了除运算。但实际应用中,当关系 R 真包含了关系 S 时,$R \div S$ 才有意

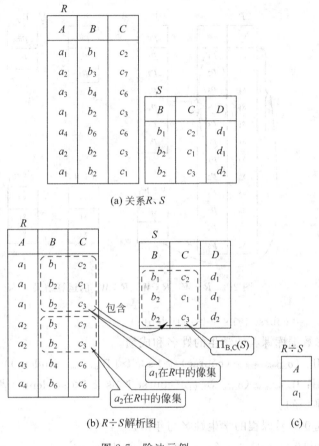

(a) 关系R、S

(b) $R \div S$解析图

(c)

图 2-7 除法示例

义。R 能被 S 除尽的充分必要条件是：R 中的属性包含 S 中的所有属性；R 中有一些属性不出现在 S 中。

设 R 为 r 元、S 为 s 元关系$(r>s>0)$，当关系 R 真包含了关系 S 时，$R \div S$ 可用下式计算，即

$$R \div S = \Pi_{1,2,\cdots,r-s}(R) - \Pi_{1,2,\cdots,r-s}((\Pi_{1,2,\cdots,r-s}(R) \times S) - R)$$

【例 2.9】 设 $R(S\sharp, P\sharp)$、$W_1(P\sharp)$、$W_2(P\sharp)$、$W_3(P\sharp)$。则 $R \div W_1$ 可表示为

$$\Pi_{S\sharp}(R) - \Pi_{S\sharp}((\Pi_{S\sharp}(R) \times W_1) - R)$$

同理，可列出另外两式。$R \div W_1$、$R \div W_2$、$R \div W_3$ 的运算结果见图 2-8。例中，$R \div W_i$ 的运算结果可理解为：R 中包含 W_i 全部属性值的那些元组在 R 与 S 的属性名集合之差即 $S\sharp$ 上的投影。

【例 2.10】 关系代数的应用举例，设学生—选课关系数据库，见表 2-5～表 2-7，在 3 个关系表中，除学号、年龄、学分、成绩属性的值为整型数外，其余均为字符串型。

(1) 求年龄在 25 岁以下的女学生。

$\sigma_{sex='女' \wedge age<25}(\text{student})$

(2) 求成绩在 85 分以上的学生的学号和姓名。

$\Pi_{sno, sname}(\sigma_{grade \geq 85}(\text{student} \bowtie \text{s\_c}))$

(3) 查询至少选修了一门其直接先修课为 003 号课程的学生姓名。

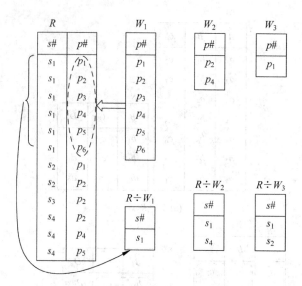

图 2-8　$R \div W_1$、$R \div W_2$、$R \div W_3$ 的运算结果

$\Pi_{sname}(\sigma_{pcno='003'}(course \bowtie s\_c \bowtie student))$

(4) 求选修数据库课程的学生的姓名和成绩。

$\Pi_{sname,grade}(\Pi_{cno}(\sigma_{cname='数据库'}(course)) \bowtie s\_c \bowtie \Pi_{sno,sname}(student))$

上式也可用：$\Pi_{sname,grade}(\sigma_{cname='数据库'}(course \bowtie s\_c \bowtie student))$ 表示，这说明关系运算的表达式不是唯一的。

(5) 查没选 005 号课程的学生姓名与年龄。

$\Pi_{sname,age}(student) - \Pi_{sname,age}(\sigma_{cno='005'}(student \bowtie s\_c))$

那么能否用 $\Pi_{sname,age}(\sigma_{cno \neq '005'}(student \bowtie s\_c))$ 呢？请读者思考。

(6) 求选修全部课程的学生的姓名和学号。

$\Pi_{sno,cno}(s\_c) \div \Pi_{cno}(course) \bowtie \Pi_{sno,sname}(student)$

可用其他关系代数式表示的运算称为非基本运算。反之为基本运算。

5 种基本运算及其作用如下：

(1) 投影运算：$\Pi_{A_1,A_2,\cdots,A_n}(R)$ 实现关系属性(列)的指定。

(2) 选择运算：$\sigma_F(R)$ 实现关系元组(行)的选择。

(3) 积运算：$R_1 \times R_2$ 实现两个关系的无条件全连接。

(4) 并运算：$R_1 \cup R_2$ 实现两个关系的合并或关系中元组的插入。

(5) 差运算：$R_1 - R_2$ 实现关系中元组的删除。

表 2-5　学生表 student

sno(学号)	sname(姓名)	sex(性别)	age(年龄)	dept(所在院系)	place(籍贯)
200101	王萧虎	男	18	信息院	北京
200102	李云钢	女	20	信息院	上海
210101	郭敏星	女	18	英语系	湖北
210102	高灵	女	21	英语系	湖南
220101	王睿	男	19	计算机学院	湖北

续表

sno(学号)	sname(姓名)	sex(性别)	age(年龄)	dept(所在院系)	place(籍贯)
220102	吴迪源	女	18	计算机学院	四川
220103	王陵	男	19	计算机学院	湖北

表 2-6　课程表 course

cno(课程号)	cname(课程名)	credit(学分)	pcno(先修课号)
001	数学	6	
002	英语	4	
003	高级语言	4	001
004	数据结构	4	003
005	数据库	3	004
006	操作系统	3	003

表 2-7　学生选课表 s_c

sno(学号)	cno(课程号)	grade(成绩)
200101	001	90
200101	002	87
200101	003	72
210101	001	85
210101	002	62
220101	003	92
220101	005	88

2.2.3　扩充的运算

根据数据库的发展与应用情况,数据库的研究者对关系运算进行了扩充。

1. 广义投影

设有关系模式 R,对其进行广义投影运算为 $\Pi_{F_1,\cdots,F_n}(R)$,其中,$F_1,\cdots,F_n$ 是涉及 R 中常量和属性的算术表达式。通过这种广义投影运算对投影进行扩展。

【例 2.11】　若将查出的学生关系 student 中学号为 000101 学生的年龄加 1 岁,可用广义投影运算表示为

$$\Pi_{\text{sno,sname,sex,age=age+1}}(\sigma_{\text{sno}='200101'}(\text{student}))$$

此例说明不宜将年龄作为学生的属性,因为这样将会增加维护代价。

2. 赋值

设有相容关系 R 和 S,则通过赋值运算可对关系 R 赋予新的关系 S,记为:$R\leftarrow S$。其中,S 通常是经过关系代数运算得到的关系。通过赋值运算,可把复杂的关系表达式化为若干简单的表达式进行运算。特别是对于插、删、改操作很方便。

【例 2.12】　在关系 course 中增添一门新课:(099,电子商务,2,003),可用赋值操作表示为 course$\leftarrow$course$\cup${099,电子商务,2,003}。

设学号为 200108 的学生因故退学,请在关系 student 和 s_c 中将其相关记录删除,可表示为:

$$\text{student} < - \text{student} - (\sigma_{\text{sno}='200108'}(\text{student}))$$

$$\text{s\_c} < - \text{s\_c} - (\sigma_{\text{sno}='200108'}(\text{s\_c}))$$

对关系进行修改操作时,可先将要修改的元组删除,再将新元组插入即可。

3. 外连接

设有关系 R 和 S,它们的公共属性组成的集合为 Y,则对 R 和 S 进行自然连接时,在 R 中的某些元组可能在 S 中没有与 Y 上值相等的元组,同样,对于 S 也是如此,那么 $R \bowtie S$ 时,这些元组都将被舍弃,若不舍弃这些元组,并且在这些元组新增加的属性上赋空值 NULL,这种操作就称为"外连接"。若只保存 R 中原要舍弃的元组,则称为 R 与 S 的"左外连接",若只保存 S 中原要舍弃的元组,则称为 R 与 S 的"右外连接"。

几种外连接的表示如下:

(1) $R \mathrel{\rlap{\bowtie}{}} S$ (R 与 S 外连接)

(2) $R \mathrel{\rlap{\bowtie}{}} S$ (R 与 S 左外连接)

(3) $R \mathrel{\rlap{\bowtie}{}} S$ (R 与 S 右外连接)

图 2-9(c)~图 2-9(f)列出了图 2-9(a)和图 2-9(b)中关系 R 和 S 的自然连接、外连接、左外连接和右外连接运算的结果。

4. 半连接

设有关系模式 R 和 S,则 R 和 S 的自然连接只在关系 R 或关系 S 的属性集上的投影,称为半连接,R 和 S 的半连接记为 $R \ltimes S$,S 和 R 的半连接记为 $S \ltimes R$。

图 2-9(h)和图 2-9(i)列出了所给关系 R 和 S 的半连接运算的结果。

5. 聚集

关系的聚集运算指的是根据关系中的一组值,经统计、计算得到一个值作为结果,比较常用的聚集函数有求最大值 max、最小值 min、平均值 avg、总和值 sum 和计数值 count 等,使用时集函数前标以手写体符号 G。

【例 2.13】 对于学生—选课关系数据库统计、计算。

(1) 求男生的平均年龄和计算年龄不小于 20 岁的学生人数,分别用聚集运算表示为:

$$G \text{ avg(age)}(\sigma_{\text{sex}='男'}(\text{student}))$$

$$G \text{ count(sno)}(\sigma_{\text{age} \geqslant 20}(\text{student}))$$

(2) 求选修数据库课程的平均分数:

$$G \text{ avg(grade)}(\Pi_{\text{cno}}(\sigma_{\text{cname}='数据库'}(\text{course})) \bowtie \text{s\_c})$$

6. 外部并

设有关系模式 R 和 S、R 和 S 的外部并得到一个新关系,其属性由 R 和 S 中的所有属性组成(公共属性只取一次),其元组由属于 R 或属于 S 的元组组成,且元组在新增加的属性填上空值。图 2-9(g)列出了所给关系 R 和 S 的外部并运算的结果。

7. 重命名

重命名运算表示为:

R

W	X	Y
a	b	c
b	b	f
c	a	d

(a)

S

X	Y	Z
b	c	d
a	d	b
e	f	g

(b)

$R \bowtie S$

W	X	Y	Z
a	b	c	d
c	a	d	b

(c)

R 与 S 的外连接

W	X	Y	Z
a	b	c	d
c	a	d	b
b	b	f	null
null	e	f	g

(d)

R 与 S 的左外连接

W	X	Y	Z
a	b	c	d
c	a	d	b
b	b	f	null

(e)

R 与 S 的右外连接

W	X	Y	Z
a	b	c	d
c	a	d	b
null	e	f	g

(f)

R 与 S 的外部并

W	X	Y	Z
a	b	c	null
b	b	f	null
c	a	d	null
null	b	c	d
null	a	d	b
null	e	f	g

(g)

半连接 $R \ltimes S$

W	X	Y
a	b	c
c	a	d

(h)

半连接 $S \ltimes R$

X	Y	Z
b	c	d
a	d	b

(i)

图 2-9 特殊连接示例

① $\rho_x(E)$。其含义为给一个关系表达式赋予名字。它返回表达式 E 的结果,并把名字 x 赋给 E。

② $\rho_x(A_1,A_2,\cdots,A_n)(E)$。其含义为返回表达式 E 的结果,并把名字 x 赋给 E,同时将各属性更名为 $A_1,A_2,\cdots,A_n$。

关系被看作一个最小的关系代数式,可以将重命名运算施加到关系或属性上,得到具有不同名字的同一关系或不同属性名的同一关系。这对同一关系多次参与同一运算时很有帮助。

例如,设有关系 $R(A,B,C)$ 和关系 $S(B,C,D)$,则 $R \times S$ 的属性必须写成 A、$R.B$、$R.C$、$S.B$、$S.C$、D,对 R 的属性进行重命名后,$R \times S$ 可写成 $\rho_{R(A,X,Y)}(R) \times S$,其笛卡儿积后的属性为 A、X、Y、B、C、D,语义非常清楚。

【例 2.14】 设关系 R(姓名,课程,成绩),求英语成绩比刘勇的英语成绩高的学生。

因为在同一个关系上难以进行比较,采用重命名运算表示为

$$\Pi_{S.姓名}\left(\left(\sigma_{课程='英语'\wedge 姓名='刘勇'}(R)\right) \underset{R.成绩<S.成绩}{\bowtie} \left(\sigma_{课程='英语'}\rho_S(R)\right)\right)$$

2.3 查询优化

2.3.1 查询处理与查询优化

1. 查询处理中的优化问题

查询处理的任务是将用户提交给 DBMS 的查询语句转换为高效的执行计划。

在数据库系统中,最基本、最常用和最复杂的数据操作是数据查询。用户的查询通过相应查询语句提交给 DBMS 执行,该查询首先要被 DBMS 解析,然后转换成内部表示。而对于同一个查询要求,通常可对应多个不同形式但相互等价的关系代数式。由于相同的查询要求和结果存在着不同的实现策略,系统在执行时所付出的开销就会有很大差别。从查询的多个执行策略中进行合理选择的过程就是"查询处理过程中的优化",简称为查询优化(Query Optimization)。查询优化作为 DBMS 的关键技术,对于数据库的性能需求和实际应用有着重要的意义。

查询优化的基本途径可以分为用户手动处理和机器自动处理两种。对于非关系数据库系统,由于用户通常使用低层次的语义表达查询要求,任何查询策略的选取只能由用户自己去完成。关系数据语言只需用户提出"做什么",不必指出"怎么做",之所以能做到这一点,是因为在关系数据库系统中,以关系数据理论为基础,建立起由系统通过机器自动完成查询优化工作的有效机制,用户只需要向系统表述查询的条件和要求,查询处理和查询优化过程的具体实施完全由系统自动完成。正是在这种意义上,人们称关系数据查询语言为非过程化查询语言。

2. 查询优化器

关系数据库的查询优化是影响关系 DBMS 性能的关键因素。查询优化的总目标是选择有效的策略,求得给定关系表达式的值,从而提高查询效率。对于关系数据库系统来说,查询优化过程是由关系 DBMS 自动完成的,它减轻了用户选择存取路径的负担。由关系DBMS 自动生成若干候选查询计划,并且从中选取较优的查询计划的程序称为查询优化器。查询优化器是关系数据库的巨大优势所在,其作用在于用户不必考虑如何较好地表达查询以获得较高的效率,而且系统自动优化存取路径可以比用户的程序优化做得更好。由系统来优化的主要原因有以下几点:

(1) 优化器可以从数据字典中获取许多统计信息,并根据这些信息选择有效的执行计划,而用户程序则难以获得这些信息。

(2) 如果数据库的物理统计信息改变了,系统可以自动对查询进行重新优化以选择相适应的执行计划。而在非关系系统中必须重写程序。

(3) 优化器可以考虑数百种不同的执行计划,而程序员一般只能考虑有限的几种可能性。

(4) 优化器中包括了很多复杂的优化技术,这些优化技术往往只有最好的程序员才能掌握。系统的自动优化相当于使得所有人都拥有这些优化技术。

3. 查询的处理过程

在层次数据库和网状数据库中,采用的是导航式操作,即查询语句既要包含查询的条件与结果,还要描述实现此查询的过程。在关系数据库中,由于关系表达式具有高度的语义层次,使得相应的查询语句重在表达查询条件和查询结果,而将查询的具体实施过程及其查询策略选择交给 DBMS 承担。对于用户而言,关系数据查询具有非过程化的显著特征。关系数据库查询的处理过程如图 2-10 所示。

查询处理分为 4 个阶段,在处理过程中,一旦发现问题,则报告错误,中止处理。

(1) 查询分析。通过词法分析,识别出语句中的 SQL 关键字、属性名、关系名、运算符、常量等语言符号。通过语法分析,检查语句是否符合 SQL 语法规则。

(2) 查询检查。首先进行语义检查,根据数据字典,检查语句中的数据库对象,如属性名、关系名等是否有效;其次做符号名转换,将外部名转换为内部名;然后检查用户是否有请求的存取权限,再检查是否违反完整性约束。最后进行语法树转换,用基于关系代数的语法树来表示查询。

(3) 查询优化。从多个可能的执行方案中选择一个执行效率较高的方案。按照优化的层次一般可分为逻辑优化(即代数优化)和物理优化。逻辑优化是按照一定的规则,改变关系代数式中关系操作的组合和次序,使查询执行更高效。物理优化则是指存取路径和底层操作算法的选择,选择的依据可以是基于规则(Rule Based)的,也可以是基于代价(Cost Based)的,还可以是基于语义(Semantic Based)的。

(4) 查询执行。依据查询优化得到的结果,生成执行代码并执行之。

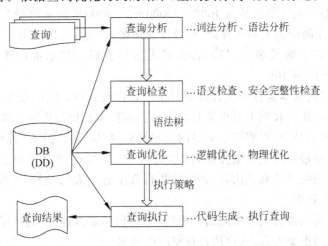

图 2-10 关系数据库查询的处理过程

4. 查询优化的必要性

查询优化的总目标是选择有效的策略,求得给定的关系代数式的值,使得查询代价较小。这就需要分析查询的执行开销问题,常见的查询执行开销如下:

在集中式数据库中:总代价 = I/O 代价 + CPU 代价

在多用户环境下:总代价 = I/O 代价 + CPU 代价 + 内存代价

在网络环境下:总代价 = I/O 代价 + CPU 代价 + 通信代价 + 内存代价

查询的执行开销与多个因素有关,难以精确分析,故仅进行定性说明。

在相同的软、硬件环境下,上述查询的执行代价都主要与查询处理的数据量有关。下面通过例子说明查询优化的作用。

【例 2.15】 设学生—选课数据库(表 2-5～表 2-7)中,student 表有 1000 个学生记录,每人平均选 10 门课程,s_c 表共有 $1000 \times 10 = 10000$ 个选课记录。要求查询学生"王林"所选修课程的成绩在 85 分以上的课程号。

此例查询可以用多种等价的关系代数式来表示。设条件:

F_1 代表 student.sno=s_c.sno; F_2 代表 student.name="王林"; F_3 代表 s_c.grade≥ 85。对该查询有 3 种典型的查询表示,即

① $\Pi_{cno}(\sigma_{F_1 \wedge F_2 \wedge F_3}(\text{student} \times \text{s\_c}))$

② $\Pi_{cno}(\sigma_{F_2 \wedge F_3}(\text{student} \bowtie \text{s\_c}))$

③ $\Pi_{cno}(\sigma_{F_2}(\text{student}) \bowtie \sigma_{F_3}(\text{s\_c}))$

当然,还可以写出其他等价的关系代数式。这几种表达式用哪一种更高效呢?下面用简化的方法来估算一下它们的查询效率。因查询的执行代价主要与查询处理的数据量有关,故可利用数据结构算法分析的方法对执行基本运算(关系扫描与连接)的次数进行定性分析:

① 事先在两个表上做笛卡儿积,产生 $1000 \times 10000 = 10^7$ 个连接记录,再在其上进行先选择后投影操作。其基本运算的次数为 $1000 \times 10000 + 2 \times 1000 \times 10000 = 3 \times 10^7$。

② 事先在两个表上做自然连接,产生 $1000 \times 10 = 10^4$ 个连接记录,再在其上进行先选择后投影操作。其基本运算的次数为 $1000 \times 10000 + 2 \times 1000 \times 10 = 10^7 + 2 \times 10^4$。

③ 事先分别在两个表上做选择,然后做自然连接,产生 $1 \times 10 = 10$ 个连接记录(某学生选课成绩在 85 分以上的最多 10 门),再在其上进行投影。其基本运算的次数为 $1000 + 10000 + 10 = 10^4 + 10^3 + 10^1$。

可以看出③式的基本运算的次数最少。在关系代数式中,选择、投影作为单目运算,操作代价较少,同时可从行和列上减少关系的大小。而笛卡儿积与连接运算作为双目运算,其自身操作的开销较大,同时可能产生大量的中间结果,故应重点考虑。若只考虑数据连接的代价,以上 3 式的连接时间复杂度分别为:①式 $O(10^7)$、②式 $O(10^4)$ 和③式 $O(10^1)$。该例说明,对不同等价的关系代数式而言,相应的执行效率有较大的差异,选取合理的关系代数式可显著提高查询效率。

由上例可知,前两种方式的中间结果集(笛卡儿积和条件连接)包含了许多对查询结果无用的记录,造成结果集太大,从而使得花费时间较多。

说明: 上述使用的是全表扫描的方法,比较费时,如果在选择的列和连接列上建立了适当的索引,就可减少记录的读取量,从而降低查询开销。这就是存取路径选择问题,由物理优化解决。

5. 查询优化的一般策略

下面介绍提高查询效率的常用优化策略。

(1) 尽可能先做选择、投影运算。

在优化策略中这是最重要、最基本的一条。它常常可使执行时节约几个数量级,因为选择或投影运算一般均可使计算的中间结果大大变小。由于选择运算可能大大减少元组的数量,同时选择运算还可以使用索引存取元组,所以通常选择操作应当优先于投影操作。

(2) 合并笛卡儿积与其后的选择为连接运算。

把要执行的笛卡儿积与在它后面要执行的选择结合起来成为一个连接运算,连接特别是等值连接运算要比分两步运算省很多时间。

例如：

$$\sigma_{R.A>S.C}(R \times S) = R \underset{A>C}{\bowtie} S$$

等式前是先做笛卡儿积,再做选择运算;等式后是在两表中选出符合条件元组的同时进行连接。

(3) 把投影运算和选择运算同时进行。

如有若干投影运算和选择运算,并且它们都对同一个关系操作,则可以在扫描此关系的同时完成所有的这些运算以避免重复扫描关系。

例如,$\Pi_{sno}(\sigma_{grade \geq 90}(s\_c))$ 执行时,在选出满足成绩大于 90 分元组的同时进行学号的投影,则仅对 s_c 表扫描一遍即可完成。

(4) 让投影运算与其前后的其他运算同时进行。

把投影同其前或其后的双目运算结合起来,没有必要为了去掉某些属性列而专门扫描一遍关系。

例如,

$$\Pi_{sno(S_1-S_2)} \quad 与 \quad S_1 \bowtie \Pi_{sno}(S_2)$$

以上两操作均仅对表扫描一遍即可完成。

(5) 找出公共子表达式。

如果某个子表达式重复出现,其结果不是一个很大的关系,并且从外存中读入这个关系比计算该子表达式的时间少得多,则先计算一次公共子表达式并把结果写入中间文件是合算的。

2.3.2　关系代数式的等价规则

当前,一般系统都是先选用逻辑优化方法。这种方法与具体关系数据库系统的存储技术无关,其基本原理是研究如何对查询的关系代数式进行适当的等价变换,即如何安排所涉及操作的先后执行顺序;其基本原则是尽量减少查询过程中的中间结果,从而以较少的时间和空间执行开销取得所需的查询结果。要研究逻辑优化首先需要了解关系表达式的等价变换规则。

设：设 E、E_1 和 E_2 均为关系代数式,F、F_1 和 F_2 是条件(连接条件或者选择运算的条件)。若 E_1 和 E_2 在任一有效数据库中都会产生相同的元组集,则称它们是等价的,记为 $E_1 \equiv E_2$。常用的等价变换规则如下：

1. 连接、笛卡儿积交换律

(1) 笛卡儿积：$E_1 \times E_2 \equiv E_2 \times E_1$。

(2) 自然连接：$E_1 \bowtie E_2 \equiv E_2 \bowtie E_1$。

(3) 条件连接：$E_1 \underset{F}{\bowtie} E_2 \equiv E_2 \underset{F}{\bowtie} E_1$。

2. 连接、笛卡儿积的结合律

(1) 笛卡儿积：$(E_1 \times E_2) \times E_3 \equiv E_1 \times (E_2 \times E_3)$。

(2) 自然连接：$(E_1 \bowtie E_2) \bowtie E_3 \equiv E_1 \bowtie (E_2 \bowtie E_3)$。

（3）条件连接：$(E_1 \underset{F_1}{\bowtie} E_2) \underset{F_2}{\bowtie} E_3 \equiv E_1 \underset{F_1}{\bowtie} (E_2 \underset{F_2}{\bowtie} E_3)$

3. 投影的串接定律

$$\Pi_{A_1,A_2,\cdots,A_n}(\Pi_{B_1,B_2,\cdots,B_m}(E)) \equiv \Pi_{A_1,A_2,\cdots,A_n}(E)$$

其中：$A_1,A_2,\cdots,A_n$ 是 $B_1,B_2,\cdots,B_m$ 的子集。

投影的串接定律说明若对表达式 E 有连续多个投影运算，可变多次投影为一次投影。

4. 选择的串接定律

$$\sigma_{F_1}(\sigma_{F_2}(E)) \equiv \sigma_{F_1 \wedge F_2}(E)$$

选择的串接定律说明多个连续的选择条件可以合并。这样，一次选择扫描可检查多个条件；反之，合取选择运算可分解为单个选择运算的序列，以便与其他运算重新组合。

5. 选择与投影的交换律（两种形式）

形式（1）

$$\Pi_{A_1,A_2,\cdots,A_n}(\sigma_F(E)) \equiv \sigma_F(\Pi_{A_1,A_2,\cdots,A_n}(E)))$$

这里，选择条件 F 只涉及属性 $A_1,\cdots,A_n$。若 F 中有不属于 $A_1,\cdots,A_n$ 的属性 $B_1,\cdots,B_m$，则有更一般的规则如下：

形式（2）

$$\Pi_{A_1,A_2,\cdots,A_n}(\sigma_F(E)) \equiv \Pi_{A_1,A_2,\cdots,A_n}(\sigma_F(\Pi_{A_1,A_2,\cdots,A_n,B_1,B_2,\cdots,B_m}(E)))$$

意义：将 F 涉及属性的投影前移（有部分重复投影），以便投影和 E 中其他运算合并。

【例 2.16】 选择与投影交换律示例。

（1）使用形式（1）

$$\Pi_{\text{学号,姓名,性别}}(\sigma_{\text{性别}='女'}(\text{student})) \equiv \sigma_{\text{性别}='女'}(\Pi_{\text{学号,姓名,性别}}(\text{student}))$$

（2）使用形式（2）

$$\Pi_A(\sigma_{R.A=S.B}(R \times S))$$
$$\equiv \Pi_A(\sigma_{R.A=S.B}(\Pi_{A,B}(R \times S)))$$
$$\equiv \Pi_A(\sigma_{R.A=S.B}(\Pi_A(R) \times \Pi_B(S)))$$

例（2）式子的目的是：投影前移可减少笛卡儿积的数据连接量。

6. 选择对笛卡儿积的分配律

如果 F 中涉及的属性都是 E_1 中的属性，则

$$\sigma_F(E_1 \times E_2) \equiv \sigma_F(E_1) \times E_2$$

如果 $F = F_1 \wedge F_2$，并且 F_1 只涉及 E_1 中的属性，F_2 只涉及 E_2 中的属性，则

$$\sigma_F(E_1 \times E_2) \equiv \sigma_{F_1}(E_1) \times \sigma_{F_2}(E_2)$$

若 F_1 只涉及 E_1 中的属性，F_2 涉及 E_1 和 E_2 两者的属性，则

$$\sigma_F(E_1 \times E_2) \equiv \sigma_{F_2}(\sigma_{F_1}(E_1) \times E_2)$$

选择与笛卡儿积分配律的意义是使选择在笛卡儿积前先做，以减少连接的元组数。

7. 选择对并的分配律

设 $E = E_1 \cup E_2$，E_1、E_2 有相同的属性名，则

$$\sigma_F(E_1 \cup E_2) \equiv \sigma_F(E_1) \cup \sigma_F(E_2)$$

8．选择对差运算的分配律

若 E_1 与 E_2 有相同的属性名，则：

$$\sigma_F(E_1-E_2)\equiv\sigma_F(E_1)-\sigma_F(E_2)$$

9．投影与笛卡儿积的分配律

设 $A_1,\cdots,A_n$ 是 E_1 的属性，$B_1,\cdots,B_m$ 是 E_2 的属性，则

$$\Pi_{A_1,A_2,\cdots,A_n,B_1,B_2,\cdots,B_m}(E_1\times E_2)\equiv\Pi_{A_1,A_2,\cdots,A_n}(E_1)\times\Pi_{B_1,B_2,\cdots,B_m}(E_2)$$

投影与笛卡儿积分配律的意义是使投影在笛卡儿积前先做，以减少连接的数据量。

10．投影对并的分配律

设 E_1 和 E_2 有相同的属性名，则

$$\Pi_{A_1,A_2,\cdots,A_n}(E_1\bigcup E_2)\equiv\Pi_{A_1,A_2,\cdots,A_n}(E_1)\bigcup\Pi_{A_1,A_2,\cdots,A_n}(E_2)$$

11．选择对自然连接的分配律

如果 F 中涉及的属性都是 E_1 中的属性，则

(1) $\sigma_F(E_1\bowtie E_2)\equiv\sigma_F(E_1)\bowtie E_2$

如果 $F=F_1\wedge F_2$，并且 F_1 只涉及 E_1 中的属性，F_2 只涉及 E_2 中的属性，则

(2) $\sigma_F(E_1\bowtie E_2)\equiv\sigma_{F_1}(E_1)\bowtie\sigma_{F_2}(E_2)$

12．选择与连接操作的结合律

设 $A_1,A_2,\cdots,A_n$ 是 E_1 的属性，$B_1,B_2,\cdots,B_m$ 是 E_2 的属性，F、F_1 为形如 $E_1.A_i\theta E_2.B_j$ 所组成的合取式。则有

(1) $\sigma_F(E_1\times E_2)\equiv E_1\underset{F}{\bowtie}E_2$

(2) $\sigma_{F_1}(E_1\underset{F_2}{\bowtie}E_2)\equiv E_1\underset{F_1\wedge F_2}{\bowtie}E_2$

【例 2.17】 利用规则可将【例 2.15】中表达式①转成②式，再将②式转为③式。从而将低效的查询表达式变成高效的查询表达式。

$\Pi_{cno}(\sigma_{F_1\wedge F2\wedge F3}(student\times s\_c))$ //①式

$=\Pi_{cno}(\sigma_{F_2}(\sigma_{F_3}(\sigma_{F_1}(student\times s\_c))))$ //使用规则 4 得到

$=\Pi_{cno}(\sigma_{F_2\wedge F_3}(student\bowtie s\_c))$ //使用规则 12(1)得②式

$=\Pi_{cno}(\sigma_{F_2}(student)\bowtie\sigma_{F_3}(s\_c))$ //再使用规则 11(2)得③式

2.3.3 语法树的优化

1．逻辑优化算法

查询的逻辑优化的基本前提就是需要将关系代数式转换为某种内部表示。常用的内部表示就是关系代数语法树，简称为语法树。语法树具有以下特征：

(1) 树中的叶结点表示关系。

(2) 树中的非叶结点表示操作。

(3) 初始语法树是用 5 种基本运算表示的。其基本思路是：只有充分分解才能充分优化组合。

例如，一般关系式 $\Pi_A(\sigma_F(R\times S))$ 可用图 2-11 所示的语法树表示。

有了语法树之后，再使用关系表达式的等价变换规则对于语法树进行优化变换，将原始

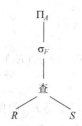

图 2-11　用基本运算表示的语法树

语法树变换为标准语法树(优化语法树)。按照语法树的特征和查询优化的策略,尽量使选择和投影运算靠近语法树的叶端,再合并运算。

逻辑优化算法:关系代数式的优化。

输入:一个关系代数式的语法树。

输出:一个优化后的语法树。

步骤:

① 利用规则 4 即选择的串接定律,将语法树中的合取选择运算变成一系列单个选择(以便和有关二元运算进行交换与分配)。再利用规则 5~8 把语法树中的每一个选择运算尽可能地移向树叶。

② 利用规则 3 即投影的串接定律使得某些投影消解,再利用规则 5、9、10,把语法树中的投影运算均尽可能地移向树叶。

③ 利用规则 3~5,把多个选择和多个投影运算合并成单个选择、单个投影、选择后跟随投影等 3 种情况(在遍历关系的同时做所有的选择,然后做所有的投影,比通过多遍完成选择和投影效率更高)。

④ 使用规则 12(1)式使选择运算与笛卡儿积结合成连接运算。

⑤ 通过上述步骤得到的语法树的内结点(非根结点和非叶结点)为一元运算或二元运算结点。对二元运算的每个结点来说,将剩余的一元运算结点按照下面的方法进行分组。

每个二元运算结点与其直接祖先的(不超过别的二元运算结点的)一元运算结点分在同一组。

如果二元运算的子孙结点一直到叶子都是一元运算(σ、Π),则这些子孙结点与该二元运算结点同组。

若二元运算是笛卡儿积且上面父结点不是与它能结合成连接运算的选择时,该二元运算一直到叶子的一元运算结点须单独为一组。

⑥ 找出语法树中的公共子树 T_i,并用该公共子树的结果关系 R_i 代替语法树中的每一个公共子树 T_i。

⑦ 输出由分组结果得到优化语法树。

即得到一个操作序列,其中每一组结点的计算就是这个操作序列中的一步,各步的顺序是任意的,只要保证任何一组不会在它的子孙组之前计算即可,每组运算仅对关系扫描一次。

【例 2.18】　关系代数式的优化算法举例。

对学生一选课关系数据库,见表 2-5~表 2-7。为简化起见,设学生表 S、选课表 SC、课程表 C,查选修 DB 课程的女生学号及姓名。

设初始查询表示为

$$\Pi_{sno,sname}(\sigma_{cname='DB' \wedge sex='女'}(SC \bowtie C \bowtie S))$$

该查询用 5 种基本运算表示为

$$\Pi_{sno,sname}(\sigma_{cname='DB' \wedge sex='女'}(\Pi_L \sigma_{SC.cno=C.cno \wedge SC.sno=S.sno}(SC \times C \times S)))$$

其中，L 代表无重复的全部属性。

上式的优化过程为：图 2-12(a)是用 5 种基本运算表示的初始语法树。

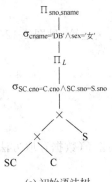

(a) 初始语法树

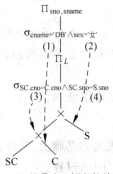

(b) 第①步分解条件并下移

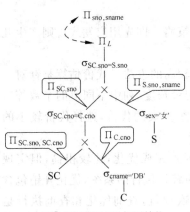

(c) 第②步消解投影及投影前移

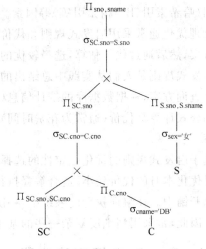

(d) 第②步得到的结果。第③步无操作

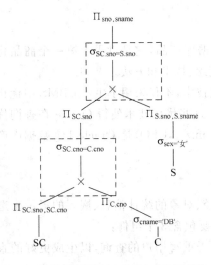

(e) 第④步选择与笛卡儿积合成连接运算

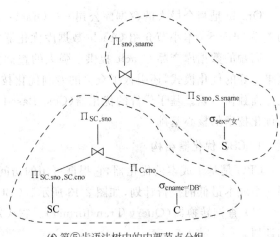

(f) 第⑤步语法树中的内部节点分组

图 2-12　关系代数表达式的优化举例

第①步利用规则 4 分解选择条件并利用规则 5～8 将其下移,见图 2-12(b)。

第②步是利用规则 3 消解投影,再利用规则 5 的形式(2)添加必要的投影运算(用以消除对连接及查询无用的属性),并用规则 9 将投影前移,见图 2-12(c);图 2-12(d)是第②步得到的结果。

第③步无操作。

第④步是用规则 12(1)式使选择运算与笛卡儿积结合成连接运算,见图 2-12(e)。

第⑤步是对语法树进行内部节点分组,见图 2-12(f)。

第⑥步无操作。

第⑦步输出经优化后的语法树。

2. 物理优化的方法

物理优化是在逻辑优化的基础上,选择合理的算法或存取路径(数据存取方法),生成优化的查询计划(可执行程序)的过程。

算法或存取路径的选择依赖于操作的种类(如选择、连接等)、是否建立索引、是什么样的索引(哈希索引、B+树索引等)等因素。

物理优化通常采用启发式规则和代价估算相结合的策略。即先用启发式规则产生几个候选方案,然后通过代价估算,选择较优的一个。

启发式规则是人们从实践中总结出的一些效率可能较高的方法。代价估算是针对某个可能的查询方案,根据数据库的统计信息(如记录条数、记录长度、列中不同值的个数等),按一定的公式计算其代价(通常为花费时间)。然后比较各个方案的代价,选择代价较小的一个方案。

基于启发式规则的优化是定性的选择,它根据预定规则完成优化,比较粗糙,但实现简单而且优化本身的代价较小,适合解释执行的系统。因为解释执行的系统,优化开销包含在查询总开销中。在编译执行的系统中,一次编译优化,多次执行,查询优化和查询执行是分开的。因此,常采用精细度复杂一些的基于代价的优化方法。

2.3.4 Oracle 数据库优化器

Oracle 是当今最大的数据库公司——Oracle 的数据库产品,它是世界上第一个商品化的关系 DBMS。本小节介绍 Oracle 数据库优化器的概念、技术和方法。

高端的数据库产品 Oracle 提供了强大的查询优化技术,不仅采用了主流 DBMS 中优化效果最好的优化模式,还引入了众多的专利优化技术。这些优化技术使得 Oracle 在查询优化方面独树一帜。基于代价的优化器(Cost Based Optimizer,CBO)是 Oracle 11g 数据库产品优化技术的核心基础。

1. CBO 优化器结构

CBO 是基于成本的优化器,它根据可用的访问路径、对象的统计信息、嵌入的提示来选择一个成本最低的执行计划,如图 2-13 所示。CBO 主要包含 3 个组件:

(1) 查询转换器(Query Transformer)。它决定是否重写用户的查询,以生成更好的查询计划。

(2) 代价估算器(Query Estimator)。它使用统计数据来估算操作的选择率、返回数据

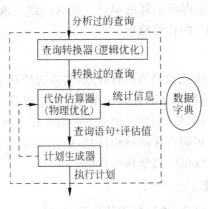

图 2-13　CBO 优化器结构

集的代价等,并最终估算出整个执行计划的代价。

（3）计划生成器（Plan Generator）。它会考虑可能的访问路径、关联方法和关联顺序,生成不同的执行计划,让查询优化器从这些计划中选择出代价最小的一个计划。

查询转换又称为逻辑优化,这一过程通过转换查询来消除一些代价高昂的操作;代价估算则称为物理优化,在逻辑优化的基础上,对各种可能的操作进行代价估算;而计划生成则根据代价估算结果选择最终代价最小的执行计划。

2．查询转换器

查询转换也称为软优化,即查询转换器在逻辑上对语句做一些语义等价转换（如关系代数式的等价变换）,从而能使优化器生成效率更高的执行计划。语句被提交后,解析器（Parser）会对查询语句的语法、语义进行分析,并将查询中的视图展开、划分为小的查询块。它们是嵌套或者相互关联的,而查询形式则决定了它们之间是如何关联的。这些查询块被传送给了查询转换器后,查询转换器会在不影响逻辑结果的前提下,确定若改变查询形式（会改变查询块之间的关系）是否能生成更好的执行计划。查询转换器对查询块进行转换的方式可以分为两类。

（1）启发式查询转换。这是基于一套规则对查询进行转换,一旦满足规则所定义的条件,则对语句进行相应的转换。

（2）基于代价的查询转换。是否对语句进行转换,取决于语义等价的语句之间的代价比,即采用代价最小的一种。

查询语句的形式会影响所产生的执行计划,查询转换器的作用就是改变查询语句的形式以产生较好的执行计划。

3．代价估算器

通过计算 3 个值来评估计划的总体成本：选择性（Selectivity）、基数（Cardinality）、成本（Cost）。

（1）选择性。它是一个 0～1 的数,0 表示没有记录被选定,1 表示所有记录都被选定。统计信息和直方图关系到选择性值的准确性。

（2）基数。通常表中的行数称为基础基数;用条件过滤后剩下的行数称为有效基数;连接操作之后产生的结果集行数称为连接基数等。

（3）成本。成本就是度量资源消耗的单位。可以理解为执行表扫描、索引扫描、连接、排序等操作所消耗 I/O、CPU、内存的数量。

4. 计划生成器

计划生成器的作用就是生成大量的执行计划,然后选择其中总体成本最低的一个。

由于不同的访问路径、连接方式和连接顺序可以任意组合,虽然以不同的方式访问和处理数据,但是可以产生同样的结果,因此一个查询可能存在大量不同的执行计划。但实际上计划生成器很少会试验所有可能存在的执行计划,如果它发现当前执行计划的成本已经很低了,将停止试验,反之将继续试验其他执行计划。

5. 查询操作的实现方式

这里仅简介典型的选择操作、连接操作的实现方式。

（1）选择操作的实现。选择操作的实现方式如下:

① 简单的全表扫描方法。对基本表顺序扫描,逐一检查每个元组是否满足选择的条件,满足则作为结果输出。对于小表,简单有效。对于大表,扫描费时。

② 索引或散列扫描方法。如果选择条件中的属性上有索引(B+树索引或哈希索引),通过索引先找到满足条件的元组的主键(或元组指针),再通过它直接在查询基本表中找到元组。

（2）连接操作的实现。以等值连接操作为例:

$$R \underset{R.x=S.x}{\bowtie} S$$

连接操作的实现方式如下:

（1）循环方法。对于第一个表 R 的每个元组,检索第二个表 S 中的每个元组,检查对应两个元组在连接属性上是否相等。如果相等,则连接后作为结果输出,直到表中的全部元组处理完为止。

（2）排序合并连接方法。

① 若连接的表未排序,则将 R 和 S 表按连接属性 x 排序。

② 取 R 表中的第一个 x 属性值,依次扫描 S 表中具有相同 x 值的元组,把它们连接起来。

③ 当扫描到 x 值不相同的第一个 S 元组时,返回 R 表扫描下一个元组,再依次扫描 S 表中相同 x 值的元组并连接。重复,直到 R 表扫描完。

排序合并连接方法示例如图 2-14 所示。用该方法的等值条件连接,需要对两个表进行扫描且各只扫描一遍即可,设 R 有 m 个元组、S 有 n 个元组,其时间复杂度仅 $O(m+n)$。

（3）索引连接方法。

① 在 S 表上建立属性 x 的索引(若 S 表无索引)。

② 通过 S 的索引,由 x 的值对 R 表中的每一个元组进行查找。

③ 把对应 x 值相等的两个元组连接起来。

循环执行②、③;直到 R 表中的元组处理完为止。

（4）哈希(Hash)连接方法。把连接属性作为 Hash 码,用同一个 Hash 函数把 R 和 S 中的元组散列到同一个 Hash 文件中。分解两个阶段。

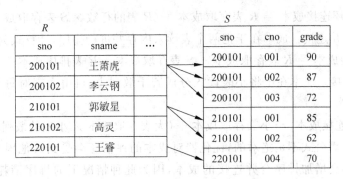

图 2-14　排序合并连接方法示例

① 划分阶段。对较少元组的表进行一遍处理,将其元组按 Hash 函数分散到 Hash 表的桶中。

② 试探阶段。对另一个表进行一遍处理,将其元组与桶中与之匹配的元组连接起来。

6. 处理连接的方法

影响一个连接语句执行计划的 3 个重要因素是访问路径、连接的实现方式和成本评估。

访问路径就是从数据库中检索数据的途径方式。优化器首先检查、确定有哪些访问路径是可用的,然后使用这些访问路径或各访问路径的联合,产生一组可能存在的执行计划,再通过索引、列、表的统计信息评估每个计划的成本,最后优化器选择成本最低的执行计划所对应的访问路径。

优化器可用的访问路径有全表扫描、行标识(Rowid)扫描、索引扫描、簇扫描、散列扫描和表取样扫描。主要访问路径如下:

(1) 全表扫描。全表扫描时,所有行都要过滤看是否满足条件,执行时会顺序读取每个块,若一次能读取多个块,将有效地提高效率。Oracle 可通过初始化参数设置在一次 I/O 中可读取的数据块数。通常应该避免全表扫描,但在检索批量数据时,可设置在一次 I/O 中读多个块,减少了 I/O 的次数,此时,全表扫描将优于索引扫描。

CBO 优化器选择全表扫描的情况有:无合适的索引;需检索表中绝大多数的数据;表非常小;高并行度(如在表级设置了较高的并行度);过时的统计数据;在语句中嵌入了全表扫描的提示。

(2) 行标识扫描。行标识表示行在数据块中的具体位置,它是查找具体行的最快方式。通常都是通过索引来获得行标识,但如果被检索的行都包含在索引中时,直接访问索引就能得到所需的数据则不会使用行标识。

(3) 索引扫描。索引不仅包含被索引的列值,还包含行标识,如果语句只检索索引列,Oracle 将直接通过索引访问表,如果语句通过索引检索其他列值,则通过索引获得行标识,从而迅速找到具体的行。

索引扫描类型有:唯一索引扫描;索引升序/降序范围扫描;全索引扫描;索引连接扫描等。

优化器如何评估成本?设 R、S 两表连接,几种典型连接成本的计算如下:

(1) 循环连接。成本在于 R 表的每一行都要与 S 表中每一行进行匹配,计算式为

$$循环连接成本 = R 表存取成本 + (R 表的行数 \times S 表存取成本)$$

(2) 排序合并连接。成本在于把两个表读入内存并进行排序,计算式为

$$排序合并连接成本 = R 表存取成本 + S 表存取成本 + R 表排序成本 + S 表排序成本$$

(3) 散列连接。成本在于将小表读入分成若干散列表,再由大表对每个散列表进行一次匹配,计算式为

$$散列连接成本 = 小表存取成本 + (大表存取成本 \times 小表的散列表数)$$

以上成本计算公式不是绝对的,优化器对成本的评估还会受到其他因素的影响,比如:内存排序区过小会增加排序合并连接的成本,因为此种情况下的排序消耗了过多的 CPU 和 I/O。多块读取会降低排序合并连接的成本,如果内表的连接列存在索引也会降低嵌套循环连接的成本。

优化器可用的连接方式如下:

① 循环连接。适用于 R 表有效基数较小、S 表连接列含有索引且查询整体返回结果集不太大(小于 1 万行)的情况。

② 散列连接。适用于查询整体返回大量结果集,且有较小的连接表可以放入内存作为散列表的情况。注意散列区要足够大,如果散列表无法完全放入,要设置较大的临时段,以尽量提高 I/O 性能。

③ 排序合并连接。适用于表已排序的两个大表连接,返回大量结果集的情况。其性能一般优于散列连接。

④ 索引合并连接。当两个表连接属性上有索引时使用此连接方式。

⑤ 笛卡儿积连接。当两个表无任何连接条件时使用此连接方式。

2.4 本章小结

关系数据模型包括 3 个方面的内容:关系数据结构、关系数据操作和关系的完整性约束。关系模式是对关系数据结构等的描述。关系数据操作主要指表的查询与更新等操作,而关系的完整性要求关系的元组在语义上还必须满足一定的约束,以使数据库中的数据能保持一致性和正确性。关系模型结构简单,表达能力强,使用方便,有坚实的理论基础。

关系数据模型中有两类典型的抽象语言,即关系代数和关系演算。关系代数与关系演算的表达能力是等价的。

5 种基本的关系代数运算是关系的并、差、广义笛卡儿积、投影和选择。4 种组合关系运算是关系的交、除、连接和自然连接。7 种扩充的关系运算是关系的广义投影、赋值、外连接、外部并、半连接、聚集和重命名。通过这些关系代数运算与其组合运算,可方便地描述关系数据的各种查询和更新操作。

查询处理是 DBMS 的核心,而查询优化技术又是查询处理的关键技术。查询优化分为逻辑优化和物理优化两个层次。逻辑优化主要利用关系代数式的等价变换规则及优化算法进行,物理优化与数据的物理组织和访问路径有关,常用代价估算优化方法。

习题 2

1. 关系、关系模型、关系模式、关系数据库之间有什么样的联系?

2. 判断题(√、×)

(1) 关系模型指关系数据库的结构。 ( )

(2) 等值连接是自然连接的一种特殊情况。 ( )

(3) 关系代数和安全的关系演算在功能上是等价的。 ( )

3. 简答题

(1) 关系模型的完整性规则有哪几类? 在关系模型的参照完整性规则中,外键属性的值是否可以为空? 什么情况下才可以为空?

(2) 比较下列概念:

① 关系与普通表格、关系与文件有何区别?

② 笛卡儿积连接与条件连接有何区别?

③ 等值连接与自然连接有何区别?

④ 外连接与自然连接有何区别?

(3) 相关子查询与不相关子查询的区别是什么?

(4) 简述视图与表有何不同,视图有哪些用途。

4. 设有图 2-15 所示的 5 个关系表 R、S、T、U 和 V,请写出下列各种运算结果。

(1) $R \cup S$ (2) $R \cap S$ (3) $R \times S$ (4) $U \div V$ (5) R 与 T 的外部并

(6) U 与 T 的外连接、左外连接及右外连接

(7) $T \bowtie S$,$S \bowtie T$

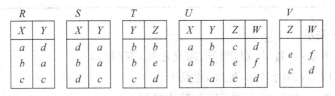

图 2-15 关系表

5. 已知学生表 S、任课表 C 和选课表 SC 如表 2-8~表 2-10 所示,试用关系代数表示下列查询。

(1) 查询"张景林"老师所授课程号和课程名。

(2) 查询选修课程名为"C 语言"或者"数据库"的学生学号。

(3) 查询"高晓灵"同学所选修课程的课程号及课程名。

(4) 查询至少选修两门课程的学生学号。

(5) 查询全部学生都选修课程的课程号和课程名。

(6) 查询至少选修"张景林"老师所授全部课程的学生姓名。

表 2-8　学生表 *S*

学号 sno	姓名 sname	性别 sex	年龄 age
200101	王萧虎	男	18
200102	李云钢	女	20
210101	郭敏星	女	18
210102	高晓灵	女	21
220101	王睿	男	19
⋮			

表 2-9　任课表 *C*

课程号 cno	课程名 cname	教师 teacher
c_1	数学	王刚文
c_2	英语	章文亮
c_3	C 语言	张景林
c_4	数据库	张景林
⋮		

表 2-10　选课表 SC

学号 sno	课程号 cno	成绩 grade
000101	c_1	90
000101	c_2	87
000101	c_3	72
010101	c_1	85
010101	c_2	62
020101	c_3	70
⋮		

6. 现有以下关系:

职工:*E*(职工号,姓名,性别,职务,家庭地址,部门号)

部门:*D*(部门号,部门名称,地址,电话)

保健:*B*(保健号,职工号,检查日期,健康状况)

用关系代数完成下列功能:

(1) 查找所有女科长的姓名和家庭地址。

(2) 查找部门名称为"办公室"的科长姓名和家庭地址。

(3) 查找部门名为"财务科"、健康状况为"良好"的职工姓名和家庭地址。

(4) 删除职工关系表中职工号为 3016 的记录。

(5) 查询没有参加保健检查的职工信息。

7. 什么叫查询优化?查询优化的目的是什么?其一般策略是什么?

8. 简述关系数据库查询的一般处理过程。

9. 设有一教学数据库,有表 2-8~表 2-10 所示的关系 *S*、*C* 和 SC。用户有一查询要求:检索选修了课程号为 c_6 的所有学生号及姓名。

（1）试写出该查询的关系代数式。

（2）画出该查询关系代数式的初始语法树。

（3）使用优化算法，对语法树进行优化，并画出优化后的语法树。

10. 试用关系代数式的等价变换规则证明下列等式的正确性：

（1）$\sigma_{R.B=S.B \wedge R.C=S.C}(R \times S) = R \underset{R.B=S.B \wedge R.C=S.C}{\bowtie} S$

（2）设有表 2-8～表 2-10 所示的关系 S、C 和 SC

$$\Pi_{sno,sname}(\sigma_{cname='DB'}(\Pi_{sno,sname,cname}(\sigma_{SC.cno=C.cno \wedge SC.sno=S.sno}(SC \times C \times S))))$$
$$= \Pi_{sno,sname}(SC \bowtie \sigma_{cname='DB'}(C) \bowtie (S))$$

第 3 章　数据库语言及访问接口

　　本节主要描述数据库的标准语言 SQL,包括 SQL 的功能和特点、常用语句的形式及多种风格的查询,介绍递归查询以及视图的概念与使用,讨论数据库访问,包括嵌入式 SQL 与数据库接口技术。

3.1　SQL 简介

3.1.1　SQL 的特征

　　SQL 是基于关系代数与关系演算的综合语言。它不仅具有丰富的查询功能,而且具有数据定义和数据控制功能,是集多种功能于一体的关系数据库标准语言。

1. SQL 的主要标准

　　SQL/86:1986 年由美国国家标准化组织(ANSI)公布的 SQL 的第一个标准。

　　SQL/89(SQL1):1989 年公布了 SQL 改进标准,该标准增强了完整性的语言特征。

　　SQL/92(SQL2):该标准增加了许多新特征,如支持对远程数据库的访问,扩充了数据类型、操作类型、模式操作语言、动态 SQL 等。

　　SQL/99(SQL3):该标准支持对象关系数据模型,扩展了递归查询、触发器,支持用户自定义数据类型、程序与流程控制等许多新的特征。

　　SQL/2003:该标准扩展了 SQL 语法,增加了对互联网数据表示和交换的标准 XML、联机分析处理、取样等功能的支持。

　　SQL/2006:该标准主要定义了 SQL 与 XML 间如何交互与应用。如何在 SQL 数据库中导入、存储 XML 数据,以及如何操纵、发布数据。增强了对 XML 数据处理的能力。

　　SQL 标准的制定与实施,屏蔽了不同数据库产品之间的差异,方便了用户使用,也为异构数据库互联互访奠定了基础。SQL 是数据库领域以至信息领域中数据处理的主流语言。由于各关系数据库产品在实现标准 SQL 时各有差异,实际使用时,注意参见有关数据库产品的手册。本节主要介绍 SQL 的基本功能、常用语句形式。有些基于对象的特性及复杂类型将在 7.3 节介绍。

2. SQL 的功能特点

SQL 是一个综合的、通用的、功能极强,又简洁易学的语言。其主要特点如下:

(1) 综合统一。SQL 集数据定义、数据操纵、数据控制语言的功能于一体,风格统一,可以独立完成数据库生命周期中的全部操作,为使用数据库系统提供了良好的语言环境。

(2) 高度非过程化。SQL 语言是非过程化的、集合式的数据操作,用户只需提出“做什么”,而不必具体指明“怎么做”。存取路径的选择以及 SQL 语句的操作过程由系统自动完成。

(3) 灵活的使用方式。SQL 使用方式有命令式、程序式及嵌入式。它既能独立地用于联机交互方式,又扩展实现了过程化的程序控制与编程,还能够嵌入到高级语言程序中。

(4) 简洁、通用、功能强。SQL 吸取了关系代数、关系演算语言两者的特点和长处,故语言功能极强。而且 SQL 语法简单、易学易用,它已成为关系数据库的公共语言。由于它设计巧妙,语言十分简洁。

SQL 的数据查询、定义、操纵、控制的核心功能只用了 9 个动词,如表 3-1 所示。

表 3-1　SQL 的核心功能与动词

SQL 功能	核心动词
数据查询	SELECT
数据定义	CREATE,DROP,ALTER
数据操纵	INSERT,UPDATE,DELETE
数据控制	GRANT,REVOKE

3. SQL 数据库层次结构

数据库中的关系可分为 3 种类型。

(1) 基本表。实际存储的原始数据表(即实表)。

(2) 查询表。查询所得到的结果数据表。

(3) 视图。由基本表抽取出的表结构(即虚表)。

视图是数据库的一个重要概念。视图是从基本表或其他视图中导出的表,它本身不独立存储在数据库中,即数据库中只存放视图的结构定义而不存放视图对应的数据,因此视图是一个虚表。表与视图的联系如图 3-1 所示。

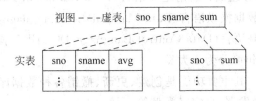

图 3-1　表与视图的联系

SQL 支持关系数据库的 3 级结构。其中,子模式对应于视图和部分查询表,模式对应于基本表,内模式对应于存储文件,SQL 数据库的 3 级结构如图 3-2 所示。

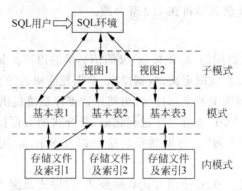

图 3-2 SQL 数据库的 3 级结构

在 SQL 中,数据库模式(简称模式或方案)不同于关系模式,它被定义为所拥有的表、视图、角色等对象的集合。一个数据库模式通常对应一个数据库用户。

SQL 环境(SQL Environment)是用户操作特定数据库的基本设施。SQL 环境包括设置或默认的目录和数据库模式、用户授权身份等。所有 SQL 语句,都是在某个 SQL 环境下对授权数据库进行操作的。

DBMS 为关系提供了一个 3 级命名方式。顶级由目录组成,目录是 SQL 环境中所有数据库模式的集合。每个目录中可包含若干数据库模式,而一个数据库模式里又可包含若干 SQL 的对象(如视图和关系等)。故要唯一定位一个关系,需要用 3 个部分组成,即

<目录名>. <模式名>. <表名>

为了在数据库中进行一次操作,用户或程序必须先连接到数据库。对应该连接,就会建立一个默认的目录和模式。这有点像刚登录到操作系统时当前目录被设置为用户主目录一样。若采用连接时默认的目录及默认的模式,则可以仅用表名来存取一个关系。

有了多目录和多模式,不同的应用程序和不同的用户可不必担心命名冲突的问题而独立工作。而且,便于一个应用程序的不同版本(成品版本和多个测试版本)在同一个数据库系统上运行。

3.1.2 SQL 数据类型

1. SQL 语句的分类

SQL 语言由 3 大部分组成:数据定义语言(Data Definition Language,DDL)用于定义数据库对象及其属性;数据操纵语言(Data Manipulation Language,DML)用于操作数据库对象中的数据;数据控制语言(Data Control Language,DCL)用于操控数据库对象的权限。按照 SQL 的功能,其语句可分为 4 大类。

(1) 模式定义语句。其主要功能是创建、更新、撤销各种数据库的对象,包括数据库模式、表、视图、索引、域、触发器、自定义类型等。

(2) 数据操纵语句。其主要功能是完成数据库的查询和更新操作。查询操作指对已存在的数据库中的数据按照指定的组合、条件表达式或次序进行各种查询检索。更新操作指

对数据库中的数据进行插入、修改和删除操作。

（3）事务与控制语句。其主要功能是完成数据库授权、事务管理以及控制 SQL 语句集的运行。用来授予或回收访问数据库的某种特权、控制数据操纵事务的发生时间及效果及对数据库进行监视等。

（4）会话及诊断语句。SQL 通过嵌入式和动态 SQL 规则规定了 SQL 语句在高级语言程序中的使用规范。会话规则可使应用程序连接到一个 SQL 服务器，并与之交互。这类语句主要功能是建立数据库连接、为 SQL 会话设置参数及获取诊断等。

2．SQL 的数据类型

在 SQL 中规定了 3 类数据类型。

（1）预定义数据类型。

（2）构造数据类型。

（3）用户定义数据类型。

SQL 的数据类型说明及其分类如表 3-2 所示。

表 3-2　SQL 的数据类型及其分类表

分类	类型	类型名	说　　明
预定义数据类型	数值型	INT	整数类型(也可写成 INTEGER)
		SMALLINT	短整数类型
		REAL	浮点数类型
		DOUBLE PRECISION	双精度浮点数类型
		FLOAT(n)	浮点数类型,精度至少为 n 位数字
		NUMERIC(p,d)	定点数类型,共有 p 位数字(不包括符号、小数点),小数点后面有 d 位数字
	字符串型	CHAR(n)	长度为 n 的定长字符串类型
		VARCHAR(n)	具有最大长度为 n 的变长字符串类型
	位串型	BIT(n)	长度为 n 的二进制位串类型
		BIT VARYING(n)	最大长度为 n 的变长二进制位串类型
	时间型	DATE	日期类型：年-月-日(形如 YYYY-MM-DD)
		TIME	时间类型：时：分：秒(形如 HH：MM：SS)
		TIMESTAMP	时间戳类型(DATE 加 TIME)
	布尔型	BOOLEAN	值为 TRUE(真)、FALSE(假)、UNKNOWN(未知)
	大对象	CLOB 与 BLOB	字符型大对象和二进制大对象数据类型值为大型文件、视频、音频等多媒体数据
构造数据类型		由特定的保留字和预定义数据类型构造而成,如用"ARRAY"定义的聚合类型,用"ROW"定义的行类型,用"REF"定义的引用类型等	
自定义数据类型		是一个对象类型,是由用户按照一定的规则用预定义数据类型组合定义的自己专用的数据类型	

说明：许多数据库产品还扩充了其他一些数据类型,如 TEXT(文本)、MONEY(货币)、GRAPHIC(图形)、IMAGE(图像)、GENERAL(通用)、MEMO(备注)等。

3.2 SQL 的数据定义

数据库中的关系集合必须使用数据定义语言向系统说明并创建。SQL 的数据定义语言不仅允许定义一组关系,还可以说明每个关系的相关信息。SQL 的数据定义包括对数据库模式(Schema)、关系(Table,基本表)、视图(View)、索引(Index)等的定义和撤销操作。

3.2.1 表的建立与删改

1. 表的建立

SQL 定义表结构的一般格式如下:

CREATE TABLE[模式名.]<表名>(<列名><数据类型>[列级完整性约束]

[,<列名><数据类型>[列级完整性约束]]…[,<表级完整性约束>])

其中,<表名>是所要定义的关系的名字,它可以由一个或多个属性列组成。每一个列的数据类型可以是预定义数据类型,也可以是用户定义数据类型。

建表的同时通常还可以定义与该表有关的完整性约束条件。这些完整性约束条件被存入系统的数据字典中,当用户操作表中数据时,由 DBMS 自动检查该操作是否违背这些完整性约束条件。

【例 3.1】 对于表 2-5 至表 2-7 所示的学生——选课数据库中的 3 个表结构,用 SQL 语言定义之。

学生表: student(sno,sname,sex,age,dept, place)

课程表: course(cno,cname,credit,cpno)

学生选课表: s_c(sno,cno,grade)

用 SQL 语句创建一个表应指出它放在哪个模式中,为简单起见,这里省略了模式名,即在默认的目录及模式下,student 表可定义如下:

```
CREATE TABLE student
    (sno       NUMERIC(6),
     sname     VARCHAR(8) NOT NULL,
     age       NUMERIC(2)
     sex       VARCHAR(2),
     dept      VARCHAR(20),
     place     VARCHAR(20),
     PRIMARY   KEY(sno));
```

这里用到了表完整性约束的主键子句: PRIMARY KEY(<列名>)。被定义为主键的列强制满足非空和唯一性条件。凡带有 NOT NULL 的列,表示不允许出现空值;反之,可出现空值。当首次用 CREATE TABLE 定义一个新表后,只是建立了一个无值的表结构。

类似地,可以定义学生——选课数据库中的 course 表如下:

```
CREATE TABLE course
    (cno       VARCHAR(3),
```

```
cname     VARCHAR(20) NOT NULL,
credit    NUMERIC(2),
pcno      VARCHAR(3)
PRIMARY   KEY(cno));
```

对于学生—选课数据库中的 s_c 表,可定义如下:

```
CREATE TABLE s_c
    ( sno       NUMERIC(6),
      cno       VARCHAR(3),
      grade     NUMERIC(3),
      PRIMARY   KEY(sno,cno) );
```

2. 表的删除

删除表的一般格式如下:

```
DROP TABLE <表名> [CASCADE | RESTRICT]
```

当选用了任选项 CASCADE,在删除表时,该表中的数据、表本身以及在该表上所建的索引和视图将全部随之消失;当选用了任选项 RESTRICT 时,只有在先清除了表中的全部记录行数据,以及在该表上所建的索引和视图后,才能删除一个空表,否则拒绝删除表。

3. 表的扩充和修改

随着应用环境和应用需求的变化,有时需要修改已建立好的表,包括增加新列、修改原有的列定义或增加新的、删除已有的完整性约束条件等。

(1) 表中加新列。SQL 修改基本表的一般格式为:

```
ALTER TABLE <表名>
ADD (<列名> <数据类型>, … )
```

(2) 删除列。删除已存在的某个列的语句格式为:

```
ALTER TABLE <表名>
DROP <列名> [CASCADE | RESTRICT]
```

其中,CASCADE 表示在基表中删除某列时,所有引用该列的视图和约束也自动删除;RESTRICT 在没有视图或约束引用该属性时,才能被删除。

(3) 修改列类型。修改已有列类型的语句格式为:

```
ALTER TABLE <表名>
MODIFY <列名> <类型>;
```

需要注意的是:新增加的列一律为空值;修改原有的列定义可能会破坏已有数据。

【例 3.2】 用 SQL 表示一组增、删、改操作。

① 设有建立的已退学学生表 st-quit,删除该表。

```
DROP TABLE st-quit CASCADE;
```

该表一旦被删除,表中的数据、此表上建立的索引和视图都将自动被删除。

② 在学生表 student 中增加"专业"、"地址"列。

数据库原理与技术（Oracle 版）（第 3 版）

```
ALTER TABLE student
ADD (subject VARCHAR(20),addr VARCHAR(20));
```

③ 将学生表 student 中所增加的"专业"列长度修改为 8。

```
ALTER TABLE student
MODIFY subject VARCHAR(8);
```

④ 把 student 表中的 subject、addr 列删除。

```
ALTER TABLE student DROP addr;
ALTER TABLE student DROP subject;
```

4. 模式与域类型的定义

模式由模式名或模式拥有者的用户名来确定，并包含模式中每一个元素（表、视图、索引等）的定义。定义了一个模式，就是定义了一个存储空间。在该存储空间的数据库对象全体，构成该模式对应的 SQL 数据库。该模式定义语句的格式为：

```
CREATE SCHEMA <模式名> AUTHORIZATION <用户名>
[< CREATE DOMAIN 子句>|< CREATE TABLE 子句>|< CREATE VIEW >| … …]
```

其中：创建模式需拥有 DBA 权限或获得 DBA 授予建模式的权限；默认的方括号内是在该模式中要创建的域、表和视图等子句，模式中的表、视图等也可在以后根据需要随时创建；若不指定<模式名>，则隐含为<用户名>。如：

```
CREATE SCHEMA Teaching_db AUTHORIZATION Hang
//表示创建一个教师数据库的模式 Teaching_db,属主为 Hang.
```

SQL 允许用户自定义属性值的范围，为其定义域名，并在不同的表定义中使用该域名，这就是用户自定义的域类型。其定义格式为：

```
CREATE DOMAIN <域名> [AS] <数据类型>
[DEFAULT <默认值>][<域约束> ]
```

域类型是用于建立用户自定义属性的一个特定数据类型，它由带有约束的数据类型和默认值一起构成。

【例 3.3】 建立一个建筑公司的数据库模式，名为 company，属主是 yin。它包含 3 个表：worker（职工）、assignment（任务分配）和 building（建筑物）。

```
CREATE SCHEMA company AUTHORIZATION yin
CREATE DOMAIN item_id NUMERIC(4) DEFAULT 0 CHECK (VALUE IS NOT NULL)
```

该语句创建了一个模式 company，属主为 yin，定义了一个域类型，名为 item_id，允许值为 4 位数字，默认值为零并限制其值非空。可在多个表中使用该域类型，无需重复定义，若以后改变了域类型定义，则该变化可自动施加到使用该域类型的所有表中。

下面在已建数据库模式中建表：

```
CREATE TABLE worker (
      worker_id item_id,                //用自定义的域类型说明属性
      worker_name VARCHAR (12),
```

```
        skill_type VARCHAR (8),
        supv_id NUMERIC(4),
        PRIMARY KEY(worker_id))
CREATE TABLE building (
        bldg_id item_id,
        bldg_address VARCHAR (20),
        type VARCHAR (9) DEFAULT 'office'
        CHECK (type IN ('office','warehouse','residence')),qlty_level NUMERIC (1),
        status NUMERIC (1) DEFAULT 1 CHECK (status > 0 and status < 4),
        PRIMARY KEY(bldg_id))
CREATE TABLE assignment (
        worker_id item_id ,
        bldg_id item_id ,
        start_date DATE,
        num_days INT ,
        PRIMARY KEY ( worker_id,bldg_id ),
        FOREIGN KEY (worker_id) REFERENCES worker ON DELETE CASCADE,
        FOREIGN KEY (bldg _id) REFERENCES building ON DELETE CASCADE );
```

本例用到了完整性约束常用的 3 种子句形式。

① 主键子句：PRIMARY KEY(＜列名＞)

② 外键子句：FOREIGN KEY(＜列名＞) REFERENCES[＜表名＞][＜约束选项＞]

③ 检验子句：CHECK(＜约束条件＞)

CHECK 子句规定了一个规则，即一个表的指定列只能取这个规则定义的集合之内的值。默认值用默认子句表达：DEFAULT ＜默认值＞。关于完整性约束的具体设计将在6.2.2 小节介绍。

3.2.2　索引的建立与删除

在基本表上建立一个或多个索引，可以提供多种存取路径，加快查找速度。SQL 新标准不主张使用索引，而是以在创建表时直接定义主键，一般系统会自动在主键上建立索引。有特殊需要时，建立与删除索引由数据库管理员 DBA(或表的属主)负责完成。

在基本表上可建立一个或多个索引，目的是提供多种存取路径，加快查找速度。建立索引的一般格式为：

```
CREATE [UNIQUE] [CLUSTER] INDEX <索引名>
ON <表名>(<列名 1>[ASC|DESC],<列名 2>[ASC|DESC],… )
```

ASC 表示升序(默认设置)，DESC 表示降序。

解释如下：

① UNIQUE 表示唯一索引，即此索引的每一个索引值只对应唯一的数据记录。

② CLUSTER 表示聚簇索引，即索引项的顺序与表中记录的物理顺序一致的有序索引。

③ 一个基本表上最多只能建立一个聚簇索引。更新聚簇索引列数据时，会导致表中记录的物理顺序的变更，代价较大。因此，对于经常更新的列不宜建立聚簇索引。

【例 3.4】　为学生—选课数据库中的 student、course、s_c 表建立索引。其中 student

表按学号升序建唯一索引,course 表按课程号升序建唯一索引,s_c 表按学号升序和课程号降序建唯一索引。

```
CREATE UNIQUE INDEX sindex ON student(sno);
CREATE UNIQUE INDEX cindex ON course(cno);
CREATE UNIQUE INDEX s_cindex ON s_c(sno ASC,cno DESC);
```

删除索引的一般格式为:

```
DROP INDEX [ON<表名>]<索引名>
```

若要删除按课程号所建立的索引,则使用语句:

```
DROP INDEX cindex;
```

删除索引时,系统会同时从数据字典中删去有关该索引的描述。

3.3　SQL 的数据查询

3.3.1　单表查询

SQL 的 SELECT 语句用于查询与检索数据,其基本结构是以下的查询块:

```
SELECT <列名表 A>
FROM <表或视图名集合 R>
WHERE <元组满足的条件 F>;
```

上述查询语句块的基本功能等价于关系代数式 $\Pi_A(\sigma_F(R))$,但 SQL 查询语句的表示能力大大超过该关系代数式。查询语句的一般格式为:

```
SELECT [ALL|DISTINCT] <目标列表达式> [,<目标列表达式> ] …
FROM <表名或视图名>[,<表名或视图名>] …
[WHERE <条件表达式>]
[GROUP BY <列名 1> [HAVING<条件表达式>]]
[ORDER BY <列名 2>[ASC|DESC]];
```

整个 SELECT 语句的含义是:

① 根据 WHERE 子句的条件表达式,从 FROM 子句指定的基本表或视图中找出满足条件的元组。

② 再按 SELECT 子句中的目标列表达式,选出元组中的列值形成结果表。

③ 如果有 GROUP 子句,则将行选择的结果按<列名 1>的值进行分组,列值相等的元组为一个组,每个组产生结果表中的一条记录。如果 GROUP 子句带 HAVING 短语,则只有满足指定条件的组才予输出。

④ 如果有 ORDER 子句,则最终结果表还要按<列名 2>值的升序或降序排序。

SELECT 语句既可以完成简单的单表查询,也可以完成复杂的连接查询和嵌套查询。下面仍以表 2-5 至表 2-7 中的学生—选课数据库为例说明 SELECT 语句的多种用法。

1. 单表的查询

单表查询是指仅涉及一个表的查询。

(1) 查询指定的列。有时用户只对表中的一部分属性列感兴趣,这可通过在 SELECT 子句的<目标列表达式>中指定要查询的列来实现。它对应关系代数中的投影运算。

(2) 查询表中行。带有 WHERE 子句的 SELECT 语句,执行结果只输出使查询条件为真的那些记录值。查询条件可用多种形式表示:

① 比较和逻辑运算。WHERE 之后的查询条件中允许出现比较运算符=、>(大于)、>=(大于等于)、<(小于)、<=(小于等于)、<>(不等于)和逻辑运算符 AND(与)、NOT(非)、OR(或)等。

② 谓词 BETWEEN。用于判断某值是否属于一个指定的区间。

③ 谓词 IN。用来查找列值属于指定集合的元组。其否定是 NOT IN。

④ 字符匹配(LIKE)。用来进行字符串的匹配。其一般格式如下:

[NOT] LIKE '<匹配串>'[ESCAPE'<换码字符>',]

其含义是查找指定的属性列值与<匹配串>相匹配的元组。<匹配串>可以是一个完整的字符串,也可以含有通配符%和_。其中,%(百分号)代表任意长度(长度可为 0)的字符串;_(下划线)代表任意单个字符。

(3) ORDER BY 子句。该子句后可以跟多个排序的变量名,第一个变量为主序,下面依次类推。每一个排序列名后可用限定词 ASC(升序——默认设置)或 DESC(降序)声明排序的方式。

【例 3.5】　用 SQL 表示一组简单查询操作。

① 查询学生表中全体学生的情况,即查整个表(*代表指定表的所有列),表示为:

```
SELECT *
FROM student;
```

② 查选了 004 号课程且成绩在 85～95 之间的学生号。

```
SELECT sno
FROM s_c
WHERE cno = '004' AND grade BETWEEN 85 AND 95;
```

③ 找出年龄小于 20 岁、籍贯是湖南或湖北的学生的姓名和性别。

```
SELECT sname, sex
FROM student
WHERE age < 20 AND place IN ('湖南', '湖北');
```

④ 查所有姓刘或名字中第二个字为"晓"字的学生姓名、学号和性别。

```
SELECT sname,sno,sex
FROM student
WHERE sname LIKE '刘 % 'OR sname LIKE '_ _晓 % ';
```

需注意的是:一个汉字占两个字符位,所以表示一个汉字需要用两个"_"。

⑤ 查询全体男学生的学号、姓名,结果按所在的院系升序排列,同一院系中的学生按年龄降序排列。

```
SELECT sno,sname
FROM student
WHERE sex = '男'
ORDER BY dept,age DESC;
```

2. 函数与表达式

(1) 聚集函数(Build-In Function)。为方便用户,增强查询功能,SQL 提供了许多聚集函数,主要有:

```
COUNT([DISTINCT|ALL] * )          //统计元组个数
COUNT([DISTINCT|ALL]<列名,)         //统计一列中值的个数
SUM ([DISTINCT|ALL]<列名>)          //计算一数值型列值的总和
AVG ([DISTINCT|ALL]<列名>)          //计算一数值型列值的平均值
MAX ([DISTINCT|ALL]<列名>)          //求一列值中的最大值
MIN ([DISTINCT|ALL]<列名>)          //求一列值中的最小值
```

SQL 对查询的结果不会自动去除重复值,如果指定 DISTINCT 短语,则表示在计算时要取消输出列中的重复值。ALL 为默认设置,表示不取消重复值。聚集函数统计或计算时一般均忽略空值,即不统计空值。

(2) 算术表达式。查询目标列中允许使用算术表达式。算术表达式由算术运算符＋、一、＊、/与列名或数值常量及函数所组成。常见函数有算术函数 INTEGER(取整)、SQRT(求平方根)、三角函数(SIN,COS)、字符串函数 SUBSRING(取子串)、UPPER(大写字符)以及日期型函数 MONTHS_BETWEEN(月份差)等。

(3) 分组与组筛选。GROUP BY 子句将查询结果表按某相同的列值来分组,然后再对每组数据进行规定的操作。对查询结果分组的目的是为了细化聚集函数的作用对象。如果未对查询结果分组,聚集函数将作用于整个查询结果。

分组与组筛选语句的一般格式:

```
< SELECT 查询块>
GROUP BY <列名>
HAVING <条件>
```

解释如下:

① GROUP BY 子句对查询结果分组,即将查询结果表按某列(或多列)值分组,值相等的为一组,再对每组数据进行统计或计算等操作。GROUP BY 子句总是跟在 WHERE 子句之后(若无 WHERE 子句,则跟在 FROM 子句之后)。

② HAVING 短语常用于在计算出聚集函数值之后对查询结果进行控制,在各分组中选择满足条件的小组予以输出,即进行小组筛选。

比较: HAVING 短语是在各组中选择满足条件的小组;而 WHERE 子句是在表中选择满足条件的元组。

【例 3.6】 函数与表达式的使用示例。

① 用聚集函数查询选修了课程的学生人数。

SELECT COUNT(DISTINCT sno)

```
FROM s_c;
```

学生每选修一门课，在 s_c 中都有一条相应的记录。一个学生可选修多门课程，为避免重复计算学生人数，必须在 COUNT 函数中用 DISTINCT 短语。

② 用聚集函数查选 001 号课并及格学生的总人数及最高分、最低分。

```
SELECT COUNT( * ), MAX(Grade), MIN(Grade)
FROM s_c
WHERE cno = '001'and grade > = 60;
```

③ 设一个表 tab(a,b)，表的列值均为整数，使用算术表达式的查询语句如下：

```
SELECT a, b, a * b, SQRT(b)
FROM tab;
```

输出的结果是：tab 表的 a 列、b 列、a 与 b 的乘积及 b 的平方根。

④ 按学号求每个学生所选课程的平均成绩。

```
SELECT sno, AVG(grade) avg_grade          // 为 AVG(grade)指定别名 avg_grade
FROM s_c
GROUP BY sno ;
```

SQL 提供了为属性指定一个别名的方式，这对表达式的显示非常有用。用户可通过指定别名来改变查询结果的列标题。

分组情况及查询结果示意图如图 3-3 所示。若将平均成绩超过 90 分的输出，则只需在 GROUP BY sno 子句后加 HAVING avg_grade>90 短语即可。

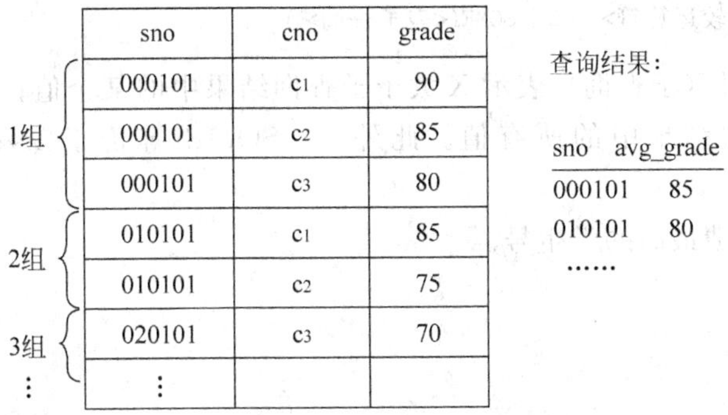

	sno	cno	grade
	000101	c1	90
1组	000101	c2	85
	000101	c3	80
2组	010101	c1	85
	010101	c2	75
3组	020101	c3	70
⋮	⋮		

查询结果：

sno	avg_grade
000101	85
010101	80
……	

图 3-3　分组情况及查询结果示意图

⑤ 求学生关系中湖北籍男生的每一年龄组（不少于 30 人）共有多少人，要求查询结果按人数升序排列，人数相同时按年龄降序排列。

```
SELECT age, COUNT(sno) number
FROM student
WHERE sex = '男 'AND place = '湖北'
GROUP BY age
HAVING number > 30
ORDER BY number, age DESC;
```

3.3.2　多表查询

1. 嵌套查询

在 SQL 语言中，WHERE 子句可以包含另一个称为子查询的查询，即在 SELECT 语句中先用子查询查出某个（些）表的值，主查询根据这些值再去查另一个（些）表的内容。子查询总是括在圆括号中，作为表达式的可选部分出现在条件比较运算符的右边，并且可有选择地跟在 IN、SOME（ANY）、ALL 和 EXIST 等谓词后面。采用子查询的查询称为嵌套查询。

【例 3.7】　嵌套查询示例。

① 找出年龄超过平均年龄的学生姓名。

```
SELECT sname                      //外层查询或父查询
FROM student
WHERE age >
     ( SELECT AVG(age)            //内层查询或子查询
       FROM student);
```

说明：子查询是嵌套在父查询的 WHERE 条件中的。子查询中不能使用 ORDER BY 子句，因为 ORDER BY 子句只能对最终查询结果排序。

嵌套查询一般的求解方法是先求解子查询，其结果用于建立父查询的查找条件。SQL 语言允许多层嵌套查询，使得人们可以用多个简单查询构成复杂的查询，从而增强 SQL 的查询能力。层层嵌套的方式构造程序正是 SQL 语言结构化的含义所在。

嵌套查询中，谓词 ALL、SOME 的使用一般格式如下：

```
<标量表达式><比较运算符> ALL｜SOME(<表子查询>)
```

其中：X>SOME（子查询），表示 X 大于子查询结果中的某个值；X<ALL（子查询），表示 X 小于子查询结果中的所有值。此外，= SOME 等价于 IN；<> ALL 等价于 NOT IN。

② 找出平均成绩最高的学生号。

```
SELECT sno
FROM s_c
GROUP BY sno
HAVING AVG(grade) > = ALL
          (SELECT AVG(grade)
            FROM s_c
            GROUP BY sno);
```

2. 条件连接查询

通过连接使查询的数据从多个表中取得。查询中用来连接两个表的条件称为连接条件，其一般格式如下：

```
[<表名 1>·]<列名 1><比较运算符> [<表名 2>·]<列名 2>
```

连接条件中的列名也称为连接字段。连接条件中的各连接列的类型必须是可比的，但不必是相同的。当连接条件中比较的两个列名相同时，必须在其列名前加上所属表的名字和一个圆点"."以示区别。表的连接除＝外,还可用比较运算符<>、>、>＝、<、<＝以及BETWEEN、LIKE、IN 等谓词。当连接运算符为＝时,称为等值连接。

【例 3.8】 条件连接查询示例。

① 查询全部学生的学生号、学生名和所选修课程号及成绩。

```
SELECT student. sno, sname, cno, grade
FROM student, s_c
WHERE student. sno = s_c. sno;
```

② 查询选修了数据库原理课程的学生学号、成绩。用嵌套查询表示:

```
SELECT sno, grade
FROM s_c
WHERE cno IN
          ( SELECT cno
            FROM course
            WHERE cname = '数据库原理');
```

上述语句可以用下面的条件连接查询语句表示:

```
SELECT sno, grade
FROM s_c, course
WHERE s_c. cno = course. cno AND cname = '数据库原理';
```

若上例还要查询输出课程名、学分,用条件连接查询语句很容易实现,而用嵌套查询则难以实现,但一般嵌套查询效率较高。

③ 按平均成绩的降序给出所有课程都及格的学生(号、名)及其平均成绩,其中成绩统计时不包括 008 号考查课。

```
SELECT student. sno, sname, AVG( grade) avg_g
FROM student, s_c
WHERE student. sno = s_c. sno AND cno <>'008'
GROUP BY sno
HAVING MIN( grade) > = 60
ORDER BY avg_g DESC ;
```

连接操作不仅可以在两个表之间进行,也可以是一个表与其自己进行连接,这种连接称为自身连接,涉及的查询称自身连接查询。

④ 找出年龄比"王迎"同学大的学生的姓名及年龄。

```
SELECT s1. sname, s1. age
FROM student s1, student s2              //s1、s1 在此用作设置的元组变量
WHERE s1. age > s2. age AND s2. sname = '王迎';
```

3. 相关子查询

当子查询的判断条件涉及外层父查询的属性时,称为相关子查询。相关子查询要用到存在谓词 EXISTS 和 NOT EXISTS,或者 ALL、SOME 等。

【例 3.9】 相关子查询示例。

① 查询所有选修了 005 号课程的学生姓名和学号。

数据库原理与技术(Oracle 版)(第 3 版)

```
SELECT sname,sno
FROM student
WHERE EXISTS
    ( SELECT *
      FROM s_c
      WHERE s_c.sno = student.sno AND cno = '005');
```

在带存在谓词的子查询中,产生逻辑值谓词 EXISTS 作用是若内层查询结果非空,则外层的 WHERE 子句返回真;否则返回假。由 EXISTS 引出的子查询,其目标列表达式通常都用"*",因为带 EXISTS 的子查询只返回真值或假值,给出列名无实际意义。

相关子查询的一般处理过程是:首先取外层查询表中的第一个元组,根据它与内层查询相关的属性值一一进行判断,若 WHERE 子句返回值为真,则取此元组放入结果表;然后再取外层查询表的下一个元组;重复这一过程,直至外层表全部检查完为止。

与 EXISTS 谓词相对应的是 NOT EXISTS 谓词,其含义是:若内层查询结果为空,则外层的 WHERE 子句返回真值,否则返回假值。

② 查询没选修 001 号课程的学生学号及姓名。

方法 1:

```
SELECT sno,sname
  FROM student
  WHERE NOT EXISTS
    ( SELECT *
    FROM s_c
    WHERE s_c.sno = student.sno AND cno = '001');
```

方法 2:

```
SELECT sno, sname
  FROM student
  WHERE sno <> ALL
    ( SELECT sno
    FROM s_c
    WHERE cno = '001');
```

一些带 EXISTS 或 NOT EXISTS 谓词的子查询不能被其他形式的子查询等价替换,但所有带 IN 谓词、比较运算符、SOME 和 ALL 谓词的子查询都能用带 EXISTS 谓词的子查询等价替换。

③ 找出选修了全部课程的学生的姓名。

在 SQL 中只有存在测试谓词 EXISTS 和 NOT EXISTS。然而任何一个带全称量词的谓词可以转换为等价的带存在量词的谓词:$(\forall x) p \equiv \neg (\exists x \, (\neg p))$。

可以用双嵌套 NOT EXISTS 来实现带全称量词的查询。本查询可以改为:查询这样一些学生,没有一门课程是他不选修的。

```
SELECT sname              //某学生选了全部课(没有一门课程是他不选的)
FROM student
WHERE NOT EXISTS          //再否定空,则条件为真
(SELECT *                 //某学生未选任何课,即查询结果为空
    FROM course
```

```
WHERE NOT EXISTS                        //否定某学生选某课
    (SELECT *                           //某学生选某课
     FROM s_c
     WHERE s_c.sno = student. sno AND s_c.cno = course.cno));
```

4. 集合运算

在 SQL 中提供了集合运算谓词：UNION、INTERSECT、EXCEPT。

【例 3.10】　设有某学院学生的 3 张表：一般研究生表 st1、在职研究生表 st2、全体研究生中的学生干部表 st3,其关系模式同 student 表。

① 查询全部研究生情况。

```
(SELECT * FROM st1)
UNION
(SELECT * FROM st2);
```

② 查询非干部的在职研究生的学生情况。

```
(SELECT * FROM st2)
EXCEPT
(SELECT * FROM st3);
```

③ 求选修了 001 或 002 号而没有选修 003 号课程的学生号。

```
(SELECT sno
FROM s_c
WHERE cno = '001'OR cno = '002')
EXCEPT
    (SELECT sno
    FROM s_c
    WHERE cno = '003');
```

3.3.3　连接查询

在 SQL 中扩展了关系代数的连接操作概念,提供了一组连接运算谓词,可以实现自然连接(Natural Join)、内连接(Inner Join,即等值的条件连接)、外连接(Outer Join)、合并连接(Union Join)、交叉连接(Cross Join,即笛卡儿积)等。这里仅介绍常用的自然连接与外连接。

1. 自然连接

SQL 的自然连接与关系代数中的自然连接功能是一样的。

【例 3.11】　查询在计算机学院且课程成绩 90 分以上的学生档案及其成绩情况。

可用自然连接实现该例。

```
SELECT *
FROM student NATURAL JOIN s_c
WHERE dept = '计算机学院'AND grade >= 90;
```

2. 外连接

外连接在结果中加上了每个关系中没有和另外一个关系中的元组相连的剩余元组,称之为悬浮元组。外连接生成的关系模式是两个关系模式的并集,允许在结果表中保留不能连接的悬浮元组,空缺部分填以 NULL。外连接的作用是在做连接操作时避免丢失信息。

数据库原理与技术(Oracle 版)(第 3 版)

外连接的连接类型定义了关系之间连接条件不匹配元组的处理方式,有以下 3 类:

(1) 左外连接(LEFT [OUTER] JOIN),其结果表中保留左关系的所有元组。

(2) 右外连接(RIGHT [OUTER] JOIN),其结果表中保留右关系的所有元组。

(3) 全外连接(FULL [OUTER] JOIN),其结果表中保留左右两关系的所有元组。

【例 3.12】 设有教师和任职两个关系表如表 3-3 所示,其关系模式如下:

teacher(教师号,姓名,所属大学,职称)

post(编号,姓名,职务)

表 3-3　两个关系表

teacher 表				post 表		
教师号	姓名	所属大学	职称	编号	姓名	职务
20064	赵雨林	武汉大学	教授	020	赵雨林	副市长
21089	李岗	华中科大	教授	103	李岗	科委主任
22089	韩英星	华中师大	副教授	204	吴倩	计委书记
20076	张万象	地质大学	讲师	005	刘长江	副局长

若执行操作:

```
SELECT *
FROM teacher FULL OUTER JOIN post        //全外连接
ON teacher. 姓名 = post. 姓名;
```

则该运算的结果包括 3 种类型的元组:

第一种元组描述的是既是教师又兼有职务的人,即两个关系的自然连接的结果集。

第二种元组描述的是未兼职的教师。这些元组是那些在 teacher 表的所有属性上有对应值,而只属于 post 表的编号,职务属性的对应值为 null。

第三种元组描述非教师的任职人员。这些元组是那些在 post 的所有属性上有对应值,而只属于 teacher 表的教师号,所属大学,职称属性的对应值为 null。

有关执行结果以表 3-4 所示。

若执行以下操作:

```
SELECT *
FROM teacher LEFT OUTER JOIN post        //左外连接
ON teacher. 姓名 = post. 姓名;
```

则该运算结果只包括上述第一、第二种类型的元组。

表 3-4　teacher 表和 post 表的全外连接

	姓名	教师号	所属大学	职称	编号	职务
第一种	赵雨林	20064	武汉大学	教授	020	副市长
	李岗	21089	华中科大	教授	103	科委主任
第二种	韩英星	22089	华中师大	副教授	NULL	NULL
	张万象	20076	地质大学	讲师	NULL	NULL
第三种	吴倩	NULL	NULL	NULL	204	计委书记
	刘长江	NULL	NULL	NULL	005	副局长

3.3.4 递归查询

1. 递归合并查询

在实际应用中,会涉及许多递归问题,如求组成零件的子零件、求树的子树等问题。这类问题可用递归合并查询来解决。递归合并查询是 SQL 的一个重要新特性(但非核心部分)。这里仅介绍线性递归,即最多有一个递归子目标。

在 SQL 中,可以由关键字 WITH 引导的递归合并查询语句来定义新的关系,然后就可以在 WITH 语句内部使用这些定义。

递归合并查询语句的简单形式如下:

```
WITH RECURSIVE <临时表 R> AS
<R 的定义>
UNION
<涉及 R 的查询>
<递归结果查询>
```

这就是说,可以定义一个名称为 R 的临时关系,然后再在某个查询中使用 R。

定义中的任何一个关系都可以是递归的,它们之间也可以是相互递归的,也就是说,每个关系都可以根据某个其他关系(包括它本身在内)来定义。

【例 3.13】 设有一个航班表 flight 记录了成都、西安、北京、广州、上海、武汉之间的航班信息,如表 3-5 所示。现需要求出:能从一个城市飞到另一个城市的城市对集合(含直接到达和间接中转到达)。

表 3-5 flight 表

airline	from	to	depart	arrive
南航	武汉	成都	8:00	9:40
国航	成都	西安	9:30	12:30
东航	成都	北京	9:00	14:30
东航	北京	广州	15:30	19:30
东航	北京	上海	15:00	17:30
国航	广州	上海	18:30	21:30

设:以下式中的航线 a、起飞时间 d、到达时间 r 以及表示起点或终点的 f、t、t1 都是列变量。定义要求的结果集为关系 reach(f,t),以下表达式描述了结果关系:

①reach(f,t) = flight(a,f,t,d,r)　　//f、t 在表的同一个元组中
②reach(f,t) = flight(a,f,t1,d,r) AND reach(t1,t)
//f、t 不在表的同一个元组中

上述的定义是线性右递归的。式子①表明 reach 包含有能从第一个城市直达另一个城市的城市对。式子②表明,如果能从 f 城市直达 t1 城市,并能从 t1 城市到达 t 城市,则就能从 f 城市到达 t 城市。

上述问题用 SQL 写出的相应查询语句如下:

```
WITH RECURSIVE reach(from,to) AS
```

```
    (SELECT from,to                         //选出直接到达城市对
    FROM flight)
    UNION
    (SELECT flight.from,reach.to            //选出间接到达城市对
      FROM flight,reach
      WHERE flight.to = reach.from)
SELECT * FROM reach;
```

2. 空值处理

在许多情况下，必须对元组的分量赋值，但又不能给出具体的值。例如，在一个学生档案表中，有奖惩属性，但是有些学生尚没有任何奖惩，这该怎么办呢？这时可将奖惩属性标以空值（NULL）。

SQL 用空值标识某属性值的信息缺失。空值不同于空白或零值，可以有多种不同的解释，如值暂时未知、值需隐瞒、无合适的值等。

空值会在多种情况下产生。例如，当向关系中插入元组时，如果所用的命令只提供元组的某些分量而不是所有的分量，那么，对那些没有指定值的分量若没有默认值，则就会是空值；当进行外部连接运算时，也会产生大量的空值。

测试属性的值是否为空值的方法是使用关键字 IS NULL 和 IS NOT NULL。在 SQL 中只有一个特殊的地方——WHERE 查询条件中允许查询空值，形式如下：

```
WHERE <列名> IS [NOT] NULL
```

在 SQL 中不能使用条件表示：＜列名＞＝NULL。

【例 3.14】 某些学生选修课程后没有参加考试，所以有选课记录，但无考试成绩。查询缺少选课成绩的学生号和相应的课程号。

```
SELECT sno,cno
FROM s_c
WHERE grade IS NULL;
```

说明：空值不是常量。不能显式地将空值作为操作数使用；空不能用来表示默认值、不可用值；尽量少使用空值，大部分聚集函数忽略空值。

3.4 SQL 的数据更新

SQL 中数据更新包括插入数据、修改数据和删除数据。向数据库表插入新行用 INSERT 语句。

3.4.1 插入数据

1. 用子句向表中插入数据

用 VALUES 子句向表中插入数据的语句格式如下：

```
INSERT INTO <表名> [(<列名 1>[,<列名 2>]……)]
VALUES(<常量 1>[,<常量 2>]……)
```

其功能是将新元组插入指定表中。其中新元组属性列 1 的值为常量 1,属性列 2 的值为常量 2……如果某些属性列在 INTO 子句中没有出现,则新元组在这些列上将取空值。

如果 INTO 子句中没有指明任何列名,则新插入的记录必须在每个属性列上均有值。

2. 用子查询向表中插入数据

用子查询向表中插入数据的语句格式如下:

```
INSERT INTO <表名> [(<列名 1>[,<列名 2>] … …)]
<查询语句>;
```

其功能是以批量插入的方式,一次将查询的结果全部插入指定表中。

【例 3.15】 分别用子句和子查询向表中插入数据。

① 把新转学来的学生王晓雪的记录加入到学生表 student 中。

```
INSERT INTO student
VALUES(200510,'王晓雪',20,'女','英语系','湖北省');
```

② 设已建研究生复试表 st1_grade,平均成绩优秀的学生将免试成为研究生,将这些学生的学号、姓名及平均成绩插入研究生复试表。

```
INSERT INTO st1_grade(gno,name,avg)
SELECT student.sno,sname,AVG(grade) avg_good
FROM student,s_c
WHERE student.sno = s_c.sno
GROUP BY sno
HAVING avg_good > = 90;
```

3.4.2 删改数据

1. 用子句修改表中数据

修改表中的记录用 UPDATE 语句。用 SET 子句修改表中数据的语句格式如下:

```
UPDATE <表名>
SET <列名> = <表达式> [,<列名> = <表达式>]
[WHERE <条件表达式>]
```

其功能是修改指定表中满足 WHERE 条件的元组。其中,SET 子句用于指定修改值,即用表达式的值取代相应的属性列值。如果省略 WHERE 子句则表示要修改表中的所有元组。

2. 用子查询修改表中数据

子查询可以嵌套在修改语句中,用以构造执行修改操作的条件。

【例 3.16】 分别用子句、子查询修改表中数据。

① 把计算机学院所有学生的年龄增加 1 岁。

```
UPDATE student
SET age = age + 1
WHERE dept = '计算机学院';
```

② 学生"左彼"在 001 号课程考试中作弊，该课成绩应作零分计。

```
UPDATE s_c
SET grade = 0
WHERE cno = '001' AND sno =
        (SELECT sno
         FROM student
         WHERE sname = '左彼');
```

③ 当某学生 008 号课程的成绩低于该门课程的平均成绩时，提高 5%。

```
UPDATE s_c
SET grade = grade * 1.05
WHERE cno = '008' AND grade <
(SELECT avg(grade)
        FROM s_c
        WHERE cno = '008');
```

这里在内层子句中使用了外层 UPDATE 子句中出现的关系名 s_c，但这两次使用是不相关的，即这个修改语句执行时，先执行内层 SELECT 语句，然后再对查找到的元组执行修改操作，而不是边找元组边修改。在插入语句和删除语句遇到类似情况时，也是如此处理。

3. 删除数据

删除数据用 DELETE 语句，其语句一般格式如下：

```
DELETE
FROM <表名>
[WHERE <条件表达式>]
```

功能是从指定表中删除满足 WHERE 条件的所有元组。如果省略 WHERE 子句，表示删除表中的全部元组。子查询同样也可以嵌套在删除语句中，用以构造执行删除操作的条件。

【例 3.17】 删除学号为 990081 的学生信息。

```
DELETE
FROM student
WHERE sno = '990081';
```

需注意的是：若表 s_c 未定义外键及其约束选项，此操作执行后，学生表 student 中学号为"990081"的学生信息不存在了，但在学习表 s_c 中，该学生的相关学习信息仍在，破坏了数据的完整性，故需进行相关数据的显式删除。

说明：插入数据时，表定义中说明了 NOT NULL 的列不能取空值；若已定义主键、外键及其约束选项，则向参照表中插入、删除元组时，关系 DBMS 会自动保证实体完整性、参照完整性；否则，删除时需用户维护数据一致性。

3.5 SQL 中的视图

3.5.1 视图的概念

1. 视图与表的关系

(1) 视图(View)是从一个或几个基本表(或视图)导出的表。视图是以现存表的全部或部分内容建立起来的一个表。视图非物理存在,它不包含真正存储的数据,其内容不占存储空间。因此视图也被称为虚表,而真正物理存在的表称为基本表或实表。

(2) 视图是用户用来看数据的窗口。任何对基表中所映射的数据更新,通过该窗口在视图可见的范围内都可以自动和实时地再现。

(3) 对视图的一切操作最终将转换为对基本表的操作,即任何对视图允许的更新也将自动和实时地在相应基表所映射的数据上实现。

(4) 更新视图有限制。视图与表一样可被查询、删除,即可以像一般的表那样操作,但对视图的更新操作有一定的限制。

2. 视图的作用

视图最终是定义在基本表之上的,对视图的一切操作最终也要转换为对基本表的操作。既然如此,为什么还要定义视图呢? 这是因为视图有以下作用:

(1) 简化结构及复杂操作。视图机制使用户可以将注意力集中在他所关心的数据上。使用户眼中的数据库结构简单、清晰,并且可以简化用户的复杂查询操作。

(2) 多角度地、更灵活地共享。视图机制能使不同的用户从多种角度以不同的方式看待同一数据。当许多不同种类的用户使用同一个数据库时,这种灵活性是非常重要的。

(3) 提高逻辑独立性。由于有了视图机制,所以当数据库重构时,有些表结构的变化,如增加新的关系、结构的分解或对原有关系增加新的属性等,用户和用户程序不会受影响。视图对重构数据库提供了一定程度的逻辑独立性。

(4) 提供安全保护。有了视图机制,就可以在设计数据库应用系统时对不同的用户定义不同的视图,使机密数据不出现在不应看到这些数据的用户视图上,这样就由视图机制自动提供了对机密数据的安全保护功能。

3.5.2 创建与使用视图

1. 创建视图

SQL 语言用 CREATE VIEW 命令建立视图,其一般格式为:

```
CREATE VIEW <视图名> [(<列名 1>[,<列名 2>]…)]
AS <子查询>
[WITH CHECK OPTION]
```

其中,子查询可以是任意复杂的 SELECT 语句。

【例 3.18】 创建视图示例。

(1) 建立一个只包括女学生学号、姓名和年龄的视图 s_st。

CREATE VIEW s_st(no,name,age)

```
    AS SELECT sno, sname, age
    FROM student
    WHERE sex = '女';
```

系统执行 CREATE VIEW 语句的结果只是把视图的定义存入数据字典,并不执行其中的 SELECT 语句。只是在对视图查询时,才按视图的定义从基本表中将数据查出。因基本表随着更新操作在不断变化,所以视图对应的内容是实时、最新的内容,并非总是视图定义时的内容。

WITH CHECK OPTION 子句表示对视图进行 UPDATE、INSERT 和 DELETE 操作时要保证更新、插入或删除的行满足视图定义中子查询中的条件。

(2) 建立信息院学生的视图,并要求进行修改和插入操作时仍需保证该视图只有信息院的学生记录。

```
CREATE VIEW d_student
    AS SELECT *
    FROM student
    WHERE dept = '信息院'
    WITH CHECK OPTION;
```

由于在定义 d_student 视图时加上了 WITH CHECK OPTION 子句,以后对该视图进行插入、修改和删除操作时,DBMS 会自动加上 dept='信息院'的条件。

如果 CREATE VIEW 语句仅指定了视图名,省略了组成视图的各个属性列名,则表示该视图由子查询中 SELECT 子句目标列中的诸属性列组成。但在下列 3 种情况下必须明确指定组成视图的所有列名:

① 某个目标列不是单一的属性名,而是集函数或列表达式。
② 多表连接时选出了几个同名列作为视图的属性。
③ 需要在视图中为某个列启用新的更合适的名字。

视图创建总是包括一个查询语句 SELECT。可以利用 SELECT 语句从一个表中选取所需要的行或列构成视图,也可以从几个表中选取所需要的行或列(使用子查询和连接查询方式)构成视图。

【例 3.19】 从学生表、课程表和选课表中产生一个视图 s_grade,它包括学生号、姓名、课程名和成绩。

```
CREATE VIEW s_grade
    AS SELECT student. sno, sname, cname, grade
    FROM student, course, s_c
    WHERE student. sno = s_c. sno AND course. cno = s_c. cno;
```

若需再建立一个选修了课程且成绩在 90 分以上的学生的视图。因为已定义了一个关于学生选课情况的视图 s_grade,故可在该视图基础上再建新视图。

```
CREATE VIEW s_good
    AS SELECT *
    FROM s_grade
    WHERE grade >= 90;
```

以下是一些特殊视图：

（1）行列子集视图是指视图是从单个基本表导出，并且只是去掉了基本表的某些行和某些列，但保留了主键的视图。

（2）分组视图是指带有集函数和 GROUP BY 子句查询所定义的视图。

（3）带虚拟列的视图是指设置了一些基本表中并不存在的虚拟列（派生列）的视图，这种视图也称为带表达式的视图。

定义基本表时，为了减少数据库中的冗余数据，表中只存放基本数据，由基本数据经过各种计算派生出的数据一般是不存储的。由于视图中的数据并不实际存储，所以定义视图时可以根据应用的需要，设置一些派生属性列。

【例 3.20】　将学生的学号及其选课的平均成绩定义为一个视图。

```
CREATE VIEW s_avg(sno,gavg)      //gavg 是基本表中不存在的派生属性列
    AS SELECT sno,AVG(grade)
    FROM s_c
    GROUP BY sno ;
```

例 3.20 是一个带虚拟列的分组视图。视图不仅可以建立在一个或多个基本表上，也可以建立在一个或多个已定义好的视图上，或建立在基本表与视图上。

有了视图机制，数据独立性大为提高，不管基本表是扩充还是分解均不影响对概念数据库的认识。只需重新定义视图内容，而不改变面向用户的视图形式，因而保持了关系数据库逻辑上的独立性。

【例 3.21】　设有学生关系 stud(sno,sname,sex,age,dept,…,degree)，根据需要分为了两个表：

简表：st1(sno,sname)

简历表：st2(sno,sex,age,dept,…,degree)

此时原基本表 stud 是 st1 和 st2 自然连接的结果，这时可建立一个视图 st-view 以得到原基本表的效果：

```
CREATE VIEW st-view
    AS SELECT st1.sname,st2.*
    FROM st1,st2
    WHERE st1.sno = st2.sno;
```

这时，虽然数据库的逻辑结构发生了改变，由一个表变成了两个表，但由于定义了一个和原表逻辑结构一样的视图，使用户的子模式没有发生改变。因此，用户的应用程序不必修改，仍可通过视图来查询数据，但更新操作会受到影响。

2. 删除视图

视图建好后，若导出此视图的基本表被删除了，该视图将失效，但视图定义一般不会被自动删除（除非指定了基本表的级联删除 CASCADE），故要用语句进行显式删除，该语句的一般格式为：

```
DROP VIEW <视图名>{ CASCADE | RESTRICT }
```

其中，RESTRICT 确保只有无相关对象（如其他视图、约束等）涉及的视图才能被撤销。

【例 3.22】 删除视图 s_good。

```
DROP VIEW s_good RESTRICT;
```

3. 查询视图

一旦视图定义好后,用户就可以像对基本表一样对视图进行查询了。也就是说,在前面介绍的对表的各种查询操作都可以作用于视图。

DBMS 执行对视图的查询时,首先进行有效性检查,检查查询涉及的表、视图等是否在数据库中存在,如果存在,则从数据字典中取出查询涉及的视图的定义,把定义中的子查询和用户对视图的查询结合起来,转换成对基本表的查询,然后再执行这个经过修正的查询。这种将对视图的查询转换为对基本表的查询的过程称为视图消解(View Resolution)。

3.5.3 更新视图

目前,大部分数据库产品都能够正确地对视图进行数据查询的操作,但还不能对视图作任意的更新操作,因此视图的更新操作还不能实现逻辑上的数据独立性。下面介绍更新视图的一些限制。

更新视图包括插入(INSERT)、删除(DELETE)和修改(UPDATE)3 类操作。由于视图是不实际存储数据的虚表,因此对视图的更新最终要转换为对表的更新,即通过对表的更新来实现视图更新。

为防止用户通过视图对数据进行增、删、改时,无意或故意操作不属于视图范围内的表的数据,可在定义视图时加上 WITH CHECK OPTION 子句,这样在视图上增、删、改数据时,DBMS 会进一步检查视图定义中的条件,若不满足条件,则拒绝执行该操作。

【例 3.23】 删除例 3.18 ②信息院学生视图 d_student 中学号为 200029 的学生记录。

```
DELETE
FROM d_student
WHERE sno = '200029';
```

转换为对基本表的更新:

```
DELETE
FROM student
WHERE sno = '200029' AND dept = '信息院';
```

这里系统自动将 dept='信息院'放入子句中。

在关系数据库中,并非所有的视图都是可更新的,因为有些视图的更新不能唯一地有意义地转换成对相应基本表的更新。

如例 3.20 中定义的视图 s_avg 是由学号和平均成绩两个属性列组成的,其中平均成绩一项是由 s_c 表中对元组分组后计算平均值得来的。若想把视图中某学生的平均成绩改成 90 分,则对该视图的更新是无法转换成对基本表 s_c 的更新的。因为系统无法修改该生各科成绩。以使之平均成绩成为 90 分。所以该视图是不可更新的。

不能更新的视图有两种:

(1) 不可更新视图。理论上已证明是不可更新的视图。

（2）不允许更新视图。理论上允许，但实际系统中不支持其更新。

有些视图从理论上讲是不可更新的，还有些视图在理论上是可更新的，但它们的确切特征还尚待研究。目前各关系 DBMS 一般都允许对行列子集视图进行更新，各系统对视图的更新均有自己的规定，由于系统实现方法上的差异，这些规定也不尽相同。

3.6　数据库访问技术

3.6.1　数据库访问概述

在设计数据库应用程序时，不可避免地会碰到如何访问数据库，如何使用不同数据库里的数据等问题。

应用程序与 SQL 数据库联系的基本方式如下：

（1）嵌入式 SQL(Embedded SQL,ESQL)。该方式将 SQL 作为一种数据子语言嵌入到某些高级语言中，借助高级语言访问数据库以及实现过程化控制和复杂计算。

（2）数据库接口。该方式通过应用程序编程接口（API）函数来访问数据库。利用它可屏蔽不同系统之间的差异，提供应用系统的可移植性和可扩展性。

（3）SQL 模块。该方式利用过程化 SQL（标准 SQL 的过程化扩展）编程，通过调用程序模块访问、操作数据库。

标准 SQL 语言作为一种独立的命令式语言，用户在交互环境下使用极为便利。然而在描述一些业务流程时，就有些无能为力了。过程化 SQL (Procedural Language/SQL,PL/SQL)正是为了解决这一问题而引入的。过程化 SQL 将第 4 代语言——SQL 语言的强大灵活性与第 3 代语言的过程性结构融为一体，集成了 SQL 数据操作能力和过程化的流程控制能力，提供了功能强大的数据库编程语言。因为不少数据库公司已将过程化 SQL 整合到数据库服务器及其开发工具中，所以在客户端环境和服务器中都可以编写过程化的 SQL 程序。过程化 SQL 语法和功能因 DBMS 不同而不同。有关内容将在 8.2 节介绍。本章仅介绍前两种方式。

3.6.2　嵌入式 SQL

1. 嵌入式 SQL 的引入

SQL 是一种强有力的非过程性查询语言，实现相同的查询比用通用编程语言要简单得多，那么为什么还要用高级语言访问数据库呢？这是因为以下几点：

（1）有些复杂事务性处理单纯使用 SQL 难以完成。存在着不少应用是高度过程化的，还伴随着复杂的计算。虽然 SQL 在逐渐增强自己的表达能力，但一方面扩充的非过程化与计算能力有限，另一方面太多的扩展会导致优化能力及执行效率的降低。

（2）还有许多应用不仅需要查出数据，还必须对数据进行随机处理。实际的应用系统是非常复杂的，数据库操作只是其中一部分。有些功能如与用户交互、图形化显示、复杂数据的处理等需借助于其他语言或软件实现。

为了解决这些问题，将 SQL 作为一种数据子语言嵌入到高级语言中，利用高级语言的过程性结构与强大的功能来弥补 SQL 语言实现复杂应用的不足。接受 SQL 嵌入的高级语言，称为主语言（或宿主语言）。标准 SQL 语言可以嵌入到 C/C++、Java、C♯、FORTRAN、

Ada、PASCAL、COBOL 等主语言中使用。

对于主语言中的嵌入式 SQL 语句,通常采用两种方式处理:

(1) 预编译方式。

(2) 扩充主语言使之能够处理 SQL 的方式。

目前主要采用第一种方式。其主要过程为:先由 DBMS 的预处理程序对源程序进行扫描,识别出 SQL 语句,然后将它们转换为主语言的调用语句,使主语言能够识别它们,最后由主语言编译程序将整个源程序编译成可执行的目标代码。

嵌入式 SQL 语句根据其作用的不同,可分为可执行语句(数据定义、数据控制、数据操纵)和说明性语句。

说明:在主语言程序中,任何允许出现可执行高级语言语句的地方,都可以写可执行 SQL 语句。任何允许出现说明性高级语言语句的地方,都可以写说明性 SQL 语句。

2. 嵌入式 SQL 需解决的问题

使用嵌入式 SQL 需要面对下面 3 个主要问题:

(1) 程序中既有主语言的语句又有 SQL 的语句,如何识别这两种不同的语句。

(2) 程序中既有主语言变量又有 SQL 列变量,如何区分这两种不同的变量。

(3) 主语言变量一般为标量,而 SQL 中的列变量一般均为集合量,如何实现由集合量到标量的转换。

讨论处理这些问题的技术手段之前先引入一些术语。

(1) 状态变量(SQLSTATE)。它是 5 个字符的变量,其作用是存储描述系统当前状态和运行情况的数据。状态代码由数字和 A~Z 之间的大写字母构成。前两个数字或字母表示:类(一般类别);后面的 3 个数字或字母表示:子类(特殊子类,如果有的话),状态变量的格式如图 3-4 所示。

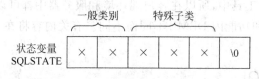

图 3-4 状态变量的格式

其中重要的类别特征是:00 类表明所有的事情都正常;01 类表明警示;02 类表明无数据;所有的其他类型表明 SQL 语句或执行有错误。

在每一个语句执行之后,DBMS 将描述当前工作状态和运行环境的一个状态值放入 SQLSTATE 中,应用程序根据 SQLSTATE 中的信息决定下一步要执行的语句。如果 SQLSTATE 含有任 00、01、02 之外的信息,就必须进行一些纠错操作或者甚至放弃工作。

(2) 主变量(Host Variable)。嵌入式 SQL 语句中可以使用主语言的程序变量来输入或输出数据。把这种 SQL 语句中使用的主语言程序变量简称为主变量。主变量根据其作用的不同,分为输入主变量和输出主变量。

① 输入主变量。由应用程序对其赋值,SQL 语句引用。利用输入主变量作为传递参数,可指定向数据库中插入的数据、指定修改数据的值,可以指定执行的操作、指定 WHERE 子句或 HAVING 子句中的条件等。

② 输出主变量。由 SQL 语句对其赋值或设置状态信息,返回给应用程序。利用输出主变量,可以得到 SQL 语句的结果数据和状态。

一个主变量可既是输入主变量又是输出主变量。

(3) 游标(Cursor)。SQL 语言与主语言具有不同的数据处理方式。SQL 语言是面向集合的,一条 SQL 语句可以产生或处理多条记录。而主语言是面向记录的,一组主变量一次只能存放一条记录。所以仅用主变量难以满足 SQL 语句向应用程序输出数据的要求,为此嵌入式 SQL 引入了游标的概念,用游标来协调这两种不同的处理方式。

游标是系统为用户开设的一个数据缓冲区,存放 SQL 语句的执行结果。每个游标区都有一个名字。游标的作用是用户可以通过游标指针及相关语句逐一获取记录,并赋给主变量,交给主语言处理,从而把对集合的操作转换为对单个记录的处理。游标工作示意图如图 3-5 所示。

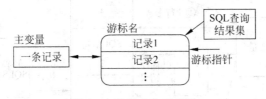

图 3-5　游标工作示意图

状态变量、主变量、游标是嵌入式 SQL 与主语言的接口,利用它们可实现两种不同风格语言的交互。

使用嵌入式 SQL 必须解决前面提到的 3 个主要问题,即

(1) 程序中如何区分主语言语句与 SQL 语句?

SQL 语句在嵌入主语言程序时要加标识。一般前缀标识为 EXEC SQL,结束标识为END-EXEC(或用分号)。确切格式依赖于主语言。

例如,嵌入到 C 程序中用 EXEC SQL <嵌入的 SQL 语句>。

在 Java 中嵌入式 SQL 的格式为: ♯SQL{<嵌入的 SQL 语句>}。

(2) 程序中如何区分主语言变量与 SQL 的列变量?

SQL 语句中使用的主语言程序变量即主变量是主语言程序与 SQL 语句的共享变量。程序中区分主语言变量与 SQL 的列变量的方法是在主变量前加冒号,如": name"。

【例 3.24】　根据主变量 sno 的值检索学生名、年龄和性别:

```
                ...                          //主变量 sn、sa、ss 说明
EXEC SQL SELECT sname,age,sex INTO :sn,:sa,:ss   //输出主变量放结果
FROM student
WHERE sno = :sno;                            //输入主变量设有初值
```

(3) 主语言变量与 SQL 的列变量如何交互与转换?

由于 SQL 的列变量是集合量,这就需要有一种机制:能将 SQL 变量中的集合量逐个取出送入主变量内,供主程序使用。方法是在嵌入式 SQL 中引入游标机制。

3. 嵌入式 SQL 的工作过程

将 SQL 嵌入到高级语言中混合编程,SQL 语句负责操纵数据库,高级语言语句负责控

制程序流程。这时程序中会含有两种不同计算模型的语句,一种是描述性的面向集合的 SQL 语句,另一种是过程性的记录式高级语言,它们之间应该如何通信呢?

数据库工作单元与源程序工作单元之间的通信主要包括以下几个步骤:

(1) 主语言通过主变量向 SQL 语句提供查询等执行参数。

(2) 系统通过状态变量 SQLSTATE 向主语言传递 SQL 语句的执行情况及结果状态, 使主语言程序能据此控制程序流程。

(3) 系统通过游标和主变量将 SQL 语句查询数据库的结果转换并交给主语言处理。

总之,SQL 语句与高级语言语句之间是通过主变量与游标等进行通信,嵌入式 SQL 的 工作过程如图 3-6 所示。

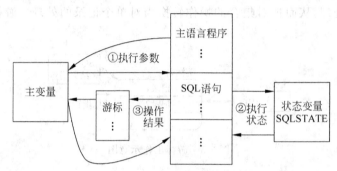

图 3-6 嵌入式 SQL 的工作过程

4. 嵌入式 SQL 程序

每一个内嵌 SQL 语句的 C 程序包括两大部分:应用程序首部和应用程序体。嵌入 C 程序中的 SQL 语句前须加前缀 EXEC SQL,以便与主语言的语句相区别。下面通过一个 例子说明嵌入式 SQL 的程序组成。

【例 3.25】 在数据库 emp_db 中建立一个表:emp(eno,ename,sal,deptno),建表后可 进行相关的操作。

```
# include < stdio. h>
EXEC SQL BEGIN DECLARE SECTION              //主变量说明
VARCHAR SQLSTATE[6];
…                                           //其他要用到的主变量
EXEC SQL END DECLARE SECTION;
void main( )
{ EXEC SQL CONNECT TO emp_db USER <用户名>;
if (< SQLSTATE 类码不为"00"和"01">)
printf("Connection failed. SQLSTATE = % s.\n", SQLSTATE );
EXEC SQL CREATE TABLE emp
    (eno INT,
    ename VARCHAR(8) NOT NULL,
    sal FLOAT,
    deptno INT,
PRIMARY KEY(eno));
    if (< SQLSTATE 类码不为"00"和"01">)
        printf("Fail to create table. SQLSTATE = % s.\n", SQLSTATE);
```

```
    else
        {printf("Table emp created");
            …                              //其他相关的操作
        }
    EXEC SQL COMMIT WORK RELEASE;
    EXEC SQL DISCONNECT CURRENT;
exit(0);
}
```

程序的主要构成部分说明如下：

(1) DECLARE 说明段。用于定义主变量(又称共享变量)，主变量既可在 C 语句中使用，也可在 SQL 语句中使用，应用程序可以通过主变量与数据库相互传递数据。该说明段用下列语句作为开始和结束：

```
EXEC SQL BEGIN DECLARE SECTION;
…                                  //主变量说明
EXEC SQL END DECLARE SECTION;
```

所有主变量必须用 SQL 说明性语句进行说明。说明之后它们可以在 SQL 语句中任何一个能够使用表达式的地方出现，而在 SQL 语句之外，主变量可以直接引用，不必加冒号。

为了在主语言中检测可执行 SQL 语句的执行结果状态，SQL 规定应用程序必须使用一个特殊的主变量——共享状态变量 SQLSTATE，它应在 DECLARE 说明段中定义。

(2) CONNECT 语句。一般形式为：

```
EXEC SQL CONNECT TO < SQL 服务器或数据库名(含路径)> USER <用户名>
```

为执行 SQL 语句，操纵 SQL 建立的数据库。DBMS 要通过 CONNECT 语句建立 SQL 连接，这样就可以在用户环境下访问一个服务器上的 SQL 数据库。若不显式建立 SQL 连接，则 DBMS 执行默认的 SQL 连接。

(3) 应用程序体。其包含若干可执行 SQL 语句及主语言语句。当对数据库的操作完成后，应该提交和退出数据库，可使用简单的命令 COMMIT WORK RELEASE 实现。

一个含有嵌入式 SQL 语句的 C 语言程序的一般实施步骤如下：

(1) 编写含有 SQL 语句的 C 程序。

(2) 使用预编译器，产生预编译输出文件。

(3) 使用 C 编译器对预编译输出文件进行编译，产生目标程序。

(4) 连接目标程序，产生可执行程序。

(5) 运行程序。

5. 动态 SQL 方法

在嵌入式 SQL 语句中，主变量的个数与数据类型在预编译时都是确定的，只有主变量的值在程序运行过程中可动态输入。这类嵌入式 SQL 语句称为静态 SQL 语句。

在许多情况下，静态 SQL 语句提供的编程灵活性显得不足。例如，需要查询选修了某些课程的选课学生的学号及其成绩；需要查询某类学生选修的课程情况等。这里的问题表现为查询条件或查询的属性列都是不确定的，仅用静态 SQL 语句难以实现。

如果在嵌入使用 SQL 的过程中，SQL 语句不预先确定，而根据需要在程序运行中动态

数据库原理与技术(Oracle 版)(第 3 版)

指定,这就是动态 SQL。

动态 SQL 的实质是允许在程序运行过程中临时"组装"语句。这些临时组装的 SQL 语句主要有 3 种基本类型。

(1) 具有条件可变的 SQL 语句。指 SQL 语句中的条件子句具有一定的可变性。例如,对于查询语句来说,SELECT 子句是确定的,即语句的输出是确定的,其他子句如 WHERE 子句和 HAVING 具有一定的可变性。

(2) 数据库对象、条件均可变的 SQL 语句。例如,对于查询语句,SELECT 子句中属性列名,FROM 子句中的基表名或视图名,WHERE 子句和 HAVING 短语中的条件均可由用户临时构造,即语句的输入和输出可能都是不确定的。

(3) 具有结构可变的 SQL 语句。在程序运行时临时输入完整的 SQL 语句。

在目前实现中,动态 SQL 分为直接执行、带动态参数和动态查询 3 种类型。

(1) 直接执行。直接执行的具体做法是由实际应用定义一个字符串主变量,用它存放要执行的 SQL 语句。在 SQL 语句中分固定部分和可变部分,其中固定部分由应用程序直接赋值,可变部分则由应用程序提示,在程序执行时用户输入。此后即用 EXCE SQL EXECUTE IMMEDIATE 语句执行字符串主变量中的 SQL 语句。

(2) 带动态参数。在此类 SQL 语句中含有未定义的变量,这些变量仅起占位符的作用。在此类语句执行前,应用程序提示输入相应参数以取代这些变量。

(3) 动态查询。动态查询 SQL 语句是一类针对查询结果为集合且需返回查询结果,但往往不能在编程时予以确定的 SQL 语句。此类查询方法是预先由应用定义一个字符串主变量,用它存放动态的 SQL 语句。应用程序在执行时提示输入相应的 SQL 语句。此类 SQL 查询一般需要用游标。

动态 SQL 语句不是直接嵌入在主语言中的,而是在程序中设置一个字符串变量,程序运行时交互式地输入或从某个文件读取动态 SQL 语句,接收并存入到该字符串变量中去。

动态 SQL 执行过程如下:

(1) 执行准备语句。

格式:PREPARE <语句名> FROM :<主变量>

功能:接收含有 SQL 语句的主变量,将其送到 DBMS 编译并生成执行计划。

(2) 执行该计划。动态 SQL 的语句有 EXECUTE(执行已准备好的 SQL 语句)、EXECUTE IMMEDIATE(立即执行除 SELECT 以外的 SQL 语句)等。

【例 3.26】 在学生选课表 s_c 中修改某课程的成绩,使其提高 10%。

```
EXEC SQL BEGIN DECLARE SECTION;
      VARCHAR prep[100]; VARCHAR cno[3];          //主变量说明
EXEC SQL END DECLARE SECTION;
strcpy (prep,"UPDATE s_c SET grade = grade * 1.1 WHERE cno = ? ");
                                          //?为参数标志
EXEC SQL PREPARE prep_stat FROM :prep;
scanf ( " % s", cno);
EXEC SQL EXECUTE prep_stat USING : cno;         //:cno 的值代替参数"?"
```

嵌入式/动态 SQL 方法有较高的运行效率,适用于嵌入式数据库等应用,但不够灵活、编程复杂。在网络广泛使用的客户端和服务器环境下,常使用数据库接口方式。

3.6.3 数据库标准接口

1. 数据库接口简介

数据库接口是指为支持数据库应用开发而提供的各种应用程序编程接口。数据库接口标准涉及的技术内容非常广泛,几种典型的数据库接口如下:

(1) ODBC(OpenData Base Connectivity,开放式数据库互联)提供了一组对数据库访问的标准接口,使用户通过 SQL 可访问不同的关系数据库,适合数据库底层开发。

(2) JDBC(JavaData Base Connectivity,Java 数据库连接)是基于 Java 语言的数据访问标准接口,具有平台无关性。它由一组类和接口组成,可统一访问多种关系数据库。JDBC 应用程序使用简便、灵活,更适合于 Internet 上异构环境的数据库应用。

(3) ADO(ActiveX Data Objects).NET 是在微软 Web 服务平台使用的数据库对象访问接口。它是一组用于和数据源进行交互的面向对象类库,提供了平台互用性和可伸缩的数据访问,功能强、易用、高效。

(4) SQL/CLI(Call Level Interface,SQL 调用级接口)是 SQL 的应用编程接口,它等于核心 ODBC API。它定义了一套公共函数,从一个主语言应用程序可以调用这些函数,连接到数据库,并利用 SQL 语句存取和更新数据。

(5) OLE DB(Object Linking and Embedding DataBase,对象连接与嵌入数据库)建立于 ODBC 之上,并将此技术扩展为提供更高级数据访问接口的组件结构。它有较好的健壮性、灵活性和很强的错误处理能力,能够同非关系数据源进行通信。

(6) OTL 是 Oracle、ODBC 和 DB2-CLI Template Library 的缩写,是一个 C++ 编译中操控关系数据库的模板库。具有跨平台、运行效率高、使用简洁、部署容易等优点。

本节介绍两种典型的标准数据库接口,即 ODBC、JDBC。

2. 开放式接口——ODBC

ODBC 是微软推出的一种工业标准,一种开放的独立于厂商的应用程序接口,可以跨平台访问各种个人计算机、小型机及主机系统,方便异构数据库之间进行数据共享。ODBC 作为一个工业标准,绝大多数数据库厂商、大多数应用软件和工具软件厂商都为自己的产品提供了 ODBC 接口或提供了 ODBC 支持。

ODBC 是依靠分层结构来实现的,这样可以保证其标准性和开放性。ODBC 的体系结构可以分为 4 层:数据库应用程序、驱动程序管理器、数据库驱动程序和数据源,ODBC 的体系结构如图 3-7 所示。解释如下:

(1) 数据库应用程序主要处理业务逻辑,是 ODBC 的使用者。它调用 ODBC 函数,递交 SQL 语句给 DBMS,从而实现与数据库的交互,并对数据库的数据进行处理。它可以用 Object Pascal、C++、VB、Java 等高级语言编写。

(2) 驱动程序管理器是一个名为 ODBC. DLL 的动态链接库。它为不同的数据库驱动程序(如 Oracle、DB2、SQL Server 等驱动程序)提供统一的函数调用接口,并管理这些不同的驱动程序,实现各种驱动程序的正确调度。

(3) 数据库驱动程序也是一个动态链接库,由各个数据库厂商提供。它提供对具体数据库操作接口,因此它是应用程序对各种数据源发出操作的实际执行者。

(4) 数据源(Data Source Name,DSN)是驱动程序与数据库连接的桥梁,用于表示一个

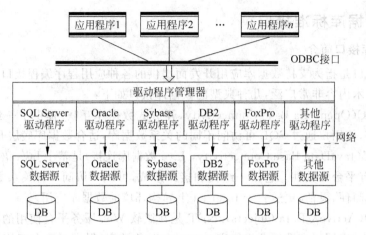

图 3-7 ODBC 的体系结构

特殊连接的命名，它隐藏了诸如数据库文件名、所在目录、数据库驱动程序、用户标识、密码等细节。当建立一个连接时，用户不用考虑数据库文件名、地址等，只要给出其数据源名即可。

有了 ODBC，当应用程序要访问数据库时，就可以使用 ODBC 的驱动程序管理器的操作接口，而不用直接存取数据库。驱动程序管理器将操作请求提交给具体的 DBMS 驱动程序，由具体的驱动程序实现对数据源的各种操作，数据库的操作结果也通过驱动程序管理器返回给应用程序。

ODBC 的基本特性是独立于特定数据库。使用相同源代码的应用程序通过动态加载不同的驱动程序，可以访问不同的数据库。支持在应用程序中同时建立多个数据库连接，以同时访问多个异构的数据库。可在 Windows 的"ODBC 数据源管理器"中建立与各种数据库连接的数据源（具体操作参见 ODBC 的联机帮助），以后各种编程语言就可以通过这个数据源访问数据库。ODBC 的最大优点是能以统一的方式处理所有的关系数据库。

3. 调用级接口——JDBC

JDBC 是由 Sun 公司开发的，属 Java 语言的一部分。JDBC 是一个为数据库管理提供的 API，它提供了调用级接口，以便从一个 Java 语言程序中执行 SQL 语句。它同动态 SQL 一样，可以在运行时构造 SQL 语句，能够通过 Internet 访问数据库，且比动态 SQL 移植性更好。

（1）JDBC 的特性。JDBC 保持了 ODBC 的基本特性，此外，更具有对硬件平台、操作系统异构性的支持。这主要是因为 JDBC 使用的是 Java 语言。利用 Java 的平台无关性，JDBC 应用程序可以自然地实现跨平台特性，因而更适合于 Internet 上异构环境的数据库应用。还有，JDBC 驱动程序管理器是内置的，驱动程序本身也可通过 Web 浏览器自动下载，无须安装、配置；而 ODBC 驱动程序管理器和 ODBC 驱动程序必须在每台客户机上分别安装、配置。

（2）JDBC 的主要工作。如图 3-8 所示，应用通过 JDBC 连接并访问数据库。应用程序通过一个被称为驱动管理器的 JDBC 模块与 DBMS 通信。JDBC 为最常使用的 DBMS 保留一个单独的驱动。当将要执行一个 SQL 语句时，应用程序将语句的一个字符串表达式发送给合适的驱动,由它执行任何必要的格式化,然后将语句发送给DBMS,进行准备和执行。

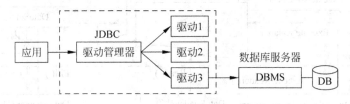

图 3-8 应用通过 JDBC 连接并访问数据库

JDBC完成的主要工作是:建立与数据库的连接;发送 SQL 语句;返回数据结果给用户。JDBC 提供了一些其他的特性,如它可以通过在数据库关系上的查询建立一个可更新的结果集,对结果集中元组的一次更新会导致数据库关系中相应元组的更新。

(3) JDBC 的编程要点。使用数据库进行 JDBC 编程时,Java 程序中通常应包含下述几部分内容(具体编程参见 Java 程序设计有关书籍):

① 在程序的首部用 import 语句将 java.sql 包引入程序。

② 使用 Class.forName()方法加载相应数据库的 JDBC 驱动程序。

③ 定义 JDBC 连接目标 DBMS 的连接对象,并连接到数据库。

④ 创建操作语句对象。

⑤ 使用 SQL 语句对数据库进行操作。

⑥ 使用 close()方法解除 Java 与数据库的连接,并关闭数据库。

3.6.4 对象访问接口

1. ADO.NET 简介

ADO.NET 是在 Windows 中 Web 服务平台使用的数据访问接口。它是一组用于和数据源进行交互的面向对象类库,ADO.NET 类库中的类提供了众多对象,分别完成与数据库的连接、查询、插入、删除和更新记录等操作。提供了 Web 应用平台的互用性和可伸缩的数据访问,功能强、易用、高效。

ADO.NET 允许和不同类型的数据源及数据库进行交互,增强了对非连接编程模式的支持,任何能够读取 XML 格式的应用程序都可以进行数据处理。ADO.NET 提供与数据源进行交互的相关的公共方法,但是对于不同的数据源采用不同的类库,并且通常是以与之交互的协议和数据源的类型来命名的,称为数据提供者(Data Providers),它负责把.NET 应用程序连接到数据源,有关于 Oracle、SQL Server 等不同的.NET 数据提供者,每种数据提供者在各自命名空间中。数据提供者虽然针对的数据源不一样,但是其对象的架构都一样,只要针对数据源种类来选择即可,如使用 Oracle 数据提供者的组件对象只需加前缀 Oracle。

2. ADO.NET 对象模型

ADO.NET 对象模型如图 3-9 所示。这些组件中负责建立联机和数据操作的部分称之为数据提供者,由 Connection 对象、Command 对象、DataAdapter 对象及 DataReader 对象组成。数据提供者最主要是充当 DataSet 对象及数据源之间的桥梁,负责将数据源中的数据取出后植入 DataSet 对象中,以及将数据存回数据源的工作。

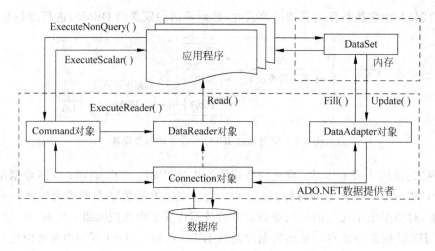

图 3-9　ADO.NET 对象模型

（1）ADO.NET 的数据提供者。它包含 4 个主要组件：

① Connection 对象。其主要用于开启程序和数据库之间的连接。不利用连接对象将数据库打开，是无法从数据库中取得数据的。这个对象在 ADO.NET 的最底层，用户可以自己创建这个对象，或由其他的对象自动创建。

② Command 对象。其主要可以用来对数据库发出一些指令，如可以对数据库下达查询、新增、修改、删除数据等指令，以及呼叫存在于数据库中的预存程序等。Command 对象是透过连接到数据源的 Connection 对象来下命令的，所以连接到哪个数据库，Command 对象的命令就下到哪里。

③ DataAdapter 对象。其主要是在数据源及 DataSet 之间进行数据传输的工作，它可以透过 Command 对象下达命令，并将取得的数据放入 DataSet 对象中。这个对象是架构在 Command 对象上的，并提供了许多配合 DataSet 使用的功能。

④ DataReader 对象。当只需要顺序地读取数据而不需要进行其他操作时，可以使用 DataReader 对象。因为 DataReader 对象在读取数据时限制每次只读取一笔，而且只能读取，所以使用起来不但节省资源而且效率很高。此外，因为不用把数据全部传回，故可以降低网络的负载。

（2）DataSet 对象。它可以把从数据库中查询到的数据保留起来，甚至可以将整个数据库显示出来。DataSet 的能力不只是可以储存多个表，还可以透过 DataAdapter 对象取得一些如主键等的数据表结构，并可以记录数据表间的关联。可将 DataAdapter 对象当作 DataSet 对象与数据源之间传输数据的桥梁。正是由于 DataSet 的存在，才使得程序员在编程时可以屏蔽数据库之间的差异，从而获得一致的编程模型。

3．ADO.NET 访问基本步骤

ADO.NET 提供了两种读取数据库的方式。

方式 1：通过 DataReader 对象读取数据。这种方式只能读取数据库，如果只是想查询记录，这种方式的效率更高些。

方式 2：通过数据集 DataSet 和 DataAdapter 对象访问和操作数据。这种方式更灵活，可以对数据库进行各种操作。

　　ADO. NET 的最重要的概念之一是 DataSet 对象,它是不依赖于数据库的独立数据集合,即使断开数据链路或者关闭数据库,DataSet 依然是可用的。

　　以使用对象访问和操作数据方式 2 为例,ADO. NET 访问数据库的步骤如下:

　　① 使用 Connection 对象创建一个数据库链路。

　　② 使用 Command 和 DataAdapter 对象请求一个记录集合。

　　③ 把记录集合暂存到 DataSet 中。

　　④ 如果需要,返回第②步(DataSet 可以容纳多个数据集合)。

　　⑤ 关闭数据库链路。

　　⑥ 在 DataSet 上进行所需要的操作。

4. 通过 ADO. NET 访问数据库

　　首先需要准备数据。设创建数据库 mydb;在创建的数据库中,创建 usr 表(no,name,pass);再插入若干数据。下面以 Oracle 数据库为例来讲解。假定数据库的用户名为 sa,密码为 123456。

　　(1) 通过 DataReader 对象读取数据。它只能实现对数据的读取,查询结果形成一个只读只进的数据流存储在客户端。DataReader 对象的 Read 方法可以前进到下一条记录。在默认情况下,每执行一次 Read 方法只会在内存中存储一条记录,系统的开销非常少。

　　要使用 ADO. NET,必须要先加载 System. Data 这个命名空间,因为该名称空间中包括大部分组成 ADO. NET 架构的基础对象类别,如 Dataset 对象、数据表、字段、关联等。

　　【例 3.27】　下面的程序完成的功能是访问数据。它从数据库中读取记录,并将查询结果通过控制台输出。程序如下:

```
using System;
using System. Collections. Generic;
using System. Linq;
using System. Text;
using System. Data;                              //载入 ADO. NET 的命名空间
using System. Data. OracleClient;                //使用 ORACLE 的数据提供者
namespace adoconsole. ado
{ class test1
{ static void main(string[ ] args)
{ Console. WriteLine("ADO 测试");
    string myconn = "Data Source = localhost; Integrated Security = SSPI; Initial Catalog =
mydb; User ID = sa; Password = 123456";
    string mysql = "SELECT no , name, pass FROM usr"; //需执行的 SQL 命令
    OracleConnection myconnect = new OracleConnection(myconn);        //创建数据连接
    myconnect. Open();                          //打开数据库连接
  OracleCommand mycomm = new OracleCommand(mysql, myconnect);  //创建 SQL 命令对象并初始化
    OracleDataReader myread = mycomm. ExecuteReader();
                                //构造阅读器,同时执行 SQL 命令
    while(myread. Read())                       //读出每行数据并显示
{Console. WriteLine(myread. GetInt32(0) + "," + myread. GetString(1) + "," + myread. GetString
(2)); }
    myread. Close();                            // 关闭阅读器
```

```
        myconnect. Close();                              // 关闭连接
    }
    }
    }
```

这种方法仅适用于读取少量数据,特点是速度快。要读取大量数据并操作时,需用下面的方法。

(2) 通过数据集 DataSet 和 DataAdapter 对象访问和操作数据。

【例 3.28】 下面的程序完成的功能是访问数据并操作。示例程序如下:

```
using System;
using System. Collections. Generic;
using System. Linq;
using System. Text;
using System. Data;                              //载入 ADO. NET 的命名空间
using System. Data. OracleClient;               //使用 SQL 数据提供者
namespace adoconsole. ado
{ class test2
{ static void main(string[ ] args)
  { Console. WriteLine("ADO 测试类");
    OracleConnection sqlconn = new OracleConnection ( " Data Source = localhost; Integrated
Security = SSPI; Initial Catalog = mydb; User ID = sa; Password = 123456");      //创建数据连接
    OracleCommand selectcomm = new OracleCommand ( "SELECT no , name, pass FROM usr " , sqlconn
) ;                                     //创建并初始化 OracleCommand 对象
    OracleDataAdapter sqldata = new OracleDataAdapter ( ) ;
sqldata. SelectCommand = selectcomm ;           //创建对象并查询数据
    sqlconn. Open ( ) ;                         //打开数据库连接
    DataSet data = new DataSet ( ) ;            //用 OracleDataAdapter 的 Fill 方法填充 DataSet
    sqldata. Fill ( data , "usr" ) ;
    Console. WriteLine(data. Tables[0]. Rows[0]["no"] + " " + data. Tables[0]. Rows[0]["
name"] + " " + data. Tables[0]. Rows[0]["pass"]);      //取一行数据并显示
    sqlconn. Close ( ) ;                        //关闭数据库连接
    OracleCommandBuilder sqlbuilder = new OracleCommandBuilder(sqldata);
                           //以 sqldata 为参数来初始化对象 sqlbuilder
    data. Tables["usr"]. Rows[0]. Delete();      //删除 DataSet 中的第一行数据
    sqldata. Update ( data ,"usr" ) ;
    data. Tables["usr"]. AcceptChanges ( ) ;
                      //调用 Update 方法,以 DataSet 中的数据更新表
Console. WriteLine(data. Tables[0]. Rows[0]["no"] + " " + data. Tables[0]. Rows[0]["name"] + "
" + data. Tables[0]. Rows[0]["pass"]);          //取一行数据并显示
  }
}
}
```

总之,ADO. NET 是与数据源交互的数据库对象访问接口。其数据提供者允许应用程序与不同的数据源交流。其中数据提供者组件的主要功能如下:

(1) OracleConnection 对象管理与数据源的连接。

(2) OracleCommand 对象允许与数据源交流并发送命令。

(3) 使用 OracleDataReader 进行快速的向前读取数据。

（4）用 DataSet 对象以及用 OracleDataAdapter 实现读取或者操作数据。

3.7 本章小结

SQL 是一种结构化、非过程化且进行了过程化扩展的查询语言。数据库是表、视图等的汇集,它由一个或多个数据库模式来定义。用 SQL 可以定义和删除所需的模式、关系表、视图和索引;对数据库中数据进行各种查询和更新操作。其中,查询包括单表查询、多表连接、嵌套和递归等查询,并能对查询结果进行统计、计算和排序等。SQL 提供视图功能,视图是由若干个基本表或其他视图导出的表。视图可简化数据查询,保持数据独立性,提供数据安全性。

SQL 用户可以是终端用户,也可以是应用程序。嵌入式 SQL 是将 SQL 作为一种数据子语言嵌入到高级语言中,利用高级语言和其他专门软件来弥补 SQL 实现复杂应用的不足。动态 SQL 允许在执行一个应用程序中,根据不同的情况动态地定义和执行某些 SQL 语句,可实现应用中的灵活性。

ODBC 是一种开放的应用程序接口,可以跨平台访问各种数据库。JDBC 提供了一个公共的、网络透明的、与具体数据库无关的应用程序接口。ADO.NET 是与数据源交互的对象访问接口,Web 应用功能强、易用、高效。它们都能够通过因特网访问数据库,且比嵌入式和动态 SQL 的实现移植性更好。

习题 3

1. 名词解释与理解:SQL 环境、数据库模式、基本表、视图、相关子查询、递归合并查询、外部连接、过程化 SQL。
2. 简述 SQL 语言的功能、特点。
3. 简述 SQL 数据库层次结构及 SQL 语句的分类。
4. SQL 查询条件中 SOME、IN 和 EXISTS 有什么异同? SQL 查询中何处使用空值?
5. 简述视图与表有何不同? 视图有哪些用途?
6. 设学生——选课数据库同表 2-5 至表 2-7,试用 SQL 语句完成以下操作:
（1）查询考试成绩不及格的学生的学号及成绩。
（2）查询年龄在 19～25 岁(包括 19 和 25 岁)之间的学生的姓名、院系和年龄,并按年龄的降序排序。
（3）查询姓名中含"国"字的学生档案情况。
（4）按院系查询学生总人数。
（5）计算选修了 008 号课程的学生的平均成绩和最高分及最低分。
（6）求平均成绩在 85 分以上(含 85)的各门课程号及平均成绩。
7. 已知学生表 S、任课表 C 和选课表 SC,参见第 2 章习题 5,试用 SQL 语句实现下列查询:
（1）查询"张林"老师所授课程号和课程名。
（2）查询选修课程名为"C 语言"或者"数据库"的学生学号。

(3) 查询"高灵"同学所选修课程的课程号及课程名。

(4) 查询至少选修课程号为 c_3 和 c_4 的学生姓名。

(5) 用 EXISTS 来查询学习课程号为 c_5 的学生学号与姓名。

(6) 查询不学 c_2 课程的学生姓名与性别。

8. 设有以下关系：

职工：E(职工号,姓名,性别,职务,家庭地址,部门号)

部门：D(部门号,部门名称,地址,电话)

保健：B(保健号,职工号,检查日期,健康状况)

用关系代数((1)～(4)题)、SQL 语言((1)～(6)题)完成下列功能：

(1) 查找所有女科长的姓名和家庭地址。

(2) 查找部门名称为"办公室"的科长姓名和家庭地址。

(3) 查找部门名为"财务科"、健康状况为"良好"的职工姓名和家庭地址。

(4) 删除职工关系表中职工号为"3016"的记录。

(5) 将职工号为"3016"的职工的健康状况改为"一般"。

(6) 建立健康状况为"差"的职工情况的视图。

9. SQL 有哪几种连接？它们之间有何不同？

10. 视图消解是指什么？为什么对视图的更新有限制？

11. 为什么引入嵌入式 SQL？其工作过程是什么？

12. 动态 SQL 的意义是什么？如何实现动态 SQL？

13. ODBC 驱动程序的体系结构由哪些部分组成？其中数据源名的类型与含义是什么？

14. 讨论嵌入式 SQL 与动态 SQL 的主要区别。

15. 讨论 ODBC 与 JDBC 之间的一些主要异同。

关系数据库理论　　第 4 章

关系数据库理论是指导关系数据库设计的基础理论。本章介绍关系模式的规范化、数据依赖的公理以及关系模式的分解方法,讨论如何进行合理的关系模式分解问题。

4.1　函数依赖

4.1.1　关系模式的设计问题

建立一个数据库应用系统,关键问题是如何把现实世界表达成适合于它们的数据模型,这是数据库的逻辑结构设计问题。关系模型有严格的数学理论基础,因此人们就以关系模式为背景来讨论这个问题,形成了数据库逻辑结构设计的一个有力工具——关系模式的规范化理论。

就关系模式而言,首先应明确如何评价其优劣,然后方能决定改进或取代较差模式的方法。下面通过一个具体的关系来考察这样的关系模式在实际使用中存在的问题。

设有学生关系模式为 S(sno,sname,class,cno,tno,tname,tage,address,grade)。

其中,属性分别表示学号、学生姓名、班级、课程号、教师号、教师姓名、教师年龄、教师地址、学生成绩。其关系如表 4-1 所示。

表 4-1　学生关系 S

sno	sname	class	cno	tno	tname	tage	address	grade
s_1	刘力	200101	c_1	t_1	周文军	38	a_1	78
s_1	刘力	200101	c_2	t_2	曹立新	27	a_1	64
s_2	李军	200101	c_1	t_1	周文军	38	a_1	85
s_2	李军	200101	c_2	t_2	曹立新	27	a_1	62
s_2	李军	200101	c_3	t_3	罗晓丽	52	a_2	85
s_3	王林	200102	c_1	t_1	周文军	38	a_1	72
s_3	王林	200102	c_3	t_3	罗晓丽	52	a_2	93
s_4	沈国立	200102	c_2	t_2	曹立新	27	a_1	72
s_4	沈国立	200102	c_3	t_3	罗晓丽	52	a_1	66
s_4	沈国立	200102	c_4	t_1	周文军	38	a_1	73

在这个关系中,(sno,cno)是该关系模式的主键。经分析,该关系存在以下问题:

(1) 数据冗余度高。一个学生通常要选修多门课程,这样 sname、class、tno、tname、tage、address 在这个关系中要重复存储多次,浪费了存储空间。

(2) 数据修改复杂。由于数据的冗余,在数据修改时会出现问题。例如,若学生改姓名,其所有元组都要修改 sname 的值;若某个教师的地址改变了,选修该教师课程的所有学生都要修改 address 的值,若有遗漏,就会造成该教师地址的不唯一,即影响数据的一致性。

(3) 插入异常。插入异常是指应该插入到数据库中的数据不能执行插入操作的情形。例如,当学生没选课前,虽然知道他的学号、姓名和班级,仍无法将他的信息插入到关系 S 中去。因为其主键为(sno,cno),cno 为空值时,插入是禁止的(违反实体完整性规则)。

(4) 删除异常。删除异常是指不应该删去的数据被删去的情形。例如,删除 cno='c2' 的元组,结果会丢失曹立新老师的姓名、年龄和地址信息,该老师并没有调走,但从关系 S 中已查不到他的信息了。

产生上述问题的原因是:关系 S 存在多余的数据依赖,或者说不够规范。如果用 4 个关系 ST、CT、TA 和 SC 代替原来的关系 S,见表 4-2 至表 4-5,则前面提到的 4 个问题就基本解决了。

表 4-2 ST

sno	sname	class
s_1	刘力	200101
s_2	李军	200101
s_3	王林	200102
s_4	沈国立	200102

表 4-3 CT

cno	tno
c_1	t_1
c_2	t_2
c_3	t_3
c_4	t_1

表 4-4 TA

tno	tname	tage	address
t_1	周文军	38	a_1
t_2	曹立新	27	a_1
t_3	罗晓丽	52	a_2

表 4-5 SC

sno	cno	grade
s_1	c_1	78
s_1	c_2	64
s_2	c_1	85
s_2	c_2	62
s_2	c_3	85
s_3	c_1	72
s_3	c_3	93
s_4	c_2	72
s_4	c_3	66
s_4	c_4	73

每个学生的 sname、class,每个教师的 tno、tname、tage、address 只存放一次;当学生没有选课时可将其信息插入到关系 ST 中;当删除某门课时,也不会把任课教师的姓名、年龄和地址信息删去,这些信息可保存在关系 TA 中。

然而上述的关系模式也不是在任何情况下都是最优的。例如,要查询教某一门课的教师地址,就要将 CT 和 TA 两个关系做自然连接操作,但连接的代价是很大的,而在原来的关系中可以直接找到,这样看来,原来的关系模式也有好的地方。到底什么样的关系模式是较优的? 本章将研究和解决这些问题,而解决这些问题的基础是了解数据间的函数依赖。

客观世界中的事物是彼此联系、互相制约的。这种联系分为两类:一类是实体与实体之间的联系;另一类是实体内部各属性间的联系。第 1 章已讨论了第一类联系,即数据模型。本章讨论第二类联系,即属性间的联系,人们称之为数据依赖。数据依赖主要有函数依赖和多值依赖。

4.1.2 函数依赖的概念

关系模式是由一组属性构成的,而属性之间可能存在着相关联系。在这些相关联系中,决定联系是最基本的。例如,在公安部门的居民表中,一个身份证号代表了一个居民,它决定了居民的姓名、性别等其他属性。因此,应将这种决定联系揭示出来,这就是函数依赖关系。

定义 4.1 设 $R(U)$ 是属性集 U 上的关系模式,X、Y 是 U 的子集,r 是 R 的任一具体关系,如果对 r 的任意两个元组 s、t,由 $s[X]= t[X]$,能导致 $s[Y]= t[Y]$,则称 X 函数决定 Y,或 Y 函数依赖于 X,记为 $X{\rightarrow}Y$。

由于函数依赖类似于变量之间的单值函数关系,所以也可以作以下定义:

设 $R(U)$、X、Y 的含义同上,如果 $R(U)$ 的所有关系 r 都存在着:对于 X 的每一具体值,都有 Y 唯一的具体值与之对应,则称 X 函数决定 Y,或 Y 函数依赖于 X。

解释如下:

(1) 函数依赖不是指关系模式 R 的某个或某些关系满足的约束条件,而是指 R 的一切关系均要满足的约束条件。

(2) 函数依赖是语义范畴的概念。只能根据语义来确定一个函数依赖,而不能按照形式定义来证明一个函数依赖的成立。例如,姓名→班级这个函数依赖,只有在没有同名的前提下才成立。

【例 4.1】 设 R(读者编号,姓名,图书编号,书名,借书日期),求其函数依赖。

解:根据对借书活动的理解,可以得到以下的函数依赖:

读者编号→姓名,图书编号→ 书名,(读者编号,图书编号)→借书日期

【例 4.2】 指出表 4-1 学生关系 S 中存在的函数依赖关系。

解:关系 S(sno,sname,class,cno,tno,tname,tage,address,grade)中存在下列函数依赖:

sno→sname(每个学号只能有一个学生姓名)

sno→class(每个学号只能有一个班级)

tno→tname(每个教师只能有一个姓名)

tno→tage(每个教师只能有一个年龄)

tno→address(每个教师只能有一个地址)

(sno,cno)→grade(每个学生学习一门课只能有一个成绩)

cno→tno(设每门课程只有一个教师任教,而一个教师可教多门课程,见 CT 表)

函数依赖的意义是:反映表中属性之间的决定关系。即当 X 的值确定以后,Y 的值即

被唯一确定。表中所有函数依赖的集合称为函数依赖集。该集合规定了表中数据之间的依赖关系。所以也称为数据库表的约束条件。

下面介绍一些术语和记号。

(1) $X \rightarrow Y$，但 $Y \nsubseteq X$，则称 $X \rightarrow Y$ 是非平凡的函数依赖。若不特别声明，本章总是讨论非平凡的函数依赖。$X \rightarrow Y$，但 $Y \subseteq X$，则称 $X \rightarrow Y$ 是平凡的函数依赖。

若 $X \rightarrow Y$，则 X 叫做决定因素。

(2) 若 $X \rightarrow Y$，$Y \rightarrow X$，则记做 $X \leftrightarrow Y$。

(3) 若 Y 不函数依赖于 X，则记做 $X \nrightarrow Y$。

设 $R(U)$ 是属性集 U 上的关系模式，X、Y、Z 是 U 的不同子集，非空且不互相包含，函数依赖可分为完全函数依赖、部分函数依赖、传递函数依赖等几类。

定义 4.2 在 $R(U)$ 中，如果 $X \rightarrow Y$，并且对于 X 的任何一个真子集 X'，都有 $X' \nrightarrow Y$，则称 Y 完全函数依赖于 X，记做 $X \xrightarrow{f} Y$。若 $X \rightarrow Y$，但 Y 不完全函数依赖于 X，则称 Y 部分函数依赖于 X，记做 $X \xrightarrow{P} Y$。

【例 4.3】 试指出表 4-1 学生关系 S 中存在的完全函数依赖和部分函数依赖。

解：由定义 4.2 可知，左部为单属性的函数依赖一定是完全函数依赖，所以 sno→sname、sno→class、tno→tname、tno→tage、tno→address、cno→tno 都是完全函数依赖。

对于左部由多属性组合而成的函数依赖，就要看其真子集能否决定右部属性。

(sno,cno)→grade 是一个完全函数依赖，因为 sno $\nrightarrow$ grade、cno $\nrightarrow$ grade。

(sno,cno)→sname、(sno,cno)→class、(sno,cno)→tno、(sno,cno)→tname、(sno,cno)→tage、(sno,cno)→address 都是部分函数依赖，因为 sno→sname、sno→class、cno→tno、cno→tname、cno→tage、cno→address。

定义 4.3 在 $R(U)$ 中，设 X、Y、Z 为 U 中的 3 个不同子集，如果 $X \rightarrow Y (Y \nsubseteq X)$，$Y \nrightarrow X$，$Y \rightarrow Z$，则必有 $X \rightarrow Z$，则称 Z 传递函数依赖于 X，记做 $X \xrightarrow{t} Z$。

注意：有条件 $Y \nrightarrow X$，是因为如果 $Y \rightarrow X$，则 $X \leftrightarrow Y$，实际上 Z 是直接函数依赖于 X，而不是传递函数依赖。

【例 4.4】 试指出表 4-1 学生关系 S 中存在的传递函数依赖。

解：因为 cno→tno，tno $\nrightarrow$ cno，tno→tname，所以 cno→tname 是一个传递函数依赖。类似地，cno→tage、cno→address 也是传递函数依赖。

以下讨论问题时由于仅涉及属性全集 U 和函数依赖集 F，故关系模式表示为：$R<U,F>$。

4.1.3 候选键的形式定义

候选键是能唯一地标识实体而又不包含多余属性的属性集。这只是直观的概念，有了函数依赖的概念之后，就可以把候选键和函数依赖联系起来，给出比较形式化的定义。

定义 4.4 设 X 为 $R<U,F>$ 中的属性或属性集，若 $X \xrightarrow{f} U$，则 X 为 R 的候选键，简称键。

在定义中，$X \rightarrow U$ 表示 X 能唯一决定一个元组；$X \xrightarrow{f} U$ 表示 X 是能满足唯一标识性而又无多余的属性集，因为不存在 X 的真子集 X'，使得 $X' \rightarrow U$。

说明：

（1）候选键的唯一确定性。指候选键能唯一决定关系（表）中一行。

（2）候选键的最小性。指构成候选键的属性数要最少。

（3）存在性和不唯一性。任何一个关系都有候选键，而且可能不止一个。

由候选键可以引出下列一些概念：

① 主键。一个关系的候选键是不唯一的。若候选键多于一个，则选定其中的一个作为主键。因此一个关系的主键是唯一的。

② 主属性。包含在任何一个候选键中的属性，叫做主属性。

③ 非主属性。不包含在任何一个候选键中的属性，叫做非主属性。

【例 4.5】 指出表 4-6 学生关系中的候选键、主属性和非主属性。

表 4-6　学生关系

学号	姓名	性别	年龄	院系名
s_1	刘力	男	19	计算机学院
s_2	李军	男	18	计算机学院
s_3	王林	女	20	电子系
s_4	沈国立	男	19	电子系

解：在没有同名的情况下，学号、姓名均为候选键，那么这两个属性均为主属性。而性别、年龄、院系名这 3 个属性为非主属性。

【例 4.6】 指出表 4-7 关系 R 中的候选键、主属性和非主属性。

解：所有元组在属性 A 下的值各不相同，所以它能函数决定关系 R 的所有属性，因此 A 是 R 的一个候选键。又因为所有元组在属性集 (D, E) 下的值也是各不相同，所以它能函数决定关系 R 的所有属性，而且 $D \not\to AE$，$E \not\to AD$，即 (D, E) 中不包含多余的属性，因此 (D, E) 也是 R 的一个候选键。

表 4-7　关系 R

A	D	E
a_1	d_1	e_2
a_2	d_6	e_2
a_3	d_4	e_3
a_4	d_4	e_4

关系 R 的主属性为 A、D、E；关系 R 无非主属性。

4.2　关系模式的规范化

4.2.1　关系与范式

为了使数据库设计的方法走向完备，人们研究了规范化理论。在关系数据库中，将满足不同要求的关系等级称为范式（Normal Form）。通过定义一组范式，来反映数据库的操作性能。

E. F. Codd 最早提出了规范化的问题。他在 1971 年提出了关系的第 1 范式、第 2 范式、第 3 范式的概念。1974 年，他和 R. F. Boyce 共同提出了 BCNF。后来人们又提出了第 4 范式、第 5 范式。

关系符合某个范式，是指该关系满足某些确定的约束条件，从而具有一定的性质。在关系数据库系统中，所有的关系结构都必须是规范化的，即至少是第 1 范式的，但第 1 范式的关系并不能保证关系模式的合理性，可能会存在数据冗余、插入异常、删除异常等问题，还必须向它的高一级范式进行转换。

可将范式这个概念理解成符合某一级别的关系模式集合，则 R 为第几范式就可以写成 $R \in x\text{NF}$。6 类范式的条件，一个比一个严格，它们之间是一种包含的关系，即

$$5\text{NF} \subset 4\text{NF} \subset \text{BCNF} \subset 3\text{NF} \subset 2\text{NF} \subset 1\text{NF}$$

关系模式的规范化是指由一个低级范式通过模式分解逐步转换为若干个高级范式的过程。其过程实质上是以结构更简单、更规则的关系模式逐步取代原有关系模式的过程。关系模式规范化的目的在于控制数据冗余、避免插入和删除异常的操作，从而增强数据库结构的稳定性和灵活性。

4.2.2 第 1 范式（1NF）

1. 1NF 定义

定义 4.5 如果关系 R 的每个属性值都是不可再分的最小数据单位，则称 R 为第 1 范式，简记为 $R \in 1\text{NF}$。

由 1NF 的定义可知，第 1 范式是一个不含重复组的关系。为了与规范化关系区别，把不满足第 1 范式的关系称为非规范化的关系。

2. 1NF 应满足的条件

(1) 在关系的属性集中，不存在组合属性。例如，第 2 章的表 2-2 中的工资是组合属性。工资又被分成基本工资和补助工资两列。相应的模式：工资表（车间号，班组，工资（基本，补助），超额奖，实发）不满足 1NF 条件。

(2) 关系中不存在重复组。第 2 章的表 2-2 中的车间号为"01"的数据是一个重复组。

3. 关系规范化方法

如果关系不满足 1NF 条件，可通过以下方法转换化为 1NF：

(1) 如果模式中有组合属性，则去掉组合属性。例如，由于工资是组合属性，去掉工资，分成基本工资、补助工资两个属性。也可把工资作为一个基本属性，从而取消该组合属性。

(2) 如果关系中存在重复组，则应对其进行拆分。

在数据库设计中，还会遇到其他情况，总之要转化，使得关系模式满足 1NF 的条件。

第 2 章的表 2-2 给出的就是一个非规范化的关系。可以把非规范关系转化为规范化关系。对于表 2-2 中的工资关系，只要去掉高层的工资，重写关系中属性值相同部分的元组数据及改写表达式值后，可转化为 1NF 关系，符合关系模型规范的表如表 4-8 所示。

表 4-8 符合关系模型规范的表

车间号	班组	基本工资	补助工资	超额奖	实发
01	甲组	5000	200	500	5700
01	乙组	4500	100	300	4900
02	甲组	4800	0	250	5050
03	丙组	3500	500	500	4500

在数据库设计中,还会遇到其他的情况,总之要使得关系模式满足 1NF 的条件。

然而,关系仅为第 1 范式是不够的。例如,表 4-1 所给出的学生关系 S(sno,sname,class,cno,tno,tname,tage,address,grade),S∈1NF。但通过前面的分析,知道它存在许多"问题"。对存在问题的 1NF 关系,还必须向它的高一级范式转换。

4.2.3　第 2 范式(2NF)

1. 2NF 定义

定义 4.6　若 $R \in 1NF$,且 R 中的每一个非主属性都完全函数依赖于 R 的任一候选键,则 $R \in 2NF$。

2. 2NF 应满足的条件

在 2NF 定义中,强调了非主属性和候选键所组成的函数依赖关系。非主属性对候选键的函数依赖总是成立的,若出现了对候选键的部分函数依赖,该模式就不满足 2NF 的条件。换言之,2NF 关系中不存在非主属性对候选键的部分函数依赖。

【例 4.7】　判断表 4-1 所给出的关系 S 是否为 2NF。

解：因为关系 S 的候选键为(sno,cno)。

考察非主属性和候选键之间的函数依赖关系：

$$(sno,cno) \xrightarrow{P} sname, \quad (sno,cno) \xrightarrow{P} class,$$

$$(sno,cno) \xrightarrow{P} tname, \quad (sno,cno) \xrightarrow{P} tage,$$

$$(sno,cno) \xrightarrow{P} address, \quad (sno,cno) \xrightarrow{f} grade$$

由于存在有非主属性 sname、class、tno、tname、tage、address 对候选键(sno,cno)的部分依赖,所以,S∈2NF。

由上面分析可知,对 1NF 进行插入、修改、删除操作时会出现许多问题。为解决这些问题,要对关系进行规范化,方法就是对原关系进行投影,将其分解。

分析上面的例子,问题在于非主属性有两种：一种像 grade,它完全函数依赖于候选键(sno,cno)；另一种像 sname、class、tno、tname、tage、address,它们部分函数依赖于候选键(sno,cno)。根据这种情况,用投影运算把关系 S 分解为 3 个关系：

ST(sno,sname,class)（只依赖 sno 的属性分解到一个子模式中）

CTA(cno,tno,tname,tage,address)（只依赖 cno 的属性分解到另一个子模式中）

SC(sno,cno,grade)（完全函数依赖于候选键的属性分解到第三个子模式中）

分解后,关系 ST 的候选键为 sno,关系 CTA 的候选键为 cno,关系 SC 的候选键为(sno,cno),这样,在这 3 个关系中非主属性对候选键都是完全函数依赖,所以关系 ST、CTA 和 SC 都为 2NF。

3. 2NF 存在的问题

达到第 2 范式的关系是不是就不存在问题呢? 不一定,2NF 关系并不能解决所有问题。例如,在关系 CTA 中还存在以下问题：

(1) 数据冗余。一个教师承担多门课程时,教师的编号、姓名、年龄、地址要重复存储多次。

(2) 修改复杂。一个教师更换地址时,必须修改相关的多个元组。

(3) 插入异常。一个新教师报到,需将其有关数据插入到 CTA 关系中,但该教师暂时还未承担任何教学任务,则因缺键 cno 值而不能进行插入操作。

(4) 删除异常。删除某门课程时,会丢失该课程任课教师的教师号、姓名、年龄和地址信息。

之所以存在这些问题,是由于在关系 CTA 中存在着非主属性对候选键的传递函数依赖,还要进一步分解,这就是下面要讨论的 3NF。

4.2.4 第 3 范式(3NF)

1. 3NF 定义

定义 4.7 如果关系 R 的任何一个非主属性都不传递函数依赖于它的任何一个候选键,则 $R \in 3NF$。

【**例 4.8**】 判断关系 CTA 是否为 3NF。

解:因为 cno 是关系 CTA 的候选键,则 tno、tname、tage、address 是非主属性。由于 cno→tno, tno↛cno, tno→tname,所以 $cno \xrightarrow{t} tname$,同样有 $cno \xrightarrow{t} tage$、$cno \xrightarrow{t} address$,即存在非主属性对候选键的传递函数依赖。

为克服 CTA 中存在的问题,仍采用投影的办法,将 CTA 分解为:

$$CT(cno, tno) \text{ 与 } TA(tno, tname, tage, address)$$

则关系 CT 和 TA 都是 3NF,关系 CTA 中存在的问题得到了解决。

2. 3NF 性质

(1) 一个 3NF 的关系必定符合 2NF。

定理 4.1 一个 3NF 的关系必定是 2NF。

证明:用反证法。设 $R \in 3NF$,但 $R \notin 2NF$,则 R 中必有非主属性 A、候选键 X 和 X 的真子集 X' 存在,使得 $X' \rightarrow A$,由于 A 是非主属性,所以 $A - X \neq \Phi, A - X' \neq \Phi$。由于 X' 是候选键 X 的真子集,$X - X' \neq \Phi$,所以可以断定 $X \nrightarrow X$,这样在该关系上存在非主属性 A 传递函数依赖于候选键 X,所以它不是 3NF,与题设矛盾。因此,一个 3NF 关系必是 2NF。定理证毕。

(2) 3NF 不存在非主属性之间的函数依赖,但仍然存在主属性之间的函数依赖。

证明:首先,3NF 只针对非主属性与候选键所构成的函数依赖的限制。因此,可能存在主属性对候选键的部分依赖和传递依赖。现证明 3NF 不存在非主属性之间的函数依赖。利用反证法,设 3NF 中存在非主属性之间的函数依赖。因为候选键决定所有属性,也就决定了非主属性,因此,存在着非主属性对候选键的传递依赖。其相应的模式就不是第 3NF。这与前提矛盾。故 3NF 不存在非主属性之间的函数依赖。

把由主属性和非主属性合起来决定非主属性的情况也归结为非主属性之间的函数依赖。例如,设 A 是主属性,B、C 是非主属性,函数依赖 $AB \rightarrow C$ 是非主属性之间的函数依赖。

从性质 2 可以看出在 3NF 中,除了候选键决定非主属性外,其他任何属性组均不能决定非主属性。由此可得判别 3NF 的方法。

3. 判别 3NF 方法

(1) 找候选键,确定非主属性。

（2）考察非主属性对候选键的函数依赖是否存在部分函数依赖。如果存在，则相应的关系模式不是 2NF，否则是 2NF。

（3）考察非主属性之间是否存在函数依赖。如果存在，相应模式不是 3NF，否则是 3NF。

也可根据 3NF 定义，判断是否存在非主属性对候选键的传递函数依赖。

这种判别方法的好处是能够逐级判别关系模式的范式级别。

一般说来，3NF 的关系大多数都能解决插入和删除异常等问题，但也存在一些例外，下面的例子就能说明问题。

【例 4.9】　假定每一学生可选修多门课程，一门课程可由多个学生选修，每一课程可有多个教师任教，但每个教师只能承担一门课程。判断表 4-9 给出的关系 SCT(sno,cname, tname) 是否为 3NF？并分析该模式存在的问题。

表 4-9　SCT 关系

sno	cname	tname
s_1	英语	王平
s_1	数学	刘红
s_2	物理	高志强
s_2	英语	陈进
s_3	英语	王平

解：关系 SCT 的候选键为(sno,cname)和(sno,tname)，故不存在非主属性，也就不存在非主属性对候选键的传递函数依赖，所以，SCT∈3NF。

该关系中仍存在插入及删除异常问题。例如，开设了一门新课，但这门新课暂时还没有学生选，这样的数据是无法进入 SCT 表的。

3NF 的"不彻底"性表现在：可能存在主属性对候选键的部分函数依赖或传递函数依赖。为了解决 3NF 有时出现插入和删除异常等问题，R. F. Boyce 和 E. F. Codd 提出了 3NF 的改进形式 BCNF(Boyce_Code Normal Form)。

4.2.5　BC 范式(BCNF)

1. BCNF 的定义

定义 4.8　关系模式 $R<U,F>∈1NF$。若函数依赖集合 F 中的所有函数依赖 $X→Y$ ($Y⊄X$)的左部都包含 R 的任一候选键，则 $R∈BCNF$。

从 BCNF 范式的定义可知，在 BCNF 范式中除了依赖于候选键的函数依赖外，别的函数依赖都不存在。简言之，若 R 中每一非平凡函数依赖的决定因素都包含一个候选键，则 R 为 BCNF。

【例 4.10】　判断例 4.9 中给出的关系 SCT(sno,cname,tname)是否为 BCNF。

解：关系 SCT 的候选键为(sno,cname)和(sno,tname)。

因为主属性之间存在 tname→cname，其左部未包含该关系的任一候选键，所以它不是 BCNF。对于不是 BCNF 又存在问题的关系，解决的办法仍然是通过投影把其分解成为 BCNF。可将 SCT 可分解为 SC(sno,cnmae)和 CT(cname,tname)，它们都是 BCNF。

2．BCNF 性质

定理 4.2 一个 BCNF 的关系必定是 3NF。

证明：用反证法。设 R 是一个 BCNF，但不是 3NF，则必存在非主属性 A 和候选键 X 以及属性集 Y，使得 $X{\rightarrow}Y(Y\nsubseteq X),Y{\rightarrow}A,Y{\not\rightarrow}X$，这就是说 Y 不可能包含 R 的键，但 $Y{\rightarrow}A$ 却成立。根据 BCNF 定义，R 不是 BCNF，与题设矛盾，从而定理得证。

一个数据库中的关系模式如果都属于 BCNF，那么在函数依赖范畴内，它已实现了彻底的分离，已消除了插入和删除的异常。就函数依赖来说，BCNF 是最高级别的范式。这样的关系所反映的概念是最简单的，但可能存在数据冗余。如果讨论扩展到多值依赖，仍然可以定义更高级别的范式——4NF。

4.2.6 多值依赖与第 4 范式

函数依赖有效地表达了属性值之间的多对一联系，它是现实世界中广泛存在的，也是最重要的一种数据依赖。但是，函数依赖不能表示属性值之间的一对多联系。如果要刻画现实世界中的一对多联系，就需要使用多值依赖的概念。

1．多值依赖

例如，关系 CTX 有 3 个属性，其中 C 为课程名，T 为任课教师姓名，X 为参考书。在这个关系中有下列约束：每门课可由多个教师讲授，他们使用相同的一套参考书。每个教师可讲授多门课程，每种参考书可以供多门课程使用。可以先用一个非规范化的关系表示他们之间的联系，如表 4-10 所示。将表 4-10 规范化后得到表 4-11。

关系模式 CTX 的键是 (C,T,X)，因而 $CTX\in$ BCNF。但该关系存在以下问题：

（1）数据冗余。一门课的参考书是固定的，所以参考书大量重复。

（2）数据操作复杂。插入（删除或修改）涉及多个元组，如每增加一名讲课教师，需增加多个元组（等于该课程参考书数目）。

产生上述问题的原因是，在关系 CTX 中，课程与教师有直接联系（一门课可由多个教师讲授），课程与参考书有直接联系（每门课使用相同的一套参考书），但教师与参考书没有直接联系，教师与参考书之间的联系是间接联系，把间接联系的属性放在一个模式中就会出现不希望产生的问题。

表 4-10 非规范化的关系 CTX

C	T	X
物理	李勇 王军	普通物理学 光学原理 物理习题集
数学	李勇 张平	数学分析 微分方程 高等代数
计算数学	张平 周峰	数学分析 高等数学 计算数学

表 4-11　*CTX* 关系

C	*T*	*X*
物理	李勇	普通物理学
物理	李勇	光学原理
物理	李勇	物理习题集
物理	王军	普通物理学
物理	王军	光学原理
物理	王军	物理习题集
数学	李勇	数学分析
数学	李勇	微分方程
数学	李勇	高等代数
数学	张平	数学分析
数学	张平	微分方程
数学	张平	高等代数
计算数学	张平	数学分析
计算数学	张平	高等数学
计算数学	张平	计算数学
计算数学	周峰	数学分析
计算数学	周峰	高等数学
计算数学	周峰	计算数学

仔细考察这类关系模式,发现它具有一种称为多值依赖的数据依赖。

定义 4.9　设关系模式 $R(U)$,X、Y、Z 是 U 的子集,并且 $Z=U-X-Y$,当且仅当对于 $R(U)$ 的任一关系 r,给定的一对 (x,z) 值,有一组 Y 的值与之对应,且这组 Y 值仅仅决定于 X 值而与 Z 值无关,则称 Y 多值依赖于 X,或称 X 多值决定 Y,记为 $X \rightarrow\rightarrow Y$。

表 4-11 的关系 CTX 中,对于一个(数学分析,微分方程)有一组 T 值(李勇,张平),这组值仅仅取决于课程 C 上的一个值(数学)。而对于另一个值(数学分析,高等代数),它对应的一组 T 值仍是(李勇,张平),尽管这时参考书 X 的值已经改变。因此,一门课程 C 决定一组教师 T,与参考书 X 无关,称 C 多值决定 T,即 $C \rightarrow\rightarrow T$;同理,可分析出一门课程决定一组教材,即 $C \rightarrow\rightarrow X$。

多值依赖的另一个等价的定义是:设 $R(U)$ 是属性集 U 上的一个关系模式,X、Y、Z 是 U 的子集,并且 $Z=U-X-Y$,当且仅当对于 $R(U)$ 的任一关系 r,如果存在元组 (x,y_1,z_1) 和 (x,y_2,z_2) 时,一定存在元组 (x,y_1,z_2) 和 (x,y_2,z_1)(即交换两元组的属性 Y 上的值所得到的新元组必在 R 中),则称 Y 多值依赖于 X,或称 X 多值决定 Y,记为 $X \rightarrow\rightarrow Y$。

2. 多值依赖的特点

(1) X 的一个值可决定 Y 的一组值。这种决定关系与 Z 的取值无关,也就是说当 X 的值确定后,无论 Z 取何值,所得到的 Y 的值总是相同的。

(2) 多值依赖是全模式的依赖关系。在函数依赖中,X 与 Y 是否存在函数依赖关系,只须考查 X,Y 两组属性,与别的属性无关。而在多值依赖中,X 与 Y 是否存在多值依赖还须看属性 Z。

(3) 存在平凡的多值依赖。对于属性集 U 上的一个多值依赖 $X \rightarrow\rightarrow Y(X,Y$ 是 U 的子集），如果 $Y \subseteq X$ 或者 $XY = U$，则称 $X \rightarrow\rightarrow Y$ 是一个平凡的多值依赖。

3. 多值依赖的性质

设有关系模式 R，属性全集 U，X,Y,Z 是 U 的子集。多值依赖具有以下主要性质：

① 多值依赖的对称性：若 $X \rightarrow\rightarrow Y$，则 $X \rightarrow\rightarrow Z$，其中 $Z = U - X - Y$。

② 多值依赖的合并律：若 $X \rightarrow\rightarrow Y$，$X \rightarrow\rightarrow Z$，则 $X \rightarrow\rightarrow YZ$。

③ 多值依赖的相交性：若 $X \rightarrow\rightarrow Y$，$X \rightarrow\rightarrow Z$，则 $X \rightarrow\rightarrow (Y \cap Z)$。

④ 多值依赖的传递律：若 $X \rightarrow\rightarrow Y$，$Y \rightarrow\rightarrow Z$，则 $X \rightarrow\rightarrow (Y - Z)$，$X \rightarrow\rightarrow (Z - Y)$。

⑤ 从函数依赖导出多值依赖：若 $X \rightarrow Y$，则 $X \rightarrow\rightarrow Y$（$X$ 能决定一组值的特例值 Y）。

有关多值依赖公理与推论规则及其证明，感兴趣的读者可参见有关文献。

4. 第 4 范式（4NF）

第 4 范式是 BCNF 的推广，它适用于具有多值依赖的关系模式。

定义 4.10 设 $R(U)$ 是一个关系模式，D 是 R 上的多值依赖集合。如果 D 中每个非平凡多值依赖 $X \rightarrow\rightarrow Y$，$X$ 都包含 R 的候选键，则 $R \in 4NF$。

【例 4.11】 分析与判断。

（1）判断 CTX 关系属于哪种范式？

解：关系模式 CTX 的候选键是 (C, T, X)，因为无非主属性，故 $CTX \in 3NF$。由于 CTX 中存在：$C \rightarrow\rightarrow T$，$C \rightarrow\rightarrow X$，但多值依赖的左部 C 未包含其候选键，所以 $CTX \notin 4NF$。

（2）设关系模式 $R(A,B,C)$ 有一个多值依赖 $A \rightarrow\rightarrow B$。已知 R 的当前关系中存在 3 个元组 $(a\ b_1\ c_1)$、$(a\ b_2\ c_2)$ 和 $(a\ b_3\ c_3)$，该关系中至少还应该存在哪些元组？

解：根据多值依赖的定义，可知当前关系中还应该存在 6 个元组：

$(a\ b_1\ c_2)$、$(a\ b_2\ c_1)$、$(a\ b_1\ c_3)$、$(a\ b_3\ c_1)$、$(a\ b_2\ c_3)$ 和 $(a\ b_3\ c_2)$。

5. 4NF 性质

定理 4.3 一个 4NF 的关系必定是 BCNF。

证明：用反证法。设关系模式 $R(U)$，$R \in 4NF$，但 $R \notin BCNF$，则 R 中必有某个函数依赖 $X \rightarrow Y(Y \not\subseteq X)$，且 X 不包含 R 的候选键。有两种情况：

① 若 $XY = U$，这时 $X \rightarrow U$，从而 X 包含 R 的候选键，与假设矛盾；

② 若 $XY \neq U$，那么由多值依赖公理可知，若 $X \rightarrow Y$，则 $X \rightarrow\rightarrow Y$，因属非平凡多值依赖，而此时 X 不包含 R 的候选键，则 R 不是 4NF，与假设矛盾，从而定理得证。

一个关系模式如果已经达到了 BCNF 但不是 4NF，这样的关系模式仍然具有不好的性质。前面讨论过的关系 CTX 就说明了这个问题。要消除 CTX 关系中存在的问题，同样可以用投影的方法消去关系模式中非平凡且非函数依赖的多值依赖。例如，关系 CTX 分解成 $CT(C,T)$ 和 $CX(C,X)$。在 CT 中虽然有 $C \rightarrow\rightarrow T$，但这是平凡的多值依赖。$CT$ 中已不存在非平凡的多值依赖，所以 $CT \in 4NF$。同理，$CX \in 4NF$。

6. 连接依赖与第 5 范式

数据依赖中除函数依赖和多值依赖外，还有一种连接依赖。它反映了属性间的相互约束，但不像函数依赖、多值依赖那样可由语义直接导出。连接依赖在关系的连接运算时才反映出来，它仍可引起插、删异常等问题。若消除了 4NF 关系模式中的连接依赖，则可到达 5NF。一般说来，判断一个已知的关系模式 R 是否是 5NF，要求计算所有的连接依赖及模式中的候选键,然后分析、检查每一连接依赖与候选键的关系,而这是比较困难的。实际设计一般并不要求关系模式到达 5NF。

4.3　数据依赖公理

数据依赖公理是关系模式分解算法的理论基础。1974 年,W. W. Armstrong 总结了各种推理规则,把其中最主要、最基本的作为公理,这就是著名的 Armstrong 推理规则系统,又称 Armstrong 公理(或阿氏公理)。

4.3.1　公理及其推论

在介绍 Armstrong 公理之前,先引进一个概念:函数依赖的逻辑蕴含。

有时,对于给定的一组函数依赖,要判断另一些函数依赖是否成立。例如,已知关系模式 R 有:$A \rightarrow B, B \rightarrow C$。问 $A \rightarrow C$ 是否成立? 这就是函数依赖的逻辑蕴含所要研究的内容。

定义 4.11　设 F 是关系模式 $R<U,F>$ 的一个函数依赖集,X、Y 是 R 的属性子集,如果从 F 中的函数依赖能够推出 $X \rightarrow Y$,则称 F 逻辑蕴含 $X \rightarrow Y$。

1. Armstrong 公理

设有关系模式 $R<U,F>$,U 为全体属性集,F 为 U 上的函数依赖集,对于 R 来说有以下公理:

(1) A_1 自反律。如果 $Y \subseteq X \subseteq U$,则 F 逻辑蕴含 $X \rightarrow Y$。

(2) A_2 增广律。如果 $X \rightarrow Y$ 为 F 所蕴含,且 $Z \subseteq U$,则 F 逻辑蕴含 $XZ \rightarrow YZ$。

(3) A_3 传递律。如果 $X \rightarrow Y$ 和 $Y \rightarrow Z$ 为 F 所蕴含,则 F 逻辑蕴含 $X \rightarrow Z$。

说明:由自反律知,所有的平凡函数都是成立的;增广律说明,在函数依赖两边同时增加相同的属性,函数依赖仍然成立;传递律表明,由满足特征的一对函数依赖,可推出新的函数依赖。

2. 公理的正确性

定理 4.4　Armstrong 公理是正确的。

证明:公理的正确性只能根据函数依赖的定义进行证明。

(1) 自反律是正确的。

对于 $R<U,F>$ 的任一关系 r 中的任意两个元组 s、t,若 $s[X]=t[X]$,由于 $Y \subseteq X$,必有 $s[Y]=t[Y]$,所以 $X \rightarrow Y$ 成立,自反律得证。

(2) 增广律是正确的。

对于 $R<U,F>$ 的任一关系 r 中的任意两个元组 s、t,若 $s[XZ]=t[XZ]$,则有 $s[X]=t[X]$,$s[Z]=t[Z]$。由假设 $X \rightarrow Y$,根据函数依赖的定义,于是有 $s[Y]=t[Y]$,所以 $s[YZ]=s[Y]s[Z]=t[Y]t[Z]=t[YZ]$,所以 $XZ \rightarrow YZ$ 为 F 所蕴含,增广律得证。

(3) 传递律是正确的。

对于 $R<U,F>$ 的任一关系 r 中的任意两个元组 s、t,若 $s[X]=t[X]$,由于 $X \rightarrow Y$,有 $s[Y]=t[Y]$;再由 $Y \rightarrow Z$,有 $s[Z]=t[Z]$,所以 $X \rightarrow Z$ 为 F 所蕴含,传递律得证。

3. 公理的推论

由 Armstrong 公理可以得到下面 3 条很有用的推论:

（1）合并规则：若 $X \rightarrow Y$、$X \rightarrow Z$，则 $X \rightarrow YZ$。

（2）分解规则：若 $X \rightarrow YZ$，则 $X \rightarrow Y$、$X \rightarrow Z$。

（3）伪传递规则：若 $X \rightarrow Y$、$WY \rightarrow Z$，则 $WX \rightarrow Z$。

证明：

（1）证合并规则：由已知 $X \rightarrow Y$，得 $X \rightarrow XY$（由增广律）。

由已知 $X \rightarrow Z$，得 $XY \rightarrow YZ$（由增广律）。

又由 $X \rightarrow XY$，$XY \rightarrow YZ$，可得 $X \rightarrow YZ$（由传递律）。

（2）证分解规则：因为 $Y \subseteq YZ$，$Z \subseteq YZ$，得 $YZ \rightarrow Y$、$YZ \rightarrow Z$（由自反律）。再根据已知的 $X \rightarrow YZ$ 及推出的 $YZ \rightarrow Y$、$YZ \rightarrow Z$，可得 $X \rightarrow Y$、$X \rightarrow Z$（由传递律）。

（3）证伪传递规则：由已知 $X \rightarrow Y$，得 $XW \rightarrow YW$。（由增广律）

由 $XW \rightarrow YW$ 及已知的 $YW \rightarrow Z$，得 $XW \rightarrow Z$（由传递律）。

由合并规则和分解规则可以得出一个重要的结论：

定理 4.5 如果 $A_i (i=1,2,\cdots,n)$ 是关系模式 R 的属性，则 $X \rightarrow A_1 A_2 \cdots A_n$ 的充分必要条件是 $X \rightarrow A_i (i=1,2,\cdots,n)$ 均成立。

上述证明了 Armstrong 公理的正确性。

4.3.2 闭包的概念及其计算

1. 函数依赖集 F 的闭包

定义 4.12 设有关系模式 $R<U,F>$，X,Y 均为 U 的子集，函数依赖集 F 的闭包定义为：

$$F^+ = \{X \rightarrow Y \mid X \rightarrow Y \text{ 基于 } F \text{ 由 Armstrong 公理推出}\}$$

从该定义看出，F^+ 是由 F 所能推出的所有函数依赖的集合。

F^+ 由以下 3 部分函数依赖组成：

（1）F 中的函数依赖。这一类函数依赖是由属性语义所决定的。

（2）由 F 推出的非平凡函数依赖。依据 F 中已有的函数依赖，利用 Armstrong 公理推出来的非平凡函数依赖。

（3）由 F 推出的平凡的函数依赖。这一类函数依赖与 F 无关，对 R 中任何属性都成立。

【**例 4.12**】 设 $R(A,B,C)$，$F=\{A \rightarrow B, B \rightarrow C\}$，求 F^+。

解：（1）F 中的函数依赖：$A \rightarrow B$，$B \rightarrow C$。

（2）由 F 推出的非平凡函数依赖：$A \rightarrow C$，$AC \rightarrow B$，$AB \rightarrow C$，$\cdots$。

（3）由 F 推出的平凡的函数依赖：$A \rightarrow \Phi$，$A \rightarrow A$，$AB \rightarrow B$，$\cdots$。

可见 F^+ 的计算是一件很麻烦的事情，即使 F 不大，F^+ 也可能很大。

2. 属性集 X 的闭包

定义 4.13 设 F 为属性集合 U 上的一个函数依赖集，$X \subseteq U$，$X_F^+ = \{A \mid X \rightarrow A \text{ 能由 } F$ 根据 Armstrong 公理导出$\}$，则称 X_F^+ 为属性集 X 关于函数依赖集 F 的闭包。

其中：X_F^+ 是由 X 从 F 中推出的所有函数依赖右部的集合。X_F^+ 在不混淆情况下，可简写为 X^+。

115 第 4 章 关系数据库理论

例如，在 $R(A,B,C)$ 中，$F=\{A\rightarrow B,B\rightarrow C\}$，则 $A^+=ABC$；$B^+=BC$；$C^+=C$。

比起 F 的闭包 F^+ 的计算来，属性闭包 X^+ 的计算要简单得多。下面的定理告知怎样从 X^+ 中判断某一函数依赖 $X\rightarrow Y$ 是否能用 Armstrong 公理从 F 中导出。

定理 4.6 设 F 是关系模式 $R<U,F>$ 的函数依赖集，X、$Y\subseteq U$，则 $X\rightarrow Y$ 能由 F 根据 Armstrong 公理导出的充分必要条件是 $Y\subseteq X^+$。

证明：充分性：设 $Y=A_1A_2\cdots A_n$，且 $Y\subseteq X^+$。根据属性闭包的定义，对于每个 $i(i=1,2,\cdots,n)$，$X\rightarrow A_i$ 能由 Armstrong 公理导出，再根据合并规则得 $X\rightarrow A_1A_2\cdots A_n$，即 $X\rightarrow Y$ 成立。

必要性：设 $X\rightarrow Y$ 能由 Armstrong 公理导出，利用分解规则，可得 $X\rightarrow A_i(i=1,2,\cdots,n)$，于是根据 X^+ 的定义，有 $A_i\subseteq X^+(i=1,2,\cdots,n)$，所以 $A_1A_2\cdots A_n\subseteq X^+$，即 $Y\subseteq X^+$。

3. 属性集 X 闭包的计算

计算函数依赖集合 F 的闭包 F^+ 是相当麻烦的，并且在 F^+ 中有许多冗余信息，因此实际上计算 F^+ 是不可行的。

其实，判断 $X\rightarrow Y$ 是否在 F^+ 中，只要判断 $X\rightarrow Y$ 能否用 Armstrong 公理从 F 中导出，即判断 $Y\subseteq X^+$ 是否成立。这样就把计算 F^+ 的问题简化为计算 X^+ 的问题。计算 X^+ 并不复杂。下面介绍一个计算 X^+ 的有效方法。

算法 4.1 求属性集 $X(X\subseteq U)$ 关于 U 上的函数依赖集 F 的属性闭包 X^+。

输入：关系模式 R 的属性集 U，在 U 上的函数依赖集 F，U 的子集 X。

输出：关于 F 的属性闭包 X^+。

方法：计算 $X^{(i)}=(i=0,1,2,\cdots,n)$。

(1) $X^{(0)}=X$。

(2) $X^{(i+1)}=X^{(i)}\bigcup A$。

其中 A 是这样的属性：在 F 中寻找尚未用过的左边是 $X^{(i)}$ 子集的函数依赖

$$Y_j\rightarrow Z_j(j=1,2,\cdots,k)\quad \text{其中},Y_j\subseteq X^{(i)}$$

若 $Y_j\rightarrow Z_j(j=1,2,\cdots,k)$，则 $Y_1Y_2\cdots Y_k\rightarrow Z_1Z_2\cdots Z_k$，令 $Y=Y_1Y_2\cdots Y_k,Z=Z_1Z_2\cdots Z_k$，则有 $Y\rightarrow Z$。在 Z 中寻找 $X^{(i)}$ 中未出现过的属性集合 A；若无这样的 A 则转(4)。

(3) 判断是否有 $X^{(i+1)}=X^{(i)}$，若有则转(4)；否则转(2)。

(4) 输出 $X^{(i)}$，即为 X^+。

该算法是迭代算法，$X^{(i)}$ 是迭代变量，A 是增量变量，表示在 F 中找出新增的由 X 推出的属性。

【例 4.13】 设有关系模式 $R<U,F>$，其中 $U=\{A,B,C,D,E,I\}$，

$$F=\{A\rightarrow D,AB\rightarrow E,BI\rightarrow E,CD\rightarrow I,E\rightarrow C\}$$

计算 $(AE)^+$。

解：令 $X=\{AE\}$，$X^{(0)}=AE$。

在 F 中找出左边是 AE 子集的函数依赖，其结果是：$A\rightarrow D,E\rightarrow C,\therefore X^{(1)}=X^{(0)}\bigcup DC=ACDE$，显然 $X^{(1)}\neq X^{(0)}$。

在 F 中找出左边是 $ACDE$ 子集的函数依赖，其结果是：$CD\rightarrow I,\therefore X^{(2)}=X^{(1)}\bigcup I=ACDEI$。虽然 $X^{(2)}\neq X^{(1)}$，但 F 中未用过的函数依赖的左边属性已没有 $X^{(2)}$ 的子集，所以

不必再计算下去,即 $(AE)^+ = ACDEI$。

【例 4.14】 已知关系模式 R 的属性集 $U = \{A, B, C, D, E, G\}$ 及函数依赖集:$F = \{AB \rightarrow C, C \rightarrow A, BC \rightarrow D, ACD \rightarrow B, D \rightarrow EG, BE \rightarrow C, CG \rightarrow BD, CE \rightarrow AG\}$。

求 $(BD)^+$。

解: 令 $X = \{BD\}$,$X^{(0)} = BD$,$X^{(1)} = BDEG(D \rightarrow EG)$,$X^{(2)} = BCDEG(BE \rightarrow C)$,$X^{(3)} = ABCDEG(C \rightarrow A) = U$,故 $(BD)^+ = ABCDEG$。

注意: 判断属性闭包计算何时结束,下面 4 种方法是等价的:

(1) $X^{(i+1)} = X^{(i)}$。

(2) 当发现 $X^{(i)}$ 包含了全部属性时。

(3) 在 F 中的函数依赖的右边属性中再也找不到 $X^{(i)}$ 中未出现过的属性。

(4) 在 F 中未用过的函数依赖的左边属性已没有 $X^{(i)}$ 的子集。

定理 4.7 算法 4.1 是正确的。

证明:

(1) 终结性证明。迭代变量 $X^{(i)}$ 的变化只可能出现两种情况:

① $X^{(i)}$ 单调向上,因 $X^{(i)}$ 有上界 U,且 $X^{(i)}$ 是向上单调的,故算法可终止。

② $X^{(i)}$ 非单调变化,在某步出现 $A = \Phi$,则有 $X^{(i)} = X^{(i+1)}$ 成立,故算法必定终止。

(2) 正确性证明。

由 X^+ 定义及算法 4.1 可知 $X^{(i)} \subseteq X^+$,只需证明:$X^+ \subseteq X^{(i)}$ 成立。

因为 $X \rightarrow Y$ 可通过 3 条公理推出来,如果利用自反律,由于 $X^{(i)}$ 包含 X,Y 属于 $X^{(i)}$。如果是利用传递律,$X \rightarrow W$,$W \rightarrow Y$,且 W 属于 $X^{(i)}$(归纳假设),根据结构归纳于算法,下一步 Y 被加入 $X^{(i)}$。如果是利用增广律,$XW \rightarrow ZW$,$ZW \rightarrow Y$,设 W 属于 X^+,有 $X \rightarrow ZW$,那么,由传递律,Y 也应属于 $X^{(i)}$。证毕。

说明: X^+ 的一个作用是求 $R<U, F>$ 的键。设:L 类为仅出现在 F 中函数依赖左部的属性;N 类为未出现在 F 中的属性。则:①X 是 L 类属性,X 必为键的成员。②X 是 L 类属性,若 $U \subseteq X^+$,则 X 含键。③ X 是 N 类和 L 类属性,若 $U \subseteq X^+$,则 X 含键。思考这是为什么?

4. 公理系统的完备性

建立公理体系的目的在于有效而准确地从已知的函数依赖推出未知的函数依赖。这里有两个问题:一个是公理的正确性,即能否保证按公理推出的函数依赖都是正确的? 这一点定理 4.4 已得到证明;另一个是公理的完备性,即用公理能否推出所有的函数依赖? 如果 F^+ 中居然有一个函数依赖不能用公理推出,那么公理就不完备。

公理完备性的另一种理解是所有不能用公理推出的函数依赖都不成立,或者说,存在一个具体关系 r,F 中所有的函数依赖都满足 r,而不能用公理推出的 $X \rightarrow Y$ 却不满足 r,即 F 不能逻辑蕴含 $X \rightarrow Y$。

定理 4.8 Armstrong 公理系统是完备的。

证明:证明公理的完备性就是证明"不能从 F 中用 Armstrong 公理导出的函数依赖不在 F^+ 中"。

设 F 是属性集合 U 上的一个函数依赖集,X、Y、A、B 均为 U 的子集,并设 $X \rightarrow Y$ 不能

从 F 中通过 Armstrong 公理导出。现要证明：$X{\rightarrow}Y$ 不在 F^+ 中，即至少存在一个关系 r 满足 F，但不满足 $X{\rightarrow}Y$。

r 可构造如下：由两个元组 t_1 和 t_2 组成，t_1 在 U 中全部属性上的值均为 1，t_2 在 X^+ 中属性上的值为 1，在其他属性上的值为 0（这是因为 $X{\rightarrow}X^+$ 中的属性 A，即 $t_1[X]=t_2[X]$，则有 $t_1[A]=t_2[A]$；因 $X{\not\rightarrow}U-X^+$ 中的属性 B，即 $t_1[X]=t_2[X]$，则有 $t_1[B]{\neq}t_2[B]$），如表 4-12 所示。

表 4-12　关系 r

	X^+ 中的属性 A	$U-X^+$ 中的属性 B
元组 t_1	11…1	11…1
元组 t_2	11…1	00…0

(1) 首先证明在关系 r 中，F 的函数依赖都成立。

设 $V{\rightarrow}W$ 是 F 中的任一函数依赖，则有下列两种情况：

① $V{\subseteq}X^+$。根据定理 4.6 可知 $X{\rightarrow}V$ 成立。根据传递律，由假设 $V{\rightarrow}W$ 和 $X{\rightarrow}V$，得 $X{\rightarrow}W$，从而 $W{\subseteq}X^+$（定理 4.6）。由关系 r 可知，X^+ 中的属性值全相等，所以 $t_1[V]=t_2[V]$，且 $t_1[W]=t_2[W]$，于是 $V{\rightarrow}W$ 在 r 中成立。

② $V{\not\subseteq}X^+$。则 $t_1[V]{\neq}t_2[V]$，即 V 中含有 X^+ 外的属性。根据函数依赖的定义，既然 r 中不存在任何在属性集上具有相等值的元组对，$V{\rightarrow}W$ 将自然满足。

因此，在关系 r 中，F 的任一函数依赖都成立。

(2) 然后证明在关系 r 中，$X{\rightarrow}Y$ 不能成立。

由于假设 $X{\rightarrow}Y$ 不能从 F 通过 Armstrong 公理导出，根据定理 4.6 可知，$Y{\not\subseteq}X^+$。而 $X{\subseteq}X^+$，所以在关系 r 的两个元组中 X 的属性值相同，而在 Y 的属性值不同，所以 $X{\rightarrow}Y$ 在 r 中不成立。因此，只要 $X{\rightarrow}Y$ 不能从 F 通过 Armstrong 公理导出，那么 F 就不能逻辑蕴含 $X{\rightarrow}Y$。

4.3.3　函数依赖集的等价

通过上述讨论，可以发现 F 与 F^+ 所表达的信息是等价的，不仅如此，F 还可以与多个函数依赖集等价。下面讨论两个函数依赖集间的等价问题。

1. 等价定义

定义 4.14　设 F 和 G 是两个函数依赖集，如果 $F^+=G^+$，则称 F 和 G 是等价的。

如果函数依赖集 F 和 G 等价，则称 F 覆盖 G，同时 G 也覆盖 F。

该定义从理论上解决了两个函数依赖集等价问题。那就是看两个函数依赖集的闭包是否相等，但直接计算两个函数依赖集的闭包十分困难。需要找出一条捷径。

2. 有关性质

(1) 若 $G{\subseteq}F$，则 $G^+{\subseteq}F^+$。

证：设 $X{\rightarrow}Y{\in}G^+$，由属性集闭包定义知 $X{\rightarrow}Y$ 可由 G 中函数依赖推出。而 G 中函数依赖就是 F 中的函数依赖。得证。

(2) $(F^+)^+=F^+$

证：设 $X{\rightarrow}Y{\in}(F^+)^+$，知 $X{\rightarrow}Y$ 是基于 F^+ 推出的，而 F^+ 又是基于 F 推出的。所以，$X{\rightarrow}Y$ 也是基于 F 推出的，有 $X{\rightarrow}Y{\in}F^+$，故上式成立。

3. 判断方法

定理 4.9 函数依赖集 F 和 G 等价的充分必要条件是 $F{\subseteq}G^+$ 和 $G{\subseteq}F^+$。

证明：（1）必要性。因 F 和 G 等价，所以 $F^+{=}G^+$，又因为 $F{\subseteq}F^+$，所以 $F{\subseteq}G^+$。

同理，同为 $G{\subseteq}G^+$，所以 $G{\subseteq}F^+$。

（2）充分性。任取 $X{\rightarrow}Y{\in}F^+$，则有 $Y{\subseteq}X_F^+$，又因为 $F{\subseteq}G^+$（已知），所以 $Y{\subseteq}X_{G^+}^+$。

故 $X{\rightarrow}Y{\in}(G^+)^+{=}G^+$，所以 $F^+{\subseteq}G^+$。

同理可证 $G^+{\subseteq}F^+$，所以 $F^+{=}G^+$，即 F 和 G 等价。定理证毕。

由定理 4.9 可知，检查 F 和 G 等价并不困难，只要验证 F 中的每一个函数依赖 $X{\rightarrow}Y$ 都在 G^+ 中，同时验证 G 中的每一个函数依赖 $V{\rightarrow}W$ 都在 F^+ 中。这不需要计算 F^+ 和 G^+，只要计算 X_G^+ 验证 $Y{\subseteq}X_G^+$，同时计算 V_F^+，验证 $W{\subseteq}V_F^+$ 即可。

【例 4.15】 有 F 和 G 两个函数依赖集，$F{=}\{A{\rightarrow}B,B{\rightarrow}C\}$，$G{=}\{A{\rightarrow}BC,B{\rightarrow}C\}$，判断 F 和 G 是否等价。

解：（1）先检查 F 中的每一个函数依赖是否属于 G^+。

因为 $A_G^+{=}ABC$，所以 $B{\subseteq}A_G^+$，所以 $A{\rightarrow}B{\in}G^+$。

又因为 $B_G^+{=}BC$，所以 $C{\subseteq}B_G^+$，所以 $B{\rightarrow}C{\in}G^+$ 故 $F{\subseteq}G^+$。

（2）然后检查 G 中的每一个函数依赖是否属于 F^+。

因为 $A_F^+{=}ABC$，所以 $BC{\subseteq}A_F^+$，所以 $A{\rightarrow}BC{\in}F^+$。

又因为 $B_F^+{=}BC$，所以 $C{\subseteq}B_F^+$，所以 $B{\rightarrow}C{\in}F^+$ 故 $G{\subseteq}F^+$。

由（1）和（2）可得 F 和 G 等价。

4.3.4 最小函数依赖集

前面已解决了怎样判别两个函数依赖集是否等价。另一个有意义的问题是在等价的函数依赖集中找最小的。后面要介绍的模式分解就是基于最小的函数依赖集。

定义 4.15 如果函数依赖集 F 满足下列条件，则称 F 为一个最小函数依赖集，记做 F_m。

（1）F 中每个函数依赖的右部都是单属性，即右部最简化。

（2）对于 F 中的任一函数依赖 $X{\rightarrow}A$ 和 X 的真子集 X'，$(F{-}(X{\rightarrow}A)){\bigcup}\{X'{\rightarrow}A\}$ 与 F 都不等价，即左部无多余属性。

（3）对于 F 中的任一函数依赖 $X{\rightarrow}A$，$F{-}\{X{\rightarrow}A\}$ 与 F 都不等价，即无多余函数依赖。

【例 4.16】 下列 3 个函数依赖集中哪一个是最小函数依赖集？

$F_1{=}\{A{\rightarrow}D,BD{\rightarrow}C,C{\rightarrow}AD\}$

$F_2{=}\{AB{\rightarrow}C,B{\rightarrow}A,B{\rightarrow}C\}$

$F_3{=}\{BC{\rightarrow}D,D{\rightarrow}A,A{\rightarrow}D\}$

解： 在 F_1 中，由于 $C{\rightarrow}AD$，所以 F_1 不是。

在 F_2 中，因有 $B{\rightarrow}C$ 比 $AB{\rightarrow}C$ 更简单，且去掉 A 后不影响其等价性，故 F_2 也不是。

F_3 满足最小函数依赖集的 3 个条件，所以 F_3 是最小函数依赖集。

最小函数依赖集是集合中无冗余的函数依赖,每个函数依赖又是具有最简形式的函数依赖,这正是人们所期望的。那么任意的函数依赖集都可以最小化吗?答案是肯定的。

定理 4.10 每个函数依赖集 F 都等价于一个最小函数依赖集 F_m。

这个定理的证明其实就是给出最小函数依赖集的等价构造方法。其基本思想是:从给定的函数依赖集 F 出发,按照最小函数依赖集的 3 个条件进行化简。在化简过程中,保证每一步化简都是等价化简。如果方法存在,定理也就得证。

算法 4.2 计算最小函数依赖集。

输入:一个函数依赖集 F。

输出:F 的一个等价的最小函数依赖集 F_m。

步骤:

(1) 用分解规则,使 F 中每个函数依赖的右部仅含单属性。此步为等价分解。

(2) 去掉各依赖左部多余的属性。一个一个地检查左部非单个属性的函数依赖。例如,$XY \to A$,要判断 Y 是否多余,在分解后的 F 中求 X^+,若 $A \subseteq X^+$,则 Y 是多余的(由定理 4.6),可以去掉。此步为等价消属性。

(3) 去掉多余的函数依赖。逐一检查上步结果 F 中的各函数依赖 $X \to A$,并将 $X \to A$ 从 F 中去掉,然后在剩余的 F 求 X^+,若 $A \subseteq X^+$,则 $X \to A$ 多余(由定理 4.6),去掉 $X \to A$,否则不能去掉。依次做下去,直到找不到冗余的函数依赖。此步为等价消依赖(也可用 Armstrong 公理消去 F 中多余的函数依赖)。

【例 4.17】 设有函数依赖集 $F=\{B \to C, C \to AB, A \to BC, BC \to A\}$,求与 F 等价的最小函数依赖集。

解:(1) 将 F 中函数依赖右部分解为单属性,结果为:
$$F_1 = \{B \to C, C \to A, C \to B, A \to B, A \to C, BC \to A\}$$

(2) 去掉 F_1 中函数依赖左部多余的属性。

在 F_1 中,考虑函数依赖 $BC \to A$,因为 $B^+ = BCA$,$A \subseteq B^+$,所以 C 是多余的。

得函数依赖集
$$F_2 = \{B \to C, C \to A, C \to B, A \to B, A \to C, B \to A\}$$

(3) 去掉 F_2 中多余的函数依赖。

① 判断 $B \to C$。先去掉 F_2 中的 $B \to C$,得 $G_1 = \{C \to A, C \to B, A \to B, A \to C, B \to A\}$。因 $B_{G_1}^+ = BAC$,$C \subseteq B_{G_1}^+$,所以 $B \to C$ 多余。

② 判断 $C \to A$。先去掉 G_1 中的 $C \to A$,得 $G_2 = \{C \to B, A \to B, A \to C, B \to A\}$。$C_{G_2}^+ = CBA$,$A \subseteq C_{G_2}^+$,所以 $C \to A$ 多余。

③ 判断 $C \to B$。先去掉 G_2 中 $C \to B$,得 $G_3 = \{A \to B, A \to C, B \to A\}$。$C_{G_3}^+ = C$,$B \not\subseteq C_{G_3}^+$,所以 $C \to B$ 不多余。

④ 判断 $A \to B$。先去掉 G_2 中 $A \to B$,得 $G_4 = \{C \to B, A \to C, B \to A\}$。$A_{G_4}^+ = ACB$,$B \subseteq A_{G_4}^+$,所以 $A \to B$ 多余。

⑤ 判断 $A \to C$。先去掉 G_4 中 $A \to C$,得 $G_5 = \{C \to B, B \to A\}$。$A_{G_5}^+ = A$,$C \not\subseteq A_{G_5}^+$,所以 $A \to C$ 不多余。

⑥ 判断 $B \to A$。先去掉 G_4 中 $B \to A$,得 $G_6 = \{C \to B, A \to C\}$。$B_{G_6}^+ = B$,$A \not\subseteq B_{G_6}^+$,所以 $B \to A$ 不多余。

去掉 F_2 中多余函数依赖后的函数依赖集为:$\{C \to B, A \to C, B \to A\}$。

故与 F 等价的最小函数依赖集 $F_m = \{C \rightarrow B, A \rightarrow C, B \rightarrow A\}$。

【例 4.18】 设 $F = \{AB \rightarrow D, A \rightarrow B, D \rightarrow BC, C \rightarrow B\}$，求 F_m。

解：(1) 右部最简化。分解得 $F_1 = \{AB \rightarrow D, A \rightarrow B, D \rightarrow B, D \rightarrow C, C \rightarrow B\}$。

(2) 去掉左部多余属性。对 $AB \rightarrow D$，试去 A，因 $B^+ = B$，故 A 不多余。试去 B，因 $A^+ = ABDC$，故 B 多余。得 $F_2 = \{A \rightarrow D, A \rightarrow B, D \rightarrow B, D \rightarrow C, C \rightarrow B\}$。

(3) 去掉多余函数依赖。用 Armstrong 公理法分析，发现 $A \rightarrow B$ 和 $D \rightarrow B$ 是多余的，应去掉。最后得 $F_m = \{A \rightarrow D, C \rightarrow B, D \rightarrow C\}$。

注意：一个函数依赖集的最小集不是唯一的。$F = \{A \rightarrow B, B \rightarrow C, A \rightarrow C, B \rightarrow A\}$，则 $F_1 = \{A \rightarrow B, B \rightarrow C, B \rightarrow A\}$ 和 $F_2 = \{A \rightarrow B, A \rightarrow C, B \rightarrow A\}$ 两个都是 F 的最小函数依赖集。

4.4 关系模式的分解

由前面表 4-1 所列举的例子已经说明关系模式设计得不好会带来很多问题。为了避免这些问题的发生，需要将一个关系模式分解成若干个关系模式，这就是关系模式的分解。

定义 4.16 设有关系模式 $R(A_1, A_2, \cdots, A_n)$，$R_i(i = 1, 2, \cdots, k)$ 是 R 的一些子集(把 R 看成其属性的集合)，若 $R_1 \cup R_2 \cup \cdots \cup R_k = U$，则称用 $\rho = \{R_1, R_2, \cdots, R_k\}$ 代替 R 的过程为关系模式的分解。

4.4.1 等价模式分解的定义

关系模式的分解(即关系模式的规范化)过程实际上是将一个关系模式分解成一组等价的关系子模式的过程。虽然，对于一个关系模式的分解是多种多样的，但是分解后产生的模式应与原来的模式等价。等价是指不破坏原有的数据信息，即可以将分解后的关系通过自然连接恢复到原有的关系。等价还蕴含着函数依赖保持性。

一个关系分解为多个关系，相应地原来存储在一张二维表内的数据就要分散存储到多张二维表中，要使这个分解有意义，最起码的要求是后者不能丢失前者的信息。

例如，已知一个学生(sno)只在一个系(dept)学习，一个系只有一名系主任(mname)。关系模式 $R(sno, dept, mname)$，$F = \{sno \rightarrow dept, dept \rightarrow mname\}$，$R$ 的一个关系见表 4-13。

表 4-13 R 的一个关系

sno	dept	mname
s_1	d_1	李晓军
s_2	d_1	李晓军
s_3	d_2	何力阳
s_4	d_3	陈天祥

由于 R 中存在传递函数依赖 sno→mname，所以它会发生更新异常。例如，如果 s_4 学生毕业，则 d_3 系的系主任陈天祥的信息也就丢掉了；反过来，如果一个系尚无在校学生，那么这个系的系主任的信息也无法插入。现将 R 分解为以下 3 种形式：

(1) 将 R 分解为 3 个子模式，即 $\rho_1 = \{R_1(sno), R_2(dept), R_3(mname)\}$。

这个分解是不可取的,因为将这 3 个关系子模式做自然连接无法恢复 R,因此要回答 "s_1 在哪个系学习"这样的问题已不可能。

(2) 将 R 分解为两个子模式,即 $\rho_2 = \{R_1(\text{sno}, \text{dept}), R_2(\text{sno}, \text{mname})\}$。

以后可以证明 ρ_2 对 R 的分解是可恢复的。但是前面提到的插入和删除异常仍然没有解决,原因就在于,原来在 R 中存在的函数依赖 dept→mname,现在 R_1 和 R_2 中都不再存在了。这个分解也是不可取的。

(3) 将 R 分解为两个子模式,即 $\rho_3 = \{R_1(\text{sno}, \text{dept}), R_2(\text{dept}, \text{mname})\}$。

这个分解将 R_1 和 R_2 做自然连接后可恢复 R,同时 R 中存在的两个函数依赖仍然保持。它解决了更新异常,又没有丢失原数据库的信息,这正是希望的分解。

4.4.2 无损连接性与依赖保持性

从上面的例子可以看到,关系模式的分解有几个不同的衡量标准:

(1) 分解具有无损连接性。

(2) 分解具有依赖保持性。

(3) 分解既具有无损连接性,又具有依赖保持性。

第 3 种分解是人们所希望的。

1. 无损连接性

定义 4.17 设 $\rho = \{R_1, R_2, \cdots, R_k\}$ 是关系模式 $R<U, F>$ 的一个分解。如果对于 R 的任一满足 F 的关系 r 都有

$$r = \Pi_{R_1}(r) \bowtie \Pi_{R_2}(r) \bowtie \cdots \bowtie \Pi_{R_k}(r)$$

则称这个分解 ρ 具有满足依赖集 F 的无损连接性。

其中 $\Pi_{R_i}(r)$ 表示关系 r 在模式 R_i 的属性上的投影。该定义说明,分解不会丢失信息。

关系模式分解时可能会引起信息失真,这就要求关系模式的分解必须具有无损连接性。但根据定义难以直接判断,故下面给出判断一个分解是否具有无损连接性的算法。

算法 4.3 无损连接性检验。

输入:关系模式 $R(A_1, A_2, \cdots, A_n)$,函数依赖集 F,分解 $\rho = \{R_1, R_2, \cdots, R_k\}$。

输出:确定 ρ 是否具有无损连接性。

方法:

(1) 构造一个 k 行 n 列的表,第 i 行对应于关系模式 R_i,第 j 列对应于属性 A_j。如果 $A_j \in R_i$,则在第 i 行第 j 列上放符号 a_i,否则放符号 b_{ij}。

(2) 重复考察 F 中的每一个函数依赖,并修改表中的元素。其方法如下:取 F 中一个函数依赖 $X \rightarrow Y$,在 X 的分量中寻找相同的行,然后将这些行中 Y 的分量改为相同的符号,如果其中有 a_j,则将 b_{ij} 改为 a_j;若其中无 a_j,则全部改为 b_{ij}(i 是这些行的行号最小值)。

(3) 若发现表中某一行变成了 $a_1, a_2, \cdots, a_n$,则分解 ρ 具有无损连接性;若 F 中所有函数依赖都不能再改变表中的内容,且没有发现这样的行,则分解 ρ 不具有无损连接性。

【例 4.19】 设 $R<U, F>$,其中 $U = \{A, B, C, D, E\}$,$F = \{A \rightarrow C, B \rightarrow C, C \rightarrow D, DE \rightarrow C,$ $CE \rightarrow A\}$。$\rho = \{R_1, R_2, R_3, R_4, R_5\}$,这里 $R_1 = AD, R_2 = AB, R_3 = BE, R_4 = CDE, R_5 = AE$。

判断分解 ρ 是否具有无损连接性。

数据库原理与技术（Oracle 版）（第 3 版）

解：为了验证这一分解是否无损，先构造一个 5 行 5 列的表，如表 4-14 所示。先按 $R_1 \sim R_5$ 填入初值，然后逐个考察各函数依赖，相应修改表中内容。考察及修改过程如下（表 4-14 中箭头上的数字代表是第几步上修改的）：

表 4-14　检验是否无损分解算法所用的表及其内容变化过程

R_i	A	B	C	D	E
AD	a_1	b_{12}	b_{13}	a_4	b_{15}
AB	a_1	a_2	$b_{23} \xrightarrow{1} b_{13}$	$b_{24} \xrightarrow{3} a_4$	b_{25}
BE	$b_{31} \xrightarrow{5} a_1$	a_2	$b_{33} \xrightarrow{2} b_{13} \to a_3$	$b_{34} \xrightarrow{3} a_4$	a_5
CDE	$b_{41} \xrightarrow{5} a_1$	b_{42}	a_3	a_4	a_5
AE	a_1	b_{52}	$b_{53} \xrightarrow{1} b_{13} \xrightarrow{4} a_3$	$b_{54} \xrightarrow{3} a_4$	a_5

（1）考察 $A \to C$，发现第 1、2、5 行上对应于 A 列的值相同，因此把这 3 行对应于 C 列的值取一致，均改为 b_{13}。

（2）考察 $B \to C$，发现第 2、3 行上对应于 B 列上均为 a_2，因此把第 3 行 C 列上的 b_{33} 改为 b_{13}。

（3）考察 $C \to D$，发现第 1、2、3、5 行 C 列上均为 b_{13}，故把这几行 D 列的值全改为 a_4。

（4）考察 $DE \to C$，发现第 3、4、5 行上 D 列的值均为 a_4，E 列的值均为 a_5，因此把这 3 行 C 列的值改为 a_3。

（5）考察 $CE \to A$，发现第 3、4、5 行上 C 列的值均为 a_3，E 列的值均为 a_5，因此把这 3 行 A 列的值改为 a_1。

至此，表的第 3 行由 a_1、a_2、a_3、a_4、a_5 组成，可见该分解具有无损连接性。

以上讨论的是无损分解的一般情况。在把一个关系模式分解为两个子模式的情况下，可以采用以下特殊的判定准则。

定理 4.11　二项分解定理。设 $\rho = (R_1, R_2)$ 是 R 的一个分解，F 是 R 上的函数依赖集，分解 ρ 具有无损连接性的充分必要条件是：

$$R_1 \cap R_2 \to (R_1 - R_2) \in F^+ \quad \text{或} \quad R_1 \cap R_2 \to (R_2 - R_1) \in F^+$$

证明：

（1）充分性。设 $R_1 \cap R_2 \to (R_1 - R_2)$，按算法 4.3 可构造出表 4-15。表中省略了 a 和 b 的下标，这无关紧要。

若 $R_1 \cap R_2 \to (R_1 - R_2)$ 在 F 中，则可将表中第 2 行位于 $(R_1 - R_2)$ 列中的所有符号都改为 a，这样该表中第 2 行就全是 a 了，则 ρ 具有无损连接性。同理可证 $R_1 \cap R_2 \to (R_2 - R_1)$ 的情况。

若 $R_1 \cap R_2 \to (R_1 - R_2)$ 不在 F 中，但在 F^+ 中，即它可以用公理从 F 中推出来，从而也能推出 $R_1 \cap R_2 \to A_x$，其中 $A_x \subseteq R_1 - R_2$，所以可以将 A_x 列的第 2 行改为全 a，同样可以将 $R_1 - R_2$ 中的其他属性的第 2 行也改为 a，这样第 2 行就变成全 a 行。所以分解 $\rho = \{R_1, R_2\}$ 具有无损连接性。

同样可以证明 $R_1 \cap R_2 \to (R_2 - R_1)$ 的情况。

（2）必要性。设构造的表中有一行全为 a，如第 1 行全为 a，则由函数依赖定义可知 $R_1 \cap R_2 \to (R_2 - R_1)$；如果是第 2 行全为 a，则 $R_1 \cap R_2 \to (R_1 - R_2)$。定理证毕。

123

第 4 章 关系数据库理论

表 4-15 构造表

R_i	$R_1 \bigcap R_2$	$R_1 - R_2$	$R_2 - R_1$
R_1	$aa\cdots a$	$aa\cdots a$	$bb\cdots b$
R_2	$aa\cdots a$	$bb\cdots b$	$aa\cdots a$

【例 4.20】 设有关系模式 $R(A,B,C)$，其上的函数依赖集 $F=\{AB\rightarrow C,C\rightarrow A\}$。

判断 R 的一个分解 $\rho=\{R_1(A,C),R_2(B,C)\}$ 是否为无损连接分解。

解：由于 $R_1\bigcap R_2=C,R_1-R_2=A$，所以 $R_1\bigcap R_2\rightarrow(R_1-R_2)$。根据定理 4.11 可知，分解 ρ 为无损连接分解。

2．函数依赖保持性

保持关系模式分解等价的另一个重要条件是，原模式所满足的函数依赖在分解后的模式中仍保持不变，即关系模式 R 所满足的函数依赖集应为分解后的模式所满足的函数依赖集所蕴含。这就是函数依赖保持性问题。

定义 4.18 设有关系模式 R，F 是 R 的函数依赖集，Z 是 R 的一个属性集合，则称 Z 所涉及的 F^+ 中所有函数依赖为 F 在 Z 上的投影，记为 $\Pi_Z(F)$，有

$$\Pi_Z(F)=\{X\rightarrow Y\mid X\rightarrow Y\in F^+ 且 XY\subseteq Z\}$$

其中：$\Pi_Z(F)$ 中的属性都在 Z 中；$X\rightarrow Y$ 或在 F 中或由 F 推出。

如：$F=\{A\rightarrow B,C\rightarrow B,B\rightarrow D,D\rightarrow C\}$，设 $Z=CD$，有 $\Pi_Z(F)=\{C\rightarrow D,D\rightarrow C\}$。

函数依赖投影的意义在于：模式分解后属性的语义没有发生改变，而函数依赖关系会由于分解的不同，而可能受到破坏。

现在根据 $\Pi_Z(F)$ 的定义来定义分解的函数依赖保持性。

定义 4.19 设关系模式 R 的一个分解 $\rho=\{R_1,R_2,\cdots,R_k\}$，$F$ 是 R 的函数依赖集，如果 F 等价于 $\Pi_{R_1}(F)\bigcup\Pi_{R_2}(F)\bigcup\cdots\bigcup\Pi_{R_k}(F)$，则称分解 ρ 具有函数依赖保持性。

从定义看出，保持函数依赖的分解就是指：当一个关系模式 R 分解后，无语义丢失，且经过分解后，原模式 R 的函数依赖关系都分散在分解后的子模式中。

【例 4.21】 试分析下列分解是否具有无损连接性和函数依赖保持性。

(1) 设 $S_1(A,B,C)$，$F_1=\{A\rightarrow B\}$ 在 S_1 上成立，$\rho_1=\{AB,AC\}$。

(2) 设 $S_2(A,B,C)$，$F_2=\{A\rightarrow C,B\rightarrow C\}$ 在 S_2 上成立，$\rho_2=\{AB,AC\}$。

(3) 设 $S_3(A,B,C)$，$F_3=\{A\rightarrow B,B\rightarrow C\}$ 在 S_3 上成立，$\rho_3=\{AC,BC\}$。

解：(1) 令 $R_1=AB,R_2=AC$；

因为 $(R_1\bigcap R_2)\rightarrow R_1-R_2$ 即 $A\rightarrow B$，所以 ρ_1 相对于 F_1 是无损连接；

又因为 $\Pi_{AB}(F_1)\bigcup\Pi_{AC}(F_1)=\{A\rightarrow B\}$ 与 F_1 等价；

所以 ρ_1 相对于 F_1 是保持函数依赖的分解。

(2) 令 $R_1=AB,R_2=AC$；

因为 $(R_1\bigcap R_2)\rightarrow R_2-R_1$ 即 $A\rightarrow C$ 所以 ρ_2 相对于 F_2 是无损连接；

又因为 $\Pi_{AB}(F_2)\bigcup\Pi_{AC}(F_2)=\{A\rightarrow C\}$ 与 F_2 不等价，丢失了 $B\rightarrow C$；

所以 ρ_2 相对于 F_2 不保持函数依赖。

(3) 令 $R_1=AC,R_2=BC$；

因为 $(R_1\bigcap R_2)=C,R_1-R_2=A,R_2-R_1=B,C\rightarrow A$ 和 $C\rightarrow B$ 均不成立；

所以 ρ_3 相对于 F_3 不是无损连接;

又因为 $\Pi_{AC}(F_3) \bigcup \Pi_{BC}(F_3) = \{A \rightarrow C, B \rightarrow C\}$ 与 F_3 不等价,丢失了 $A \rightarrow B$;

所以 ρ_3 相对于 F_3 不保持函数依赖。

从上面的例子可以看出,一个无损连接分解不一定具有函数依赖保持性;反之亦然。在模式分解时,要检查分解是否同时满足这两个条件,只有这样才能保证分解的正确性和有效性,才不会发生信息丢失,又保证关系中属性间原有的函数依赖。

4.4.3 模式分解的算法

对关系模式进行分解,使它的模式成为 3NF、BCNF 或 4NF,但这样的分解不一定都能保证具有无损连接性和函数依赖保持性。对于任一关系模式,可找到一个分解达到 3NF,且具有无损连接性和函数依赖保持性。而对模式的 BCNF 或 4NF 分解,可以保证无损连接,但不一定能保证保持函数依赖集。下面介绍有关关系模式分解的几个算法。

算法 4.4 把关系模式分解为 3NF,使它既具有无损连接性又具有函数依赖保持性。

输入:关系模式 $R<U,F>$。

输出:具有无损连接性和函数依赖保持性的 3NF 分解 $\rho = \{R_1, R_2, \cdots, R_k\}$。

方法:

(1) 最小化。求 F 的最小函数依赖集 F_m。

(2) 排除。如果 F_m 中有一依赖 $X \rightarrow A$,且 $XA=U$,则输出 $\rho = \{R\}$(即 R 已为 3NF 不用分解),转(6)。

(3) 独立。若 R 中某些属性未出现在 F_m 中任一函数依赖的左部或右部,则将它们从 R 中分出去,单独构成一个关系子模式。

(4) 分组。对于 F_m 中的每一个 $X \rightarrow A$,都构成一个关系子模式 XA(但若有 $X \rightarrow A_1$,$X \rightarrow A_2, \cdots, X \rightarrow A_n$,则可用合并规则变为 $X \rightarrow A_1 A_2 \cdots A_n$,再令 $XA_1 A_2 \cdots A_n$ 作为 ρ 的一个子模式)。

经过上述几步,求出函数依赖保持性分解:$\rho = \{R_1, R_2, \cdots, R_k\}$。

(5) 添键。若 ρ 中没有一个子模式含 R 的候选键 X,则令 $\rho = \rho \bigcup \{X\}$;若存在 $R_i \subseteq R_j (i \neq j)$,则删去 R_i。

(6) 停止分解,输出 ρ。

此时 ρ 是既具有无损连接性又具有函数依赖保持性的 3NF 分解。

【**例 4.22**】 设有关系模式 $R<U,F>$,$U = \{E, G, H, I, J\}$,$F = \{E \rightarrow I, J \rightarrow I, I \rightarrow G, GH \rightarrow I, IH \rightarrow E\}$,将 R 分解为 3NF,并具有无损连接性和函数依赖保持性。

解:由候选键的定义和属性闭包的求解算法可知,在函数依赖集 F 中所有函数依赖的右部未出现的属性一定是候选键的成员。故 R 的候选键中至少包含 J 和 H。

计算:$(JH)^+ = IJHGE = U$。经分析 R 只有唯一的候选键 JH。

求出最小函数依赖集 $F_m = \{E \rightarrow I, J \rightarrow I, I \rightarrow G, GH \rightarrow I, IH \rightarrow E\}$

分解为:$\rho = \{EI, JI, IG, GHI, IHE\}$

因 ρ 中无子模式含 R 的候选键,则令 $\rho = \rho \bigcup \{R$ 的候选键 $JH\}$。去掉被包含的子集,所以满足 3NF 且具有无损连接性和函数依赖保持性的分解为

$$\rho = \{JI, GHI, IHE, JH\}$$

定理 4.12　算法 4.4 是正确的。

设 $\rho=\{R_1,R_2,\cdots,R_k\}$ 是由算法 4.4 得到的一个分解，K 是 R 的一个候选键，那么 $\rho=\{R_1,R_2,\cdots,R_k,K\}$ 是 R 的一个分解，并具有下列 3 个特性：

(1) 每一个子模式都是 3NF。

(2) ρ 具有函数依赖保持性。

(3) ρ 具有无损连接性。

证明：

(1) ρ 中每个 R_i 都是 3NF。

当 $\rho=\{R\}$ 时，在 F_m 中必存在函数依赖 $X{\rightarrow}A$，使得 $XA=U$，这时有 $X{\rightarrow}U$，即 X 包含 R 的候选键。由于 F_m 是最小依赖集，故对 $X{\rightarrow}A$，不存在 $Y\subseteq X,Y\neq X$，使得 $Y{\rightarrow}A$，这样 X 就是 R 的候选键。如果 R 不是 3NF，下面将导出矛盾。

① 设 R 不是 2NF 而是 1NF，那么存在非主属性对候选键的部分函数依赖，即存在 $Y\subseteq X,Y\neq X$，使得 $Y{\rightarrow}A$，这与 F_m 是最小集矛盾。

② 设 R 不是 3NF 而是 2NF，那么存在非主属性对候选键的传递函数依赖，即存在 $X{\rightarrow}Y,Y\nrightarrow X,Y{\rightarrow}A$。由于 $A\notin Y$，故 $Y\subseteq X$，又由于 $Y\nrightarrow X$，故 $Y\neq X$，即 Y 是 X 的真子集，$Y{\rightarrow}A$，这与 F_m 是最小集矛盾。所以 R 是 3NF。

当 $\rho=\{R_1,R_2,\cdots,R_k\}$ 时，对每一个 $X_i{\rightarrow}A_i,R_i=X_iA_i$ 的情况均重复 $\rho=\{R\}$ 时的讨论，可知 R_i 是 3NF。定理证毕。

(2) ρ 具有函数依赖保持性。

算法执行时，按照最小函数依赖集 F_m 的每个函数依赖进行分组，而 F_m 中的每一个函数依赖都至少落入一个组中，故分解 ρ 具有函数依赖保持性。

(3) ρ 具有无损连接性。

由于有了添键和保持函数依赖性分解，可证明分解一定具无损连接性。

算法 4.5　把关系模式分解为 BCNF，使它具有无损连接性。

输入：关系模式 R 和 R 上的函数依赖集 F。

输出：R 的一个分解 $\rho=\{R_1,R_2,\cdots,R_k\}$，$R_i$ 为 BCNF($i=1,\cdots,k$)，ρ 具有无损连接性。
方法如下：

(1) 令 $\rho=\{R\}$。

(2) 如果 ρ 中所有关系模式都是 BCNF，则转(4)。

(3) 如果 ρ 中有一个关系模式 $R_i<U_i,F_i>$ 不是 BCNF，则 R_i 中必有 $X{\rightarrow}A\in F^+(A\notin X)$，且 X 不是 R_i 的键。设 $S_1=XA,S_2=U_i-A$，用分解 $\{S_1,S_2\}$ 代替 $R_i<U_i,F_i>$，转(2)。

(4) 分解结束，输出 ρ。

【例 4.23】　设有关系模式 $R<U,F>$，其中：$U=\{C,T,H,R,S,G\}$，$F=\{CS{\rightarrow}G,C{\rightarrow}T,TH{\rightarrow}R,HR{\rightarrow}C,HS{\rightarrow}R\}$，将其无损连接地分解为 BCNF。

解：R 上只有一个候选键 HS。

(1) 令 $\rho=\{CTHRSG\}$。

(2) ρ 中的模式不是 BCNF。

(3) 考虑 $CS{\rightarrow}G$，这个函数依赖不满足 BCNF 条件(CS 不包含候选键 HS)，将 $CTHRSG$ 分解为 CSG 和 $CTHRS$。

模式 CSG 的候选键为 CS,其上只有一个函数依赖 $CS{\rightarrow}G$,故是 BCNF。

模式 $CTHRS$ 的候选键是 HS,$CTHRS\notin$ BCNF,需进一步分解。选择 $C{\rightarrow}T$,把 $CTHRS$ 分解成 CT 和 $CHRS$。

模式 CT 已是 BCNF。模式 $CHRS$ 的候选键是 HS,$CHRS\notin$ BCNF,需进一步分解。选择 $HR{\rightarrow}C$,把 $CHRS$ 分解成 HRC 和 HRS。这时 HRC 和 HRS 均为 BCNF。

(4) $\rho=\{CSG,CT,HRC,HRS\}$。

定理 4.13 算法 4.5 是正确的。

证明:

(1) 证明 ρ 中每一个 R_i 都是 BCNF。

由于 R 中数目是有限的,每次用 $\{S_1,S_2\}$ 代替 $R_i<U_i,F_i>$,S_1 和 S_2 中属性至少比 R_i 中属性少一个,因此有限步内必完成算法。且每次循环总是以检验 ρ 中每一个 R_i 是否为 BCNF 为条件。分解了的关系模式至少有两个属性,而只有两个属性的模式总是 BCNF。所以最后 ρ 中每个 R_i 必是 BCNF。

(2) 用归纳法证明 ρ 是无损连接分解。

初始情况: $\rho=\{R\}$ 显然是无损连接分解。

设第 k 次分解 $\rho=\{R_1,R_2,\cdots,R_i,\cdots,R_m\}$ 是无损连接分解。那么按算法 4.5 的步骤 (3),R_i 是用 $\{S_1,S_2\}$ 代替是无损连接分解的,这是因为 $S_1\cap S_2=X$,$S_1-S_2=A$,据 $X{\rightarrow}A$ 可知 $S_1\cap S_2{\rightarrow}S_1-S_2$,由定理 4.12 可知,$R_i$ 的分解 $\{S_1,S_2\}$ 相对于 $\Pi_{R_i}(F)$ 是无损连接分解的,根据逐步分解定理(证明省略)可得第 $k+1$ 次分解 $\rho=\{R_1,R_2,\cdots,S_1,S_2,\cdots,R_m\}$ 是 R 关于 F 的无损连接分解。定理证毕。

算法 4.6 把一个关系模式分解为 4NF,使它具有无损连接性。

输入: 关系模式 R 和 R 上的多值依赖集 D。

输出: R 的一个分解 $\rho=\{R_1,R_2,\cdots,R_k\}$,$R_i$ 为 4NF($i=1,\cdots,k$),ρ 具有无损连接性。

方法:

(1) 令 $\rho=\{R\}$。

(2) 如果 ρ 中所有关系模式都是 4NF,则转(4)。

(3) 如果 ρ 中有一个关系模式 $R_i<U_i,F_i>$ 不是 4NF,则 R_i 中必存在一个非平凡的多值依赖 $X{\rightarrow}{\rightarrow}Y$,且 X 不是 R_i 的键,$Y\nsubseteq X$,$XY\neq R_i$。这时令 $Z=Y-X$,于是从 $X{\rightarrow}{\rightarrow}Y$,$X{\rightarrow}{\rightarrow}X$,利用多值依赖分解规则得 $X{\rightarrow}{\rightarrow}Z$。设 $S_1=XZ$,$S_2=U_i-Z$,用分解 $\{S_1,S_2\}$ 代替 $R_i<U_i,F_i>$,转(2)。

(4) 分解结束,输出 ρ。

说明: 关系模式的规范化可以解决数据冗余、插入、删除异常等问题。但当某个操作涉及多个子模式时需要连接代价,故并非关系模式的范式越高越好。有时为了提高查询效率,采用反规范化设计,即对若干关系模式进行连接。尽管反规范化对性能有所提高,但对更新带来的却是负面的影响,因此,在需要极大地提高性能时才进行反规范化设计。

4.5　本章小结

　　本章介绍了函数依赖的概念和分类、关系模式的规范化方法及数据依赖的公理,讨论了如何设计关系数据库的模式问题。关系模式设计的好与不好,直接影响数据库中数据的冗余度、数据的一致性和数据的丢失等问题。关系数据理论是指导关系数据库设计的基础。关系数据库设计理论的核心是数据间的函数依赖,衡量的标准是关系规范化的程度及分解的无损连接性和函数保持依赖性。

习题 4

　　1. 函数依赖、部分函数依赖、完全函数依赖、传递函数依赖之间的差异是什么? 1NF、2NF、3NF、BCNF 之间的关系是什么? 无损连接与函数依赖保持性的作用是什么?

　　2. 建立关于系、学生、班级、社团等信息的一个关系数据库,一个系有若干个专业,每个专业每年只招一个班,每个班有若干名学生,一个系的学生住在同一宿舍区,每个学生可以参加若干个社团,每个社团有若干名学生。

　　学生的属性有学号、姓名、出生年月、系名、班级号、宿舍区。

　　班级的属性有班级号、专业名、系名、人数、入校年份。

　　系的属性有系名、系号、系办公地点、人数。

　　社团的属性有社团名、成立年份、地点、人数、学生参加某社团的年份。

　　请给出关系模式,写出每个关系模式的最小函数依赖集,指出是否存在传递函数依赖,对于函数依赖左部是多属性的情况讨论函数依赖是完全函数依赖,还是部分函数依赖。

　　指出各关系模式的候选键、外键,有没有全键存在?

　　3. 设有一关系 $R(S\#, C\#, G, TN, D)$,其属性的含义为: $S\#$——学号,$C\#$——课程号,G——成绩,TN——任课教师,D——教师所在的系。这些数据有下列语义:

　　学号和课程号分别与其代表的学生和课程一一对应;一个学生所修的每门课程都有一个成绩;每门课程只有一位任课教师,但每位教师可以有多门课程;教师中没有重名,每个教师只属于一个系。

　　(1) 试根据上述语义确定函数依赖集。

　　(2) 关系 R 为第几范式? 并举例说明在进行增、删操作时的异常现象。

　　(3) 试把 R 分解成 3NF 模式集,并说明理由。

　　4. 指出下列关系模式是第几范式? 并说明理由。

　　(1) $R(X, Y, Z)$　　　　$F = \{XY \rightarrow Z\}$

　　(2) $R(X, Y, Z)$　　　　$F = \{Y \rightarrow Z, XZ \rightarrow Y\}$

　　(3) $R(X, Y, Z)$　　　　$F = \{Y \rightarrow Z, Y \rightarrow X, X \rightarrow YZ\}$

　　(4) $R(X, Y, Z)$　　　　$F = \{X \rightarrow Y, X \rightarrow Z\}$

　　(5) $R(W, X, Y, Z)$　　$F = \{X \rightarrow Z, WX \rightarrow Y\}$

　　5. 表 4-16 给出的关系 R 为第几范式? 是否存在操作异常? 若存在,则将其分解为高一级范式。分解后的高级范式中是否可避免分解前关系中存在的操作异常?

表 4-16　关系 R

工程号	材料号	数量	开工日期	完工日期	价格
P_1	I_1	4	9805	9902	250
P_1	I_2	6	9805	9902	300
P_1	I_3	15	9805	9902	180
P_2	I_1	6	9811	9912	250
P_2	I_4	18	9811	9912	350

6. 设有关系模式 $R(A,B,C,D,E)$，其上的函数依赖集：

$$F = \{A \rightarrow BC, CD \rightarrow E, B \rightarrow D, E \rightarrow A\}$$

(1) 计算 B^+。

(2) 求出 R 的所有的候选键，判断 R 的范式。

7. 设有关系模式 $R<U,F>$，其中：

$$U = \{A,B,C,D,E\}, \quad F = \{A \rightarrow D, E \rightarrow D, D \rightarrow B, BC \rightarrow D, DC \rightarrow A\}$$

(1) 求出 R 的所有的候选键。

(2) 判断 $\rho = \{AB, AE, CE, BCD, AC\}$ 是否为无损连接分解？

8. 已知关系模式 R 的全部属性集 $U = \{A,B,C,D,E,G\}$ 及函数依赖集：

$$F = \{AB \rightarrow C, C \rightarrow A, BC \rightarrow D, ACD \rightarrow B, D \rightarrow EG, BE \rightarrow C, CG \rightarrow BD, CE \rightarrow AG\}$$

求属性集闭包 $(BD)^+$。

9. 设有函数依赖集 $F = \{AB \rightarrow CE, A \rightarrow C, GP \rightarrow B, EP \rightarrow A, CDE \rightarrow P, HB \rightarrow P, D \rightarrow HG, ABC \rightarrow PG\}$，求与 F 等价的最小函数依赖集。

10. 设有关系模式 $R(A,B,C,D)$，其上的函数依赖集：

$$F = \{A \rightarrow C, C \rightarrow A, B \rightarrow AC, D \rightarrow AC\}$$

(1) 求 F 的最小等价依赖集 F_m。

(2) 将 R 分解使其满足 BCNF 且无损连接性。

(3) 将 R 分解成满足 3NF 并具有无损连接性与保持依赖性。

11. 现有一个关系模式 $R(A,B,C)$，其上的函数依赖集 $F = \{A \rightarrow B, C \rightarrow B\}$，判断分解 $\rho_1 = \{AB, AC\}$；$\rho_2 = \{AB, BC\}$ 是否具有无损连接性和依赖保持性。

12. 设有关系模式 $R(A,B,C,D,E,G)$，其上的函数依赖集 $F = \{A \rightarrow B, C \rightarrow G, E \rightarrow A, CE \rightarrow D\}$，现有下列分解：

(1) $\rho_1 = \{CG, BE, ECD, AB\}$

(2) $\rho_2 = \{ABE, CDEG\}$

试判断上述每一个分解是否具有无损连接性。

13. 设 $R(A,B,C,D,E,G)$，$F = \{AB \rightarrow C, C \rightarrow D, CA \rightarrow E, E \rightarrow A, BD \rightarrow A, B \rightarrow C\}$。求其保持函数依赖和无损连接的 3NF 分解。

14. 试证明由关系模式中全部属性组成的集合为候选键的关系是 3NF，也是 BCNF。

15. 试证明只有两个属性的关系必是 BCNF，也必是 4NF。

16. 设有关系模式 BCL(BNO,CITY,SSETS,CNO,NAME,ADDR,LNO,AMOUNT)，各

属性依次为支行号、支行所在城市、支行总资产、客户号、客户名、客户地址、贷款号和贷款金额。

　　设一个客户可贷多笔贷款，一笔贷款可由多个客户共同贷款；贷款由各个支行发出，一笔贷款只能由一个支行发出，贷款号在各支行唯一。试分析该关系模式存在的问题并用规范化理论将其分解为合理的关系模式。

第 5 章　　　　数据库设计

本章主要介绍数据库设计的生命周期法。数据库设计需经历 6 个阶段，即需求分析、概念结构设计、逻辑结构设计、物理结构设计、数据库实施、数据库运行和维护。本章将讨论设计过程中的一些技术问题，重点讲解数据库结构设计步骤及方法。详细的数据库设计案例见附录 B。

5.1　数据库设计概述

数据库设计是指对于一个给定的应用环境，构造（设计）最优的数据模型，然后据此建立数据库及其应用系统，使之能够有效地存储数据，满足各种用户的应用需求。数据库设计的优劣将直接影响信息系统的质量和运行效果。因此，设计一个结构优化的数据库是对数据进行有效管理的前提和产生正确信息的保证。

大型数据库的设计和开发是一项庞大的系统工程，是涉及多学科的综合性技术，对从事数据库设计的专业人员来讲，应具有多方面的技术和知识。主要有：

(1) 数据库的基本知识和数据库设计技术。

(2) 计算机科学基础知识及程序设计技巧。

(3) 软件工程的原理和方法（用于大型数据库设计与开发）。

(4) 应用领域的知识。

5.1.1　数据库设计的特点和方法

1. 数据库设计的特点

"三分技术，七分管理，十二分基础数据"是数据库建设的基本规律。因此数据库设计的特点包括：

(1) 数据库建设是硬件、软件和干件（技术与管理的界面）的结合。

(2) 结构/数据设计和行为/处理设计的结合。

结构特性设计是指数据库总体概念与结构的设计,它应该具有最小数据冗余,能反映不同用户数据要求,满足数据共享。行为特性是指数据库用户的业务活动,通过应用程序去实现。显然,数据库结构设计和行为设计两者必须相互参照、结合进行,当然,最佳设计不可能一蹴而就,而只能是一种"反复探寻、逐步求精"的过程。

2. 数据库设计的目标

(1) 满足应用要求。其包括两个方面:一是指用户要求,对用户来说,关心的是所设计的数据库是否符合数据要求和处理要求,因此,设计者必须仔细地分析需求,并以最小的开销取得尽可能大的效果;二是要符合软件工程的要求,即按照软件工程的原理和方法进行数据库设计,这样既加快研制周期,又能产生正确、良好的结果。

(2) 模拟精确程度高。数据库是通过数据模型来模拟现实世界的信息与信息间的联系的。模拟的精确程度越高,则形成的数据库就越能反映客观实际。因此数据模型是构成数据库的关键。数据库设计就是围绕数据模型展开的。

(3) 良好的数据库性能。数据库性能包括存取效率和存储效率等。此外,数据库还有其他性能,如当硬件和软件的环境改变时,能容易地修改和移植数据库;当需要重新组织或扩充数据库时,方便对数据库作相应的扩充。

一个性能良好的数据库,其数据必须具有完整、独立、易共享、冗余小等特点,并可通过优化进一步改善数据库的性能。

3. 数据库设计方法

为了使数据库设计更合理、更有效,人们通过努力探索,提出了各种数据库设计方法,数据库设计方法按自动化程度可分为 4 类,即手工的、设计指南或规则指导的、计算机辅助的以及自动的设计方法。在数据库设计历史上较有影响的如下:

(1) 新奥尔良(New Orleans)设计方法。新奥尔良设计方法是由三十多个欧美各国的数据库专家在美国新奥尔良市专门开会讨论数据库设计问题时提出的,认为数据库设计生命期包括公司要求分析、信息分析和定义、设计实现及物理数据库设计 4 个阶段。

(2) 基于 3NF 的数据库设计方法。基于 3NF 的数据库设计方法是由 S. Atre 提出的结构化设计方法。其基本思想是:对每一组数据元素推导出 3NF 关系,基于得到的 3NF 关系画出数据库企业模式。再根据企业模式,选用某种数据模型,得出适应于某个 DBMS 的逻辑模式。

(3) 基于 E-R 方法的数据库设计方法。E-R 方法的基本思想是:首先设计一个企业模式,它是现实世界的反映,而与存储组织、存取方法、效率无关。然后再将企业模式变换为某个 DBMS 的数据模式。

(4) 计算机辅助数据库设计方法。该方法提供一个交互式过程:一方面充分利用计算机的速度快、容量大和自动化程度高的特点,完成比较规则、重复性大的设计工作;另一方面又充分发挥设计者的技术和经验,做出一些重大决策,人机结合、互相渗透,帮助设计者更好地进行设计。

(5) 统一建模语言(UML)方法。它是一种面向对象的数据库结构设计方法,易于表达、功能强大,最适于数据建模、对象建模等。它是一组标准符号的图形表示法,可简便地表达对象及其复杂联系,独立于开发过程,是数据库设计的一种新方法(详见第 7.2 节)。

现在实际使用的设计方法,通常是由上述几种方法结合、扩展而来的。目前,DB 设计方法常用的主要有快速原型法、生命周期法和统一建模语言方法。

4. 快速原型法

快速原型法是迅速了解现行管理和用户的需求之后,以同类数据库为参照,借助多种工具,快速设计、开发数据库原型,并进行试运行。通过试用、与用户交流找出问题,并对原型剪裁、修改和补充。得到下一版本,再试运行。若离基本要求差距太大,则原型无效,重新设计、开发原型。经过反复修改和完善直到用户完全满意。最后,工作原型转化为运行系统,可正式投入运行。数据库设计的快速原型法如图 5-1 所示。其优点是可减少系统开发的投资和时间,适用于中、小型数据库的设计。

快速原型法的关键在于尽快地构造出数据库原型,通过逐步调整原型使其满足用户的要求。一旦确定了客户的真正需求,所建造的粗糙原型将被丢弃。

5. 生命周期法

生命周期法是一种经典的方法。它主要采用在生存期中,分阶段、按步骤进行设计,经过整个周密的过程完成数据库设计。该方法的优点是系统针对性强,功能、文档等比较完善,其缺点是开发周期较长,通用性稍差。它适用于大、中型数据库的设计。下面重点介绍数据库设计的生命周期法。

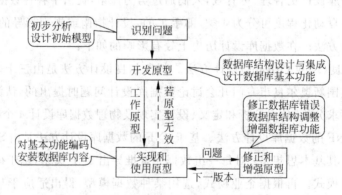

图 5-1　数据库设计的快速原型法

5.1.2　数据库设计阶段及内容

通常,信息系统生命周期包括规划、收集和分析、设计(包括数据库设计)、构造原型、实现、测试、转换以及投入后的维护等阶段。由于数据库是较大型的企业信息系统的基础组件,因此数据库设计是在信息系统规划与立项的基础上进行。

1. 数据库设计阶段的任务

在进行信息系统规划与立项之后,按照数据库系统生存期的设计方法,考虑到数据库及其应用系统开发的过程,将数据库设计分为以下 6 个阶段,如图 5-2 所示。

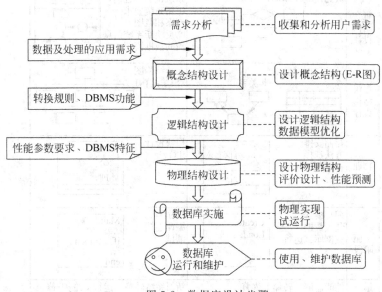

图 5-2　数据库设计步骤

(1) 需求分析。收集与分析用户的信息及应用处理的要求,定义数据库应用的主要任务和目标,确定系统范围和边界,并将结果按照一定的格式形成需求说明书。

(2) 概念结构设计。通过对用户需求进行综合、归纳与抽象,形成一个独立于具体 DBMS 的信息模型(用 E-R 图表示)。

(3) 逻辑结构设计。将概念结构转换为某个 DBMS 所支持的数据模型(如关系模型),并对其进行优化。

(4) 物理结构设计。为逻辑数据模型选取一个最适合应用环境的物理结构(包括存储结构和存取方法)。

(5) 数据库实施。运用 DBMS 提供的数据语言(如 SQL)及其宿主语言(如 C),根据逻辑设计和物理设计的结果建立数据库,编制与调试应用程序,组织数据入库,并进行试运行。

(6) 数据库运行和维护。数据库应用系统经过试运行后即可投入正式运行。在数据库系统运行过程中必须不断地对其进行评价、调整与修改。

一个完善的数据库应用系统设计是不可能一蹴而就的,它往往是对上述 6 个阶段的不断反复、修改与扩充。

2. 数据库设计内容与方式

数据库设计的不同阶段的主要内容,以及数据库结构(数据)设计和处理设计结合进行的方式,如图 5-3 所示。

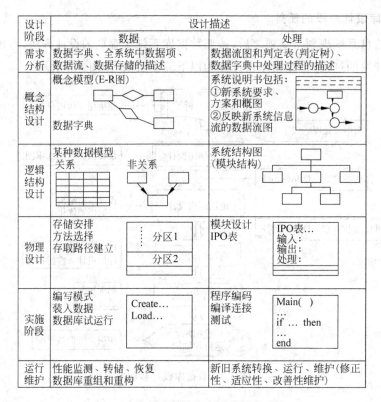

图 5-3　数据库结构和行为设计相结合

5.2　需求分析

　　需求分析是整个数据库设计中非常重要的一步，它是其他各步的基础。如果把整个数据库设计当成一个系统工程看待的话，那么需求分析就是这个系统工程的最原始的输入。如果这一步走错，就会前功尽弃。所以这一步特别重要，也是最困难、最麻烦的一步。其困难之处不是在技术上，而在于要了解、分析、表达客观世界并非容易。

　　由于需求分析与计算机专业业务相距太远，所以往往被从事数据库设计的计算机专业人员所忽视，他们或认为这里没有什么技术，不值得下工夫，或觉得需求调查琐碎、繁杂，没有意思，于是不感兴趣、厌战、马虎。所以需特别强调需求分析的重要性。

5.2.1　需求分析的任务

1. 需求分析的主要任务

　　需求分析是整个数据库设计过程中比较费时、比较复杂的一步，也是最重要的一步。这个阶段的主要任务是通过详细调查现实世界要处理的对象（组织、部门、企业等），充分了解用户的组织机构、应用环境、业务规则，明确用户的各种需求（数据需求、完整性约束条件、操作处理和安全性要求等），然后在此基础上确定新系统的任务、目标与功能。必须充分考虑今后可能的扩充和改变，不能仅按当前应用需求来设计数据库。

2．调查的重点

调查的重点是得到用户对"数据"和"处理"的要求,包括以下内容:

(1) 信息要求。用户(各业务部门)对即将建立的数据库有何要求?保存哪些数据?要从数据库得到什么?输入与输出的数据是什么形式?数据之间有何联系?

(2) 处理要求。如何使用数据?各种数据的使用频率如何?定期使用还是随机发生?有无实时要求?查询方式如何?要构造哪些表格?当各处理事件发生时,如何规定优先级、处理顺序、处理之间结构?存取数据量与运行限制等。

(3) 功能要求。要建立的信息系统需具有哪些功能(包括规划的、已有的、人工的或自动的)?能解决哪些数据处理问题?

(4) 企业环境特征。企业的规模与结构、部门的地理分布、主管部门对机构规定与要求,数据库的安全性、完整性限制、系统适应性、DBMS 与运行环境、条件与经费等。

5.2.2　需求分析的方法

1．调查用户需求的步骤

(1) 调查组织机构情况,包括了解该组织的部门组成情况、各部门的职能等,为分析信息流程做准备。

(2) 调查各部门的业务活动情况,包括了解各个部门输入和使用什么数据,如何加工处理这些数据,输出什么信息,输出到什么部门,输出结果的格式是什么。

(3) 协助用户明确对新系统的各种要求,包括信息要求、处理要求、完全性与完整性要求。

(4) 确定新系统的边界。确定哪些功能由计算机完成或将来准备让计算机完成,哪些活动由人工完成。由计算机完成的功能就是新系统应该实现的功能。

2．常用的调查方法

(1) 检查文档。通过查阅原有系统或实际工作的有关文档,可以深入了解为什么用户需要建立数据库应用系统,并可以提供与问题相关的业务信息。

(2) 跟班作业。通过亲自参加业务工作来了解业务活动的情况,它可以比较准确地理解用户的需求。当用其他方法所获数据的有效性值得怀疑或系统特定方面的复杂性阻碍了最终用户做出清晰的解释时,这种方法尤其有用。

(3) 面谈调研。通过与用户座谈来了解业务活动情况及用户需求。为了保证谈话成功,必须选择合适的谈话人选,准备的问题涉及面要广,要引导谈话有效地进行。应根据谈话对象的回答,提出一些附加的问题以获得准确的信息并进行扩展。

(4) 网上搜集(包括问卷调查)。网上搜集资料、案例,还可进行问卷调查,若调查表设计得合理,这种方法很有效,也易于用户接受。

3．需求分析的结果

调查了解用户的需求后,还需要进一步分析和表达用户的需求。分析和表达用户需求的方法主要用自顶向下的结构化分析方法,即从抽象到具体的分析方法。它从最上层的系统组织机构入手,采用逐层分解的方式分析系统,并且每一层用下面介绍的数据流图和数据字典描述。

5.2.3　需求分析的工具

数据库设计过程中,可利用各种辅助工具进行,数据库需求分析阶段的两个主要工具是数据流图与数据字典(分为 DBMS 的数据字典和数据库应用系统的数据字典)。

1. 数据流图

数据流图(Data Flow Diagram,DFD)表达了数据与处理的关系。

数据流图的基本元素。数据流图中的基本元素如下:

（学生选课）描述一个处理。输入数据在此进行变换产生输出数据。其中注明处理的名称。

[学生]描述一个输入源点或输出汇点。其中注明源点或汇点的名称。

⌒→描述一个数据流。含被加工的数据名称及其数据流动方向。

学生(Student)描述一个数据存储。常代表一个数据表,其中注明表的名称。

【例 5.1】　图 5-4 给出了学生选课的数据流图。

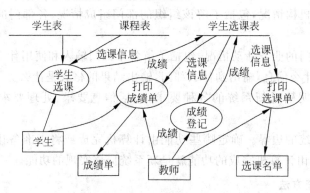

图 5-4　学生选课数据流图

2. DBMS 的数据字典

(1) 数据字典的作用。DBMS 的数据字典(Data Dictionary,DD)是每个 DBMS 必须提供的功能。数据字典不仅存储各种对象的描述信息,而且还存储系统管理所需的各种对象的细节信息。DBMS 的任务是管理大量的、共享的、持久的数据,对数据库中数据实行集中控制,数据字典是建立和维护这些控制的一个必要工具。具体来说,数据字典的作用主要体现在:满足 DBMS 快速查询有关对象的要求(如查阅用户表、子模式和模式等);供 DBA 掌握整个系统运行的情况(如现有的数据库、终端、用户;当前的模式数目及其名称等)。

(2) 数据字典的内容。数据字典的内容主要有以下几部分:

① 数据库系统所有对象及其属性的描述信息。这些对象包括基本表(含主键)、视图以及存取路径(索引、散列等)、访问权限和用于查询优化的统计数据等。

② 数据库系统对象之间关系的描述信息。包括表之间的外键关系,子模式与模式以及模式与内模式的映射关系、用户与子模式的对应关系等。

③ 登记所有对象、属性的自然语言含义。如每个对象、属性的英语意义对照表等。

④ 记录数据字典变化的历史,也包括数据库状态信息的记录和统计,如现有基本表的

个数、视图的个数、元组个数、不同属性值的记录个数等。

数据字典的最终形式是一组字典表格,不同的系统,其数据字典的内容也是不同的。

数据字典是由系统建立的,为方便数据库管理员对数据库进行管理和控制的信息全集。数据库用户只能对数据字典中的内容进行查询操作,而不能进行更新操作。DBMS通过两种接口实现两类用户访问数据字典的请求:

① 与人的接口。其包括数据库管理员、系统分析员、程序员、终端用户和审计人员等。这类用户通过DBMS提供的数据字典访问工具或命令实现对系统数据的访问。

② 与软件的接口。各软件通过DBMS的应用程序接口(API)实现对数据字典信息的访问和处理。

3. 应用系统的数据字典

数据库应用系统的数据字典与DBMS的数据字典的内容是完全不同的。

数据流图表达了数据与处理的关系,数据字典则是对数据流中数据的详尽描述,它是系统中各类数据描述的集合,是进行详细的数据收集和数据分析所获得的主要成果。通常包括数据项、数据结构、数据流、数据存储和处理过程5个部分。

(1) 数据字典各部分的描述。

① 数据项。在数据流图中,对每一数据块的数据结构所含的数据项进行说明。数据项是最小的、不可再分的数据单位。对数据项的描述通常包括以下内容:

数据项描述=﹛数据项名,数据项含义说明,别名,数据类型,长度,取值范围,取值含义,与其他数据项的逻辑关系﹜

其中"取值范围"、"与其他数据项的逻辑关系"定义了数据的完整性约束条件,是设计数据检验功能的依据。

② 数据结构。数据流图中数据块的数据结构说明。

数据结构反映了数据之间的组合关系。一个数据结构可以由若干个数据项组成,也可以由若干个数据结构组成,或由若干个数据项和数据结构混合组成。对数据结构的描述通常包括以下内容:

数据结构描述=﹛数据结构名,含义说明,组成:﹛数据项或数据结构﹜﹜

③ 数据流。数据流图中数据流向的说明。

数据流是数据结构在系统内传输的路径。对数据流的描述通常包括以下内容:

数据流描述=﹛数据流名,说明,数据流来源,数据流去向,组成:﹛数据结构﹜,平均流量,高峰期流量﹜

其中,"数据流来源"是说明该数据流来自哪个模块;"数据流去向"是说明该数据流将到哪个模块去;"平均流量"是指在单位时间(每天、每周、每月等)里的传输次数;"高峰期流量"则是指在高峰时期的数据流量。

④ 数据存储。数据流图中数据块的存储特性说明。

数据存储是数据结构停留或保存的地方,也是数据流的来源和去向之一。对数据存储的描述通常包括以下内容:

数据存储描述=﹛数据存储名,说明,编号,流入的数据流,流出的数据流,组成:﹛数据结构﹜,数据量,存取方式﹜

其中,"数据量"是指每次存取多少数据,每天(或每小时、每周等)存取几次等信息;"存取方式"包括是批处理还是联机处理;是检索还是更新;是顺序检索还是随机检索等;另外,"流入的数据流"、"流出的数据流"要指出其来源和去向。

⑤ 处理过程。数据流图中功能块的说明。

数据字典中只需要描述处理过程的说明性信息,通常包括以下内容:

处理过程描述＝{处理过程名,说明,输入:{数据流},输出:{数据流},处理:{简要说明}}

其中,"简要说明"中主要说明该处理过程的功能及处理要求。功能是指该处理过程用来做什么(而不是怎么做);处理要求包括处理频度要求,如单位时间里处理多少操作、多少数据量、响应时间要求等,这些处理要求是后面物理设计的输入及性能评价的标准。

(2) 数据字典应用举例。

【例 5.2】 以图 5-4 所示的学生选课数据流图为例,简要说明如何定义数据字典。

① 数据项:以"学号"为例。

数据项名:学号;数据项含义:唯一标识每一个学生;别名:学生编号;数据类型:字符型;长度:8;取值范围:00000000~99999999;取值含义:前 4 位为入学年号,后 4 位为顺序编号;与其他数据项的逻辑关系:主键或外键。

② 数据结构:以"学生"为例。

数据结构名:学生;含义说明:是学籍管理的主体数据结构,定义了一个学生的有关信息;组成:学号、姓名、性别、年龄、所在系。

③ 数据流:以"选课信息"为例。

数据流名:选课信息;说明:学生所选课程信息;数据流来源:"学生选课"处理;数据流去向:"学生选课"存储;组成:学号、课程号;平均流量:每天 10 个;高峰期流量:每天 100 个。

④ 数据存储:以"学生选课"为例。

数据存储名:学生选课表;说明:记录学生所选课程的成绩;编号:(无);流入的数据流:选课信息、成绩信息;流出的数据流:选课信息、成绩信息;组成:学号、课程号、成绩;数据量:50000 个记录;存取方式:随机存取。

⑤ 处理过程:以"学生选课"为例。

处理过程名:学生选课;说明:学生从可选修的课程中选出课程;输入数据流:学生、课程;输出数据流:学生选课信息;处理:每学期学生都可从公布的课程中选修需要的课程,选课时有些选修课有先修课程的要求,每个学生 4 年内的选修课门数不能超过24 门。

5.3 概念结构设计

将需求分析得到的用户需求抽象为信息模型的过程就是概念结构设计。概念结构设计以用户能理解的形式表达信息为目标,这种表达与数据库系统的具体细节无关,它所涉及的数据独立于 DBMS 和计算机硬件,可在任何计算机系统中实现。

在进行数据库设计时,通常是将现实世界中的客观对象首先抽象为不依赖任何 DBMS和具体机器的信息模型,然后再把信息模型转换成具体机器上 DBMS 支持的数据模型。故信息模型可以看成是现实世界到机器世界的一个过渡的中间层次。信息模型最常见的是用E-R 图表示的模型(也称 E-R 模型)。

信息模型的主要特点包括以下几点：

（1）能真实地反映现实世界中事物及其之间的联系，有丰富的语义表达能力。

（2）易于交流和理解，便于数据库设计人员和用户之间沟通和交流。

（3）易于改进，当应用环境和应用要求改变时，容易对信息模型修改和扩充。

（4）易于向关系、网状、层次等各种数据模型转换。

5.3.1 概念结构设计的方法

1. 概念结构设计的基本方法

（1）自顶向下。首先定义全局概念结构框架，然后逐步细化，如图 5-5 所示。

（2）自底向上。首先定义各局部应用的概念结构，然后将它们集成起来，得到全局概念结构，如图 5-6 所示。

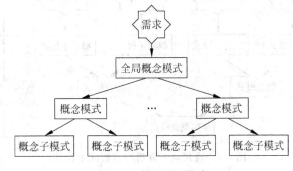

图 5-5 自顶向下策略

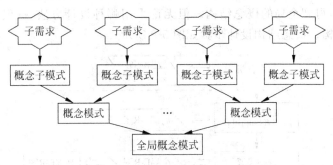

图 5-6 自底向上策略

（3）逐步扩张。首先定义最重要的核心概念结构，然后向外扩充，以滚雪球的方式逐步生成其他概念结构，直至总体概念结构，如图 5-7 所示。

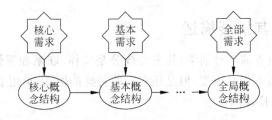

图 5-7 逐步扩张策略

(4) 混合策略。将自顶向下和自底向上相结合,用自顶向下策略设计全局概念结构的框架,以它为骨架集成由自底向上设计的各局部概念结构。

2. 常用的概念结构设计方法

经常采用的概念设计策略是自底向上方法。即自顶向下地进行需求分析,然后再自底向上地设计概念结构,如图 5-8 所示。

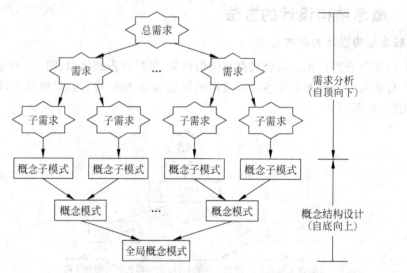

图 5-8 自顶向下分析与自底向上设计

自底向上概念结构设计的方法通常分为两步:第一步抽象数据并设计局部视图;第二步集成局部视图,得到全局的概念结构。但无论采用哪种设计方法,一般都以 E-R 图为工具来描述概念结构。概念结构设计步骤如图 5-9 所示。

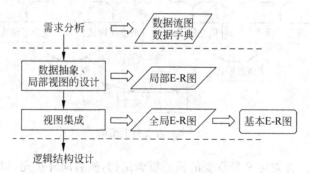

图 5-9 概念结构设计步骤

5.3.2 E-R 图及其扩展描述

E-R 图是对现实世界的一种抽象,其主要成分是实体、联系和属性。使用这 3 种成分,可以建立许多应用环境的信息模型,但是还有一些特殊的语义,单用上述概念已无法表达清楚,因此引入了扩充的 E-R 图。

1. 数据抽象

抽象是对实际的人、物、事和概念进行人为处理,它抽取人们关心的共同特征,忽略非本质的细节,并把这些特征用各种概念精确地加以描述,这些概念组成了某种模型。对象之间有两种基本联系,即聚集和概括。

(1) 聚集(Aggregation)。聚集定义了某一类型的组成成分。它抽象了对象内部类型和成分之间的"is part of"的语义。例如,图 5-10 所示,实体型就是若干属性的聚集。实体型"学生"是由"学号、姓名、性别、专业、院系"组成的。更复杂的聚集如图 5-11(a)所示,即某一类型的成分又是一个聚集。该聚集可用图 5-11(b)所示的 E-R 图表示。

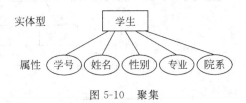

图 5-10 聚集

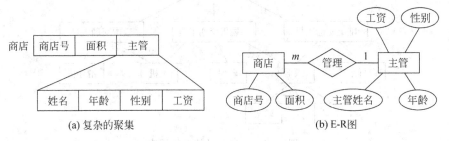

(a) 复杂的聚集　　　　　　　　　　　　(b) E-R图

图 5-11 复杂的聚集及其 E-R 图

(2) 概括(Generalization)。概括定义类型之间的一种子集联系。它抽象了类型之间的 is subset of 的语义。

例如,学生是一个实体型,本科生、研究生也是实体型,但本科生、研究生是学生的子集。实体型"学生"就是对实体型"本科生"和"研究生"的抽象。将实体型"学生"称为父类(或超类),实体型"本科生"和"研究生"称为子类,如图 5-12 所示。

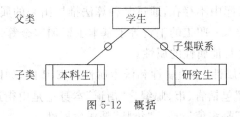

图 5-12 概括

概括具有一个很重要的性质——继承性。子类继承父类上定义的全部属性,其本身还可包含某些特殊的属性。

(3) 数据抽象层次。一个聚集对象可能是某类对象的概括,此时它也是一个概括对象。一个概括对象也可能是对象联系的聚集,此时,它也可以是聚集对象。一般说来,每个对象既可以是聚集对象,又可以是概括对象。当反复利用概括和聚集进行数据抽象时,就可以形成对象的层次关系。

图 5-13 表示了一个聚集层次结构，每个对象和它的成分之间是 $1:m$ 联系。

图 5-14 描述了交通工具的概括层次。

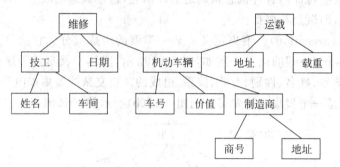

图 5-13 一个聚集层次

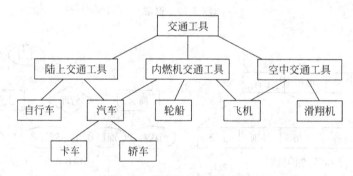

图 5-14 交通工具的概括层次

2. 属性

常用的属性分类如下：

(1) 单值属性。只能有一个值的属性，如学号、性别、身份证号等。用椭圆表示。

(2) 多值属性。可能有多个值的属性。例如，一个单位可能装多个电话；一个商品可能有多种销售价格（经销、代销、批发、零售和优惠）等。用双椭圆表示。

(3) 派生属性。数据库中不存在，通过某种算法推导出来的属性。例如，一个人的年龄可以通过出生年月推导出来；职工的工资等于基本工资加奖金等。用虚椭圆表示。

(4) 复合属性。包含其他属性的属性。

【例 5.3】 具有复合属性、多值属性和派生属性的 E-R 图，如图 5-15 所示。

这里复合属性"地址"包括省、市、邮编。"街道"本身也是由街道号、街道名、楼栋号组成的复合属性。"电话号码"是多值属性。"年龄"是派生属性。

3. 基数

在相互联系的实体中，实体出现一次而可能引起的另一个实体出现的最小和最大次数称为前一个实体的基数，用 $l..h$ 的形式表示，其中 l 表示最小的映射基数，而 h 表示最大的映射基数。最小值为 h 表示这个实体集全部参与该联系集，最大值为 1 表示这个实体最多参与一个联系，而最大值为 * 代表没有限制。

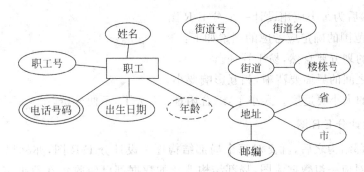

图 5-15 具有复合属性、多值属性和派生属性的 E-R 图

【例5.4】 某学校规定,每学期学生至少选修一门课程、最多选修6门课程;每一门课程至多有40人选修,可以没人选修。基数的表达方法如图 5-16 所示。

图 5-16 基数的表达方法

在 E-R 图设计中,利用实体的基数可描述企业对数据完整性的特殊要求。例如,在数据库应用设计中,可根据"每一门课至多40人选修"的特定约束条件,设计一个数据库触发器,限定某一门课程的选修人数不得超过40人。

4. 弱实体

一个实体的存在必须以另一个实体或多个实体的存在为前提,通常将前者称为弱实体,用双线矩形框表示,其联系以双线菱形框表示。弱实体集必须与另一个称为标识实体集关联才有意义。弱实体集的属性不足以形成主键,它的主键部分或全部从其标识实体集中获得。具有弱实体集的 E-R 图如图 5-17 所示。

图 5-17 具有弱实体集的 E-R 图

5.3.3 局部视图设计

根据需求分析的结果(数据流图、数据字典等)对现实世界的数据进行抽象,设计各个局部视图,即分 E-R 图。设计分 E-R 图的步骤如下:

1. 确定局部结构范围

局部结构的划分方式一般有两种。一种是依据系统的当前用户进行自然划分。例如,对一个企业的综合数据库,用户有企业决策集团、销售部门、生产部门、技术部门和供应部门等,各部门对信息内容和处理的要求明显不同,因此,应为他们分别设计各自的分 E-R 图。另一种是按用户要求将数据库提供的服务归纳成几类,使每一类应用访问的数据显著地不

同于其他类,然后为每类应用设计一个分 E-R 图。

局部结构范围的确定应考虑的因素如下:

(1) 范围的划分要自然,易于管理。

(2) 范围之间的界面要清晰,相互影响要小。

(3) 范围的大小要适度。太小了,综合困难;太大了,不便分析。

2. 逐一设计分 E-R 图

选择好局部结构之后,就要对每个局部结构逐一设计分 E-R 图,亦称局部 E-R 图。每个局部结构都对应一组数据流图,局部结构涉及的数据都已经收集在数据字典中了。要将这些数据从数据字典中抽取出来,参照数据流图,标定局部结构中的实体、属性,标识实体主键,确定实体之间的联系及其类型($1:1$、$1:m$、$m:n$)。

现实世界中具体的应用环境常常对实体和属性已经作了大体的自然划分。在数据字典中,"数据结构"、"数据流"和"数据存储"都是若干属性有意义的聚合,就体现了这种划分。可以从这些内容出发定义 E-R 图,然后再进行必要的调整。调整的原则是:为了简化 E-R 图,现实世界中能作为属性对待的,尽量作为属性对待。

实体与属性并没有非常严格的界限,但可以给出以下两条准则:

(1) 作为"属性",一般不具有需要描述的性质。即属性是不可分的数据项,不应包含其他属性。若为复合属性则需进一步处理。

(2) 属性不能与其他实体具有联系。即 E-R 图中所表示的联系只发生在实体之间。例如,职工是一个实体,职工号、姓名、年龄是职工的属性,职称如果没有与工资、福利挂钩,换句话说,没有需要进一步描述的特性,根据准则(1)可以作为职工实体的属性,如图 5-18所示。

图 5-18　职称作为职工实体的一个属性

但如果不同的职称有不同的工资、住房标准和不同的福利时,则职称作为一个实体看待就更恰当,如图 5-19 所示。

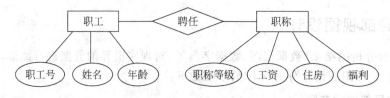

图 5-19　职称作为一个实体

局部视图设计完成之后,就要进行视图的集成。视图的集成是概念设计的第二步,即将上一步得到的各个局部 E-R 图集成为一个整体的 E-R 图,即全局视图。视图的集成通常分两步进行:首先合并 E-R 图;然后消除数据冗余。下面分别介绍。

5.3.4 合并 E-R 图

本步骤的主要任务是合并分 E-R 图,生成初步 E-R 图。合并是在假设各局部 E-R 图都是完全的和一致的前提下进行的,即假定各局部 E-R 图都能满足其对应局部范围的应用需求,且其内部不存在需要合并的成分。

1. 合并的方法

合并的方法可分为以下两种:

(1) 二元合并法。指在同一时刻,只考虑两个局部 E-R 图的合并,并产生一个 E-R 图作为合并结果。二元合并流程如图 5-20(a)所示。

二元合并的过程并不意味着只能通过一条流水线作业的形式进行合并处理,设计人员可根据具体情况分多个子集进行二元合并,最后再通过一次二元合并形成初步 E-R 图。该方法可降低合并工作的复杂度。

(2) 多元合并法。其特点是同时将多个局部 E-R 图一次合并。其不足之处是比较复杂,合并起来难度大。多元合并流程如图 5-20(b)所示。

2. 冲突处理

由于局部 E-R 图仅以满足局部应用需求为目标,因而各局部 E-R 图中对同一数据对象因各自的应用特征不同可能采取不同的处理。此外,由于众多的设计人员对数据语义理解上可能存在的差别,这就导致各个局部 E-R 图之间必定会存在许多不一致的地方,称之为冲突。因此合并局部 E-R 图时,必须着力消除各个局部 E-R 图中的不一致,才能形成一个为全系统中所有用户共同理解和接受的统一的信息模型。在局部 E-R 图的合并过程中,会产生 3 种冲突。

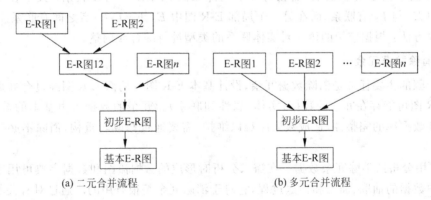

(a) 二元合并流程　　　　　　　　(b) 多元合并流程

图 5-20　合并流程

(1) 属性冲突。包括以下两种:

① 属性域冲突,即属性值的类型、取值范围或取值集合不同。例如,人的年龄,有的用整型,有的用出生日期表示。

② 属性取值单位冲突。例如:人的身高,有的用米,有的用公分为单位。

解决方法:取尽可能包含较多局部 E-R 图要求的数据类型、值域或取值单位作为该属性的数据类型、值域或取值单位,并可考虑今后系统维护的工作量进行取舍。如上述的属性

"年龄"可采用日期型,它可以精确到年、月、日,少数不同应用要求的用户可通过 DBMS 提供的语句或函数实现数据类型及值域的转换,计算出某人的年龄。采用日期型还可减少每年动态维护年龄的工作量。

一些较特殊的较难提取公共特征的属性冲突,只能通过不同用户协商解决。

(2)命名冲突。包括以下两种:

① 同名异义(一词多义)。不同意义的对象在不同的局部 E-R 图中具有相同的名字。例如,名称为"组成"的联系,在某个局部 E-R 图中表示产品和零件的组成关系,在另一个局部 E-R 图中则表示车间和工人的组成关系。

② 异名同义(多词一义)。同一意义的对象在不同的局部 E-R 图中具有不同的名字。如,对科研项目,财务科称为项目,科研处称为课题,生产管理处称为工程。

解决方法:重新命名。

(3)结构冲突。包括以下 3 种:

① 同一对象在不同应用中具有不同的抽象。例如,"部门"在某一局部 E-R 图中被当作实体,而在另一局部 E-R 图中则被当作属性。

解决方法:统一为实体或属性。通常的方法是:若为实体的一方仅含一个同对方冲突的属性,而不含任何其他属性,则可将该实体转化为与对方相同的属性;若其中还含有其他非冲突属性,则可将对方中与实体一方发生冲突的那个属性转化为实体。

② 同一实体在不同局部 E-R 图中所包含的属性不完全相同,或者属性的排列次序不完全相同。

解决方法:使该实体的属性取各局部 E-R 图中属性的并集,再适当调整属性的次序。

③ 实体之间的联系在不同局部 E-R 图中呈现不同的类型。例如,实体 E_1 与 E_2 在一个局部 E-R 图中是多对多联系,而在另一个局部 E-R 图中是一对多联系;又如在一个局部 E-R 图中 E_1 与 E_2 有联系,而在另一个局部 E-R 图中 E_1、E_2、E_3 三者之间有联系。

解决方法:根据应用的语义对实体联系的类型进行综合或调整。

3. 消除数据冗余

本步骤的主要任务是消除数据冗余,设计基本 E-R 图。局部 E-R 图经过合并后生成的初步 E-R 图可能存在冗余的数据(实体、属性和联系)。冗余的数据可由基本的数据导出,容易破坏数据库的完整性,造成数据库难以维护,需要通过修改与重构,消除不必要的数据冗余。

(1)用分析法消除冗余数据。在需求分析时形成的数据流图和数据字典可用来说明客观系统中数据的抽取、加工和传送过程,它对于消除冗余是很有用的。通过对有关数据的分析,如果发现某数据能通过其他数据运算得到,则可将该数据舍去。例如,教师工资单中包括该教师的基本工资、各种补贴、应扣除的房租水电费及实发工资,由于实发工资可以由前面各项推算出来,可以去掉,在需要查询实发工资时可根据基本工资、各种补贴、应扣除的房租水电费数据临时生成。

如果是为了提高效率,人为地保留了一些冗余数据,则应把数据字典中数据关联的说明作为完整性约束条件。

(2)用规范化消除冗余联系。在关系规范化理论中,求最小依赖集可用来消除冗余联系。其方法如下:

① 确定局部 E-R 图实体之间的函数依赖。实体间一对一、一对多、多对一的联系可以用实体键之间的函数依赖来表示。

例如,部门和职工之间是一对多联系,可表示为:职工号→部门号;工厂和厂长之间是一对一联系,可表示为:厂名→厂长名,厂长名→厂名;课程和学生之间是多对多联系,可表示为:(学号,课程号)→成绩,于是可建立函数依赖集 F。

② 求 F 的最小依赖集 F_m,求其差集,即 $D = F - F_m$。

③ 逐一考察 D 中每一函数依赖,确定是否为冗余,若是就把它去掉。

(3) 视图集成的原则。视图集成后形成一个整体的数据库概念结构,对该整体概念结构还必须作进一步验证,确保它能够满足下列条件:

① 整体概念结构内部必须具有一致性,即不能存在互相矛盾的表达。

② 整体概念结构能准确地反映每个局部结构,包括属性、实体及实体间的联系。

③ 整体概念结构能满足需要分析阶段所确定的所有要求。

【例 5.5】　概念结构设计举例。设对某公司的需求分析后,进行以下设计:

(1) 局部视图设计。

A 部门(生产部门)收集的数据如下:

产品 P:产品号(P♯)、产品参数(PP)、某产品使用某零件的数量(Q_1)。

零件 S:零件号(S♯)、零件参数(SP)、某零件消耗某材料的数量(Q_2)。

经分析后,设计 A 部门的 E-R 图如图 5-21(a)所示。

B 部门 (销售部门) 收集的数据如下:

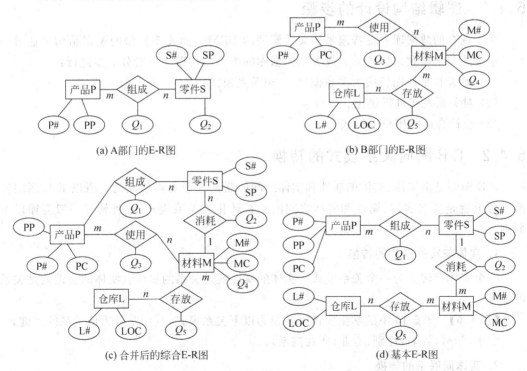

(a) A部门的E-R图　　　　　(b) B部门的E-R图

(c) 合并后的综合E-R图　　　　　(d) 基本E-R图

图 5-21　例 5.5 概念结构设计示例

产品 P：产品号（P♯）、产品价格（PC）、某产品使用某材料的数量（Q_3）。

材料 M：材号（M♯）、材料价格（MC）、某材料的总库存量（Q_4）。

仓库 L：仓库号（L♯）、仓库地点（LOC）、某仓库存放某材料的数量（Q_5）。

经分析后，设计 B 部门的 E-R 图如图 5-21(b) 所示。

(2) 视图集成。

① 综合 E-R 图。因两个部门的产品是同一对象，故合并产品；引入零件消耗材料的联系（设 $n:1$），合并后的综合 E-R 图如图 5-21(c) 所示。

② 优化 E-R 图（得到基本 E-R 图）。因查询某产品使用某材料的量 Q_3，可以通过某产品使用某零件数 Q_1 以及某零件耗某材料量 Q_2 的运算间接获得，查询某产品使用哪些材料也可类此分析，故"使用"联系及其数量 Q_3 为冗余；因某材料总库存量 Q_4＝各仓库存某材料量 Q_5 的总合，故 Q_4 为冗余；用分析法消除冗余属性、冗余联系后得到基本 E-R 图如图 5-21(d) 所示。

5.4 逻辑结构设计

逻辑结构设计的主要任务是：将概念结构设计阶段的基本 E-R 图转换为 DBMS 所支持的数据模型，包括数据库模式和子模式。这些模式在功能上、完整性和一致性约束及数据库的可扩充性等方面均应满足用户的各种要求。

5.4.1 逻辑结构设计的步骤

由于现在的数据库系统普遍采用关系模型的 DBMS，而关系模型的逻辑结构是通过一组关系模式与子模式来描述的。故关系数据库的逻辑结构设计一般分 3 步进行：

(1) 将基本 E-R 图转换为关系模型（一组关系模式）。

(2) 对关系模式进行优化。

(3) 设计合适的用户子模式。

5.4.2 E-R 图向关系模式的转换

E-R 图则是由实体、实体的属性和实体之间的联系 3 个要素组成的。所以 E-R 图的转换实际上就是要将实体、属性和实体之间的联系转化为关系模式，这种转换一般遵循以下原则：

1. 实体与实体属性的转换

一个实体型转换为一个关系模式。实体的属性就是关系的属性。实体的主键就是关系的主键。

【例 5.6】 图 5-10 中的学生实体可转换为以下关系模式，其中学号为该关系的主键。

学生（学号，姓名，性别，专业，所在院系）。

2. 实体间联系的转换

(1) 一个 1∶1 联系可以转换为一个独立的关系模式，也可以与任意一端对应的关系模式合并。如果转换为一个独立的关系模式，那么与该联系相连的各实体的主键以及联系本身的属性均转换为该联系关系模式的属性；如果与某一端对应的关系模式合并,则需要在该关系模式的属性中加入另一个关系模式的主键和联系本身的属性。

【例 5.7】　工厂和厂长间存在着 1∶1 联系,其 E-R 图如图 5-22 所示。

将其转换为关系模式有以下方法:

① 将联系转换成一个独立的关系模式(关系的主键用下划线表示):

工厂(厂号,厂名,地点)

厂长(姓名,性别,年龄)

管理(厂号,姓名,任期)

② 将联系与"工厂"关系模式合并,增加"姓名"和"任期"属性,即

工厂(厂号,厂名,地点,姓名,任期)

厂长(姓名,性别,年龄)

③ 将联系与"厂长"关系模式合并,增加"厂号"和"任期"属性,即

工厂(厂号,厂名,地点)

厂长(姓名,性别,年龄,厂号,任期)

推荐使用合并的方法,因为这样可减少关系模式的个数。

(2) 一个 1∶n 联系可以转换为一个独立的关系模式,也可以与 n 端对应的关系模式合并。如果转换为一个独立的关系模式,则与该联系相连的各实体的主键以及联系本身的属性均转换为关系的属性,而关系的主键为 n 端实体的主键。

【例 5.8】　仓库和商品间存在着 1∶n 联系,其 E-R 图如图 5-23 所示。采用合并的方法,转换后的关系模式为

仓库(仓库号,地点,面积)

商品(货号,品名,价格,仓库号,数量)

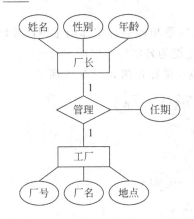 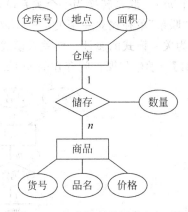

图 5-22　工厂与厂长间的 1∶1 联系　　　图 5-23　仓库与商品间的 1∶n 联系

【例 5.9】　职工与亲属间存在的弱实体联系,其 E-R 图见图 5-17。

转换时,可将被依赖实体的主键纳入弱实体中,作为弱实体的主键或主键中的一部分。转换后的关系模式为:

职工(工号,姓名,年龄,性别,职称)

亲属(工号,亲属姓名,亲属关系)

【例 5.10】 具有父类和子类联系的 E-R 图如图 5-24 所示。各个实体的属性为:

图 5-24 父类和子类联系 E-R 图

职员:职工号,姓名,性别,年龄,参加工作时间

飞行员:飞行小时,健康检查,飞机型号

机械师:学历,级别,专业职称

管理员:职务,职称

① 独立法。父类、子类实体都转换为独立的关系模式,并将父类实体的主键加到子类实体中。转换后的关系模式为:

职员(<u>职工号</u>,姓名,性别,年龄,参加工作时间)

飞行员(<u>职工号</u>,飞行小时,健康检查,飞机型号)

机械师(<u>职工号</u>,学历,级别,专业职称)

管理员(<u>职工号</u>,职务,职称)

为了查询方便,可在父类实体中增加一个指示器属性,根据指示器的值直接查询子类实体表。所以,职员关系模式又可以为:

职员(<u>职工号</u>,姓名,性别,年龄,参加工作时间,职员类型)

② 继承法。消去抽象的父类,其内容由子类继承,即职员全部属性放在每个子类的关系模式中。

(3) 一个 $m:n$ 联系转换为一个关系模式。

必须将"联系"单独建立一个关系模式,与该联系相连的各实体的主键以及联系本身的属性均转换为关系模式的属性。而关系模式的主键为各实体主键的组合。

【例 5.11】 学生与课程间存在的 $m:n$ 联系,其 E-R 图如图 5-25 所示。

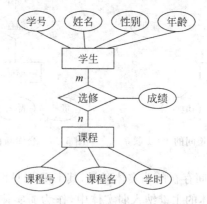

图 5-25 学生与课程的 $m:n$ 联系

转换后的关系模式为:

学生(<u>学号</u>,姓名,性别,年龄)

课程(课程号,课程名,学时)

选修(学号,课程号,成绩)

（4）3 个或 3 个以上实体间的一个多元联系转换为一个关系模式。

与该多元联系相连的各实体的主键以及联系本身的属性均转换为关系模式的属性。而关系模式的主键为各实体主键的组合。

【例 5.12】　供应商、项目、零件间存在着多对多联系,其 E-R 图如图 5-26 所示。

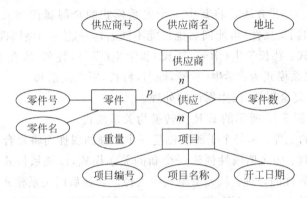

图 5-26　供应商、项目、零件的联系

转换后的关系模式为:

供应商(供应商号,供应商名,地址)

零件(零件号,零件名,重量)

项目(项目编号,项目名称,开工日期)

供应(供应商号,项目编号,零件号,零件数)

（5）同一实体集的实体间的联系,即自联系,也可按上述 $1:1$、$1:n$ 和 $m:n$ 的 3 种情况分别处理。

【例 5.13】　职工间存在的 $1:n$ 联系,其 E-R 图如图 5-27 所示。

转换时,可在"职工"实体所对应的关系模式中多设一个属性,用来作为与"职工"实体相联系的另一个实体的主键。由于这个联系涉及的是同一个实体,所以增设的这个属性的名称不能与"职工"实体的主键相同,但它们的值域是相同的。转换后的关系模式为:

职工(工号,姓名,年龄,性别,职称,工资,领导者工号,民意测验)

【例 5.14】　零件间存在的 $m:n$ 联系,其 E-R 图如图 5-28 所示。

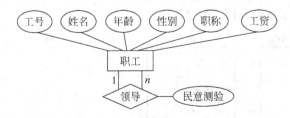

图 5-27　同一实体间的 $1:n$ 联系

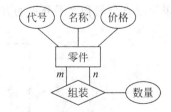

图 5-28　同一实体间的 $m:n$ 联系

转换时,必须为"组装"联系单独建立一个关系模式。该关系模式中至少应包含被它所联系的双方实体的主键,联系的属性"数量"也要纳入这个关系中。由于这个"联系"只涉及一个实体，所以加入的实体的主键不能同名。

转换后的关系模式为：

零件(<u>代号</u>,名称,价格)

组装(<u>代号</u>,<u>组装件代号</u>,数量)

（6）具有相同主键的关系模式应合并。

为了减少系统中的关系模式个数，如果两个关系模式具有相同的主键，应尽量将它们合并为一个关系模式。合并方法是将其中一个关系模式的全部属性加入到另一个关系模式中，然后去掉其中的同义属性（可能同名也可能不同名），并适当调整属性的次序。

假如有关系模式：特长学生(<u>学号</u>,特长)和学生(<u>学号</u>,姓名,所在院系)。它们的主键相同，则合并后的关系模式为：学生(<u>学号</u>,姓名,特长,所在院系)。

（7）多值属性、复合属性、派生属性的处理。

【例 5.15】 将图 5-15 所示的 E-R 图转换为关系模式。

解：复合属性的处理：为每个子属性创建一个单独的属性而将复合属性去掉。

多值属性的处理：为多值属性创建一个新的关系模式，该关系模式由实体的主键和多值属性组成。派生属性的处理：从关系模式中去掉。转换后的关系模式为：

职工(<u>职工号</u>,姓名,出生日期,省,市,邮编,街道号,街道名,楼栋号)

职工_电话(<u>职工号</u>,<u>电话号码</u>)

5.4.3 关系模式的优化

数据库逻辑设计的结果不是唯一的。为了进一步提高数据库应用系统的性能，通常以规范化理论为指导，根据应用适当地修改、调整关系数据库的结构，这就是关系模式的优化。规范化理论为数据库设计人员判断关系模式优劣提供了理论标准，可用来预测模式可能出现的问题，使数据库设计工作有了严格的理论基础。

模式优化的方法通常如下：

（1）确定数据依赖。根据需求分析阶段所得到的语义，确定各关系模式属性之间的数据依赖，以及不同关系模式属性间的数据依赖。

（2）对各关系模式之间的数据依赖进行最小化处理，消除冗余的联系。

（3）确定各关系模式的范式，并根据需求分析阶段的处理要求，确定是否要对它们进行合并或分解（并非规范化程度越高越好，需权衡各方面的利弊）。

（4）对关系模式进行必要的调整，以提高数据操作的效率和存储空间的利用率。通常可采用垂直分割和水平分割的方法，其示意图如图 5-29 所示。

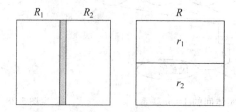

图 5-29 垂直分割与水平分割示意图

垂直分割是关系列上的分割。可将关系模式中常用和不常用的属性分开存储。

【例 5.16】　设关系模式：职工(职工号,姓名,年龄,工资,地址,奖惩,健康状况,简历),进行合理的垂直分割。因经常要存取职工号、姓名、年龄、工资等 4 项,其他项很少用,故可将该模式分割成两个：

职工 1(职工号,姓名,年龄,工资)

职工 2(职工号,地址,奖惩,健康状况,简历)

这样可减少程序存取的数据量。注意:分割后的子模式应均含原关系的键来保证分解的无损连接性。

水平分割是关系行上的分割,将关系按行划分成若干不相交的子表(列相同)。例如,职工关系可分成在职职工和退休职工两个关系；也可将常用和不常用的记录分开存储,从而提高存取记录的速度。

5.4.4　用户子模式的设计

生成了整个应用系统的模式后,还应该根据局部应用需求,结合具体 DBMS 的特点设计用户的子模式。子模式设计的目标是抽取或导出模式的子集,以构造各不同用户使用的局部数据逻辑结构。

目前关系 DBMS 一般都提供了视图概念,可以利用这一功能设计更符合局部用户需要的用户子模式。

数据库模式的建立主要考虑系统的时间效率、空间效率和易维护性等,而用户子模式的建立更多考虑的是用户的习惯与方便。其主要包括以下内容：

1. 使用符合用户习惯的别名

在合并局部 E-R 图时,曾做了消除命名冲突的工作,以使数据库系统中同一关系和属性具有唯一的名字。这在设计数据库整体结构时是非常必要的,但对于某些局部应用,由于改用了不符合用户习惯的属性名,可能会使他们感到不方便。因此,在设计用户子模式时可以重新定义某些属性名,使其与用户习惯一致。

2. 对不同用户定义不同的子模式

为满足系统对安全性的要求,需对不同级别的用户定义不同的子模式。例如,教师关系模式中包括职工号、姓名、性别、出生日期、婚姻状况、学历、学位、政治面貌、职称、职务、工资、工龄等属性。学籍管理应用只能查询教师的职工号、姓名、性别、职称数据；课程管理应用只能查询教师的职工号、姓名、学历、职称数据；教师管理应用则可以查询教师的全部数据。为此只需定义 3 个不同的子模式,分别包括允许不同局部应用操作的属性。这样就可以防止用户非法访问本来不允许他们查询的数据,保证了系统的安全性。

3. 简化用户对系统的使用

如果某些局部应用经常要使用某些较复杂的查询,为了方便用户,可将这些复杂查询定义为子模式,用户每次只对定义好的子模式进行查询,以使用户使用系统时感到简单直观、易于理解。

5.5 数据库物理设计

对一个给定的逻辑数据模型选取一个最适合应用环境的物理结构(存储结构与存取方法)的过程,就是数据库的物理设计。

数据库的物理设计通常分为两步:

(1) 确定数据库的物理结构。

(2) 对物理结构进行评价,评价的重点是时间和空间效率。

5.5.1 物理设计的内容和要求

逻辑数据库设计极大地依赖于实现细节,如目标 DBMS 的具体功能、应用程序、编程语言等。逻辑数据库设计输出的是全局逻辑数据模型和描述此模型的文档(数据字典和一组相关的表)。同时,这些也代表着物理设计过程使用的信息源,并且它们提供了要进行有效的数据库物理设计非常重要的依据。

物理设计依赖于具体的 DBMS。要着手物理数据库设计,就必须充分了解所用 DBMS 的内部特征,特别是文件组织方式、索引和它所支持的查询处理技术。但是,物理数据库设计并不是独立的行为,在物理、逻辑和应用设计之间经常是有反复的。例如,在物理设计期间为了改善系统性能而合并了表,这可能影响逻辑数据模型。

与逻辑设计相同,物理设计也必须遵循数据的特性及用途,必须了解应用环境,特别是应用的处理频率和响应时间要求。在需求分析阶段,已了解某些用户某些操作的时间要求(或每秒必须要处理多少个操作),这些信息构成了在物理设计时所做决定的基础。

通常对关系数据库物理设计的主要内容有:

(1) 为关系模式选择存取方法。

(2) 设计关系、索引等数据库文件的物理存储结构。

5.5.2 存取方法与存储结构

物理数据库设计的主要目标之一就是以有效方式存储数据。例如,想按姓名以字母顺序查询职员记录,则文件按职员姓名排序就是很好的文件组织方式,但是,想要查询所有工资在某个范围内的职员,则该排序就不是好的文件组织方式。

数据库系统通常是多用户共享系统,对同一数据存储,要建立多条路径,才能满足多用户的多种应用要求。

1. 关系模式存取方法

(1) 索引存取方法。

索引存取方法是指对关系的哪些列建立索引、哪些列建立主索引、哪些列作为次键建立次索引、哪些列建立组合索引、哪些索引要设计为唯一索引等。

建立索引的一般原则如下:

① 在经常用于连接操作的列上建立索引。

② 在经常按某列的顺序访问记录的列上建立索引。

③ 为经常有查询、ORDER BY、GROUP BY、UNION 和 DISTINCT 的列建立索引。

④ 在内置函数的列上建立索引。

如设有表：职员(职员号、姓名、工资、部门)，要知道每个部门职员的平均工资，可用以下的语句查询：

```
SELECT 部门,AVG(工资)  FROM 职员 GROUP BY 部门
```

由于有 GROUP BY 子句，因此可以考虑为"部门"列添加索引。但是，为"部门"和"工资"列共同创建索引会更加有效，因为这使得 DBMS 只根据索引中的数据就可以完成整个查询，而不需要访问数据文件。

不适合建立索引的情况有：

① 不必为小表建索引，因在内存中查询该表比存储额外的索引更加有效。

② 避免为经常被更新的列或表建立索引，因为存在更新后维护索引的代价。

③ 若查询常涉及表中记录的大部分则不建索引，因整表查询比用索引查询更有效。

④ 避免为由长字符串组成的列创建索引，因这样的索引表会很大。

(2) 聚簇存取方法。

许多关系型 DBMS 都提供了聚簇功能，即为了提高某个属性(或属性组)的查询速度，把在这个或这些属性上有相同值的元组集中存放在一个物理块中。如将同一系的学生元组集中存放，则每读一个物理块可得到多个满足查询条件的元组，从而显著地减少了访问磁盘的次数。

聚簇功能不但适用于单个关系，也适用于多个关系。必须注意的是，聚簇只能提高某些特定应用的性能，而且建立与维护聚簇的开销是相当大的。对已有关系建立聚簇，将导致关系中元组移动其物理存储位置，并使此关系上原有的索引无效，必须重建。当一个元组的聚簇键改变时，该元组的存储位置也要做相应移动。因此只有在用户应用满足下列条件时才考虑建立聚簇，否则很可能会适得其反。

① 通过聚簇键进行访问或连接是该关系的主要应用，与聚簇键无关的其他访问很少。尤其当 SQL 语句中包含与聚簇键有关的 ORDER BY、GROUP BY、UNION、DISTINCT 等子句或短语时，使用聚簇特别有利，可以省去对结果集的排序操作。

② 对应每个聚簇键值的平均元组数较多。太少了，聚簇效益不明显，甚至浪费块的空间。

③ 聚簇键值相对稳定，以减少修改聚簇键值所引起的维护开销。

(3) 哈希存取方法。

当查询是基于 Hash 函数值的准确查找时，尤其是如果访问顺序是随机的，Hash 就是一种好的存储结构。例如，如果职工表是基于职工号进行 Hash 映射的，则查询职工号等于 M250178 的记录就很有效。但 Hash 法在下列情况并非好的存储结构：

① 模糊查询。当记录是基于 Hash 列值进行模糊查询时，如查询职工号以字符"M2"开始的所有职工。

② 范围查询。当记录是基于 Hash 列值的范围进行查询没时，如查询职工号在"M200000"到"M200100"之间的所有职工。

③ 非 Hash 列查询。即基于一个其他列而不是基于 Hash 列进行查询。例如，如果职工表基于职工号进行 Hash 映射，那么不能用 Hash 法查询姓名列的记录。

④ Hash 列部分查询。即基于 Hash 列的一部分进行查询时。例如,选课表基于学号和课程号进行 Hash 映射,那么就不能只基于学号列来查询记录。

⑤ 常更新 Hash 列。当 Hash 列被更新时,DBMS 必须删除整条记录,并且有可能将它重新定位于新地址。因此,经常更新 Hash 列会影响系统性能。

2. 确定数据库的存储结构

确定数据库存储结构时要综合考虑存取时间、存储空间利用率和维护代价 3 个方面的因素。这 3 个方面常常是相互矛盾的。例如,消除一切冗余数据虽然能够节约存储空间,但往往会导致查询代价的增加,因此必须进行权衡,选择一个折中方案。

(1) 确定数据的存放位置。为了提高系统性能,数据应该根据应用情况将易变部分与稳定部分、经常存取部分和存取频率较低部分分开存放。例如,数据库数据备份、日志文件备份等由于只在故障恢复时才使用,而且数据量很大,可以考虑存放在光盘或磁带上。目前许多计算机都有多个磁盘,因此进行物理设计时可以考虑将表和索引分别放在不同的磁盘上,查询时,由于两个磁盘驱动器同时工作,因而可以保证较快的物理读写速度。

(2) 确定系统配置。数据库产品一般都提供了一些系统配置与存储分配的参数,供设计人员和 DBA 对数据库进行物理优化。初始情况下,系统都为这些参数赋予了合理的默认值。但是这些值不一定适合每一种应用环境,在进行物理设计时,需要重新对这些参数赋值以改善系统的性能。这些配置参数包括:同时使用数据库的用户数;同时打开的数据库对象数;使用的缓冲区长度、个数;数据库的大小、装填因子、锁的数目等,这些参数值影响存取时间和存储空间的分配,在物理设计时就要根据应用环境确定这些参数值,以使系统性能最优。

5.5.3 性能评价

衡量一个物理设计的好坏,可以从时间、空间、维护开销和各种用户要求着手。其结果可以产生多种方案,数据库设计人员必须对这些方案进行细致的评价,从中选择一个较优的方案作为数据库的物理结构。性能评价的结果也是前面设计阶段的综合评价,可以作为反馈输入,修改各阶段的设计结果。评价物理数据库的方法完全依赖于所选用的 DBMS,主要是从定量估算各种方案的存储空间、存取时间和维护代价入手,对估算结果进行权衡、比较,选择出一个较优的合理的物理结构。如果该结构不符合用户需求,则需要修改设计。数据库性能包括以下几个方面:

1. 存取效率

存取效率是用每个逻辑存取所需的平均物理存取次数的倒数来度量。这里,逻辑存取意指对数据库记录的访问,而物理存取是指实现该访问在物理上的存取。例如,如果为了找到一个所需的记录,系统实现时需存取两个记录,则存取效率=1/2。

2. 存储效率

存储效率是用存储每个要加工的数据所需实际辅存空间的平均字节数的倒数来度量。例如,采用物理顺序存储数据,其存储效率接近 100%。

3. 其他性能

设计的数据库系统应能满足当前的信息要求,也能满足一个时期内的信息要求;能满足预料的终端用户需求,也能满足非预料的需求;当重组或扩充组织时应能容易扩充数据库;当软件与硬件环境改变时,它应容易修改和移植;存储于数据库的数据只要一次修正,就能一致正确;数据进入数据库之前应做有效性检查;只有授权的人才允许存取数据;系统发生故障后,容易恢复数据库。

上述这些性能往往是相互冲突的,为了解决性能问题,要求设计人员熟悉各级数据模型和存取方法,特别是物理模型和数据的组织与存取方法,对于数据库的存取效率、存储效率、维护代价及用户要求这几方面,需要有一个最优的权衡折中。

5.6 数据库实施与维护

1．数据库实施

数据库实施主要包括以下工作:

(1) 定义数据库结构。确定了数据库的逻辑结构与物理结构后,就可以用所选用的DBMS 提供的数据定义语言来建立数据库结构。

(2) 组织数据入库。这是数据库实施阶段最主要的工作。对于数据量不是很大的小型系统,可以用人工方法完成数据的入库,其步骤如下:

① 筛选数据;

② 转换数据格式;

③ 输入数据;

④ 校验数据。对于中、大型系统,应设计一个数据输入子系统由计算机辅助数据的入库工作。

(3) 编制与调试应用程序。在数据库实施阶段,编制与调试应用程序是与组织数据入库同步进行的。调试应用程序时由于数据入库尚未完成,可先使用模拟数据。

(4) 数据库试运行。应用程序调试完成,并且已有一小部分数据入库后,就可以开始数据库的试运行。数据库试运行也称为联合调试,其主要工作包括功能测试与性能测试。

2．数据库的维护

数据库试运行结果符合设计目标后,数据库就可以真正投入运行了。在数据库运行阶段,对数据库经常性的维护工作主要是由 DBA 完成的,包括以下 4 个方面:

(1) 数据的转储与恢复。

(2) 数据库的安全性、完整性控制。

(3) 数据库的性能监督、分析和改造。

(4) 数据库的重组织与重构造。

当数据库应用环境发生变化,会导致实体及实体间的联系也发生相应的变化,使原有的数据库设计不能很好地满足新的需求,从而不得不适当调整数据库的模式和内模式,这就是数据库的重构造。DBMS 都提供了修改数据库结构的功能。

重构造数据库的程度是有限的。若应用变化太大,已无法通过重构数据库来满足新的需求,或重构数据库的代价太大,则表明现有数据库应用系统的生命周期已经结束,应该重新设计新的数据库系统,开始新数据库应用系统的生命周期了。

说明:为方便数据库设计,不少 DBMS 都提供了数据库辅助设计工具,设计人员可根据需要选用。但是利用工具生成的仅仅是数据库应用系统的一个雏形，比较粗糙，还需要根据用户的应用需求进一步修改，使之成为一个完善的系统。

5.7 本章小结

设计一个数据库应用系统需要经历需求分析、概念结构设计、逻辑结构设计、物理结构设计、数据库实施、数据库运行维护 6 个阶段，设计过程中往往还会有许多反复。

数据库的各级模式正是在这样一个设计过程中逐步形成的。需求分析阶段综合各个用户的应用需求，在概念设计阶段形成独立于机器特点、独立于各个数据库产品的概念结构，用 E-R 图来描述。在逻辑设计阶段将 E-R 图转换成具体的数据库产品支持的数据模型，如关系模型，形成数据库逻辑模式。然后根据用户处理的要求、安全性的考虑，在基本表的基础上再建立必要的视图形成数据的子模式。在物理设计阶段根据 DBMS 特点和处理的需要，进行物理存储安排，设计索引，从而形成数据库内模式。

习题 5

1. 试述数据库设计的特点和目标。
2. 数据库设计有哪几个阶段？试述需求分析阶段的任务和方法。
3. 数据库应用系统数据字典的内容和作用是什么？
4. 什么是数据库的概念结构？试述数据库概念结构设计的步骤。
5. 什么是数据库的逻辑结构设计？将 E-R 图转换为关系模型的一般规则有哪些？
6. 试述数据库物理设计的内容和步骤。数据库实施阶段的主要工作有哪些？
7. 你认为数据库的日常维护工作主要包括哪些？
8. 设要建立一个公司数据库。该公司有多个下属单位，每一个单位有多个职员，一个职员仅隶属于一个单位，且一个职员在一个工程中工作，但一个工程中有很多职员参加建设，有多个供应商为各个工程供应不同设备。

单位的属性有：单位名、电话。

职员的属性有：职员号、姓名、性别。

设备的属性有：设备号、设备名、产地。

供应商的属性有：姓名、电话。

工程的属性有：工程名、地点。

请完成以下处理：

(1) 设计满足上述要求的 E-R 图。

(2) 将该 E-R 图转换为等价的关系模式。

(3) 根据你的理解，用下划线标明每个关系中的键。

9. 有以下运动队和运动会两个方面的实体：

运动队方面有：

运动队：队名、教练姓名、队员姓名。

队员：队名、队员姓名、性别、项目名。

其中,一个运动队有多个队员,一个队员仅属于一个运动队,一个队仅一个教练。

运动会方面有:

运动队:队编号、队名、教练姓名。

项目:项目名、参加运动队的编号、队员姓名、性别、比赛场地。

其中,一个项目有多个运动队参加,一个运动员可参加多个项目,一个项目一个比赛场地。

请完成以下设计与分析:

(1) 分别设计运动队和运动会两个局部 E-R 图。

(2) 将它们合并为一个全局 E-R 图。

(3) 合并时存在什么冲突? 如何解决这些冲突?

10. 设计表示下面关系的 E-R 图及其关系模式(自行设计若干实体的属性):

一个航班可以乘载若干名旅客,每个乘客可以搭一个或多个航班;一个且仅一个飞行员必须对每个航班负责,每个飞行员可以负责多个航班;一个或多个飞行员必须对每个乘客负责,每个飞行员必须对多个乘客负责。乘客分为头等舱、普通舱两大类来管理。

技术、应用及发展　第 2 篇

第2篇　　　　技术应用及发展

数据库保护与事务管理　第 6 章

数据库保护功能主要包括数据库的安全性与完整性控制,事务管理技术主要包括数据库的恢复和并发控制技术。这些是数据库管理系统的重要组成部分。本章介绍数据库的安全性与完整性控制,讲解触发器的设计,讨论事务管理的基本概念以及数据库恢复与并发控制的常用方法与技术。

6.1　数据库的安全性

数据库是计算机系统中大量数据集中存放的场所,它保存着长期积累的信息资源。如何保护这些宝贵的财富使之不受来自外部的破坏与非法使用是 DBMS 的重要任务。数据库的一大特点是数据可以共享,但数据共享必然带来数据库的安全性问题。因此,数据库系统中的数据共享不能是无条件的共享,而必须是在 DBMS 统一严格的控制之下,只允许有合法使用权限的用户访问允许他存取的数据,数据库系统的安全保护措施是否可靠是 DBMS 的重要性能指标之一。本节主要讨论 DBMS 提供的数据库安全性控制功能与相关技术。

6.1.1　安全性的基本概念

1. 数据库安全性问题

数据库安全性是指对数据库进行安全控制,保护数据库以防止不合法的使用所造成的数据泄露、更改或破坏。

用户非法使用数据库可以有多种情况。例如,编写一段合法的程序绕过 DBMS 及权限机制;操作系统可以直接存取、修改或备份数据库中的数据;编写应用程序执行非授权操作等。

安全性问题不是数据库系统独有的,所有计算机系统都有这个问题。只是在数据库系统中存放大量数据,为许多用户直接共享,从而使安全性问题更为突出。数据库的安全性和计算机系统的安全性,包括操作系统、网络系统的安全性是紧密联系、相互支持的。

系统安全问题可分为 3 大类,即技术安全、管理安全、政策法律类。本节仅涉及技术安全类,介绍 DBMS 的安全保护方法与控制技术。

2. 数据库系统安全模型

在数据库系统中,需采取措施实现多层保护。一种比较通用的数据库系统安全模型如图 6-1 所示。

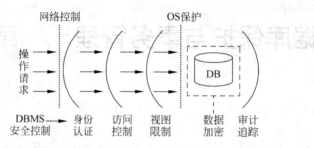

图 6-1　数据库系统安全模型

数据库系统安全模型采取多层防范措施,由 DBMS 提供数据库的多层安全性控制。

3. 安全标准

在目前各国所引用或制定的一系列安全标准中,最基础的当推 1985 年美国国防部(DOD)正式颁布的《DOD 可信计算机系统评估标准》(Trusted Computer System Evaluation Criteria,TCSEC,即桔皮书)。制定该标准的目的主要有:提供一种标准,使用户可以对其计算机系统内敏感信息安全操作的可信程度做评估。给计算机行业的制造商提供一种指导规则,使其产品能够满足敏感应用的安全需求。

1991 年 4 月,美国国家计算机安全中心颁布了《可信计算机系统评估标准关于可信数据库系统的解释》(Trusted Database Interpretation,TDI,即紫皮书),将 TCSEC 扩展到 DBMS。TDI 中定义了 DBMS 的设计与实现需满足和用以进行安全性级别评估的标准。

TCSEC(TDI)标准中将数据安全划分为 4 组 7 级。安全性级别划分如下:

- A1 级:验证设计(Verified Design)。
- B3 级:安全域(Security Domains)。
- B2 级:结构化保护(Structural Protection)。
- B1 级:标记安全保护(Labeled Security Protection)。
- C2 级:受控的存取保护(Controlled Access Protection)。
- C1 级:自主安全保护(Discretionary Security Protection)。
- D 级:最小保护(Minimal Protection)。

DBMS 常用的安全级别是 C2 级、B1 级和 B2 级。其基本要求如下:

(1) C2 级标准。具有主体与客体分离、身份标识与鉴别、数据完整性保护、自主访问控制、审计和资源隔离功能。其安全的核心是审计,它是安全产品的最低档次。很多商用产品具有该级别的认证。

(2) B1 级标准。满足 C2 级标准,具有强制访问控制。其安全的核心是强制访问控制,适于网络方式,被认为是真正的安全产品。满足此级别的产品前一般冠以"安全"或"可信"字样,如 Oracle 公司的 Oracle 9i,IBM 公司的 DB2 V8.2 等。

（3）B2 级标准。满足 B1 级标准，具有预防隐蔽通道、建立形式化的安全模型。其安全的核心是预防隐蔽通道与安全的形式化，适合于网络方式。经认证的 B2 级的安全系统很少，如 Oracle 公司的 Oracle 11g、人大金仓 KingbaseES V7 产品。

6.1.2　安全性控制方法

数据库安全性控制的一般方法有身份认证、访问控制、视图限制、审计追踪和数据加密。

1. 身份认证

身份认证是系统提供的最外层安全保护措施。其方法是由系统提供一定的方式让用户标识自己的名字或身份。系统内部记录着所有合法用户的标识，每次用户要求进入系统时，由系统对两者进行核对，通过鉴定后才提供机器使用权。用户标识和鉴定的方法有很多种，而且在一个系统中往往是多种方法并举，以获得更强的安全性。

通过用户名和口令来鉴定用户的方法简单易行，但用户名与口令容易被人窃取。还可借助一些更加有效的身份验证技术，如智能卡技术、物理特征（指纹、虹膜等）认证技术、数字签名技术等具有高强度的身份验证技术日益成熟，但此类方式增加安全性的同时也增加了系统开销。

2. 访问控制

DBMS 的安全子系统主要包括两部分。

① 定义用户权限。定义用户使用数据库的权限，并将用户权限登记到数据字典中。

② 合法权限检查。若用户的操作请求超出了定义的权限，系统将拒绝执行此操作。

3 种常用的访问控制方法是自主访问控制、强制访问控制、基于角色访问控制。

（1）自主访问控制（Discretionary Access Control，DAC）。它是基于用户身份或所属工作组来进行访问控制的一种手段。方法是：用户对于不同的数据对象有不同的存取权限，不同的用户对同一对象也有不同的权限，用户还可将其拥有的存取权限传授给其他用户。

特点：非常灵活、简便。用户可利用 DBMS 的授权功能主动实施。DAC 访问控制受主体主观随意性的影响较大，其安全力度尚嫌不足，适于单机方式下的安全控制。

自主访问控制能够通过授权机制有效地控制其他用户对敏感数据的存取。但由于用户可自由地决定将数据的存取权限、"授权"的权限授予别人，而系统对此无法控制，即存在失控问题。比如，甲将自己权限范围内的某些数据存取权限授权给乙，本意是只允许乙本人操纵这些数据。但乙一旦获得了对数据的权限，就可以将数据作备份，获得自身权限内的副本，并在不征得甲同意的前提下传播副本。造成该问题的根本原因在于，这种机制仅仅通过对数据的存取权限来进行安全控制，而数据本身并无安全性标记。

（2）强制访问控制（Mandatory Access Control，MAC）。它基于被访问对象的信任度进行权限控制。方法是：每一个数据对象被标以一定的密级，每一个用户也被授予某一个级别的许可证。对于任意一个对象，只有具有合法许可证的用户才可以存取。

特点：比较严格、安全。由 DBMS 实施，用户不能直接感知或进行控制。MAC 是一种强制性的安全控制方式，主要用于网络环境。

MAC 是对数据本身进行密级标记，无论数据如何复制，标记与数据是一个不可分的整体，只有符合密级标记要求的用户才可以操纵数据，从而提供了更高级别的安全性。

强制访问控制的实施由 DBMS 完成，但许可证与密级标记由专门的安全管理员设置，任何用户均无权设置与授权，这体现了在网络上对数据库安全的强制性与统一性。

由于较高安全性级别提供的安全保护要包含较低级别的所有保护，因此在实现 MAC 时要首先实现 DAC，即 DAC 与 MAC 共同构成 DBMS 的安全机制。

（3）基于角色访问控制（RBAC）。已被认为是 DAC 和 MAC 的一种"中性"策略，在 RABC 模型中可以表示 DAC 和 MAC。RBAC 通过增加角色方便管理。

角色是一个或一群用户在组织内的称谓或一个任务的集合。角色可以根据组织中的不同工作创建，然后根据用户的职责分配角色及进行角色转换。对不同的角色定义不同的存取权限称为授权。只有系统管理员能分配角色和权限定义。用户只有通过角色享有对应的访问权限。RBAC 最大优势在于授权管理的便利性，其主要的管理工作即为授权或取消用户的角色。

在某种程度上，可以说 RBAC 是 DAC 和 MAC 在应用范围、有效性和灵活性上的扩展。

3．视图限制

通过视图限制把要保密的数据对无权存取的用户隐藏起来，从而自动地对数据提供一定程度的安全保护。视图限制间接地实现了支持存取条件的用户权限定义。通过为不同的用户定义不同的视图，可以限制各个用户的访问范围。

【例 6.1】 仅允许用户 u1 拥有学生表 student 中所有女学生记录的查询和插入权限。

解：先建立 student 中所有女学生记录的视图，再将该视图的查询和插入权限授予 u1（授权语句下一小节具体介绍）。

```
CREATE VIEW st_male
AS SELECT *
FROM student
WHERE sex = '女';
GRANT SELECT, INSERT ON st_male        //将有关 st_male 视图的查询和插入权限
TO u1;                                 //授给 u1
```

【例 6.2】 允许所有用户查询每个学生的平均成绩（不允许了解具体的各课程成绩）。

```
CREATE VIEW grade_avg(sno, avgrade)
AS SELECT sno, AVG(grade)
FROM s_c
GROUP BY sno;
GRANT SELECT ON grade_avg              //将有关 grade_avg 视图的查询权限
TO PUBLIC;                             //授给全体用户
```

4．审计追踪

审计追踪是一种监视措施。数据库在运行中，DBMS 追踪用户对一些敏感性数据的存取活动，结果记录在审计记录文件中。一旦发现有窃取数据的企图，有的 DBMS 会发出警报信息，有些 DBMS 虽无警报功能，也可在事后根据记录进行分析，从中发现危及安全的行为，找出原因，追究责任，采取防范措施。

审计追踪的主要功能是对数据库访问作即时的记录，一般包括下列内容：请求（源文

本);操作类型,如修改、查询等;操作终端标识与操作者标识;操作日期和时间;操作所涉及的对象,如表、视图、记录、属性等。为提高审计追踪效能,还可设置审计事件发生积累机制,当超过一定阈值时能发出报警,以提示采取措施。

审计追踪由 DBA 控制,或者由数据的属主控制。应用中,使用 SQL 的 AUDIT 语句设置审计功能,使用 NOAUDIT 语句取消审计功能。

5. 数据加密

对于高度敏感性数据,如财务数据、军事数据、国家机密,除以上安全性措施外,还可以采用数据加密技术,以密码形式存储和传输数据。这样如果企图通过不正常渠道获取数据,如利用系统安全措施的漏洞非法访问数据或者在通信线路上窃取数据,那么只能看到一些无法辨认的二进制代码。用户正常查询数据时,首先要提供密码钥匙,由系统进行译码后,才能得到可识别的数据。

所有提供加密机制的系统必然也提供相应的解密程序。这些解密程序本身也必须具有一定的安全性保护措施,否则数据加密的优点也就遗失殆尽了。常用的数据加密方法有美国国家数据加密标准 DES(Data Encryption Standard)、公开密钥系统等。

由于数据加密与审计追踪都是比较费时的操作,而且数据加密、解密程序及审计记录会占用大量系统资源,增加了系统的开销,降低了数据库的效率。因此 DBMS 通常将它们作为可选特征,允许 DBA 根据应用对安全性的要求,灵活地打开或关闭审计功能;允许用户选择对高度机密的数据加密。审计追踪与数据加密技术一般用于安全性要求较高的数据库系统。

6.1.3　自主访问控制的实施

自主访问控制的实施主要通过 SQL 语言的授权与权限回收来进行。

1. 用户分类与权限

为了实现访问控制,需要对数据库的用户分类。一般分类如下:

(1) 系统用户(或 DBA)。它是指具有至高无上的系统控制与操作特权的用户,一般是指系统管理员或数据库管理员 DBA,他们拥有数据库系统可能提供的全部权限。

(2) 数据对象的属主。这是创建某个数据对象的用户,如一个表属主创建了某个表,具有对该表更新、删除、建索引等所有的操作权限。

(3) 一般用户。它是指那些经过授权被允许对数据库进行某些特定的数据操作的用户。

(4) 公共用户。这是为了方便共享数据操作而设置的,它代表全体数据库用户。

不同的用户(或应用程序)对数据库的使用方式是不同的,用户对数据库的使用方式称为“权限”。数据库系统中通常有以下几种权限:

① 数据访问权限。包括:数据的读权限、插入权限、修改权限及删除权限。

② 数据库模式修改权限(数据库管理权限)。包括:允许用户创建和删除索引权限;创建新关系的资源权限;在关系中增加和删除属性的修改权限;撤销关系的权限。

2. 授权功能

授权就是给予用户一定的访问数据库的特权。一个用户可以把他所拥有的权限传授给其他用户,也可以把已传授给其他用户的权限回收。

SQL 语言的安全性控制功能,通过 SQL 的 GRANT 语句和 REVOKE 语句提供。由 GRANT 和 REVOKE 语句提供的基本用户接口,通常称为授权子系统。

DBMS 必须具有以下功能:

(1) 把授权的决定告知系统,这是由 SQL 的 GRANT 和 REVOKE 语句来完成的。

(2) 把授权的结果存入数据字典。

(3) 当用户提出操作请求时,根据授权情况进行检查,决定是否执行操作请求。

3. 表/视图特权的授予与回收

一个 SQL 特权允许一个被授权者在给定的数据库对象上进行特定的操作。授权操作的数据库对象包括表/视图、列、域等。

授权的操作包括 INSERT、UPDATE、DELETE、SELECT、REFERENCES、TRIGGER、UNDER、USAGE、EXECUTE 等。

其中 INSERT、UPDATE、DELETE、SELECT、REFERENCES、TRIGGER 有对表做相应操作的权限,故称为表特权。

(1) 表/视图特权的授予。

用 SQL 语言的 GRANT 语句授权的一般形式为:

```
GRANT {<权限> [,<权限>]… |ALL}
    ON <对象类型><对象名>[,<对象类型><对象名>]…
    TO {<用户>[,<用户>]… |PUBLIC}
    [WITH GRANT OPTION]
```

语义为:将对指定操作对象的指定操作权限授予指定的用户。

解释如下:

① 对不同类型的操作对象有不同的操作权限。

② <权限>可以是 SELECT、INSERT、UPDATE、DELETE、ALTER、INDEX,对于视图特权只有 SELECT、INSERT、UPDATE 和 DELETE。

③ PUBLIC 是一个公共用户。

任选项"WITH GRANT OPTION"使得在给用户授予表/视图特权时,同时授予一种特殊的权限,即被授权的用户可把授予他的特权继续授予其他用户。

【例 6.3】 把查询表 s_c 和修改其学号的权限授给用户 u2 和 u4。

```
GRANT SELECT ,UPDATE (sno)
ON TABLE s_c
TO u2,u4;
```

【例 6.4】 把对表 s_c 的 INSERT 权限授给用户 u5,并允许将此权限再授予其他用户。

```
GRANT INSERT
ON TABLE s_c
TO u5
WITH GRANT OPTION;
```

u5 还可以将此权限授予 u6:

```
GRANT INSERT
ON TABLE s_c
TO u6;                                    //u6 不能再传播此权限
```

【例 6.5】 DBA 把在数据库 studdb 中建立表的权限授予用户 u8。

```
GRANT CREATETAB
ON DATABASE studdb
TO u8;
```

GRANT 语句可以实现：一次向一个用户授权；一次向多个用户授权；一次传播多个同类对象的权限；一次可以完成对基本表、视图和属性列这些不同对象的授权。注意：授予关于 DATABASE 的权限必须与授予关于 TABLE 的权限分开，因为对象类型不同。

（2）表/视图特权的回收。

授予的权限可以由 DBA 或其他授权者用 REVOKE 语句收回，其一般格式为：

```
REVOKE {<权限> [,<权限>] … |ALL}
ON <对象类型><对象名>[,<对象类型><对象名>] …
FROM {<用户>[,<用户>] … |PUBLIC}
[CASCADE|RESTRICT];
```

CASCADE 指级联，即删除或修改目标表的元组时，同时删除或修改依赖表中对应候选键所指定的元组，且收回权限操作会级联下去，但系统只收回直接或间接从某处获得的权限，见图 6-2(a)、(b)。

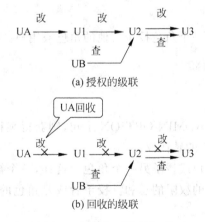

图 6-2　授权与回收的级联

RESTRICT：限定只有当依赖表中外键没有与目标表中要删除或修改的候选键相对应时，系统才能对目标表中的候选键进行删除或修改，否则系统拒绝此操作。

【例 6.6】 把用户 u5 对 s_c 表的 INSERT 权限收回。

```
REVOKE INSERT
ON TABLE s_c
FROM u5;
```

【例 6.7】 取消 ling 的存取 student 表的特权。

```
REVOKE ALL
ON student
FROM ling CASCADE;
```

此时,被 ling 转授的权限也被回收。

4. 数据库角色的授权

一个数据库角色是被命名的一组与数据库操作相关的权限。在 SQL 中,授权一个角色给一个用户,则允许该用户使用被授权的角色所拥有的每一个权限。用户与角色之间存在多对多的联系;一个用户允许被授予多个角色,同一个角色可被授权予多个用户。一个角色也可以被授予另一个角色的权限。

角色是权限的集合。因此,可为一组具有相同权限的用户创建一个角色,使用角色来管理数据库权限可简化授权的过程。在 SQL 中,DBA 和用户可利用 CREATE ROLE 语句创建角色,再用 GRANT 语句给角色授权。

(1) 用 CREATE ROLE 语句创建角色。其 SQL 语句格式是:

```
CREATE ROLE <角色名>
```

新创建的角色是空的,没有任何内容。可用 GRANT 为角色授权。

(2) 用 GRANT 语句将权限授予某一个或几个角色。其一般语句格式是:

```
GRANT {<权限> [,<权限>] … |ALL}
ON <对象类型><对象名>[,<对象类型><对象名>] …
TO <角色>[,<角色>] …
```

(3) 用 GRANT 语句将一个角色授予其他的角色或用户。其一般语句格式是:

```
GRANT {<角色>[,<角色>] … |ALL}
TO <角色>[,<角色>][,<用户>] …
[WITH ADMIN OPTION]
```

其中,若指定了 WITH ADMIN OPTION 子句,则获得某种权限的用户可以把这种权限再授予其他的角色,即用户的转让权。

该语句把角色授予某用户或授予另一个角色。这样,一个被授权角色所拥有的权限就是授予它的全部角色所包含的权限的总和。授予者或是角色的创建者,或者拥有在这个角色上的转让权。

一个角色包含的权限包括直接授予这个角色的全部权限加上其他角色授予这个角色的全部权限。

(4) 用 REVOKE 可回收角色的权限,或改变角色拥有的权限。其一般语句格式是:

```
REVOKE <权限>[,<权限>] …
ON <对象类型><对象名>
FROM <角色>[,<角色>] …
```

其中,REVOKE 动作的执行者或是角色的创建者,或是拥有此角色上的转让权。

【例 6.8】 通过角色来实现将一组权限授予某些用户以及修改、回收权限。

步骤如下:

① 创建一个角 c1。

② 用 GRANT 语句,使角色 c1 拥有 student 表的查询、插入数据权限。

③ 将这个角色授予 u1、u2、u3。使他们具有角色 c1 所包含的全部权限。

④ 增加角色的权限。使角色 c1 在原基础上增加修改及删除数据权限。

⑤ 一次性地通过 REVOKE c1 来回收 u3 拥有该角色的所有权限。

⑥ 减少角色的权限。去除角色 c1 插入数据的权限。

SQL 语句实现如下:

```
CREATE ROLE c1;
GRANT SELECT,INSERT ON TABLE student TO c1;
GRANT c1 TO u1,u2,u3;
GRANT UPDATE,DELETE ON TABLE student TO c1;
REVOKE c1 FROM u3;
REVOKE INSERT  ON TABLE student  FROM c1;
```

此例说明,通过角色的使用可使自主控制方式授权的执行更加灵活、方便。

6.1.4　Web 数据库安全策略

客户机、服务器通过开放的网络环境,跨不同硬件和软件平台通信,数据库安全问题在异构环境下变得更加复杂。异构环境的系统具有可扩展性,能管理分布或联邦数据库环境,每个节点服务器还能自治,实行集中式安全管理和访问控制,对自己创建的用户、规则、客体进行安全管理。例如,由 DBA 或安全管理员执行本部门、本地区或整体的安全策略,授权特定的管理员管理各组应用程序、用户、规则和数据库。因此,访问控制和安全管理尤为重要,异构环境的数据库安全策略如下:

(1) 全局范围的身份认证。

(2) 全局的访问控制,以支持各类局部访问控制。

(3) 全局完整性控制,以完善数据库安全。

(4) 网络安全管理,包括网络信息加密、网络入侵防护和检测等。

实施安全策略的技术有多种。以身份认证为例加以介绍。

可使用智能卡进行身份认证。智能卡提供的是硬件保护措施和加密算法,较传统的口令鉴别方法更好,安全性能增加;不足之处是携带不方便且开户费用较高。

为保证服务器上数据库的安全,可使用主体认证技术进行主体特征鉴别。该技术以人体唯一的、可靠的、稳定的生物特征(如指纹、虹膜、脸部、掌纹等)为依据,采用计算机的强大网络功能和网络技术进行图像处理和模式识别。主体特征鉴别技术优点是安全性、可靠性和有效性好,与传统的身份认证手段相比产生了质的飞跃,适合安全级别较高的场所;不足之处是生物特征信息采集、认证装备的成本较高,人身特征识别软件识别率有待提高。

6.1.5　Oracle 数据库的安全性

Oracle 数据库的安全性措施主要包括身份认证、访问控制、审计追踪、透明数据加密和触发器等。这里主要介绍访问控制及审计追踪功能。

1. Oracle 的访问控制

Oracle 访问控制采用非集中的授权与检查机制,即 DBA 负责授予与回收系统权限,每个用户授予与回收自己创建的数据库对象的权限,不能循环授权。Oracle 数据库有 3 种类型的权限,即系统权限、对象权限和角色权限。

(1) 系统权限。数据库系统级操作上的权限,如连接到数据库、创建用户、更改数据库等操作。Oracle 提供了 100 多种系统权限,其中包括创建表、视图、用户等。DBA 在创建某用户时需要将其中的一些权限授予该用户。

(2) 对象权限。数据库模式的持有者对模式中的表、视图、过程等对象具有全部对象权限。用户要想使用其他模式中对象,需要这些对象上的操作权限。可以授权的数据库对象包括表、视图、序列、索引、函数等,其中用得最多,也是最重要的就是创建数据库基本表。基本表安全性有以下 3 个级别:

① 表级安全性。表的创建者或 DBA 可以把表级的权限授予其他用户。其权限包括 INSERT、ALTER、DELETE、INDEX、SELECT、UPDATE、ALL(前述所有的操作)。

② 行级安全性。行级的安全性由视图实现。用视图来定义表的水平子集,限定用户在视图上的操作,从而为表的行级提供保护。

③ 列级安全性。列级的安全性可直接在基本表上定义,也可像行级一样由视图实现。

(3) 角色权限。用户作为一个角色所拥有的对象与系统权限。角色是用来管理权限组的工具。除允许 DBA 定义角色外,还提供了预定义的 CONNECT、RESOURCE 和 DBA 等多种角色。

① 具有 CONNECT 角色的用户可登录到授权数据库,执行查询语句和特定的更新操作。

② 具有 RESOURCE 角色的用户可以创建表并拥有对该表所有的权限。

③ 具有 DBA 角色的用户拥有系统的所有权限。

Oracle 支持 DAC、MAC 及基于角色的访问控制方法。用户的存取权利受用户安全域的设置所控制。每一个用户有一个安全域,它用以确定用户可用的权限和角色、可用的表空间、所用系统资源限制的一组特性。在实际应用中,一般采用下列访问控制方案:

(1) 根据应用系统的特点,建立几个核心用户,将表、视图、存储过程、触发器等数据库对象建立在相应的核心用户中。

(2) 根据系统用户的特点,建立各种类型的角色,并将核心用户中的数据库对象权限及一些系统权限授予相应角色。

(3) 建立一个通用用户角色,该角色只有 CONNECT 权限,并设置成默认角色。在与数据库连接后,只有该角色有效,其后根据用户的需要,在应用程序中设置其他有效角色。

Oracle 把所有权限的信息记录在数据字典中。当用户进行数据库操作时,首先根据字典中的权限信息,检查操作的合法性。Oracle 访问控制功能的使用类同 SQL 授予(GRANT)与回收(REVOKE)语句的使用。

2. Oracle 的审计追踪

为了跟踪对数据库的访问,需要对一些重要的数据库访问事件进行记录,以了解哪一个用户在什么时间影响过哪些值。若是一个黑客,审计日志可记录其访问或攻击数据库敏感数据的踪迹,协助维护数据库的完整性。Oracle 审计总体上可分为标准审计和细粒度审计。

(1) 标准审计。标准审计又分为用户级审计和系统级审计。用户级审计是任何 Oracle 用户可设置的审计,主要是用户针对自己创建的表或视图进行的审计,记录所有用户对这些表或视图的一切成功和不成功的访问以及各类 SQL 操作。系统级审计只能由 DBA 设置，用以监测成功或失败的登录要求、监测授权/回收操作以及其他数据库权限下的操作。Oracle 分别支持以下 3 种标准审计类型：

① 语句审计。有选择地审计 DDL 或 DML 类型的 SQL 语句执行的情况。

② 权限审计。审计需要使用系统权限的语句执行情况。

③ 对象审计：审计需要模式对象权限的 DML 语句执行情况。

当数据库的审计功能打开后，在语句执行阶段产生审计记录。审计记录包含有审计的操作、用户执行的操作、操作的日期和时间等信息。

（2）细粒度审计。细粒度审计可以理解为"基于政策的审计"，它通过程序包以编程方式绑定到对象（如表或视图）。它实现了对所有数据操作语句的审计，并允许创建审计记录所需的条件，这将生成更有意义的审计线索，因为无需记录每个人对表的每次访问。绑定到表的细粒度审计简化了审计政策的管理，因为审计政策变化只需在数据库中对其更改一次，不用在每个应用程序中多次更改。

Oracle 提供了 AUDIT/NOAUDIT 语句设置审计/取消审计功能。设置审计时，可以详细指定对哪些 SQL 操作进行审计。例如，对修改 student 表结构或修改其数据的操作进行审计的语句如下：

```
AUDIT ALTER, UPDATE ON student;
```

相应地，取消审计可以用以下语句：

```
NOAUDIT ALTER, UPDATE ON student;
```

Oracle 的审计追踪功能很灵活，是否使用审计、对哪些表进行审计、对哪些操作进行审计等都可以由用户选择。其审计设置以及审计内容均存放在数据字典中。

总之，Oracle 管理数据库安全性主要利用了数据库用户和模式、权限和角色、存储设置、资源限制及审计技术来实现。

6.2　数据库的完整性

6.2.1　完整性控制的功能

1. 安全性与完整性的关系

计算机系统的可靠性一般是指系统正常地无故障运行的概率。数据库的可靠性概念则是指数据库的安全性（Security）与完整性（Integrity）。

数据库的完整性是指数据库中数据的正确性、有效性和相容性。防止错误的数据进入数据库。正确性是指数据的合法性；有效性是指数据的值是否属于所定义的有效范围；相容性是指表示同一对象的两个或多个数据必须一致，否则就是不相容。例如，学生的性别只能是男或女；学号必须唯一等。数据是否具备完整性关系到数据库系统能否真实地反映现实世界，用户存取的是否是正确、有效的数据。因此维护数据库的完整性是非常重要的，它也是 DBMS 的主要性能指标之一。

数据的完整性与安全性是数据库保护的两个不同的方面。安全性是防止用户非法使用数据库,包括恶意破坏数据和越权存取数据。完整性则是防止合法用户使用数据库时向数据库中加入不合语义的数据。即安全性措施的防范对象是非法用户和非法操作,完整性措施的防范对象是失真无效的数据。安全性是完整性的基础。

完整性受到破坏的常见原因有错误的数据、错误的更新操作、各种硬软件故障、并发访问及人为破坏等。

2. 完整性控制的功能

数据库的完整性保障是 DBMS 的主要功能之一。数据库中数据应满足的条件称为完整性约束条件/规则。而检查数据库中数据是否满足完整性约束条件的过程称为完整性检查。DBMS 中执行该检查的子系统称为完整性子系统。

完整性子系统负责处理数据库中完整性约束条件的定义和检查,防止因错误的更新操作产生的不一致性。用户可使用完整性控制的功能,对某些数据规定一些约束条件。当进行数据操作时,就由 DBMS 激发相应的检查程序,进行完整性约束检查。若发现错误的更新操作,立即采取措施处理,或是拒绝执行该更新操作,或是发出警告信息,或者纠正已产生的错误。

DBMS 的完整性控制有 3 个方面的功能:

(1) 定义功能,即提供定义完整性约束条件的机制。

(2) 检查功能,即检查用户发出的操作请求是否违背了数据的完整性约束条件。

(3) 防范功能,如果违背了数据的完整性约束条件,则采取一定的防范动作。

在数据库系统中,用户实现数据库的完整性控制有两种方式:一种是通过 SQL 定义完整性约束;另一种是通过定义触发器和存储过程等来实现。

6.2.2 完整性约束的设计

用 SQL 实现完整性约束主要分 3 类:通过定义主键实现实体完整性;通过定义外键满足参照完整性;通过定义域约束、检查约束和断言等实现用户定义的完整性。下面按 SQL 语句的不同形式分别介绍其设计与表示。

1. 基本表约束

SQL 基本表约束有 3 种:主键与候选键定义、外键定义和检查约束定义。这些约束都在基本表的定义中说明。

(1) 主键与候选键定义。主键定义形式为:PRIMARY KEY(<列名表>)。

候选键定义形式为:UNIQUE(<列名表>)。

其中<列名表>不能为空,一个关系中只能有一个 PRIMARY KEY,但可有多个UNIQUE。表的主键不能为空,而表的候选键可以为空。

【例 6.9】 创建教师表,加主键与候选键约束。

```
CREATE TABLE teacher
    (tno    NUMERIC(6),
    name    VARCHAR(8) NOT NULL,
    cardno  NUMERIC(4),
    age     NUMERIC(2),
    dept    VARCHAR(20),
```

```
    UNIQUE (cardno),                    //定义借书卡号为候选键,用于唯一性查询等
    PRIMARY KEY(tno));                  //定义教师号为主键
```

（2）检查约束定义。其定义形式为：

```
CHECK (<条件表达式>)
```

当对具有 CHECK 子句约束的基本表进行元组更新操作时,需要对相关的元组进行检查,看其是否满足 CHECK 子句所定义的约束条件。若不满足约束条件,则系统拒绝此更新操作。

如在例 6.9 中的 age 属性定义的后面加 CHECK 子句：age NUMERIC(2) CHECK (age BETWEEN 18 AND 60)可检查年龄情况。

需注意的是,CHECK 子句只对定义它的关系起约束作用,对其他关系没有任何作用,因此可能会产生违反参照完整性的现象。

（3）外键定义。其形式为：

```
FOREIGN KEY(<列名表>)
REFERENCE <目标表>[(<列名表>)]
[ON DELETE <参照动作>] [ON UPDATE <参照动作>];
```

其中,<目标表>指明与外键相应的候选键所在的关系表,<参照动作>指明当对目标表进行操作涉及主键时,对与其匹配的外键所在依赖表产生的影响,有 5 种。

① NO ACTION：对依赖表无影响。

② CASCADE：删除或修改目标表的元组时,同时删除或修改依赖表中对应的元组。

③ RESTRICT：限定只有当依赖表中外键没有与目标表中要删除或修改的候选键相对应时,系统才能对目标表中的候选键进行删除或修改;否则系统拒绝此操作。

④ SET NULL：限定当依赖表中外键与目标表中要删除或修改的候选键相对应时,依赖表中的外键均置空值。

⑤ SET DEFAULT：限定当依赖表中外键与目标表中要删除或修改的候选键相对应时,依赖表中的外键均置预先定义好的默认值。

【例 6.10】 用基本表约束定义相关的完整性。

```
CREATE TABLE s_c
    (sno     NUMERIC(6),
     cno     VARCHAR(3),
     grade   INT,
     PRIMARY KEY(sno,cno),
     FOREIGN KEY(sno) REFERENCES student,
     FOREIGN KEY(cno) REFERENCES course,
     CHECK ((grade IS NULL) OR (grade BETWEEN 0 AND 100)));
```

约束可以命名,以便引用。约束的命名形式为：CONSTRAINT<约束名>。

【例 6.11】 属性约束。为学生表加约束 1：姓名要求唯一；约束 2：年龄小于 40 岁。

```
ALTER TABLE student ADD
CONSTRAINT c1_name UNIQUE (sname);
ALTER TABLE student ADD
```

```
CONSTRAINT c2_age CHECK ( age < 40 );
```

SQL3 主张显式命名所有的约束，以方便增、删。如撤销约束：

```
ALTER TABLE student DROP CONSTRAINT c2_age;
```

2. 域约束

SQL 的域约束是指一个作用于所有属于这个域的属性列的约束。SQL 可以用"CREATE DOMAIN"语句定义新的域，并使用 CHECK 子句来进行约束的定义。

域约束规则的形式如下：

```
CREATE DOMAIN <域名> <域类型> CHECK (<条件>)
```

【例 6.12】 定义有效成绩等级为 A、B、C、D、E 的域约束。

```
CREATE DOMAIN gradess CHAR(1) DEFAULT '? '
    CONSTRAINT valid - grade
    CHECK (VALUE IN ('A', 'B', 'C', 'D', 'E', '? '));
```

该语句定义了一个新的域 gradess，并且为其加上了一个名为"valid-grade"的约束，CHECK 子句指明定义在该域上的列的取值，默认值为"?"。

若对学生成绩的基本表 s_c(sno,cno,grade)中 grade 列用域 gradess 来定义语句如下：

```
CREATE TABLE s_c
    (sno      NUMERIC(6),
     cno      VARCHAR(3),
     grade    gradess );
```

则对该表进行插入操作时，每插入一条学生成绩的记录。其成绩 grade 必须为 CHECK 子句中指明的值，默认值为"?"，否则为非法成绩值，系统将产生一个含有约束名为 valid-grade 的诊断信息，以表明当前操作不满足该域约束。

3. 断言

若完整性约束涉及多个关系或与聚合操作有关，则可采用 SQL 的断言机制来完成。断言(Assertion)是完整性约束的一个特殊类型。一个断言可以对基本表的单独一行或整个基本表定义有效值集合，或定义存在于多个基本表中的有效值集合。

断言可以用 CREATE ASSERTION 语句创建，其形式为：

```
CREATE ASSERTION <断言名> CHECK (,<条件表达式>)
```

【例 6.13】 每门课程只允许 100 个学生选修。

```
CREATE ASSERTION asser1
    CHECK (100 > = ALL(SELECT COUNT(sno)
           FROM s_c
           GROUP BY cno)) ;
DROP ASSERTION asser1 ;                //撤销断言
```

【例 6.14】 不允许计算机学院的学生选修 019 号(计算机入门)课程。可设计以下的断言形式：

```
CREATE ASSERTION asser2
    CHECK ( NOT EXISTS
    (SELECT *
    FROM student,s_c
    WHERE student.sno = s_c.sno AND dept = '计算机学院'AND cno = '019');
```

【例 6.15】 用断言机制定义完整性约束：学生必须在选修"离散数学"课后，才能选修其他课程。

```
CREATE ASSERTION asser3
    CHECK ( NOT EXISTS
    (SELECT sno FROM s_c WHERE cno IN
    (SELECT cno FROM course WHERE cname <>'离散数学') AND sno NOT IN
        (SELECT sno FROM s_c WHERE cno IN
        (SELECT cno FROM course WHERE cname = '离散数学')));
```

6.2.3 数据库触发器设计

1. 触发器的概念与作用

数据库触发器(Trigger)是一类靠事件驱动的特殊过程。触发器一旦由某用户定义,任何用户对触发器规定的数据进行更新操作,均自动激活相应的触发器采取应对措施。触发器本质上是一条语句,当对数据库做更新操作时,它自动被系统执行。

触发器的事件—条件—动作模型示意图如图 6-3 所示。

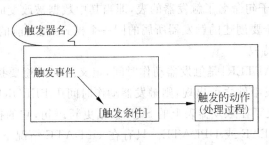

图 6-3 触发器模型示意图

模型中的主要部分：

(1) 事件。引起触发器动作的事件,通常是更新操作。

(2) 条件。触发器将测试条件是否满足。如果条件满足,就执行相应操作,否则什么也不做。

(3) 动作。如果触发器测试满足预订的条件,就由 DBMS 执行这些动作(即对数据库的操作)。这些动作可以是一系列对数据库的操作,这些动作也能使触发事件撤销,如删除一个刚插入的元组等,甚至可以是对触发事件本身无关的其他操作。

触发器在数据库系统中起着特殊的作用,可用触发器完成很多数据库完整性保护的功能,其中触发事件即是完整性约束条件,而完整性约束检查即是触发条件的检查过程,最后处理过程的调用即是完整性检查的处理。

触发器用于完整性保护,而且具有主动性的功能。其功能一般比完整性约束条件强得多且更加灵活。一般当系统检查数据中有违反完整性约束条件时,仅仅给用户必要的提示信息;而触发器不仅给出提示信息,还会引起系统内部自动进行某些操作,以消除违反完整性约束条件所引起的负面影响。另外,触发器除了具有完整性保护功能外,还具有安全性保护功能。

2. 定义 SQL 触发器

SQL 触发器(SQL Trigger)是一个 SQL 数据更新语句引起的链式反应,它规定了在给表中进行插入、删除及修改之前或之后执行的一个 SQL 语句集合。

创建一个触发器,使用 CREATE TRIGGER 语句。要撤销一个触发器,使用 DROP TRIGGER 句。要更改一个现存的触发器,撤销后再重新定义。

定义触发器语句的一般格式:

```
CREATE TRIGGER <触发器名>
 {BEFORE| AFTER} <触发事件> ON <表名>
[REFERENCING <旧值或新值名表>]
FOR EACH {ROW| STATEMENT }]
[WHEN (<触发条件>)]
<SQL 语句—触发的动作>
```

解释如下:

(1) 触发器名是一个标识符,在其所属的模式里是唯一的。只有模式的拥有者才能为这个模式创建触发器。

(2) ON<表名>子句命名了触发器的表,即当其中数据被改变时引起触发器动作的基本表。这个表必须属于要创建的触发器所属的同一个模式,且当前的"授权 ID"必须在这个表上拥有 TRIGGER 特权。

(3) {BEFORE| AFTER}是触发器动作时间,定义了何时想要执行触发器动作。如果想要触发器动作在触发事件之前出现,则触发器动作时间用 BEFORE,否则用 AFTER。

(4) 触发事件定义了在触发器表上的 SQL 数据更新语句,它的执行将激活触发器;它可以是 INSERT、DELETE 或 UPDATE。只有在 UPDATE 情况下,可以增加一个可选项子句以标出触发列(该列上的 UPDATE 将激活触发器)的清单。如果省略这个可选项子句,其作用范围是命名的触发器表的每一列。

(5) REFERENCING 子句定义了具有 1~4 个特殊值的变量名(或别名)的清单:触发器在其上进行操作的旧行或新行的变量名;触发器在其上进行操作的旧表或新表名。

每一个只能被规定一次。如果既没有规定 ROW,也没有规定 TABLE,则默认为 ROW。如果触发事件是 INSERT,则没有旧行值。如果触发事件是 DELETE,则没有新行值。

(6) 触发动作定义了当触发器被激活时想要它执行的 SQL 语句,有 3 个部分:动作间隔尺寸、动作的时间条件和动作体。

① FOR EACH 子句定义了触发动作间隔尺寸,即动作的频繁度。有语句级 STATEMENT(默认)和行级 ROW。例如,假设表 student 有 1000 行记录,设为其创建了 AFTER UPDATE OF sno ON student 的一个触发器,那么,如果动作间隔尺寸为 FOR

EACH STATEMENT,则对于这个触发器语句触发动作只发生一次,如果动作间隔尺寸为 FOR EACH ROW,则触发动作发生 1000 次(触发表一行一次)。

② WHEN 子句定义了触发动作的时间条件。当触发器被激活时,如果触发条件是 TRUE,则触发动作发生,否则触发动作不发生;如果触发条件是 UNKNOWN,触发动作也 不发生。如果从触发器定义中省略 WHEN 子句,触发动作在触发器激活后立即发生。

③ 动作体定义了当触发器被激活时想要 DBMS 执行的 SQL 语句。动作体可以是一个 (或一系列的)SQL 语句,若为一系列的 SQL 语句,则使用 BEGIN ATOMIC…END 子句括 起,语句之间用分号隔开。

触发器的动作体不能含有<触发的 SQL 语句>。<触发的 SQL 语句>包括 SQL 事 务语句、SQL 连接语句、模式语句或 SQL 会话语句。多种 SQL 语句在触发体内是合法的, 但是禁止在触发器定义的触发体中包含主变量和参数。主语言程序中的一段程序可以由触 发器调用。

【例 6.16】 触发器示例。将从图书表 book 中被删除行中的图书名保存在一个文件 中。以下是一个触发器定义:

```
CREATE TRIGGER book - de
AFTER DELETE ON book
REFERENCING OLD AS oldline
FOR EACH ROW
INSERT INTO bookdelete VALUES(oldline.title);
```

该触发器将每一个从表 book 中删除行中的书名插入到一个称为 bookdelete 的表中。

注意:本例中触发器动作时间必须是 AFTER,因为触发动作包含了 SQL 数据更新语 句。oldline 是一个旧行的元组变量,因此 oldline.title 是从这一行取出的 title 列值。

CREATE TRIGGER 语句的主要部分是其事件(激活触发器的 SQL 数据更新操作)和 动作(由触发器执行的 SQL 语句)。注意触发器级联问题,需防止一个触发动作引发一系列 联锁反应,以至失控。

3. SQL 触发器设计示例

【例 6.17】 设计用于学生—选课数据库中关系 s_c 的触发器,该触发器规定,如果需要 修改关系 s_c 的成绩属性值 grade 时,修改之后的成绩不得低于修改之前的成绩;否则就拒 绝修改。该触发器的程序可以编写如下:

```
CREATE TRIGGER trig_grade                              ①
AFTER UPDATE OF grade ON s_c                           ②
REFERENCING OLD AS oldg, NEW AS newg                   ③
FOR EACH ROW                                           ④
WHEN (oldg.grade > newg.grade)                         ⑤
    UPDATE s_c                                         ⑥
    SET grade = oldg.grade                             ⑦
    WHERE cno = oldg.cno and sno = oldg.sno            ⑧
```

其中:

① 说明触发器的名称为 trig_grade。

② 给出触发事件,即关系 s_c 的成绩修改后激活触发器。

③ 为触发器的条件和动作部分设置必要的元组变量，oldg 和 newg 分别为修改前后的元组变量。

④ 表示触发器对每一个元组都要检查一次。如果没有这一行，表示触发器对 SQL 语句的执行结果只检查一次。

⑤ 是触发器的条件部分。若修改后的值比修改前的值小，则必须恢复以前的旧值。

⑥~⑧是触发器的动作部分，这里是 SQL 的修改语句。这个语句的作用是恢复修改之前的旧值。

4. 撤销触发器

撤销一个触发器，语句格式如下：

```
DROP TRIGGER <触发器名>
```

撤销一个触发器语句的作用是撤销已命名的触发器，它将不再对 SQL 数据起作用。<触发器名>必须表示一个已经存在的触发器，只有拥有该触发器的<授权 ID>才可以撤销它，因而，不可能撤销一个由 DBMS 提供的预定义触发器。

撤销一个触发器时，其他对象不会受语句的影响，因为没有其他对象涉及触发器。

设计触发器需要技巧，复杂时难以掌握。特别是一个触发器的动作可以引发另一个触发器，会引起连锁反应，需要防止触发器的一个无限触发链的产生。目前关系数据库系统广泛应用了触发器。使用时需注意：由于一些 DBMS 在 SQL3 发布以前就支持触发器，自然不同于 SQL3。不同的 DBMS 有各自的触发器语法规定，使用时需参照产品手册。

6.2.4　Oracle 数据库的完整性

数据的完整性是为了防止数据库不符合语义的数据输入和输出，即数据要遵守由 DBA 或应用开发者所决定的一组预定义的规则。Oracle 系统保证数据库的完整性主要有 3 种方法，即定义完整性约束、设计数据库触发器及实现存储过程。

1. 完整性约束

Oracle 利用完整性约束机制防止无效的数据进入数据库，如果任何操作结果破坏完整性约束，则回滚该操作并返回一个错误。为了维护数据的完整性，在创建表时常需要定义一些约束。约束可以限制列的取值范围，约束列值符合要求等。Oracle 完整性约束的类型如下：

① 非空约束（NOT NULL）。指定某列不能包含空值。

② 唯一性约束（UNIQUE）。保证列或其组合没有重复的值。

③ 主键约束（PRIMARY KEY）。定义列为表的主键，即每列值都必须唯一且不能有空值。

④ 外键约束（FOREIGN KEY）。通过使用公共列在表之间建立外键关系。

⑤ 检查约束（CHECK）。指定表中每行的列值必须满足的一个条件。

⑥ 默认约束（DEFAULT）。定义一个缺省的默认值。

Oracle 完整性约束的使用类同 SQL 语言中完整性约束的使用。

2. 数据库触发器与存储过程

Oracle 允许定义数据库触发器，当对相关的表作 INSERT、UPDATE 或 DELETE 语句时,相关触发器被隐式地执行。一个数据库应用可隐式地触发存储在数据库中的多个触发器。

　　Oracle 扩充了触发器标准功能。主要表现在两个方面:对触发器的触发顺序可以进行控制;可以定义一个复合触发器(Compound Trigger)。前者可设置在一张表上的多个触发器的触发顺序。后者将多个不同类型的触发器合并表示为一个触发器。

　　当在表中执行插入、更新或删除数据的操作时,复合触发器同时充当语句级和行级触发器。当需要在语句和行事件级别中采取动作时,可以用这些类型的触发器来审核、检查、保存和替换值。

　　触发器一般应用于自动地生成导出列值、提供透明的事件记录、提供高级的审计、防止无效事务、维护同步的表副本、实施复杂的安全审核与事务规则、在分布式数据库中实施跨节点的引用完整性等。Oracle 的存储过程是用过程化 SQL 语言编写的、有一定处理功能的程序。存储过程与触发器主要差别在于:过程由用户或应用显式执行;而触发器是由更新语句引发进而隐式地执行。Oracle 数据库触发器与存储过程的具体设计与使用将在 8.6、8.7 节介绍。

6.3　事务管理与数据库恢复

6.3.1　事务的基本概念

1. 事务及其生成

　　事务(Transaction)是由一系列的数据库操作组成,这些操作要么全部成功完成,要么全部失败,即不对数据库留下任何影响。事务是数据库系统工作的一个不可分割的基本单位,既是保持数据库完整性约束或逻辑一致性的单位,又是数据库恢复及并发控制的单位。事务的概念相当于操作系统中的进程。

　　事务可以是一个包含有对数据库进行各种操作的一个完整的用户程序(长事务),也可以是只包含一个更新操作(插入、修改、删除)的短事务。例如,在关系数据库中,一个事务可以是一条 SQL 语句、一组 SQL 语句或整个程序。事务和程序是两个概念。一般地讲,一个程序中包含多个事务。那么,如何生成一个事务呢?

　　事务的开始与结束可以由用户显式控制。如果用户没有显式地定义事务,则由 DBMS 按默认规定自动划分事务。在 SQL 语言中,定义事务的主要语句有 3 条:

　　① 事务开始语句。START TRANSACTION。表示事务从此句开始执行,此语句也是事务回滚的标志点,一般可省略此语句,对数据库的每个操作都包含着一个事务的开始。

　　② 事务提交语句。COMMIT。表示提交事务的所有操作。具体地说,就是当前事务正常执行完,用此语句通知系统,此时将事务中所有对数据库的更新写入磁盘的物理数据库中,事务正常结束。在省略"事务开始"语句时,同时表示开始一个新的事务。

　　③ 事务回滚语句。ROLLBACK。表示当前事务非正常结束,此时系统将事务对数据库的所有已完成的更新操作全部撤销,将事务回滚至事务开始处并重新开始执行。

2. 事务的状态与特性

　　一个事务从开始到成功地完成或者因故中止,可分为 3 个阶段:事务初态、事务执行与事务完成,事务的 3 个阶段如图 6-4(a)所示。一个事务从开始到结束,中间可经历不同的状态,包括活动状态、局部提交状态、失败状态、中止状态及提交状态。事务定义语句与状态的关系见图 6-4(b)。

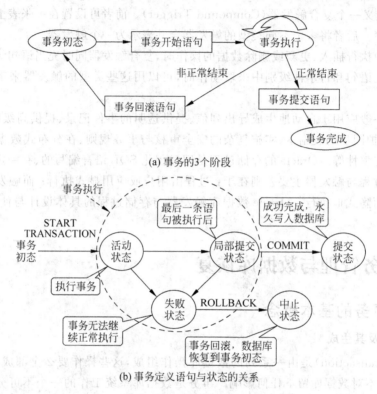

(a) 事务的3个阶段

(b) 事务定义语句与状态的关系

图 6-4　事务的执行及状态

事务具有以下 4 个重要特性,通常称为 ACID 性质。

(1) 原子性(Atomicity)。从终端用户的角度看,事务是不可再分的原子工作。从系统的角度看,事务是完成某件原子工作的程序的一次执行。它要么全部成功地完成;要么全部不完成,对数据库毫无影响。

(2) 一致性(Consistency)。一致性指事务对数据库的每一个插入、删除、修改等更新操作,都必须遵守一定的完整性约束,系统一旦查出数据库的完整性受到破坏,则撤销该事务并清除该事务对数据库的任何影响。一个成功的事务把数据库从一个一致的状态转换到另一个一致的状态。

(3) 隔离性(Isolation)。事务的隔离性是指两个或多个事务可以同时运行而不互相影响,一个事务内部的操作及其使用的数据对并发的其他事务是隔离的、不可见的。

(4) 持久性(Durability)。事务的持久性是指一个事务成功完成之后,其工作的结果就会永远保存在数据库中,是永久有效的,即使随后系统发生故障也能保持或恢复。

ACID 特性遭到破坏的因素有:多个事务并发运行时,不同事务的操作交叉执行;事务在运行过程中被强行停止。

在系统故障时保障事务 ACID 特征的技术为恢复技术;保障事务在并发执行时 ACID 调整的技术称为并发控制。恢复和并发控制是保证事务正确执行的两项基本措施,它们合称为事务管理(Transaction Management)。

6.3.2　数据库恢复技术

数据库的恢复是指 DBMS 必须具有把数据库从错误状态恢复到某一已知的正确状态(亦称为一致状态或完整状态)的功能。尽管数据库系统中采取了各种保护措施来防止数据库的安全性和完整性被破坏,保证并发事务的正确执行,但是计算机系统中硬件故障、软件错误、操作员失误及恶意破坏仍是不可避免的,这些故障轻则造成运行事务非正常中断,影响数据库中数据的正确性,重则破坏数据库,使数据库中全部或部分数据丢失,因此 DBMS 必须具有数据库的恢复功能。

数据库恢复的基本单位是事务。数据库恢复机制包括一个数据库恢复子系统和一套特定的数据结构。实现可恢复性的基本原理是重复存储数据,即数据冗余。

恢复机制涉及的两个关键问题是:如何建立冗余数据;如何利用这些冗余数据实施数据库恢复。

建立冗余数据最常用的技术是数据转储和登录日志文件。它们是数据库恢复的基本技术,通常在一个数据库系统中,这两种方法是一起使用的。

1. 数据转储

(1) 数据转储的概念。数据转储就是 DBA 定期地将整个数据库复制到磁带或另一个磁盘上保存起来的过程。这些备用的数据文本称为后备副本或后援副本。

当数据库遭到破坏后可以将后备副本重新装入,但重装后备副本只能将数据库恢复到转储时的状态,要想恢复到故障发生时的状态,必须重新运行自转储以后的所有更新事务。转储是十分耗费时间和资源的,不能频繁进行。DBA 应该根据数据库使用情况确定一个适当的转储周期。转储周期可以是几小时、几天,也可以是几周、几个月。

(2) 静态转储和动态转储。转储按转储时的状态分为静态转储和动态转储。

静态转储是在系统中无运行事务时进行的转储操作。即转储操作开始的时刻,数据库处于一致性状态,而转储期间不允许对数据库的任何存取、修改活动。显然,静态转储得到的一定是一个数据一致性的副本。

静态转储简单,但转储必须等待正在运行的用户事务结束才能进行,同样,新的事务必须等待转储结束才能执行。显然,这会降低数据库的可用性。

动态转储是指转储期间允许对数据库进行存取或修改。即转储和用户事务可以并发执行。它不用等待正在运行的用户事务结束,必须把转储期间各事务对数据库的修改记下来,建立日志文件(Log File)。这样,后援副本加上日志文件就能把数据库恢复到某一时刻的正确状态。

(3) 海量转储和增量转储。转储按方式不同分为海量转储和增量转储。

海量转储是指每次转储全部数据库。

增量转储则指每次只转储上一次转储后更新过的数据。

从恢复角度看,一般说来,用海量转储得到的后备副本进行恢复会更方便些。但如果数据库很大,事务处理又十分频繁,则增量转储方式更实用、有效。

(4) 数据转储方法。数据转储有两种方式,分别可以在两种状态下进行,因此数据转储方法可以分为 4 类,见表 6-1。

表 6-1　数据转储方法

转储方式 ＼ 转储状态	动态转储	静态转储
海量转储	动态海量转储	静态海量转储
增量转储	动态增量转储	静态增量转储

2. 登记日志文件

日志文件是用来记录事务对数据库的更新操作的文件。概括起来,日志文件主要有两种格式:以记录为单位的日志文件和以数据块为单位的日志文件。

(1) 以记录为单位的日志文件,一个日志记录(Log Record)包括每个事务开始的标记、结束标记和每个更新操作。

(2) 以数据块为单位的日志文件,包括事务标识和被更新的数据块。由于将更新前的整个块和更新后的整个块都放入日志文件中,操作的类型和操作对象等信息就不必放入日志记录中。

日志文件在数据库恢复中起着非常重要的作用。可以用来进行事务故障恢复和系统故障恢复,并协助后备副本进行介质故障恢复。具体的作用如下:

① 事务故障恢复和系统故障必须用日志文件。

② 在动态转储方式中必须建立日志文件,后备副本和日志文件综合起来才能有效地恢复数据库。

③ 在静态转储方式中,也可以建立日志文件。

④ 当数据库毁坏后可重新装入后备副本把数据库恢复到转储结束时刻的正确状态,然后利用日志文件,把已完成的事务进行重做处理,对故障发生时尚未完成的事务进行撤销处理。这样不必重新运行那些已完成的事务程序就可把数据库恢复到故障前某一时刻的正确状态,利用日志文件恢复示例如图 6-5 所示。

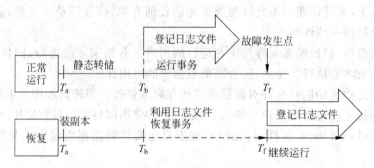

图 6-5　利用日志文件恢复数据库

为保证数据库是可恢复的,登记日志文件时必须遵循两条原则:

① 登记的次序严格按并发事务执行的时间次序。

② 必须先写日志文件,后写数据库。

为了安全,一定要先把日志记录写到日志文件中,然后再进行数据库的修改。这就是"日志先写"原则。

说明：把对数据的修改写到数据库中与把表示这个修改的日志记录写到日志文件中是两个不同的操作。有可能在这两个操作之间发生故障，即这两个写操作只完成了一个。如果先写了数据库修改，而在运行记录中没有登记下这个修改，则以后就无法恢复这个修改了。如果先写日志，但没有修改数据库，按日志文件恢复时只不过是多执行一次不必要的撤销（UNDO）操作，并不会影响数据库的正确性。

3. 检查点恢复技术

利用日志技术进行数据库恢复时，恢复子系统必须搜索日志，确定哪些事务需要 REDO（重做），哪些事务需要 UNDO。一般需要检查所有日志记录。这样做有两个问题：一是搜索整个日志将耗费大量的时间；二是很多需要 REDO 处理的事务实际上已经将它们的更新操作结果写到数据库中了，然而恢复子系统又重新执行了这些操作，浪费了大量时间。为了解决这些问题，人们研究发展了具有检查点的恢复技术。

检查点（Check Point）也称安全点、恢复点。当事务正常运行时，数据库系统按一定的时间间隔设检查点。一旦系统需要恢复数据库状态，就可以根据最新的检查点的信息，从检查点开始执行，而不必从头开始执行那些被中断的事务。

具有检查点的恢复技术在日志文件中增加一类新的记录——检查点记录（检查点建立时所有正在执行的事务清单），增加一个重新开始文件（存储各检查点记录的地址），并让恢复子系统在登录日志文件期间动态地维护日志。系统在检查点做的动作主要如下：

① 暂时中止现有事务的执行。
② 在日志中写入检查点记录，并把日志强制写入磁盘。
③ 把主存中被修改的数据缓冲区强制写入磁盘。
④ 重新开始执行事务。

系统出现故障时恢复子系统将根据事务的不同状态采取不同的恢复策略，如图 6-6 所示。各事务说明如下：

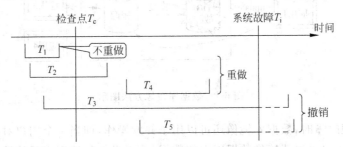

图 6-6　具有检查点的数据库恢复策略

T_1：在检查点之前提交。
T_2：在检查点之前开始执行，在检查点之后故障点之前提交。
T_3：在检查点之前开始执行，在故障点时还未完成。
T_4：在检查点之后开始执行，在故障点之前提交。
T_5：在检查点之后开始执行，在故障点时还未完成。

恢复策略如下：

T_3 和 T_5 在故障发生时还未完成，所以予以撤销。

T_2 和 T_4 在检查点之后才提交,它们结束在下一个检查点之前,对数据库所做的修改在故障发生时可能还在缓冲区中,尚未写入数据库,所以要重做。

T_1 在检查点之前已提交,其更新在检查点 T_c 已写入数据库中,所以不必执行 REDO 操作。

4. 数据库镜像

介质故障是对系统影响最为严重的一种故障。系统出现介质故障后,用户应用全部中断,恢复起来也比较费时。故 DBA 必须周期性地转储数据库,如果不及时而正确地转储数据库,一旦发生介质故障,会造成较大的损失。

为避免磁盘介质出现故障影响数据库的可用性,许多 DBMS 提供了数据库镜像(Mirror)功能用于数据库恢复。其方法是 DBMS 根据 DBA 的要求,自动把整个数据库或其中的关键数据复制到另一个磁盘上,并自动保证镜像数据与主数据的一致性,即每当主数据库更新时,DBMS 自动把更新后的数据复制过去,如图 6-7(a)所示。

一旦出现介质故障,可由镜像磁盘继续提供使用,同时 DBMS 自动利用镜像磁盘数据进行数据库的恢复,不需要关闭系统和重装数据库副本,如图 6-7(b)所示。

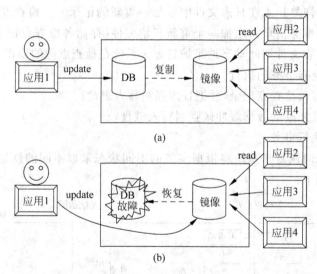

图 6-7　数据库镜像方法图示

在没有出现故障时,数据库镜像还可以用于并发操作,即当一个用户对数据加排他锁修改数据时,其他用户可以读镜像数据库上的数据,而不必等待该用户释放锁。

双磁盘镜像技术(Mirrored Disk)常用于可靠性要求高的数据库系统。数据库以双副本的形式存放在 2 个独立的磁盘系统中,每个磁盘系统有各自的控制器和 CPU,且可以互相自动切换。

5. 远程备份系统

现代数据库应用要求事务处理系统提供高的可用性,即系统不能使用和等待的时间必须少之又少。传统的事务处理系统是集中式或局域客户/服务器模式。这样的系统易遭受火灾、洪水和地震等自然灾害的毁坏。故要求数据库系统有抗破坏力,使之无论在系统故障还是自然灾害下都能快速恢复运行。

获得高可用性的方式之一是远程备份系统,即在一个主站点(Primary Site)执行事务处理,使用一个远程备份(Remote Backup)站点以应付突发事件。一开始所有主站点的数据都被复制到远程备份站点。随着更新在主站点上执行,远程站点必须保持与主站点同步。

同步方法是:通过发送所有主站点的日志记录到远程备份站点,远程备份站点根据日志记录执行同样的操作来达到同步。注意不是传送更新的数据本身,而是传送更新数据的操作命令,这样可大大减少数据的传送量。远程备份站点必须物理地与主站点分开放在不同的地区,这样发生在主站点的灾害就不会殃及远程备份站点。图 6-8 是远程备份系统的示意图。

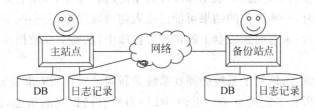

图 6-8　远程备份系统示意图

当主站点发生故障时,远程备份站点就立即接管处理。但它首先使用源于主站点的数据副本(也许已过时)以及收到的来自主站点的日志记录执行恢复。事实上,远程备份站点执行的恢复动作就是主站点要恢复时需要执行的恢复动作。对于单站点的恢复算法稍加修改,就可用于远程备份站点的恢复。一旦恢复执行完成,远程备份站点就开始处理事务。即使主站点的数据全部丢失,系统也能恢复,相对单站点系统而言,这大大地提高了系统的可用性。

另一种实现高可用性的方法是使用分布式数据库,将数据复制到不止一个站点。此时事务更新任何一个数据项,都被要求去更新其所有复制品。

6.3.3　故障恢复及事务管理

数据库恢复的基本方法有定期备份数据库、建立日志文件、针对不同故障类型分别恢复。数据库系统中可能发生各种各样的故障,大致可以分为 3 类:事务故障、系统故障及介质故障。

1. 事务故障及恢复

事务故障是指事务在运行至正常结束点前被中止。事务故障有的是可预期的,即应用程序可以发现并让事务滚回、撤销已作的修改、恢复数据库到正确状态。有的是非预期的,即不能由事务程序来处理。

事务内部较多的故障是非预期的,是不能由应用程序处理的,如运算溢出、并发事务发生死锁而被选中撤销、违反了某些完整性限制、超时、申请资源过多、人工操作干预等。以后,事务故障仅指这类非预期的故障。

这类故障只发生在事务上,而整个数据库系统仍在控制下运行。事务故障意味着事务没有达到预期的终点(COMMIT 或者显式的 ROLLBACK),因此,数据库可能处于不正确状态。恢复程序要在不影响其他事务运行的情况下,强行回滚(ROLLBACK)该事务,即撤销该事务已经作出的任何对数据库的修改,使得该事务好像根本没有启动一样。这类恢复操作称为事务撤销(UNDO)。事务回滚 ROLLBACK 就是由一组 UNDO 操作所组成。

恢复子系统利用日志文件撤销此事务已对数据库进行的修改。事务故障的恢复是由系统自动完成的,对用户是透明的。

2. 系统故障及恢复

系统故障是指造成系统停止运转的任何事件,使得系统要重新启动,通常称为软故障(Soft Crash)。例如,特定类型的硬件错误(CPU 故障)、操作系统故障、DBMS 代码错误、死循环时系统安排停止、系统崩溃、突然停电等。这类故障影响正在运行的所有事务,但不破坏数据库。这时主存内容,尤其是数据库缓冲区中的内容都丢失,所有运行事务都非正常终止。发生系统故障时,一些事务的结果可能已送入物理数据库,另一些事务可能有一部分甚至全部留在缓冲区,尚未写回到磁盘上的物理数据库中,从而造成数据库可能处于不正确的状态。

为保证数据一致性,恢复子系统必须在系统重新启动时让所有非正常终止的事务回滚,强行撤销(UNDO)所有未完成事务。重做(REDO)所有已提交的事务,以将数据库真正恢复到一致状态。系统故障的恢复是由系统在重新启动时自动完成的,不需要用户干预。

3. 介质故障及恢复

介质故障称为硬故障(Hard Crash)。硬故障指外存故障,如磁盘损坏、磁头碰撞、瞬时强磁场干扰等。这类故障将破坏存储在介质上的数据库或部分数据库,并影响正在存取这部分数据的所有事务。这类故障比前两类故障发生的可能性小得多,但破坏性最大。

发生介质故障后,磁盘上的物理数据和日志文件被破坏,这是最严重的一种故障,恢复方法是重装数据库,然后重做已完成的事务。

系统的恢复步骤如下:

(1) 装入最新的数据库后备副本,使数据库恢复到最近一次转储时的一致性状态。对于动态转储的副本,还须同时装入转储开始时刻的日志文件副本,利用恢复系统故障的方法(即 REDO+UNDO),才能将数据库恢复到一致性状态。

(2) 装入相应的日志文件副本,重做已完成的事务。

这样就可以将数据库恢复至故障前某一时刻的一致状态了。

介质故障的恢复需要 DBA 介入。但 DBA 只需要重装最近转储的数据库副本和有关的各日志文件副本,然后执行系统提供的恢复命令即可,具体的恢复操作仍由 DBMS 完成。

计算机病毒是具有破坏性、可以自我复制的计算机程序。计算机病毒已成为计算机系统的主要威胁,自然也是数据库系统的主要威胁。因此数据库一旦被破坏要用恢复技术对数据库加以恢复,一般按介质故障处理。

4. SQL 的事务管理

SQL 中提供的支持事务管理和恢复操作的语句主要有 COMMIT、ROLLBACK、START TRANSACTION、SET TRANSACTION、SAVEPOINT、RELEASE SAVEPOINT 等。

(1) COMMIT 语句用于事务的提交,即把所有更改的数据保存到物理数据库中,使之永久化,并且结束事务。

(2) SAVEPOINT 语句。在当前事务的当前点建立存储点。该语句的一般格式如下:

```
SAVEPOINT<存储点名>|<简单目标>
```

若规定一个存储点为＜简单目标＞,DBMS 将建立一个大于零的整数,并将其分配给目标。例如,

```
SAVEPOINT x ;            //x 将获得一个值,用于随后的存储点相关语句
```

现一般常使用名字标记而不是数字标记,即使用＜存储点名＞。例如,

```
SAVEPOINT my - point1 ;
```

存储点名必须在事务中是唯一的。存储点是在操作之间的一个时刻的标签,可以为一个事务建立多个存储点。

(3) ROLLBACK 语句。回滚(结束)事务,撤销对 SQL 数据的更新或是只撤销建立存储点之后的数据更改,使其对于随后的事务永远不可见。

在事务范围内,最有益的 SQL3 新特性是限制由 ROLLRACK 回滚多少的能力。使用存储点以规定从哪一点起的数据更新可以被撤销。这就意味着可以规定从何处删除日志文件。首先,必须使用 SAVEPOINT 语句,在事务的某处建立一个存储点。需要时可将该事务中发生的所有操作退回到这个存储点。

例如,要滚回到前一示例所建立的存储点,可用:

```
ROLLBACK TO SAVEPOINT my - point1;
```

这种形式的 ROLLBACK 不是一个事务终止语句,它仅仅是产生一个状态保存。

例如,若要使 DBMS 取消整个事务的作用并结束事务,可用:

```
ROLLBACK;
```

ROLLBACK 语句用于使数据库恢复到最近一次的 COMMIT 时的状态,也即自最近一次的 COMMIT 以来在用户工作区中所作的改变,不会真正影响数据库。

RELEASE SAVEPOINT 语句撤销在当前事务中的一个或多个存储点。该语句删除规定的存储点,以及随后的为当前事务建立的任何存储点。例如,

```
RELEASE SAVEPOINT my - point1;
```

存储点有利于试验性的分支探测。可以沿着 DBMS 活动的线路前进,如果它不理想,可以退回几步,然后寻求另一条线路。

在数据库系统里事务的提交与回滚有 3 种方式。

(1) 显式方式。用 COMMIT 或 ROLLBACK 语句明确指出提交或回滚事务。

(2) 隐式方式。某些 SQL 语句在执行时马上导致提交操作。这些主要是 DDL 语句,如 CREATE TABLE、DROP TABLE、CREATE VIEW、CREATE INDEX 等。

(3) 自动方式。定期将完成的事务提交。

Oracle 中的事务管理遵从 SQL 标准,但其事务是隐式自动开始,它不需要用户显式地使用语句开始事务处理。当发生以下情况时,Oracle 认为一个事务结束:

(1) 执行 COMMIT 语句提交事务。

(2) 执行 ROLLBACK 语句撤销事务。

(3) 执行一条数据定义语句(如 CREATE、DROP 等)。

(4) 执行一个数据控制命令(如 GRANT、REVOKE 等)。

(5) 断开数据库的连接。

6.3.4 Oracle 数据库的恢复与闪回

1. Oracle 的恢复机制

Oracle 恢复技术中,除了涉及表和索引的数据文件,还用到控制文件、重做日志及回滚段等。

控制文件中包含操作数据库时所需的各种元数据,包括关于备份的信息。重做日志中记录了数据库缓冲区中任何一个事务性的修改。回滚段包括旧版本数据的信息,这些信息除了保证一致性外,还在修改数据项的事务回滚时,被用于重建旧版本的数据项。为了能够从存储器故障中恢复,数据文件及控制文件必须定期备份。Oracle 支持热备份,即在有事务性活动的联机数据库上执行备份。

Oracle 支持并行恢复,即几个进程同时被用于重做事务。Recovery Manager(RMAN) 是 Oracle 专门用于备份和恢复数据库的图形用户界面工具。该工具可自动操作与备份和恢复相关的大量任务,它提供了灵活的备份选项,DBA 可以根据需要进行完全备份、增量备份、联机备份和脱机备份。为了保证高可用性,Oracle 提供了管理备份数据库的功能——远程备份。备份数据库可以联机支持只读方式的操作。

2. Oracle 的闪回技术

Oracle 的闪回技术提供了从逻辑错误中恢复的更快、更有效的方法。它允许选择性地复原某些对象,能处理用户错误的逻辑操作,如删除表等。

闪回技术中用到一个名词:系统更改号(System Change Number,SCN),它是指当数据库更新后,由 Oracle 自动维护累积递增的一个数字。闪回技术可分为以下几种:

(1) 闪回查询。查询过去某个时间点或某个 SCN 值时表中的数据信息。

(2) 闪回版本查询。查询过去某个时间段或某个 SCN 段内表中数据的变化情况。

(3) 闪回事务查询。查看某个事务或所有事务在过去一段时间对数据进行的修改。

(4) 闪回表。将表恢复到过去的某个时间点或某个 SCN 值时的状态。

(5) 闪回删除。将已经删除的表及其关联对象恢复到删除前的状态。

(6) 闪回数据库。将数据库恢复到过去某个时间点或某个 SCN 值时的状态。

(7) 闪回数据存档。可以查询指定对象的任何时间点(需满足保护策略)的数据。

下面简介其中的闪回查询与闪回数据存档的主要内容。

3. 闪回查询

闪回查询主要是指利用数据库回滚段存放的信息查看指定表中过去某个时间点/时间段的数据及其变化情况,或某个事务对该表的操作信息等。可以对远程数据库执行闪回查询。

要支持闪回查询,数据库必须使用系统管理的撤销功能来自动管理回滚段。DBA 必须创建一个撤销表空间,启用自动撤销管理,并创建一个撤销保留时间窗。保留时间设置和撤销表空间中的可用空间的大小将极大地影响成功执行闪回查询的能力。

为了使用闪回查询功能,需要启动数据库撤销表空间来管理回滚信息。闪回查询可以返回过去某个时间点已经提交事务操作的结果;可以查询事务提交前已存在的数据。如果不小心提交了一个错误的修改或删除操作,那么可用闪回查询功能查看提交前存在的数据、用闪回查询的结果还原数据。闪回查询语句的基本形式如下:

```
SELECT <列名>[,<列名>] …
FROM <表名> [AS OF SCN|TIMESTAMP <表达式>]
[WHERE <条件>]
```

其中,AS OF 用于指定闪回查询时的 SCN 或查询时间点,如 AS OF SCN 1142110。

注意:为了使用闪回查询的某些功能,必须拥有对 DBMS_FLASHBACK 程序包的执行(EXECUTE)权限。

Oracle 的并发模型机制允许用户在其会话中设置某个 SCN 或者是真实时间,然后做在此时刻数据上的查询。通常在数据库中,一旦提交修改操作,就无法回到原数据状态,除非从备份中执行时间点恢复,然而这样恢复数据库的开销大。闪回查询在处理用户错误时要简便得多。

4. 闪回数据归档

如何使数据库在一定时间内可以不断向后追溯,看到一个数据表在任意历史时间点上的切片呢? 通过闪回数据归档功能可将撤销(UNDO)数据进行归档,从而提供全面的历史数据查询,即全面回忆功能。闪回归档数据可以年为单位进行保存,Oracle 可以通过内部分区和压缩算法减少空间耗用,这一特性对于需要审计以及历史数据分区的环境尤其有用。为减少闪回数据存储空间,用户可以根据需要,对部分表进行闪回数据归档,从而满足特定的业务需求。

闪回数据归档是一个新的数据库对象,它保留一个或多个表的历史数据,并具有自己的数据保留和清洗策略。闪回数据归档进程负责跟踪和归档表的历史数据,当该进程捕捉到表中任何变化的数据时,它会整理表中的行并写入历史表。可创建多个闪回数据归档以满足不同需求。例如,为短期历史查询保留 90 天;为长期历史查询保留 1 年;为国家法律需要保留 20 年。

为了启用闪回归档,必须用闪回数据归档语句创建一张表或为存在的表启用闪回归档功能。Oracle 自动清洗过期的闪回归档数据。一旦为某表启用了闪回归档,会为该表创建一个内部历史表,历史表将具有原始表的所有列,还有一些时间戳列,用于跟踪事务变化。

要创建闪回归档,必须具有 DBA 角色或闪回数据归档管理系统权限。如授给用户 hr 一个闪回数据归档管理系统权限:

```
SQL > GRANT FLASHBACK ARCHIVE ADMINISTER TO hr;
```

通过语句来创建闪回归档,须创建相应表空间。可以指定:闪回归档名字;闪回归档主表空间名;闪回归档主表空间限额等属性。例如:

```
SQL > CREATE FLASHBACK ARCHIVE flash1
TABLESPACE flash_tbs1
RETENTION 4 year;          //保留 4 年
```

分配给闪回归档的空间数量取决于闪回事务的数量和闪回保留期。在闪回归档使用到限额之前或表空间用满之前,Oracle 会生成一个空间告警,使用户可清洗老数据、增加限额或增加表空间容量。

可通过以下语句删除闪回归档:

```
SQL > DROP FLASHBACK ARCHIVE flash1;
```

当然,一旦删除归档,这些归档数据也会“消失”。虽然闪回归档封装的数据事实上还在,因为可能还保留其他归档数据。不能删除这些跟踪数据,因为这些数据还有审计和安全目的。

总之,闪回数据归档可以为数据库提供更为全面的数据生命周期管理。

6.4 事务的并发控制

6.4.1 并发控制的概念

多个用户共享数据库时会产生多个事务同时存取同一数据的情况。数据库管理系统必须提供并发控制机制。并发控制机制是衡量一个数据库管理系统性能的重要标志之一。多个处理机同时运行多个事务,称事务的并行运行;单个处理机交叉运行多个事务,称事务的并发运行。本节讨论的是后一种。

数据库是一个共享资源,允许多个用户程序同时存取数据库。若对这种操作不加以控制就会破坏数据的一致性。

【例 6.18】 设有 A、B 两个民航售票点,它们按下面的次序进行订票操作:

(1) A 售票点执行事务 T_1 通过网络在数据库中读出某航班的机票余额为 A,设 $A=5$。

(2) B 售票点执行事务 T_2 通过网络在数据库中读出某航班的机票余额也为 A,设 $A=5$。

(3) A 售票点事务 T_1 卖出一张机票修改后余额为 $A=A-1$,此时 $A=4$,将 4 写回数据库。

(4) B 售票点事务 T_2 卖出一张机票修改后余额为 $A=A-1$,此时 $A=4$,将 4 写回数据库。

最后形成的结果是卖出两张机票,但在数据库中仅减去了一张,从而造成了错误,这就是有名的民航订票问题。

下面讨论事务并发执行的几种错误,一般而言,事务并发执行带来的数据不一致性包括 3 类:丢失修改、不可重复读和读“脏”数据。

(1) 丢失修改(Lost Updata)。两个事务 T_1 和 T_2 读入同一数据并修改,T_2 提交的结果破坏了 T_1 提交的结果,导致 T_1 的修改被丢失。前面的民航售票是一个典型的并发执行所引起的不一致例子,其主要原因就是“丢失修改”引起的。

(2) 不可重复读(non-Repeatable Read)。它是指事务 T_1 读取数据后,事务 T_2 执行更新操作,使 T_1 无法再现前一次读取结果。不可重复读包括 3 种情况:

① 事务 T_1 读取某一数据后,事务 T_2 对其做了修改,当事务 1 再次读该数据时,得到与前一次不同的值。

② 事务 T_1 按一定条件从数据库中读取了某些数据记录后,事务 T_2 删除了其中部分记录,当 T_1 再次按相同条件读取数据时,发现某些记录神秘地消失了。

③ 事务 T_1 按一定条件从数据库中读取某些数据记录后,事务 T_2 插入了一些记录,当 T_1 再次按相同条件读取数据时,发现多了一些记录。

(3) 脏读(Dirty Read)。它是指事务 T_1 修改某一数据,并将其写回磁盘,事务 T_2 读取同一数据后,T_1 由于某种原因被撤销,这时 T_1 已修改过的数据恢复原值,T_2 读到的数据就与数据库中的数据不一致,则 T_2 读到的数据就为"脏"数据,即不正确的数据。此种操作称为"脏读"。

3 类数据不一致性的示例见表 6-2(a)、(b)、(c)。

产生这 3 种错误的原因主要是由于违反了事务 ACID 中的 4 项原则,特别是隔离性原则。为保证事务并发执行的正确,必须要有一定的调度手段以保障事务并发执行中一事务执行时不受它事务的影响。并发控制就是要用正确的方式调度并发操作,使一个用户事务的执行不受其他事务的干扰,从而避免造成数据的不一致性。

并发控制的主要技术是封锁(Locking)。为了防止数据库数据的不一致性,必须采取封锁策略,即在事务要对数据库进行操作之前,首先对其操作的数据设置封锁,禁止其他事务再对该数据进行操作,当它对该数据操作完毕并解除对数据的封锁后,才允许其他事务对该数据进行操作。

表 6-2　3 类数据不一致性

T_1	T_2	T_1	T_2	T_1	T_2
① 读 $A=5$		① 读 $A=50$ 读 $B=100$ 求和$=150$		① 读 $C=100$ $C=C\times2$ 写回 C	
②	读 $A=5$	②	读 $B=100$ $B=B\times2$ 写回 $B=200$	②	读 $C=200$
③ $A=A-1$ 写回 $A=4$		③ 再次读 $A=50$ 读 $B=200$ 求和$=250$ (验算错)		③ ROLLBACK C 恢复为 100	
④	$A=A-1$ 写回 $A=4$				

| (a) 丢失修改 | (b) 不可重复读 | (c) 读脏数据 |

6.4.2　封锁与封锁协议

1. 封锁

封锁就是事务 T 在对某个数据对象如表、记录等操作之前,先向系统发出请求,对其加锁。加锁后事务 T 就对该数据对象有了一定的控制,在事务 T 释放它的锁之前,其他的事务不能读取或更新此数据对象。

基本的封锁类型有两种：排它锁(Exclusive locks,简记为 X 锁) 和 共享锁(Share locks,简记为 S 锁)。

排它锁又称为写锁。若事务 T 对数据对象 A 加上 X 锁,则只允许 T 读取和修改 A,其他任何事务都不能再对 A 加任何类型的锁,直到 T 释放 A 上的锁。这就保证了其他事务在 T 释放 A 上的锁之前不能再读取和修改 A。排它锁保护数据对象不被同时读或写。

共享锁又称为读锁。若事务 T 对数据对象 A 加上 S 锁,则事务 T 可以读 A 但不能修改 A,其他事务只能再对 A 加 S 锁,而不能加 X 锁,直到 T 释放 A 上的 S 锁。这就保证了其他事务可以读 A,但在 T 释放 A 上的 S 锁之前不能对 A 做任何修改。共享锁保护数据对象不被写,但可以同时读。两种封锁示意图见图 6-9(a)、(b)。

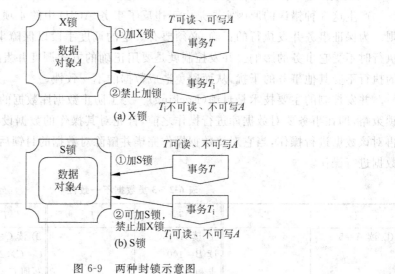

图 6-9 两种封锁示意图

2. 活锁和死锁

封锁的方法可能引起活锁和死锁。

(1) 活锁。如果事务 T_1 封锁了数据 R,事务 T_2 又请求封锁 R,于是 T_2 等待。T_3 也请求封锁 R,当 T_1 释放了 R 上的封锁之后系统首先批准了 T_3 的请求,T_2 仍然等待。然后 T_4 又请求封锁 R,当 T_3 释放了 R 上的封锁之后系统又批准了 T_4 的请求,……,T_2 有可能永远等待,这就是活锁的情形。避免活锁的简单方法是采用先来先服务的策略。

(2) 死锁。若两个事务都获得了各自所需的一个数据并加锁,又都需要对方拥有的另一个数据进行操作。这样就出现了两个事务都在等待对方释放所封锁数据的局面,永远不能结束,形成死锁。

在数据库中,产生死锁的原因是两个或多个事务都已封锁了一些数据对象,然后又都请求对已被其他事务封锁的数据对象加锁,从而出现死等待。

3. 死锁的诊断与解除

数据库系统中预防、诊断、与解除死锁的方法和操作系统中资源管理类似。预防死锁的发生其实就是要破坏产生死锁的条件,通常有两种方法：

(1) 一次封锁法。每个事务必须一次将所有要用的数据全部加锁。

（2）顺序封锁法。对数据对象规定一个封锁顺序，所有事务都按该顺序封锁。

诊断死锁一般使用以下方法：

（1）超时法。如果一个事务的等待时间超过了规定的时限，就认定死锁。该法实现简单，但有可能因其他原因超时而误判死锁；若时限设置过长，发生死锁后不能及时发现。

（2）等待图法。事务等待图是一个有向图 $G=(T,U)$。T 为节点的集合，每个节点表示正在运行的事务；U 为边的集合，每条边表示事务等待的情况。若 T_1 等待 T_2，则 T_1,T_2 之间画一条有向边，从 T_1 指向 T_2。事务等待图动态地反映了所有事务的等待情况。并发控制子系统周期性地检测事务等待图，若图中存在回路，则表示系统中出现了死锁。

解除死锁通常采用的方法是选择一个处理死锁代价最小的事务，将其撤销，释放此事务持有的所有的锁，使其他事务得以继续运行下去。当然，对撤销的事务所执行的数据修改操作必须加以恢复。

6.4.3 并发调度的可串行性

1. 事务的并发执行

在多个应用、多个事务执行中有几种不同方法。

（1）串行执行。以事务为单位，多个事务依次顺序执行，此种执行称为串行执行，串行执行能保证事务的正确执行。

（2）并发执行。以事务为单位，多个事务按一定调度策略同时执行，此种执行称为并发执行。

（3）并发执行的可串行化。事务的并发执行并不能保证事务正确性，因此需要采用一定的技术，使得在并发执行时像串行执行时一样，此种执行称为并发事务的可串行化（Serialiyability）。而所采用的技术则称为并发控制技术。

2. 事务的调度

（1）调度。

安排多个并发事务的执行顺序称为调度。n 个事务 $T_1,T_2,\cdots,T_n$ 的调度 S 是这 n 个事务的一个执行顺序。这 n 个事务的调度需要服从下述约束：S 中事务 T_i 操作的执行顺序，必须与单个 T_i 执行时操作的执行顺序相同；调度 S 中其他事务 T_j 的操作可以与 T_i 的操作交错执行。

当某个调度中的两个操作同时满足以下 3 个条件，就说这两个操作是冲突的：

① 它们属于不同事务。

② 它们访问同一个数据项。

③ 两个操作中至少有一个是写操作。

（2）可串行化的调度。

如果调度 S 中每个事务 T 的操作在调度中都是连续执行的，那么就称调度 S 是串行的；否则，调度 S 就是非串行的。因此在串行调度中，一个时刻只有一个事务处于活动状态。串行调度不会发生不同事务操作的交错。如果假设事务是相互独立的，那么每个串行的调度都是正确的，因此哪一个事务先执行都是无关紧要的。虽然串行调度能够保障事务处理的正确性,但串行调度限制了事务的并发或操作的交错,降低了 CPU 的吞吐率。因此,实际应用中尽量避免使用。

在非串行调度中,需要确定哪些调度能得到正确结果,而哪些得到错误结果。这就是调度可串行性问题。

多个事务的并发执行是正确的,当且仅当其结果与按某一次序串行地执行它们时的结果相同,人们称这种调度策略为可串行化的调度。

一个给定的并发调度,当且仅当它是可串行化的,才认为是正确的调度。

如果一个具有 n 个事务的调度 S 等价于某个由相同 n 个事务组成的串行调度,那么 S 就是可串行化的。可串行化调度能够有效实现事务的并发,并且保证事务操作的正确性,为了提高数据库系统事务执行效率,应尽量让多个事务并发操作。

为了保证并发操作的正确性,DBMS 的并发控制机制必须提供一定的手段来保证调度是可串行化的。目前 DBMS 普遍采用封锁方法实现并发操作调度的可串行性,从而保证调度的正确性。

下面给出了串行执行、不正确的并发执行及可串行化的并发执行的例子。

以银行转账为例,事务 T_1 从账号 A（初值为 20000）转 10000 至账号 B（初值为 20000）,事务 T_2 从账号 A 转 10% 的款项至账号 B,其具体的程序及其不同的调度执行如下:

在表 6-3、表 6-4 中是两个事务分别串行执行情况,其执行结果都是正确的,即账号 A 与 B 的存款总和均为 40000,保持了其一致性。

在表 6-5、表 6-6 中是两个事务并发执行情况,其中表 6-5 的执行结果与前面串行执行的结果相同,因此这种执行称可串行化的并发执行。而表 6-6 也是并发执行,但是其执行结果账号 A 与 B 的存款总和为 10000+22000=32000,因此一致性产生了错误。由此可见事务的并发执行,如果不加控制会产生执行的错误。

表 6-3　串行执行之一

时间步	T_1	T_2
①	Read (A)	
	A=A−10000	
	Write (A)	
	Read (B)	
	B=B+10000	
	Write (B)	
②		Read (A)
		Temp=A * 0.1
		A=A−Temp
		Write (A)
		read(B)
		B=B+Temp
		Write (B)

表 6-4 串行执行之二

时间步	T_1	T_2
①	Read (A)	
	Temp＝A＊0.1	
	A＝A－Temp	
	Write (A)	
	read (B)	
	B＝B＋Temp	
	Write (B)	
②		Read (A)
		A＝A－10000
		Write (A)
		Read (B)
		B＝B＋10000
		Write (B)

表 6-5 并发执行可串行化(正确)

时间步	T_1	T_2
①	Read (A)	
	A＝A－10000	
	Write (A)	
②		Read(A)
		Temp＝A＊0.1
		A＝A－Temp
		Write (A)
③	read (B)	
	B＝B＋10000	
	Write (B)	
④		Read (B)
		B＝B＋Temp
		Write (B)

下面要介绍的两段锁(Two-Phase Locking,简称 2PL)协议就是保证并发调度可串行性的封锁协议。

3．两段锁协议

两段锁协议是指所有事务必须分两个阶段对数据项加锁和解锁。

(1) 获得封锁。在对任何数据进行读、写操作之前,首先要申请并获得对该数据的封锁。

(2) 释放封锁。释放一个封锁后,事务不再申请和获得任何其他封锁。

例如,事务 T_1 遵守两段锁协议,其封锁序列是:

数据库原理与技术（Oracle 版）（第 3 版）

```
Slock A   Slock B    Xlock C  Unlock B    Unlock A  Unlock C;
|<——— 扩展阶段 ———>|<——— 收缩阶段 ———>|
```

"两段"锁的含义是,事务分为两个阶段:

第一阶段是获得封锁,也称为扩展阶段。在此阶段,事务可以申请获得任何数据项上的任何类型的锁,但是不能释放任何锁。

第二阶段是释放封锁,也称为收缩阶段。在此阶段,事务可以释放任何数据项上的任何类型的锁,但是不能再申请任何锁。

可以证明,若并发执行的所有事务均遵守两段锁协议,则对这些事务的任何并发调度策略都是可串行化的。需要注意的是,事务遵守两段锁协议是可串行化调度的充分条件,而不是必要条件。

表 6-6 并发执行（错误）

时间步	T_1	T_2
①	Read (A)	
	A=A－10000	
②		Read (A)
		Temp=A * 0.1
		A=A－Temp
		Write (A)
		Read (B)
③	Write (A)	
	read (B)	
	B=B+10000	
	Write(B)	
④		B =B+Temp
		Write (B)

两段锁协议和一次封锁法的关系:

一次封锁法要求每个事务必须一次将所有要使用的数据全部加锁,否则就不能继续执行,因此一次封锁法遵守两段锁协议;需注意的是,两段锁协议并不要求事务必须一次将所有要使用的数据全部加锁,因此遵守两段锁协议的事务可能发生死锁。

两段锁协议是保证并发调度可串行性的封锁协议,除此之外还有其他一些方法来保证调度的正确性。另一种决定事务可串行化次序的方法是事先选定事务的次序。例如,时间戳排序机制,它是基于系统赋予每个事务唯一的时间戳来进行调度的。

6.4.4 封锁的粒度

封锁对象的大小称为封锁粒度（Granularity）。封锁的对象可以是逻辑单元,也可以是物理单元。以关系数据库为例,封锁对象可以是这样一些逻辑单元:属性值、属性值的集合、元组、关系、索引项、整个索引直至整个数据库;也可以是这样一些物理单元:页（数据页或索引页）、块等。

封锁粒度与系统的并发度和并发控制的开销密切相关。封锁的粒度越大,数据库所能封锁的数据单元就越少,并发度就越小,系统开销也越小;反之,封锁的粒度越小,并发度越高,但系统开销也就越大。

多粒度封锁:如果在一个系统中同时支持多种封锁粒度供不同的事务选择,这种封锁方法称为多粒度封锁(Multiple Granularity Locking)。

1. 多粒度树

多粒度封锁协议允许多粒度树中的每个节点被独立地加锁。对一个节点加锁意味着这个节点的所有后裔节点也被加以同样类型的锁。因此,在多粒度封锁中一个数据对象可能以两种方式封锁,即显式封锁和隐式封锁。

显式封锁是应事务的要求直接加到数据对象上的封锁;隐式封锁是该数据对象没有独立加锁,是由于其上级节点加锁而使该数据对象加上了锁。4 级粒度树见图 6-10,其中,事务 T_1 对关系 R_1 加锁,其子树上的节点亦加上了隐式锁。

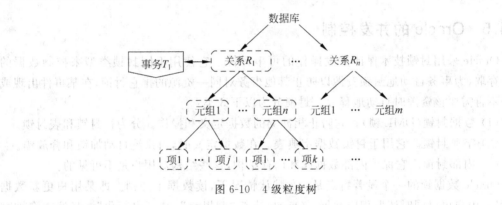

图 6-10　4 级粒度树

2. 意向锁

意向锁的含义是如果对一个结点加意向锁,则说明该节点的下层节点正在被加锁;对任一节点加锁时,必须先对它的上层结点加意向锁。

例如,对任一元组加锁时,必须先对它所在的关系加意向锁。于是,事务 T 要对关系 R_1 加 X 锁时,系统只要检查根结点数据库和关系 R_1 是否已加了不相容的锁,而不再需要搜索和检查 R_1 中的每一个元组是否加了 X 锁。

有 3 种常用的意向锁:

(1) 意向共享锁(Intent Share Lock,IS 锁)。如果对一个数据对象加 IS 锁,表示它的后裔节点拟(意向)加 S 锁。例如,要对某个元组加 S 锁,则要首先对关系和数据库加 IS 锁。

(2) 意向排它锁(Intent eXclusive lock,IX 锁)。如果对一个数据对象加 IX 锁,表示它的后裔节点拟(意向)加 X 锁。如要对某个元组加 X 锁,则要首先对关系和数据库加 IX 锁。

(3) 共享意向排它锁(Share Intent eXclusive lock,SIX 锁)。如果对一个数据对象加 SIX 锁,表示对它加 S 锁,再加 IX 锁,即 SIX=S+IX 。

例如,对某个表加 SIX 锁,则表示该事务要读整个表(所以要对该表加 S 锁),同时会更新个别元组(所以要对该表加 IX 锁)

T_1、T_2 两个事务锁的相容矩阵见图 6-11(a),锁强度的偏序关系见图 6-11(b)。其中,

"Y"表示相容请求,"N"表示不相容请求,"—"表示不加锁。

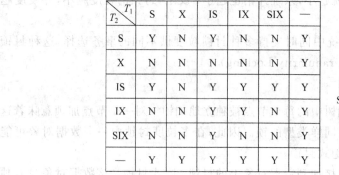
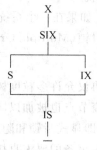

T_2 \ T_1	S	X	IS	IX	SIX	—
S	Y	N	Y	N	N	Y
X	N	N	N	N	N	Y
IS	Y	N	Y	Y	Y	Y
IX	N	N	Y	Y	N	Y
SIX	N	N	Y	N	Y	Y
—	Y	Y	Y	Y	Y	Y

(a) 锁的相容矩阵　　　　　　　　(b) 锁强度的偏序关系

图 6-11　锁的相容矩阵和锁强度的偏序关系

6.4.5　Oracle 的并发控制

Oracle 采用封锁技术保证并发操作的可串行性。它使用不同封锁类型来控制数据的并行存取,为事务自动地封锁资源以防止其他事务对同一资源的排它封锁,在某事件出现或事务不再需要该资源时自动地释放。封锁分为以下 3 类:

(1) 数据封锁(DML 锁)。它防止相冲突的数据定义和操作。分为行封锁和表封锁。

(2) 字典封锁。它用于封锁数据字典表。在数据定义时,由系统自动加锁和释放锁。

(3) 内部封锁。它保护内部数据库和内存结构,这些结构对用户是不可见的。

Oracle 数据锁的一个显著特点是:在默认情况下,读数据不加锁。即某用户更新数据时,另一用户可以同时读取相应数据。Oracle 支持"读提交"和"可串行化"。只读查询被赋予一个读一致的快照。快照是某个特定时刻数据库的视图,包含所有在此时刻之前已经提交的更新。这样,就避免使用读锁。在 Oracle 的并发模型中,读操作与写操作互不妨碍,该特性获得了更高的并发度,允许长时间查询,并通过回滚段的结构来保证用户不读"脏"数据和可重复读。

Oracle 主要提供了 5 种数据锁:共享锁(S 锁)、排它锁(X 锁)、行级共享锁(对应 IS锁)、行级排它锁(对应 IX 锁)和共享行级排它锁(对应 SIX 锁)。

Oracle 封锁粒度包括行级和表级。采用行级封锁,更新多行并不冲突。在整个事务阶段,锁都不释放。除了用行级别的锁来防止由数据操纵语言引起的不一致性外,还使用表锁封锁来防止由于数据定义操作引起的不一致性。它自动检测死锁,并通过让参与死锁的某个事务回滚来消除死锁。在通常情况下,数据封锁由系统控制,对用户是透明的。但也允许用户用 LOCK 语句显式地对表加锁,用于防止其他并发事务访问或修改表。其常用格式如下:

```
LOCK TABLE <基本表名> IN { SHARE | EXCLUSIVE } MODE
```

其中,SHARE 为共享模式,禁止其他事务修改表,但允许它们读取表;EXCLUSIVE为唯一模式,禁止其他事务访问表。

例如,下面的语句禁止其他事务在当前事务期间修改 teacher 表:

LOCK TABLE teacher IN SHARE MODE

关于表加锁的使用参见 8.4.2 小节。

Oracle 提供了有效的死锁检测机制,周期性诊断系统中有无死锁,若存在死锁,则撤销执行更新操作次数最少的事务。

6.5 本章小结

数据库的安全性是指保护数据以防止非法使用造成的数据泄密、更改和破坏。数据库的安全管理涉及用户的访问权限问题,通过用户身份认证、访问控制、视图限制、审计追踪、数据加密等技术来保证数据不被非法使用。3 种常用的访问控制方法是自主访问控制、强制访问控制、基于角色访问控制。自主访问控制的实施主要通过授权来进行。

数据库的完整性是指数据库中数据的正确性、有效性和相容性,防止错误信息进入数据库。关系数据库的完整性通过 DBMS 的完整性子系统来保障。

安全性措施的防范对象是非法用户和非法操作,完整性措施的防范对象是失真无效的数据。

用 SQL 实现完整性主要分为 3 类:在完整性约束中,通过定义主键实现实体完整性;通过定义外键满足参照完整性,通过定义域约束、检查约束和断言等实现用户定义的完整性。数据库触发器是一类靠事件驱动的特殊过程,实现用户定义的特殊完整性与安全性。触发器一旦由某用户定义,任何用户对触发器规定的数据进行更新操作,均自动激活相应的触发器采取应对措施。

事务是数据库的逻辑工作单位,是由若干操作组成的序列。只要 DBMS 能够保证系统中一切事务的原子性、一致性、隔离性和持续性,也就保证了数据库处于一致状态。为此 DBMS 必须对事务故障、系统故障和介质故障等进行恢复。数据库转储和登记日志文件是恢复中最经常使用的基本技术。恢复的基本原理就是利用存储在后备副本、日志文件和数据库镜像中的冗余数据来重建数据库。

事务不仅是恢复的基本单位,也是并发控制的基本单位。为了保证并发操作的正确性,DBMS 采用封锁方法实现并发操作调度的可串行性,两段锁协议就是保证并发调度可串行性的封锁协议。封锁粒度与系统的并发度和并发控制的开销密切相关。一般地,封锁的粒度越大,并发度就越小,系统开销也越小;反之,封锁的粒度越小,并发度越高,系统开销也就越大。

习题 6

1. 什么是数据库的安全性?数据库安全性控制的主要技术有哪些?
2. 什么是数据库中的自主访问控制方法和强制访问控制方法?
3. 什么是数据库的完整性?它与安全性有什么区别?
4. DBMS 的完整性控制机制应具有哪些功能?
5. 触发器是什么?描述触发器的事件—条件—动作模型。
6. 设有两个关系模式:

职工(职工号,姓名,年龄,职务,工资,部门号)
部门(部门号,名称,经理名,地址,电话号)

(1) 请用 SQL 语言定义这两个关系模式,并表示以下完整性约束条件:

① 定义每个模式的主键。

② 定义参照完整性。

③ 定义职工年龄不得超过 60 岁。

(2) 请用 SQL 的 GRANT 和 REVOKE 语句(加上视图机制)完成以下授权定义:

① 全体用户对两个表有 SELECT 权力。

② 用户 U₁、U₂、U₃ 对两个表有 INSERT 和 DELETE 权力。

③ 用户刘明对职工表有 SELECT 权力,对工资属性列具有更新权力。

④ 用户吴新具有修改这两个表结构的权力。

⑤ 用户李颖、周岚具有对两个表所有权力,并具有给其他用户授权的权力。

⑥ 用户杨青具有从每个部门职工中 SELECT 最高工资、最低工资、平均工资的权力,但他不能查看每个人的工资。

7. 设学生—选课数据库的关系 student、s_c、course(见表 2-5~表 2-7)。

(1) 试定义下列完整性约束:

① 在关系 student 中插入的学生年龄值应在 15~25 岁之间。

② 在关系 s_c 中插入元组时,其 sno 值和 cno 值必须分别在关系 student 和关系 course 中出现。

③ 在关系 s_c 中修改 grade 值时,必须仍在 0~100 之间。

④ 在删除关系 course 中一个元组时,首先要把关系 s_c 中具有同样 cno 值的元组全部删去。

⑤ 在关系 student 中把某个 sno 值修改为新值时,必须同时把关系 s_c 中那些同样的 sno 值也修改为新值。

(2) 试用 SQL 的断言机制定义下列完整性约束:

① 学生必须在选修"数学课"课后,才能选修其他课程。

② 每个艺术系的学生最多选修 20 门课程。

(3) 在每个表上自行设计一个触发器。

8. 数据库系统中为什么要引入事务? 事务的 ACID 性质分别指什么?

9. 什么是数据库的恢复? 恢复实现的技术有哪些?

10. 系统日志在事务恢复中的作用是什么? 具有检查点的恢复技术有什么优点?

11. 写一个修改到数据库中和写一个表示这个修改的日志记录到日志中是两个不同的操作,这两个操作中哪一个应该先做而且更重要些? 为什么?

12. 事务的并发控制是指什么? 并发操作可能会产生哪几类数据不一致? 如何进行事务的并发控制?

13. 试解释术语"串行调度"与"可串行化调度"的区别。如何理解调度的可串行化对事务调度的影响?

14. 什么是意向锁? 常用的意向锁是哪 3 种?

15. 试证明: 若并发事务遵循两段锁协议,则对这些事务的并发调度是可串行化的。

16. 设 A、B 的初值均为 2，设 T_1、T_2 是以下的两个事务：

T_1:读 B；$A=B+1$；写回 A。

T_2:读 A；$B=A+1$；写回 B。

(1) 若允许这两个事务并发执行,有多少可能的正确结果,请一一列举请给出一个可串行化调度,并给出执行结果。

(2) 若这两个事务遵守两段锁协议,请给出一个产生死锁的调度。

17. 设 A 的初值为 0，T_1、T_2、T_3 是以下 3 个事务：

T_1：$A:=A+2$；　　　　T_2：$A:=A\times2$；　　　　T_3：$A:=A^2$；

(1) 若 3 个事务允许并发执行,则有多少种可能的正确的结果,请分别列举出来。

(2) 请给出一个可串行化的调度,并给出执行结果。

(3) 请给出一个非串行化的调度,并给出执行结果。

(4) 若 3 个事务都遵守两段锁协议,请给出一个不产生死锁的可串行化调度。

(5) 若 3 个事务都遵守两段锁协议,请给出一个产生死锁的调度。

CHAPTER 7

第 7 章　　　对象关系数据库

本章将介绍面向对象的数据模型和面向对象的建模方法,描述对象关系数据模型及其扩充的复杂数据类型与操作,介绍对象关系数据库产品与相关技术方法。

7.1　面向对象的数据模型

7.1.1　基于对象的数据库概述

数据库技术在商业领域的巨大成功刺激了其他领域对数据库技术需求的迅速增长。新应用的挑战主要来自多种数据类型的应用领域。例如,计算机辅助排版系统中的大文本,天气预报中的图像、空间和地理数据,工程设计中复杂的图形数据,股票市场交易历史中的时间序列数据等。由于传统数据库系统的设计目标源于商业事务处理,它们难以适应和满足新的数据库应用需求。例如,传统的关系 DBMS 只支持简单有限的数据类型,不支持用户自定义的数据类型、运算和函数;不能有效地表示复杂对象等。为此人们研究了非规范化的关系模型、语义数据模型、面向对象数据模型(Object Oriented Data Model)等。其中,面向对象模型是继关系数据模型之后最重要的数据模型。

对象关系数据库系统(Object Relational Data Base System,ORDBS)是面向对象数据模型和关系数据模型相结合的产物。

从 20 世纪 80 年代起,人们努力探索数据库技术与对象技术的结合,研究基本上是沿着两种途径发展的:

第一种实现途径是构建纯粹的面向对象数据库管理系统(OODBMS)。该途径是以一种面向对象语言为基础,增加数据库管理的功能,主要是支持持久对象和实现数据共享。它不仅在处理多媒体等数据类型时可以做到游刃有余,而且在应用系统开发速度和维护等方面有着极大的优越性。

第二种实现途径是对传统的关系 DBMS 加以扩展。通过增加面向对象的特性,把面向对象技术与关系数据库相结合,建立对象关系数据库管理系统(ORDBMS)。它既支持已经被广泛使用的 SQL,具有良好的通用性,又具有面向对象特性,支持复杂对象操作和复杂对象行为的处理。

其中,第二种的成果最为卓著。它在传统关系数据库的基础上吸收了面向对象数据模型的主要思想,同时又保持了关系数据库系统的优点,成功开发了原型系统。近年来,各大关系 DBMS 厂商也已推出了其产品的对象关系版本,从而满足了许多新的数据库应用需求。本章先简单介绍面向对象数据模型的基本概念及其建模方法,再介绍对象关系数据库系统相关技术与方法。

7.1.2　面向对象数据模型

传统的数据库应用的数据类型都比较简单。基本数据项是原子的,记录的类型也不多。这决定了它只适合于一些对数据类型要求不高的数据处理事务,比如银行业务和人事、薪金管理。

随着数据库应用的发展,处理复杂数据类型的需求逐渐扩大。例如,考虑计算机辅助电路设计数据库。一个电路由很多部件组成,部件具有不同的类型,同一类型的部件具有相同的属性,部件与部件之间还有联系。如果将每个部件看成部件类的一个对象(实例),并且赋予每个对象唯一的标识符,这样电路中的部件可以依靠唯一标识符联系到其他部件。那么在数据库中对电路建模就会更简单。

面向对象数据模型提出于 20 世纪 70 年代末、80 年代初。它吸收了概念数据模型和知识表示模型的一些基本概念,同时又借鉴了面向对象程序设计语言和抽象数据类型的一些思想,是用面向对象的方法构建起来的数据模型,是一种可扩充的数据模型。

面向对象数据模型的核心概念及特征如下:

1. 对象的结构

对象是相关数据和代码的一个封装体。一个对象对应着 E-R 图中的一个实体。对象和系统的其余部分都是通过消息来交换信息的。

一般来讲,一个对象包括属性集合、方法集合、对象所响应的消息集合。相关内容如下:

(1) 属性集合。对象的属性用变量表示,它描述了对象的状态、组成和特性。对象的某个属性可以是单个值或值的集合,也可以是一个对象。

(2) 方法集合。方法用函数表示,描述对象的行为特性(操作或功能)。每个方法是实现一个消息的代码段,且都返回一个值作为对消息的响应。

(3) 响应的消息集合。消息是对象提供给外界的界面,消息由对象接收和响应。在表示对象主要结构时,常省略此部分。

由于一个对象提供给外部的唯一接口是对象所响应的消息集合,因此,修改属性和方法时可以不影响系统的其余部分。这种修改一个对象的定义而不影响系统其余部分的能力是面向对象程序设计的主要优点之一。

2. 类

在数据库中有很多相似的对象,它们有相同名称和类型的属性,响应相同的消息和调用相同的方法。对每个这样的对象单独定义是很麻烦的,因此可以将它们分组形成类。类描述一类对象所具有的共同属性变量和操作方法。一个类的所有对象共享着相同的属性和方法定义，但是每个对象的值各不相同，每个这样的对象被称为该类的实例。

类在面向对象数据库中的作用与关系模式在关系数据库中的作用非常类似。在关系数据库中，数据库是由关系模式生成的关系的集合组成，每个关系又是由很多元组组成。在面向对象数据库中，数据库是由类的集合组成，每个类可生成很多同类对象。

图 7-1 描述了人员类的结构，包括类的属性和方法。在这个描述中，每个人员类的对象都包含字符串类型的变量 name 和整数类型的变量 age。每个对象都有用来获得对象和设定对象的 4 个操作方法。

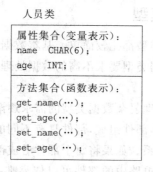

图 7-1　人员类的结构

3. 继承

继承（Inhertance）即常说的 Is-a 关系。当且仅当类 Y 的每个对象都是类 X 的对象时，类 X 被称为类 Y 的一个父类，而类 Y 被称为类 X 的一个子类，父类与子类这种在语义上具有泛化与特化的关系就是继承。继承分为单继承与多继承。

（1）单继承。子类仅有一个父类的继承称为单继承。父类通常定义一些相似的类所共同拥有的属性、消息和方法，而子类是父类的特殊化，它不仅继承了父类的属性、消息和方法，而且还可以定义一些子类所特有的变量、消息和方法。在面向对象系统中继承性的一个重要好处就是代码重用。一个类所定义的属性和方法，可以被类的所有对象引用，也可以被该类的子类的所有对象引用。这样子类不需再重写这些方法。

例如，考虑大学中的学生和教员，学生可分为本科生和研究生，教员可分为教师和职员，研究生又可分为硕士研究生和博士研究生。该例子中类的继承关系如图 7-2 所示。

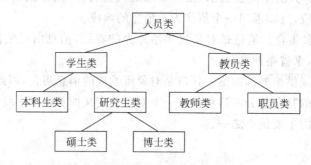

图 7-2　类的层次

可以在人员类中定义一些公共的属性和方法,如姓名、年龄和性别及地址等。那么在其子类——学生类和教员类中就不需要再定义了。而只需要定义一些特有的属性和方法,如对学生类定义专业、班级等属性以及选课、考试等方法。

很容易判断哪些对象与位于层次结构中的叶节点上的类相关联,比如将硕士研究生的集合与硕士类相关联。然而对于非叶节点来说,这个问题就相对复杂了。在图 7-2 中,有两种合理的方法将对象与类关联在一起:

① 将本科生、硕士、博士类的学生对象与学生类相关联。

② 只将那些非本科生、硕士、博士类的学生对象与学生类相关联。

通常,在面向对象系统中选择后一种方法。在这种情况下要找出所有学生对象的集合也是可以做到的,只需将与学生类及其子类相关联的对象合并起来即可。

(2) 多继承。大学教员在工作的同时可以攻读学位,这时他们具有双重身份:既是大学教员也是学生。这样,在职攻读学位的大学教员既是大学教员的子类,同时也是学生类的子类。称存在一个类是两个或两个以上不同类的子类的情况为多继承。

多继承允许一个类从多个父类中继承属性和方法。父类与子类的关系可以用有向无环图来表示,其中一个类可以有多个父类。在职攻读学位的大学教员类的多继承如图 7-3 所示。

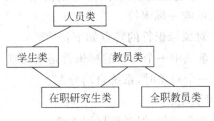

图 7-3 类的多继承

当使用多继承时,如果同一个属性或方法可以从多个父类中继承就会有潜在的二义性问题。例如,学生类用属性变量 dept 表示该学生所在的院系,教员类也有一个属性变量 dept 表示教师所在的院系。在职研究生类继承了这两个 dept 的定义,所以,在这种环境中 dept 的含义就不能确定,存在二义性。

4. 对象包含

对象包含:类之间的包含关系表现了现实事物的局部与整体的关系(组合关系,即 A-Part-Of 关系)。为了说明对象包含,考虑图 7-4 所示的简化了的微型计算机硬件数据库的包含层次结构。每台计算机结构包括主机、显示器、键盘和鼠标。机箱包括主板、显卡等。结构中的每一个组件都可以描述为一个对象,同时组件间的包含也可以用对象间的包含来描述。

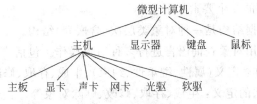

图 7-4 微型计算机硬件数据库的包含层次

包含了其他对象的对象称为复合对象。可以存在多层次的包含，这样就产生了对象间的包含层次。

5. 对象标识符

在面向对象数据库中，一个对象对应着需建模的企业中的一个实体，一个实体即使它的特性随着时间的推移会变化，但是它的标识不会改变。同样，一个对象也需要有一个不随时间的推移而变化的唯一标识。

面向对象系统使用对象标识符（Object IDentifier，OID）来标识对象，它是唯一且不变的。当创建一个对象时，系统会自动生成对象标识符。用户不能修改它，但可以引用它。对象标识符不必是人们熟悉的符号，如可以是一串无序的数字。对于数据库系统来说，能够像存储变量来存储对象标识符比对象标识符有一个容易记忆的名字更重要。

标识符通常是由系统自动生成的。在很多情况下，由系统自动生成标识符是有益的，因为它不需要人来完成这项工作。然而，也有一些情况比较特殊。因为系统生成的标识符是针对某个系统的，如果要将该系统的数据转移到另一个不同的数据库中，这时该系统生成的标识符必须要进行转化。但是有一种情况例外，当一个实体在建模的时候已经有一个系统之外的唯一标识符，就不必让系统生成标识符，而直接使用实体的那个唯一标识符，如在中国经常用身份证号作为个人的唯一标识符。

对象标识符与键不同。对象标识符的特点如下：

(1) 全局唯一。在整个系统中一个对象的标识符是全局唯一的。

(2) 自动生成。当创建一个对象时，系统自动分配。

(3) 用户不能修改，但可引用。

(4) 对象的属性/值、方法会变化，但对象标识不变。

(5) 独立于值。两对象值相同，但对象标识符不同则是不同对象。

6. 面向对象模型的特征与要素

面向对象数据模型中，类的子集称为该类的子类，该类称为子类的父类。子类可继承父类的所有属性和方法。子类还可以有子类，形成一个类层次结构（图 7-2）。

面向对象数据模型的基本特征如下：

(1) 抽象。将一组对象的共同特征和行为抽象形成"类"的概念。而面向对象的数据模型正是由一组抽象的对象类组成的。

(2) 封装。它是将一组属性数据和这组数据有关的方法（操作函数表示）组装在一起，形成一个能动的实体——对象。封装使得一个对象可以像部件一样用在各种程序中。

(3) 继承。继承指一个对象类可以获得另一个对象类的特征和能力。这样可大大提高数据对象的可重用性。

面向对象数据模型的 3 个要素如下：

(1) 数据结构。数据结构是一种对象类层次（含嵌套）结构。

(2) 数据操作。使用对象查询语言进行多种对象操作。包括：

① 类的定义和操作：定义（属性、继承性、约束）、生成、存取、修改、撤销等。

② 对象的操作方法的定义：生成、存取、修改、删除对象等。

(3) 数据的完整性约束。包括：

① 唯一性约束。同一模式中,类名唯一;同一类中,属性和方法名唯一。

② 引用/存在性约束。被引用的类必须已存在;被调用的方法必须已被定义;被定义的方法必须已被实现。

③ 子类型约束。子/父类联系不能有环(循环定义);不能有从多继承带来的任何冲突;如果只支持单继承,则子类的单一父类必须加以标明。

其中:引用约束可通过以下方式实现:

(1) 无系统支持。由用户编写代码控制实现对象的引用完整性。

(2) 引用验证。系统检验所有引用的对象是否存在,类型是否正确;但是不允许直接删除对象。

(3) 系统维护。系统自动保持所有引用为最新的,当所引用的一个对象被删除时,立即将引用设置为空指针。

(4) 自定义语义。自定义语义一般由用户编写代码实现,如使用选项"ON DELETE CASCADE"。

构建面向对象数据模型的主要方法如下:

(1) 分类。分类是把一组具有相同属性和操作方法的对象归纳或映射成为一个公共类的过程。对象和类的关系是值与型的关系。

(2) 概括。概括是把几个类中某些具有部分公共特征的属性和操作方法抽象出来,形成一个更高层次、更具一般性的父类的过程。父类和子类用来表示概括的特征,表明它们之间的关系是"父—子"关系,子类是父类的一个特例。

(3) 聚集。聚集是将几个不同类的对象组合成一个更高级的复合对象的过程。术语"复合对象"用来描述更高层次的对象,"成分"是复合对象的组成部分,如医院由医护人员、病人、门诊部、住院部、道路等聚集而成。

面向对象数据库(OODB)是在面向对象数据模型基础上建立起来的,它对一些特定应用领域(如计算机辅助设计与制造(CAD/CAM)、地理信息系统(GIS)、多媒体数据管理等)能较好地满足其应用需求。但是,它并不支持 SQL 语言,在通用性方面失去了优势,因而其应用领域有一定的局限性。

7.2　面向对象的建模方法

统一建模语言(Unified Modeling Language,UML)是进行系统分析和设计的重要工具,数据库系统设计中,常应用 UML 表示的类图来建立信息模型。UML 已成为数据库系统设计的一种新方法。

7.2.1　统一建模语言——UML

1. UML 简介

为了规范软件建模语言,Rational 于 1995 年开始召集了 3 位面向对象的创始人,于 1996 年提出统一建模语言 UML。UML 是用来对软件进行可视化建模的一种语言,它是为面向对象开发系统的产品进行说明、可视化和编制文档的一种标准语言。UML 最适于数据建模、业务建模、对象建模、组件建模。作为一种模型语言,它使开发人员专注于建立产品的模型和结构，而非选用什么程序语言和算法实现。当模型建立之后，模型可以被 UML 工具转化成指定的程序语言代码。

UML 概括了软件工程、业务建模和管理、数据库设计等许多方法学，在众多设计领域逐渐流行，已成为数据库系统设计的一种新方法。

2. UML 的特点

UML 具有以下特点：

（1）面向对象。UML 支持面向对象技术的主要概念，提供了一批基本的模型元素的表示图形和方法，能简洁、明了地表达面向对象的各种概念。

（2）表示能力强。可视化程度高，通过 UML 的模型图能清晰地表示系统的逻辑模型和实现模型，可用于各种复杂系统的建模。

（3）独立于过程。UML 是系统建模语言，独立于开发过程。

（4）独立于程序设计语言。用 UML 建立的软件系统模型可以用 Java、VC++、Smalltalk 等任何一种面向对象的程序设计来实现。

（5）易于掌握使用。UML 图形结构清晰，建模简洁明了，容易掌握使用。

使用 UML 进行系统分析和设计，可以加速开发进程，提高代码质量，支持动态的业务需求。UML 适用于各种规模的系统开发，能促进软件复用，方便地集成已有的系统，并能有效处理开发中的各种风险。

7.2.2 UML 的表示法

UML 表示法定义了 UML 符号的表示方法，是一个标准的一组符号的图形表示法。它为开发者或开发工具使用这些图形符号以及文本语法以及为系统建模提供了标准。

1. UML 表示法的组成

标准建模语言 UML 的主要表示可由下列 5 类图组成：

（1）用例图。用例图从用户角度描述系统功能，并指出各功能的操作者。它描述人们如何使用一个系统，表明谁是相关的用户、用户希望系统提供什么样的服务等，常用来描述系统及子系统。

（2）静态图。静态图包括类图、对象图和包图。其中类图描述系统中类的静态结构。不仅定义系统中的类，表示类之间的联系，如关联、依赖、聚合等，也包括类的内部结构（类的属性和操作）。类图描述的是一种静态关系，在系统的整个生命周期都是有效的。

对象图是类图的实例。包由其他包或类组成，表示包与包之间的关系。包图用于描述系统的分层结构。

（3）行为图。行为图描述系统的动态模型和组成对象间的交互关系。其中状态图描述类的对象所有可能的状态以及事件发生时状态的转移条件。通常，状态图是对类图的补充。而活动图描述满足用例要求所要进行的活动以及活动间的约束关系，有利于识别并行活动。

（4）交互图。交互图描述对象间的交互关系。其中顺序图显示对象之间的动态合作关系，它强调对象之间消息发送的顺序，同时显示对象之间的交互；协作图描述对象间的协作关系，显示对象以及它们之间的关系。如果强调时间和顺序，则使用顺序图；如果强调上下级关系，则选择协作图。这两种图合称为交互图。

(5) 实现图。实现图中的构件图描述代码部件的物理结构及各部件之间的依赖关系,该图有助于分析和理解部件之间的相互影响程度。实现图中的配置图定义系统中软、硬件的物理体系结构。它可以显示计算机和设备节点以及它们之间的连接关系,也可显示连接的类型及部件之间的依赖性。

2. UML 的分析设计步骤

运用 UML 进行面向对象的系统分析设计,其过程通常由以下 3 个部分组成:

(1) 识别系统的用例和角色。首先对项目进行需求调研,依据项目的业务流程图和数据流程图以及项目中涉及的各级操作人员,分析、识别出系统中的所有用例和角色;分析系统中各角色和用例间的联系,再使用 UML 建模工具画出系统的用例图,同时,勾画系统的概念层模型,借助 UML 建模工具描述概念层类图和活动图。

(2) 进行系统分析并抽取类。系统分析的任务是找出系统的所有需求并加以描述,同时建立特定领域模型。建立该模型有助于开发人员考察用例,从中抽取出类,并描述类之间的关系。

(3) 进行系统设计并设计类及其行为。设计阶段由结构设计和具体设计组成。结构设计是高层设计,其任务是定义包,包括包间的依赖关系和主要通信机制。包有利于描述系统的逻辑组成部分以及各部分之间的依赖关系。具体设计就是要细化包的内容,清楚地描述所有的类,同时使用 UML 的动态模型描述在特定环境下这些类的实例的行为。

总之,从应用的角度看,当采用面向对象技术设计系统时,首先是描述需求;其次根据需求建立系统的静态模型,以构造系统的结构;然后是描述系统的行为。

UML 是进行系统分析和设计的重要工具,数据库系统设计中,常应用 UML 表示中的类图来进行实体关系建模。

7.2.3 UML 的信息建模

本节介绍 UML 类图的一个子图,它适用于数据库系统设计的信息建模(或 E-R 建模),以得到较准确的信息模型。为了更好地理解 UML 在数据库设计中扮演的角色,本部分仅描述 UML 如何表示信息建模的核心元素。

1. UML 中的实体型

实体型可表示具有相同结构的一系列实体的类型,根据它能生成仅通过标识和状态互相区别的任意数目的实体对象。UML 中表示实体型的元素是类(Class)。

类一般用矩形表示,该矩形分为 3 个部分:一是类的名称;二是类的属性,包括属性名、属性的类型,可含属性的其他细节,比如主键、初始值等(该部分在缩略图中可以省略);三是类的行为(当不需考虑实体型的行为时,该部分可省略)。

UML 是一种面向对象的建模语言,类图和 E-R 图之间的主要区别在于,E-R 图中的实体属性出现在矩形之外的椭圆中,而在 UML 类图中,属性直接出现在矩形中。与实体型人员、学生相关的 UML 类如图 7-5(a)、(b)所示。

说明:UML 类以多种方式扩展了 E-R 图中的实体型。第一,UML 类可包含实体上操作的方法,使得设计者可定义由类产生的实体上可执行的操作;第二,UML 将包括对象约束语言,可在 UML 图中直接定义某些约束类,这些约束可立刻在单个或多个类上引入限制；第三，UML 类有扩展机制，可在 UML 表示中增加额外特性，从而更适于数据库设计。

person（人员类）	
≪PK≫ id：	INT
name：	CHAR(20)
address：	CHAR(50)
hobbies[0..∗]：	CHAR(10)
ChangeAddr (newaddr：CHAR (50))	
AddHobby (hobby：CHAR(10))	

(a)

student（学生类）	
≪PK≫ id：	INT
name：	CHAR(20)
address：	CHAR(50)
avg：	DEC(3, 1)
startdate：	DATE
ChangeAddr (newaddr：CHAR (50))	
SetStartDate (date：DATE)	
……	
≪Invariant≫ self.avg > 80.0	

(b)

图 7-5　UML 类的示例

UML 中类的属性可以是集值的。这根据相关属性上的一个约束来指定。在图 7-5（a）中，hobbies 属性的约束为[0..∗]，表明该属性可以有任意多个值（包括 0）。还可在 UML 类中增加额外表示。在图 7-5（b）中，标签≪PK≫附加到属性 id 上来表示一个类的主键；用附加≪Invariant≫ 标签表示 student 类的所有对象平均成绩高于 80 分的约束。

2．在 UML 中表示联系

在 UML 中，类之间的联系被称为关联，而联系类型被称为关联类型。UML 图为关联类型附加了比在 E-R 图中更丰富的语义，下面将介绍这些机制。

（1）不带属性的关联。同 E-R 图一样，类（即实体型）之间通过关联相联系，这些类的成员可能在关联中扮演不同的角色。为描述清楚起见，可以为角色显式命名。图 7-6 给出了 E-R 图中一些 UML 类的关联示例。在图 7-6（a）中，subordinate 表示 emp 类中的"职工"角色，而 supervisor 表示 emp 类中的"管理者"角色，report 则表示关联的名称"汇报"。在图 7-6（b）中，对于二元关联类型，UML 简单地用一条线将关联中涉及的类连接起来，并标上关联的名称。当涉及的类超过两个时，UML 同 E-R 图一样用一个菱形来表示，见图 7-6（c）。

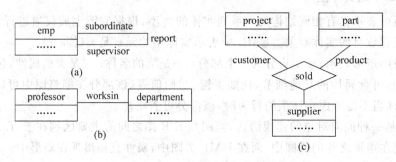

图 7-6　UML 类的关联示例

（2）带属性的关联——关联类。类之间的联系可以具有属性，设计者如何表示联系上的属性信息呢？UML 关联类（Association Class）可以解决这个问题。一个关联类与一个常规类相似,也用矩形表示,并且包含该联系上的属性,但用一条虚线将它连到一个相关的联系上,这意味着用类的属性来描述关联。带有关联类的 UML 关联示例如图 7-7 所示。其中图 7-7(a)表示不带关联类的关联,图 7-7(b)、(c)分别表示附加了关联类 worksin、sold 的关联。尽管看上去关联类与联系是独立表示的元素,但关联类和联系的名称必须相关。

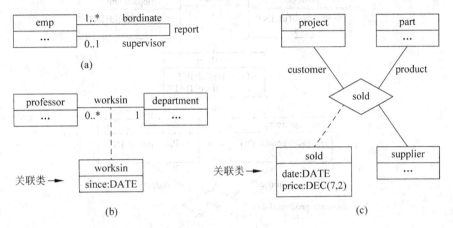

图 7-7　带有关联类的 UML 关联示例

3. UML 中的简单约束

(1) 重复度约束。

在 UML 中类之间的联系是为实体型指定的。联系双方线上的数字指定了参与该联系的可能实体(或对象)的数量,称为"重复度约束"。

关联到类 A 和类 B 的角色 R 上的一个重复度约束,是附加到 R 上的一个形如 $n..m$ 的范围定义,其中 $n \geqslant 0$ 是一个非负整数,m 要么是 *(表示无限数目),要么是不小于 n 的整数。该范围给出了类 B 可以关联到另一端类 A 给定实体集中实体数目的下限和上限。另外,简写范围 * 的意思是:$0..*$,范围 1 的意思是 $1..1$。

图 7-7 中标出了几个 UML 中使用的重复度约束。图 7-7 (a)表明了为一个关联的两个角色分配的范围。角色 supervisor 上的范围是指一个职员可以有 0 个或 1 个主管;角色 subordinate 上的范围是指一个主管可以管理多个职员,但至少为一个。图 7-7 (b)中的范围是指每个教员仅在一个院系中工作,但一个院系可以有任意数目的教员,包括 0 个。

需要特别注意的是,UML 图中使用的范围定义(重复度约束)与 E-R 图中的范围定义(基数)表示形式相似,但范围定义的表示位于联系的不同端,即位置相反。

(2) 外键约束。

与主键约束类似,数据库设计者一般使用附加到属性上的<<FK>>标签来表示外键。图 7-8 给出了 UML 中的几种简单约束。

注意:要求不同类中的相关属性具有相同名称;否则,将不能确定哪个主键被外键参照,如 worksin 关联类中<<FK>>的意思是 worksin 中的属性 profid 参照 Professor 的主键属性来取值。

(3) 关联中的键约束。

UML 允许在图的花括弧中放任意多的文字。此类文字用于帮助理解 UML 中的约束。

例如,在图 7-8(b)中,对联系 sold 的约束使用的注释是{key: customer, product,date}。在
UML 中,这个注释本身没有什么意义,但是设计组和程序员组采用内部约定,可使得该注
释具有特定的意义。

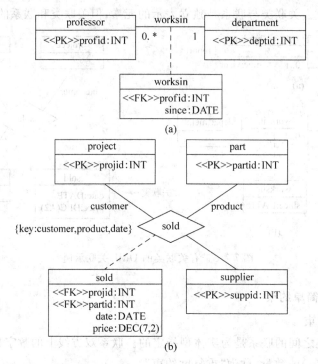

图 7-8　UML 中的几种简单约束

4. 类层次

在 UML 中,父类与子类联系被称为一般联系(即继承关系),用一个空心三角箭头表
示,它从一个子类指向一个父类。图 7-9 表示了 UML 中的一般联系——类层次。
图 7-9(a)表示学生类继承人员类的类层次。

正如在 E-R 图中一样,多个一般联系可以合并,直接在 UML 图中标出覆盖和不相交约
束,如图 7-9(b)所示。在图中,花括号内的关键字"complete"表示覆盖约束,该约束是指任
何学生必须属于 freshman、sophomore 等 4 类之一,关键字"disjoint"表示子类不相交约束。
花括号形式正是约束所要求的 UML 注释。

5. 依赖关系

依赖关系(即 Part-Of 联系)是需要依赖的两个实体型之间的一种关系。UML 分为两
种形式的实体型间的依赖关系。

在 UML 中,非独占依赖关系(其部分可以独立存在)称为聚合(Aggregation)。UML
聚合用特殊的符号——一条带有中空菱形的线表示,UML 中聚合是在聚合方用中空菱形
表示(E-R 图对于此类联系没有专门的表示符号)。与 UML 中的聚合相伴随的常是适当的
重复度约束。UML 中的聚合如图 7-10 所示,其中的重复度约束表明每辆汽车一定有 4 个
轮子,且一个轮子至多可以是一辆汽车的一部分。类似地,学校课程表与课程之间的重复度

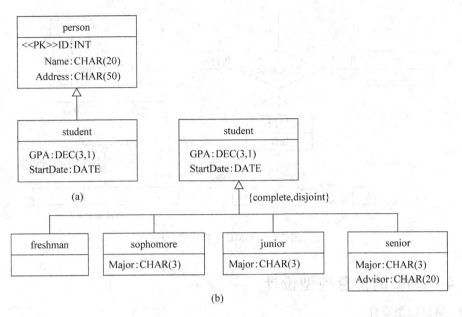

图 7-9　UML 中的一般联系——类层次

约束表明,一门课程可以与任意数目(包括 0)的课程表相关,但任何一个课程表必须至少包含 3 门课程。

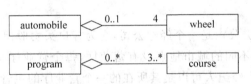

图 7-10　聚合:UML 中的非独占 Part-of 关联

独占依赖关系在 UML 中称为复合(Composition)。复合可以看作一种特殊的聚合,用一端带有实菱形的线表示。图 7-11 给出了 UML 中复合的示例,复合可表示为在聚合方的一个实心菱形。例中,假设一个课程表实体的拥有者大学实体被破坏,则它也会被破坏,当职工实体被破坏时,其亲属实体也会被破坏。

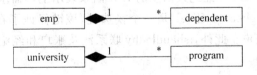

图 7-11　复合:UML 中的独占 Part-of 关联

范围定义可以与聚合和复合一起使用,以便定义这些关系上的约束条件。

图 7-12 总结了 UML 图中使用的主要符号。

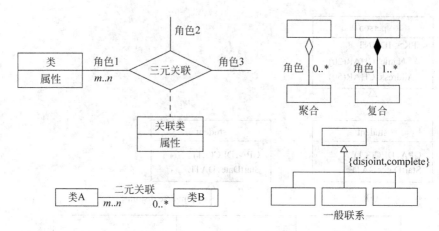

图 7-12   UML 主要符号总结

7.2.4   UML 的信息模型设计

1. 信息模型设计

信息模型常用 E-R 图来表示。由于 E-R 图的基本组件和 UML 的非常相似,UML 类图向数据模型(如关系模型)的转换与 E-R 图转换的方法是相同的,主要问题是如何正确转换存在于图中的约束,这里不再讨论。下面通过一个经纪公司的例子用图示来说明 E-R 图对应的 UML 表示。

【例 7.1】   有价证券公司是一个经纪公司,它为客户买卖股票。因此,主要参与者是经纪人和客户。该公司在不同的城市地点设有营业厅,每个营业厅有一个主管;每个经纪人在一个营业厅工作,一个经纪人可以是其所在的一个营业厅的主管。

一个客户可以有多个账户,且任何账户可以有多于一个拥有者。每个账户只能被至多一个经纪人管理,一个经纪人可以管理多个账户,但在一个给定营业厅中,一个客户不能有多个账户。

需要设计一个管理上述信息的数据库。首先给出使用 E-R 图建模的设计,然后对照讨论其在 UML 中的表示。

可用图 7-13 所示的客户/经纪人信息的 E-R 图来表示上述需求的设计。这里引入一个三元关系 hasaccount,{client, office} 是一个候选键,该键保证了在一个给定营业厅,一个客户至多可以有一个账户。此外,ishandledby 联系涉及账户和经纪人,一个经纪人可管理多个账户。

2. UML 表示

对于图 7-13 所示的客户/经纪人信息的 E-R 图,其 UML 表示如图 7-14 所示。

需了解两者一些明显的不同:UML 表示在矩形中显示的属性描述了类,主键和候选键用<<PK>>和<<UNIQUE>>标签表示,用重复度约束来表示联系的范围,附属于联系的属性,如联系 worksin 上的 since 和 managed 上的 date,需要用单独的关联类表示,用虚线连接。此外,UML 图特别关注重复度约束的定义。这些约束是:不限制关联于一个特定账户和营业厅的客户数目;每个账户只被一个经纪人处理;每个营业厅可以有任意数目

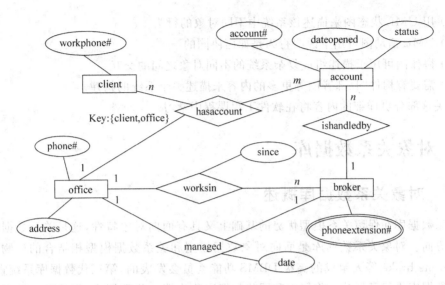

图 7-13 客户/经纪人信息的 E-R 图

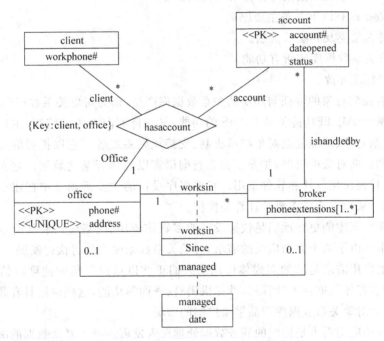

图 7-14 UML 中的客户/经纪人信息

的经纪人。指派给角色 account 的重复度约束声明，一个特定的"客户—营业厅"对可以与任意数目的账户关联，这不符合要求。但是这个问题可以通过附加到 hasaccount 关联上的键来解决，它保证了通过该关联，任何给定的"客户—营业厅"对可以与至多一个账户关联。

必须指出，UML 表示的其他部分对于数据库应用系统的建模也是很有用的。举例如下：

(1) 引入 UML 的用例图来描述该应用系统的用户交互与系统功能。

(2) 用 UML 顺序图来构建用例的动态方面。

（3）用 UML 状态图来描述该系统中不同对象的行为。

（4）UML 活动图可用于说明行为是如何协同的。

（5）协作图可用于描述组成复杂系统的不同对象之间的交互。

（6）需要有构件图、部署图等更多的内容来描述整个系统的构建。

有关这部分更详细的内容将在软件工程课程中学习。

7.3　对象关系数据库

7.3.1　对象关系数据库概述

关系数据库在保留关系模型优势的基础上又具有面向对象特性，这是关系数据库发展的主流方向。对象关系数据库是面向对象数据模型和关系数据模型相结合的产物。1990年，由 Stone brake 等人组成的高级 DBMS 功能委员会发表的《第三代数据库系统宣言》一文中对数据库进行了划分。将层次和网状数据库称为第一代数据库，将关系数据库称为第二代数据库；将对象关系数据库称为第三代数据库。

第三代数据库有以下 3 条主要原则：

（1）支持对象类及其继承机制。

（2）包含关系数据库的所有功能。

（3）支持标准开放。

那些具有面向对象的特征与功能的关系数据库产品，称为对象关系数据库 DBMS。

对象关系 DBMS 既具备关系 DBMS 的功能，又支持面向对象的特性，主要是扩充基本类型、支持复杂对象、增加复杂对象继承机制、支持规则系统等。它以扩展的方式提供了复杂数据类型和面向对象的机制，扩充了关系查询语言以处理复杂的数据。它支持面向对象数据模型，支持模块化设计和软件重用。它把程序设计的主要活动集中在建立对象和对象之间的联系上，从而完成所需要的计算与操作。

对象关系数据库能更好地满足快速发展的多媒体应用、网络应用和新的不断增长的商业应用的需求。由于两个方面应用的需求，对象关系数据库产品将快速发展。

一方面的应用需求是新的多媒体应用。人们正在以难以置信的速度将信息放入互联网，把产生的多媒体数据存入计算机，并提供浏览、查询等功能，这些应用具有数以千万计的潜在用户，也为对象关系数据库产品带来广阔的市场。

另一方面的应用需求是传统的商务数据处理深入发展。基于复杂数据的决策支持查询日益增长，对象关系数据库产品为这些应用提供了很好的解决方案。类似这种传统应用的深入扩展，大大促进了数据库市场重点向对象关系数据库产品转移。

7.3.2　对象关系数据模型

由于面向对象数据模型和关系模型都存在需要改进的地方，导致了对象关系数据模型的出现，它是面向对象数据模型与关系模型结合的产物，它扩展关系模型的方式是提供一个丰富的类型系统，它包含复杂数据类型和面向对象的特性。关系查询语言需要作相应扩展以处理这些更丰富的类型系统。这种扩展在扩充建模能力的同时保留关系的基础。

1. 对象关系数据模型的要素

对象关系数据模型的三要素如下：

(1) 数据结构。类层次的对象与表结构(允许包含嵌套表)。

(2) 数据操作。使用扩展的关系数据库语言进行对象与表的操作。

(3) 数据的完整性约束。存在对象类、父子约束,对象与表约束、引用约束等。

图 7-15 所示为一种数据库产品中所实现的对象关系数据结构。

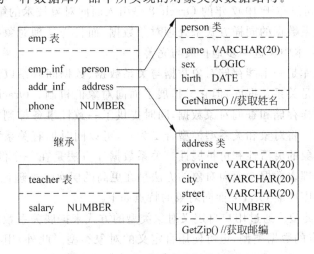

图 7-15　对象关系数据结构示例

2. 相关概念

(1) 嵌套关系模型。嵌套关系模型是关系模型的一个扩展,它允许一个关系的属性值可以是满足规范化要求的值,也可以是另一个关系的元组,从而使一个复杂的对象可以用嵌套关系中的一个元组表示。因而能表示复杂结构类型以及创建复杂类型的值。

(2) 类型的继承。其包括属性的继承和方法的继承。一个类型可从其类层次的直接、间接祖先类中继承所有的属性和方法。子类型可通过声明重载方法来取代原来的方法,以重新定义该方法的作用。

(3) 表继承。继承可以是在类型一级,也可以是在表一级。在表一级,允许把数据库中的所有关系组成一个类层次。如果一个子表和一个父表中的元组对于所有的继承属性具有相同的值,则称子表中的元组对应着父表中的元组。因此,相对应的元组表示的是同一个实体。

(4) 对象引用。面向对象的语言提供了对象引用的功能,所以类型的一个属性可以是对一个指定类型的对象的引用。

(5) 复杂数据类型。在对象关系数据库中引入了多种复杂数据类型。标准数据库语言SQL3 扩充了复杂数据类型,主要类型有聚合类型——ARRAY 类型、大对象类型——LOB类型、结构类型(嵌套表等)、引用类型——REF 类型、抽象数据类型——ADT 类型等。此外,还提供自定义数据类型的功能,用户可以定义自己需要的复杂数据类型。类型一经定义,便以持久形式保存在数据库系统中,用户可以像使用一般数据类型一样使用这些复杂数据类型。

(6) 复杂数据操作。SQL3 提供了查询和操作对象的功能。在数据类型扩展的同时,对复杂类型的查询也作了扩展。此外，数据表中的列可以定义为大对象数据类型，可以对它进行插入、删除、修改、查询操作以及赋值、比较等运算。

7.3.3 对象关系数据库产品

1. 对象关系数据库产品 Oracle

对象关系 DBMS 在应用中常被称为对象关系数据库产品。一个有代表性的产品是 Oracle。Oracle 公司发布于 1997 年的 Oracle 8 是引入面向对象技术的第一个版本，它不仅允许用户以处理关系数据的同样方式来处理对象数据，而且为处理对象数据专门设计了新功能，并在后来的版本中又进一步地扩展与完善。

对象关系数据库是一个能存储对象数据与关系数据、数据间联系以及数据行为的数据库。Oracle 的基础是关系数据库，但它又扩展了面向对象的机制。Oracle 被设计成能够像处理关系型数据那样存储和查询对象数据，同时提供了一致性事务控制、安全备份和恢复、管理自动化等功能。将对象和关系型模型合二为一，可以同时拥有关系型数据库的强大功能和可靠性以及对象的灵活性和可扩展性。关系数据库方法是在一个低级的层次上，通过一系列的行和列处理表数据。面向对象的方法是在更高的层次上处理包含对象的数据。

对象关系数据库产品 Oracle 面向对象的特点如下：

（1）定义对象类型。通过用户自定义对象类型的方式来扩展关系数据类型。在创建表时，用户可使用原有的数据类型，也可使用自定义的对象类型。此外，用户还可以定义与这些新的对象类型相联系的操作方法，并把对象和方法二者封装在一起。在一个对象中可以包括另一个对象以及使用复杂的结构访问和操作对象集合，用户可如同存储过程一样执行对象类型的方法。

（2）引入类型继承。类型继承允许共享类型间的相似之处，并扩展它们的特性。Oracle 将对象按类型组织，并将类型按树状形式构造成类层次，它支持单一类型继承（符合 SQL3 标准），这足以支持大多数应用程序的类型组织。

（3）实现对象引用。对象引用是指向同一个数据库中的其他对象的指针，它可取代常用的外部键的参照完整性方法。一个对象具有全局唯一的对象标识符（OID），可用 OID 来捕捉对象。用户可用 SQL 以访问关系数据的方式查询对象数据，使用路径方式访问对象的属性和方法，通过引用从一个对象导航到另一个对象。

（4）支持对象视图。对象视图是在关系结构的基础上定义的虚拟对象，这样就能把通常的关系模型信息映射到基于对象的结构中。这样，定义要使用的对象，而不用移植任何关系数据。对象视图中的对象具有很多对象表所具有的功能，它们可以具有对象身份与方法、可指向另一个对象以及通过 SQL 或指针访问。对象视图为传统的数据访问增加了灵活性。另外，Oracle 已扩展视图机制，使用特殊的触发器提供完全可更新的视图。

2. Oracle 的对象类型系统

为了满足高级应用需求，Oracle 开发了对象类型系统，将关系数据库扩展成为对象关系数据库，增强了全面的对象建模功能、可表示和操作嵌套表格、电子标签、医学图像、三维空间等多种复杂结构的数据，为涉及复杂数据的存储、部署和管理提供服务。

面向对象的应用开发的主要标准包括用于面向对象分析和设计的 UML、用于对象关系数据库的 SQL3 标准以及用于面向对象编程的 Java 和 C++语言。Oracle 的对象关系类型系统与 Java 环境间可以紧密集成,可从 C++ 应用程序无缝地访问 SQL 对象,并且可以有效地存储、索引和查询 XML 数据。Oracle 的对象类型系统,支持多种对象特性及其数据类型,其主要对象特性的类型有对象类型、类型继承、集合类型(可变数组、嵌套表)、对象引用、对象视图和大对象类型。

7.3.4　Oracle 的复杂数据类型

Oracle 在关系数据模型的基础上,引入了一系列面向对象的技术,具有对象类型、继承、重载、多态等面向对象的特征。其提供的面向对象的复杂数据类型如下:

1. 对象类型

Oracle 面向对象的最基本特性是它的对象类型。对象类型是用户自定义的类型,包括属性和相关方法。其中,方法在对象类型说明中声明,在对象主体中具体使用。可以创建一个只包含属性定义的对象类型;也可以在一个对象类型中既定义属性又定义方法。

(1) 创建一个只包含属性的对象类型。一般格式如下:

```
CREATE [OR REPLACE] TYPE <对象类型名> AS OBJECT        -- 创建对象类型
(<列名 1> <类型 1>, …, <列名 n> <类型 n>)              -- 属性说明
```

Oracle 自动地为每个对象类型创建一个构造方法。构造方法的名称采用对象类型名。构造方法的参数即对象类型的所有属性列。构造方法的作用是为对象类型创建对象并初始化(将其属性赋值)。格式如下:

```
<对象类型名>(<属性值 1>, …<属性值 n>)
```

下面是自定义对象类型及其使用示例。

【例 7.2】　① 创建自定义对象类型。

```
CREATE TYPE addr AS OBJECT
( province VARCHAR2(10), city VARCHAR2(20), street VARCHAR2(30));
```

这样,就可以使用对象类型 addr 去说明某一属性列。对象类型不存储数据;必须创建相应的表来存储数据。其中,VARCHAR2 为 Oracle 的变长字符串类型。

② 创建表并使用对象类型。

```
CREATE TABLE objtable ( name VARCHAR2(20), loc addr );
```

③ 向表中插入数据。为对象类型的列插入数据时,要使用其构造方法为该类型创建对象并赋值。

```
INSERT INTO objtable VALUES('天亿公司',addr('湖北省', '襄阳市','洪山街'));
```

④ 查询对象表中数据的分量时,要使用对象的"别名"进行查询。

```
SELECT s.name s.loc.province s.loc.city s.loc.street
FROM objtable s;                          -- s 为表对象的别名(代表某对象)
```

⑤ 修改、删除对象表中的数据。

例如,(a) 用非对象类型的列值作为条件,与关系表的修改、删除操作相同:

```
UPDATE objtable s
SET s.loc. city = '武汉市'
WHERE s.name = '天亿公司';
```

（b）用对象类型列的值作为条件,需要多层"路径":

```
UPDATE objtable s
SET s.loc. city = '武汉市'
WHERE s.loc.street = '洪山街';
```

（2）创建一个封装了方法的对象类型。方法是一个过程或函数,是用于操纵对象属性的子程序,被封装在对象类型中。方法是可用 PL/SQL 或 C/C++等来编写的存储过程,并且,在对象类型上操作的安全和事务方法与关系表定义的操作完全一样。一个类可以有多个方法,可以带输入输出参数,其一般格式如下:

```
CREATE [OR REPLACE] TYPE <对象类型名> AS OBJECT
(<列名 1> <类型 1>, … , <列名 n> <类型 n>)          -- 属性说明
MEMBER PROCEDURE <过程名>(<参数列表>),              -- 过程方法说明
MEMBER FUNCTION <函数名>(<参数列表>) RETURN 数据类型   -- 函数方法说明
);
```

在对象类型中声明的过程和函数,需要在对象类型主体中实现,建立类型体(实现类的方法)的一般格式如下:

```
CREATE [OR REPLACE] TYPE BODY <对象类型名> AS
MEMBER PROCEDURE <过程名>(<参数列表>)                 -- 过程方法的实现
IS     [ <说明部分>]  BEGIN    <执行部分>  END ;
MEMBER FUNCTION <函数名>(<参数列表>) RETURN <返回类型> -- 函数方法的实现
IS     [ <说明部分>]  BEGIN    <执行部分>   END ;
END;
```

定义函数方法,如没参数不用写括号,但调用时要写括号。定义方法形参时,类型不用写长度。

【例 7.3】 ① 建立对象类型。

```
CREATE   TYPE   emp_type   AS OBJECT (
  empno   NUMBER(3),                                -- 职员号
  ename   VARCHAR2 (10),                            -- 职员名称
  sal     NUMBER(6.2),                              -- 工资
  hiredate  DATE ,                                  -- 入职日期
  MEMBER   FUNCTION days_work   RETURN NUMBER,
  MEMBER   PROCEDURE   raise_salary(add_sal NUMBER)
 );
```

② 创建对象表,有关属性可以加完整性约束。

```
CREATE TABLE employees OF emp_type
(PRIMARY KEY(empno),UNIQUE(ename),CHECK(sal > 2900)); -- 定义完整性约束,列不再定义
```

插入若干数据:

```
INSERT INTO employees VALUES(emp_type (1,'王晓弘',3000,'25 - 10 - 2013'));
```

在这种情况下,可省略构造方法:

```
INSERT INTO employees VALUES(2 , '张为义' ,3800 ,'25 - 12 - 2012');
```

③ 建立对象类型体。

```
CREATE TYPE BODY emp_type AS
MEMBER FUNCTION days_work RETURN NUMBER IS
  BEGIN
    RETURN FLOOR(SYSDATE - hiredate);          -- FLOOR 为取整数函数
  END;
MEMBER PROCEDURE raise_salary(add_sal NUMBER) IS
  BEGIN
    UPDATE employees
        SET sal = sal + add_sal
        WHERE empno = SELF.empno;              -- SELF 为隐含的当前对象
  END;
END;
```

关键字 SELF 引用当前对象实例。可用它引用整个对象,也可引用当前对象的方法或属性,其类型与对象类型相同。如果表中含有对象类型的列,则该表就叫做对象表。如果表中只有对象类型的列,那么该表存储的每一行称为一个行对象,可用 VALUE() 函数获取整行记录的值。

④ 调用方法。对象类型中方法通过对象表的别名调用,而不能是实际的表名:

```
SELECT e.days_work ()
    FROM employees e
    WHERE e.empno = 1;
```

2. 类型继承

Oracle 中面向对象的重要特性是继承。以下将说明 Oracle 对继承的支持及类层次的构建。使用 CREATE TYPE 语句创建类层次的根类型。父类型必须声明为 NOT FINAL,子类型使用关键字 UNDER<父类型>。

【例 7.4】 对于图 7-16 所示的类型继承,给出其类型继承的定义。

图 7-16 类型继承

① 创建父类型。

```
CREATE TYPE person AS OBJECT
    (no INT, name VARCHAR2(20))
    NOT FINAL;
```

② 子类型继承父类型。

```
CREATE TYPE studs UNDER person
    (degree VARCHAR2(20),
    department VARCHAR2(20));
CREATE TYPE staff UNDER person
    (salary VARCHAR2(20),
    department VARCHAR2(20));
```

studs 和 staff 都继承了 person 的属性(即 no 和 name),它们被称为 person 的子类型,person 是 studs 的父类,同时也是 staff 的父类。

由以上定义,其子类型中属性包含了父类型中所有属性。类型的继承包括属性的继承和方法的继承。一个类型从它的类层次的直接、间接祖先中继承所有的属性和方法。若父类没有加 NOT FINAL 对象类型默认为 FINAL,则不能派生子类,在创建子类时会产生一个错误。

【例 7.5】 带方法的对象类型的继承。

```
CREATE TYPE person1 AS OBJECT
(name VARCHAR2(100),
birthday DATE,
MEMBER FUNCTION age() RETURN NUMBER,
MEMBER FUNCTION print() RETURN VARCHAR2 ) NOT FINAL;
```

可在非最终类型下创建子类。它从其父类继承所有属性和方法,还可添加新属性和方法,或覆盖已继承的方法。

```
CREATE TYPE emp1 UNDER person1
(salary NUMBER,
bonus NUMBER,
MEMBER FUNCTION wages() RETURN NUMBER,
OVERRIDING MEMBER FUNCTION print() RETURN VARCHAR2 );   -- 覆盖已继承的方法
```

3. 创建集合类型

集合类型是具有相同定义的元素的聚合。Oracle 有两种类型的集合:

(1) 可变数组。可以有任意数量的元素,但必须预先定义上限值。

(2) 嵌套表。视为表中之表,可以有任意数量的元素,不需要预先定义上限值。

可变数组是具有相同数据类型对象的一个集合。数组容量可变,但创建时要指定数组最大容量。数组元素可以是基本类型或对象类型。其一般格式如下:

```
CREATE [OR REPLACE] TYPE <数组类型名>
AS VARRAY(<元素个数的最大值>) OF <元素类型>)
```

【例 7.6】 ① 创建可变数组类型。

```
CREATE TYPE varray_list AS VARRAY(30) OF VARCHAR2(5);
        -- 数组元素的类型为基本类型
CREATE TYPE addrlist AS VARRAY(6) OF addr;
        -- 数组元素的类型为已建的对象类型 addr
```

② 创建表并使用可变数组类型说明属性。

```
CREATE TABLE shop
    ( name VARCHAR2(20), shopaddr addrlist );          -- 数组内容在表中作为一个属性列
```

③ 向表中插入数据。

```
INSERT INTO shop VALUES('武商平价', addrlist(addr('湖北省','武汉市','洪山街'), addr('湖北省',
'武汉市', '珞瑜路')));
```

④ 查询，用 TABLE 函数将数据以表格形式输出。

```
SELECT *
FROM TABLE (SELECT s.shopaddr FROM shop s WHERE name = '武商平价');
```

【例 7.7】　复杂表类型示例，创建表 7-1 所示的文档类型的表。

表 7-1　文档类型的表 doc

标题 (title)	编号 (sno)	作者 (authors)	日期 (year,month,day)	关键词 (keywords)
销售报告	S20090710	(Jackie,Smith)	(2012,7,29)	(盈利,销售报告)
进货报告	B20090711	(Jones,Andrew)	(2013,7,30)	(缺货,进货报告)
…	…	…	…	…

先创建文档的结构，再建表：

```
CREATE TYPE mydate AS OBJECT                    -- 定义日期对象类型
    (day INT, month VARCHAR2(20), year INT );   -- 属性包含日、月份和年份
CREATE TYPE name_list AS VARRAY(5) OF VARCHAR2(20);    -- 定义作者数组类型
CREATE TYPE key_list AS VARRAY(6) OF VARCHAR2(10);     -- 定义关键词数组类型
CREATE TYPE document AS OBJECT                   -- 定义文档对象类型
    (title VARCHAR2(20),
    sno VARCHAR2(10),
    authors name_list,
    date mydate,
    keywords key_list);
CREATE TABLE doc OF document;                    -- 创建一个文档类型的表 doc
```

嵌套表是表中之表，一个嵌套表是某些行的集合，它在主表中表示为其中的一列。对主表中的每一条记录，嵌套表可以包含多个行。其一般格式如下：

```
CREATE [OR REPLACE] TYPE <嵌套表类型名> AS TABLE OF <元素类型>)
```

如定义嵌套表：

```
CREATE TYPE addr_table AS TABLE OF addr;
```

其中定义对象类型、创建表、查询和插入数据都与可变数组一样。使用可变数组查询速度快，但是需整体更新，适用于数据不修改的情况。而使用嵌套表可修改表中的内容，且无需整体更新操作。

4. 对象引用

对象引用常需用到对象表。对象表是用对象类型定义的数据库表；对象表的每行都有

系统分配的唯一对象标识符(OID);OID 是全局唯一的,具有 OID 的对象可以被引用
(REF),对象引用实现不同对象之间的联系。

一个属性可以是对一个指定类型对象的引用。一般格式如下:

<属性> REF (<类型名>) SCOPE IS <表>

其中 REF 是指向行对象的引用指针,实现表和表之间的联系,故对象之间连接不再需
要关系表的连接操作。引用只能用于具有 OID 的对象(将对象表的别名作为 REF 的参数,
可以取得对应 OID 的引用值)。SCOPE 子句用于限定引用的对象在一个指定的表中,这样
可以提高查询性能。在对象引用中,由于使用了对象标识,故不必使用主键。

【例 7.8】 对象表与引用。

① 创建对象类型。

```
CREATE TYPE officetype AS OBJECT
(id VARCHAR2(4), typename VARCHAR2( 10 ) );
```

② 创建该对象类型的对象表,并插入若干对象。

```
CREATE TABLE office OF officetype
INSERT INTO office VALUES('0001', '总务科');
INSERT INTO office VALUES('0002', '教务处');
```

③ 创建关联对象表(使用 REF,指示 OID 进行对象表关联)。

```
CREATE TABLE worker
(wid VARCHAR2 (6) PRIMARY KEY ,
wname VARCHAR2 (8),
woffice REF officetype SCOPE IS office,
phone VARCHAR2(15 )
);
```

插入数据:

```
INSERT INTO worker
SELECT 'w001','李斌', REF(o), '027 - 68776666'
       FROM office o
       WHERE id = '0001';
```

④ 使用 VALUE(别名)查询对象内容。

```
SELECT VALUE(o1) FROM worker o1;
```

⑤ DEREF 函数返回指针指向的对象。形式为:DEREF (<REF 指针>)。
使用 DEREF 取得关联对象表相关内容。

```
SELECT wid, wname, DEREF(w.woffice), phone
FROM worker w
WHERE wid = 'w001';
```

结果形式为:

```
w001 李斌 OFFICETYPE('0001', '总务科') 027 - 68776666
```

【例 7.9】　利用前面已定义的 person 类型，定义含对象引用的对象类型如下：

```
CREATE TABLE people OF person ;                    -- 建 people 表(插入若干值略)
CREATE TYPE class AS OBJECT
     ( classname VARCHAR2(20),
     monitor REF (person) SCOPE IS people ) ;
```

对象类型 class 有一个 classname 属性和一个引用到 person 类型的 monitor 属性，这里引用限制为 people 表中的元组。引用的行为与外键类似。被引用的表有一个属性列专门用来存储元组的标志符 OID，在表中插入元组时，其值由 DBMS 自动生成。

当初始化一个引用属性时，需要得到被引用元组的标识符。在 Oracle 里，可以通过查询得到一个元组的标识符的值。

```
CREATE TABLE classes OF class ;                    -- 创建班级表
     INSERT INTO Classes VALUE('00514班',NULL);    -- 插入数据,引用内容暂空
     UPDATE Classes
     SET monitor = (SELECT REF(p)                   -- 填入引用对象的标识符
             FROM people p
             WHERE p. name = '张迪')               -- 人员表中的张迪为该班班长
     WHERE name = '00514班'
```

5. 对象视图

对象视图允许用存储在关系表或对象表中的数据合成新对象。对象视图分为基于关系表的对象视图和基于对象表的对象视图两类。

```
CREATE [ OR REPLACE] VIEW <对象视图名> OF <对象类型>
WITH OBJECT OID (<列名>)                -- 列名须提供对象视图中用来标识一个对象的键
AS SELEC <目标列表> FROM <关系表名|对象表名>;        -- 基于关系表/基于对象表
```

（1）对象视图——基于关系表。

【例 7.10】　为建立视图做准备，定义相关表和对象类型。

```
CREATE TABLE worker_r
(no number(5), name VARCHAR2(8), city VARCHAR2(10), zip  number(6) ) ;
    ⋮   //插入若干数据略
CREATE TYPE addr_type AS OBJECT
  ( city VARCHAR2(10), zip NUMBER(6) ) ;
```

创建基于关系表的对象视图时，必须预定义一个对象类型，该类型定义了所要创建的视图结构。

① 创建视图的结构。

```
CREATE TYPE worker_type AS OBJEC
(no NUMBER(5),name VARCHAR2(8), address addr_type ) ;
```

② 建立对象视图。

```
CREATE VIEW worker_v OF worker_type
WITH OBJECT OID (no)
AS SELECT no , name, addr_type(city, zip)
```

```
from worker_r                              -- 数据来源于关系表
WHERE city = '武汉市';
```

(2) 对象视图——基于对象表

【例 7.11】 建立描述视图结构的对象类型及其表。利用前面已建 emp_type 对象类型和该类型的表 employees,建立基于对象表的对象视图如下:

① 创建视图的结构。

```
CREATE TYPE etype AS OBJECT
(empno NUMBER(3),ename VARCHAR2(10),days NUMBER);
```

② 建立对象视图。

```
CREATE VIEW emp_v OF etype
WITH OBJECT OID (empno)
AS SELECT empno, ename, e.days_work ()
FROM employees e ;                         -- 数据库源于对象表
```

③ 查询对象视图。

```
SELECT * FROM emp_v ;                       -- 对象视图的查询类同表的查询
```

6. 大对象类型

(1) 大对象类型的种类。Oracle 支持大对象 (Large Object, LOB) 类型,主要用以存储多媒体数据,如图像、视频、声音、大文本文件等,其大对象类型的种类如表 7-2 所示。

表 7-2　Oracle 大对象类型的种类

数据类型	最大容量	说　明
BLOB	4GB	二进制大对象。表示存储在数据库中的图像、声音等数据
CLOB	4GB	字符型大对象。用于存储大数量文本信息
NCLOB	4GB	多字节字符型大对象。存储大数量 Unicode 数据
BFILE	$2^{32}-1B$	只读的二进制大对象。存储在数据库外文件的指针

Oracle 将大对象类型分为内、外两种情况:

① 值存储在数据库内的 BLOB、CLOB、NCLOB 类型,支持事务处理,即能 ROLLBACK 等。

② 值存储在数据库外的 BFILE 类型,不支持事务处理,数据完整性依赖于文件系统。

大对象类型分两个部分:数据值和存放数据位置的指针。大对象列的内部不存放数据,而是大对象值的位置指针。当创建内部大对象时,指向数据的指针放在列中,值存放在数据库对应段中。对于外部大对象,只在列中存放位置指针,值为操作系统文件。大对象数据的索引是系统隐式创建的。

(2) 大对象类型的使用。这里仅介绍大对象类型的基本表示。

【例 7.12】 大对象数据示例。

```
CREATE TABLE books
    (bookname VARCHAR2(80),             -- 书的名称
    photo BLOB,                         -- 照片
```

```
        content CLOB,                          -- 文字
        web_page BFILE);                       -- 指向外部页面
```

大对象类型的列中放的只是实际存储大对象数据的一个地址指针。要处理大对象数据,必须先获得大对象的地址。这可通过一个查询语句获取。应用程序一般只检索大对象的位置指针,然后用它操作该对象。如在 PL/SQL 中声明一个大对象类型的变量,从数据库中查询一个大对象类型的值赋给该变量(只是将指针复制给它),该变量就会指向存放大对象数据的地址。

```
DECLARE
        book_photo BLOB;                       -- 声明大对象类型的变量 book_photo
        BEGIN
        SELECT photo INTO book_photo           -- book_photo 变量指向存放照片的地址
        FROM books
        WHERE name = 'Database';
        END;
```

Oracle 中可以用多种方法来检索或操作大对象数据。通常,利用内置了很多过程和函数的 DBMS_LOB 包,方便地操作大对象数据。

7.4　本章小结

基于对象的数据库系统主要包括两类:一类是建立在持久化程序设计语言的面向对象数据库系统;另一类是对关系模型做了扩展和具有面向对象特性的对象关系数据库系统。

UML 是一种定义良好、易于表达、功能强大的面向对象的建模语言,是进行系统分析和设计的重要工具。数据库系统设计中,常应用 UML 中的类图等来进行信息建模。UML 已成为数据库系统设计的一种新方法。

面向对象数据模型是用面向对象的方法构建起来的、可扩充的数据模型。对象关系数据模型是面向对象模型与关系模型结合的产物。对象关系 DBMS 结合了复杂类型和面向对象的诸如对象标识符和继承等概念与技术,扩展了关系数据库查询语言 SQL 以表示和处理复杂的数据类型,并支持对象的数据操作。

习题 7

1. 面向对象数据模型的基本思想和主要特点是什么?
2. 面向对象数据模型中对象标识符和关系模型中的键有什么不同?
3. 面向对象数据模型中对象和 E-R 模型中的实体有什么区别?
4. 对象关系数据库有哪些特点和功能? 如何表示嵌套表、图片数据?
5. 举例说明怎样使用引用表示外键联系。
6. 统一建模语言 UML 有哪些特点和作用?
7. UML 的表示主要由哪几类图组成? 与 E-R 图相比它有哪些优势?
8. 学校中有若干院系,每个院系有若干班级和教研室;每个教研室有若干教员,其中有的教授和副教授每人各带若干研究生;每个班若干学生,每个学生选修若干课程,每门课

可由若干学生选修。自行设计各实体的若干属性,用 UML 图表示此学校的信息模型。

9. 设一个海军基地要建立一个舰队数据库系统,包括以下两个方面的信息:

舰队方面:

舰队:舰队名称,基地地点,舰艇数量。

舰艇:编号,舰艇名称,舰队名称。

舰艇方面:

舰艇:舰艇编号,舰艇名,武器名称。

武器:武器名称,武器生产时间,舰艇编号。

官兵:官兵证件,姓名,舰艇编号。

其中:一个舰队拥有多艘舰艇,一艘舰艇属于一个舰队;一艘舰艇安装多种武器,一种武器可以安装于多艘舰艇上;一艘舰艇有多名官兵,一名官兵只属于一艘舰艇。

请完成以下设计:

(1) 用 E-R 图表示此舰队的信息模型。

(2) 用 UML 图表示此舰队的信息模型。

10. 对象关系数据库产品 Oracle 有哪些面向对象的特点? Oracle 面向对象的主要数据类型有哪些? 请举例说明其中的 3 种类型及其使用。

Oracle 数据库及编程　第 8 章

　　本章以 Oracle 11g 数据库产品为基础,介绍其基本概念、组成特征、过程化 SQL 语言,包括程序结构的组成,控制语句、游标的使用,存储过程、数据库触发器等的设计。描述如何设计一个过程化 SQL 程序,使学习者有一个总体认识和基本把握。

8.1　Oracle 数据库产品

8.1.1　Oracle 数据库概述

1. 产品简介

　　Oracle 的中文译名是"甲骨文",在英语里是"神谕"的意思。Oracle 是世界领先的信息管理软件开发商,因其优秀的关系数据库产品而闻名于世。如今,许多大型应用程序的开发都选用了 Oracle 来提供数据库支持。Oracle 是一个面向 Internet 计算环境的数据库产品,是目前世界上流行的大型 DBMS 之一。该系统可移植性好、使用方便、功能强大,适用于各类大、中、小、微型机环境,是一种具有高吞吐量、高效率、可靠性好的新一代电子商务平台。

　　Oracle 产品的主要特点如下:

　　(1) 支持大量多媒体数据,如二进制图形、声音、动画及多维数据结构等。

　　(2) 提供角色保密与对称复制的技术,具有良好的安全性、完整性及数据管理功能。

　　(3) 提供嵌入及过程化 SQL、优秀的开发工具,具有良好的移植性和可扩展性。

　　(4) 提供了自动管理的能力,支持远程存取及多用户、大事务量的事务处理。

　　(5) 提供了企业级的网格计算、商业智能与实时应用集群能力。

2. Oracle 11g 数据库产品的版本

Oracle 11g 数据库产品是一个针对多个级别的业务,不同规模的组织设计的产品，是一个对不同信息需求提供解决方案的家族。它还提供数据库选件产品来加强其某些特殊的应用需求。

（1）Oracle Database 11g 标准版 1(SE1)是一个空前强大、易用、性价比好的工作组级软件。适合单节点，在最多为两个处理器的服务器上使用。

（2）Oracle Database 11g 标准版(SE)可以支持单机或者集群服务器，在最多为 4 个处理器的单机或者总计 4 处理器的集群上使用。

（3）Oracle Database 11g 企业版(EE)提供了有效、可靠、安全的数据管理功能，以应对关键的企业业务和在线事务处理、复杂查询的数据仓库等应用。它在单机或者集群中都可以使用。

（4）Oracle Database 11g 个人版(PE)用于个人开发部署使用，它和 Oracle 标准版 1、标准版、企业版功能上是全面兼容的。

（5）Oracle Database 11g 精简版(XE)是入门级的精巧数据库。主代码是基于企业级数据库的，用户可以在这个基础上自由开发、部署和发布。该版数据库占用空间很小，容易管理。

这 5 个版本软件使用的是相同的引擎架构，互相兼容。在相同的操作系统环境下，支持相同的应用开发工具、程序接口。

3. Oracle 11g 数据库产品的安装

（1）安装的软、硬件要求。安装 Oracle 11g 数据库产品的软、硬件要求见表 8-1。

表 8-1 安装 Oracle 11g 数据库产品的软、硬件要求

项　目	最 低 要 求
OS	Windows 2000 服务器版 SP1 以上；Windows Server 2003 所有版本；Win XP Professional Vista；Win2008；Win 7
CPU	最小 550MHz，最小 1GB
网络配置	TCP/IP 命名管道
浏览器	IE6.0；firefox 1.0
内存	最小 1GB
虚拟内存	物理内存的两倍
硬盘	Windows 系列文件系统 5GB

（2）Oracle 安装步骤。下面介绍 Windows 环境下 Oracle 11g 发行版 2 的安装过程。

① 从 Oracle 官方网站下载后解压缩文件。将两个压缩包一起选择解压到同一目录，找到可执行安装文件 setup.exe 后双击安装。

② 配置安全更新。可选择填入自己的电子邮件地址，取消下面的"我希望通过 My Oracle Support 接受安全更新(W)"复选框的勾选。单击"下一步"按钮继续，同时在出现的信息提示框单击"是"按钮继续。

③ 安全选项。直接选择默认创建和配置一个数据库。单击"下一步"按钮继续。

④ 系统类。直接选择默认的桌面类就可以了。单击"下一步"按钮继续。

⑤ 典型安装。根据需要更新 Oracle 基目录。全局数据库名可以默认，输入口令密码。若输入的口令短小简单，安装时会有提示。单击"下一步"按钮继续。

⑥ 先决条件检查。安装程序会检查软、硬件系统是否满足,安装此 Oracle 版本的最低要求。选中"全部忽略"并单击"下一步"按钮以继续。

⑦ 概要。安装前的一些相关选择配置信息。直接单击"完成"按钮即可。

⑧ 安装产品。自动进行,创建安装一个实例数据库(默认 orcl)。完成后,系统默认是把所有账户都锁定不可用(除 sys 和 system 账户可用外),建议单击右下角的"口令管理…",将常用的 scott 账户解锁,即去掉前面的绿色小勾,输入密码,单击"确定"按钮。

⑨ 完成。安装成功,单击"关闭"按钮完成安装。

安装完成后,可在"开始"菜单→Oracle-OraDb11g_home1→Database Control - orcl 中打开访问网址。在连接身份里选择 SYSDBA,在用户名处输入 sys,密码为安装时设定的密码,单击"登录"按钮,就可以访问数据库了。

说明:本示例为简单起见,开发过程中,使用一台计算机同时充当了服务器和客户机的角色。这样在安装 Oracle 数据库的时候会自动安装 Oracle 客户端,故不需要单独在该机上安装 Oracle 的客户端。有关更多的 Oracle Database 11G 的安装与使用参见有关书籍。

4. 数据库的基本组件

Oracle 11g 数据库产品的基本组件如下:

(1) SQL Plus。在 Oracle 数据库系统中,用户对数据库的操作主要是通过 SQL * Plus 工具来实现的。SQL * Plus 作为 Oracle 客户端工具,可以建立位于相同服务器或位于网络中不同服务器的数据库连接。SQL * Plus 工具可以满足 Oracle 数据库管理员的大部分需求。

(2) SQL Developer。它是一款功能强大的关系 DBMS 管理工具,提供了适应于 Oracle、MySQL 和 SQL Server 等多种不同 DBMS 的集成开发环境。使用它既可以同时管理各种 DBMS 的数据库对象,也可以在该环境中进行 SQL 开发。

(3) Database Console。它是 Oracle 提供的基于 Web 方式的图形用户管理界面,有关 Oracle 数据库的大部分管理操作都可以在其中完成。故也称其为 Oracle Enterprise Manager(OEM)。

(4) DBCA(DataBase Configuration Assistant)是 Oracle 提供的一个具有图形化用户界面的工具,数据库管理员通过它可以快速、直观地创建数据库。DBCA 中内置了几种典型数据的模板,通过使用数据库模板,用户只需要做很少的操作就能够完成数据库创建工作。

8.1.2 Oracle 数据库结构

1. 数据库的基本概念

Oracle 数据库的基本概念如下:

模式(Schema,即数据库模式,也称方案)是与每个 Oracle 数据库用户相关的一组对象的集合。Oracle 数据库模式中的主要对象见表 8-2。一般地,一个用户对应一个模式,在创建用户的同时创建一个与该用户同名的模式,并作为该用户的默认模式。数据库中一个对象的完整名称为"模式名.对象名"。

数据块是 Oracle 服务器所能分配、读取或写入的最小存储单位。Oracle 服务器以数据块为单位管理数据文件的存储空间。

区是数据库存储空间分配的逻辑单位,一个区由许多连续的数据块组成。一个区只能存在于一个数据文件中。

段是构成表空间的逻辑存储结构，段由一组区组成。当段中的所有空间已用完时，系统自动为该段分配一个新区。按照段所存储数据的特征，将段分为 4 种类型，即数据段、索引段、回退段和临时段。

表空间是数据库中最大的逻辑单位。数据库在逻辑上是由许多表空间构成的，一个 Oracle 数据库至少包含一个表空间，就是名为 SYSTEM 的系统表空间。

表 8-2　Oracle 数据库的模式对象

对　象	名　称	作　用
TABLE	表	用于存储数据的基本结构
VIEW	视图	从不同的角度反映表中数据，是一种逻辑上的表
INDEX	索引	加快表的查询速度
CLUSTE	聚簇	将不同表中列并用的一种特殊结构的表集合
SEQUENCE	序列	生成数字序列，用于在插入时自动填充表中列
SYNONYM	同义词	为简化和便于记忆，给对象起的别名
DATABASE LINK	数据库链接	为访问远程对象创建的通道
STORED PROCEDURE、FUNCTION	存储过程和函数	存储于数据库中的可调用的程序和函数
PACKAGE、PACKAGE BODY	包和包体	将存储过程、函数及变量按功能和类别进行捆绑
TRIGGER	触发器	由 DML 操作或数据库事件触发的事件处理程序

2. Oracle 数据库的结构

Oracle 数据库的结构包括逻辑结构和物理结构。由于它们是相分离的，所以在管理数据的物理结构时并不会影响对逻辑结构的存取。

(1) 逻辑结构。逻辑结构是用户所涉及的数据库结构，它包含表空间、段、区、数据块和模式对象。数据库由若干个表空间组成，表空间由表组成，表由段组成，段由区组成，区则由数据块组成。数据库逻辑结构如图 8-1 所示。

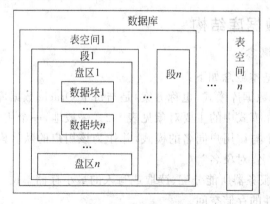

图 8-1　数据库逻辑结构

（2）物理结构。物理数据库结构是由构成数据库的操作系统文件所决定。每一个 Oracle 数据库是由 3 种类型的文件组成，即数据文件、日志文件和控制文件。数据库的文件为数据库信息提供真正的物理存储。

数据库是由一个或多个表空间组成的。每个数据库至少有一个表空间，叫做系统表空间。每个表空间包含同一个磁盘上的一个或多个物理数据文件，逻辑数据库结构（如表、索引）的数据物理地存储在数据文件中。

数据库管理员可建立新的表空间，为表空间增加或删除数据文件，设置或更改默认的段存储位置。通过使用多个表空间，将不同类型的数据分开，更方便管理数据库。

Oracle 数据库从体系上分为 Oracle 数据库服务器和客户端。

Oracle 数据库服务器是一个对象关系数据库管理服务者，它提供开放、全面和集成的信息管理方法。每个服务器由一个 Oracle DB 和一个 Oracle Server 实例组成，具有场地自治性和数据存储透明性。Oracle 数据库服务器启动后，至少有以下几个用户：

① Sys。这是一个 DBA 用户名，具有最大的数据库操作权限。

② System。这是一个 DBA 用户名，权限仅次于 Sys 用户。

③ Internal。这是一个系统 DBA 优先级用户，用来完成数据库管理任务。

客户端由应用、工具、SQL＊NET 组成，用户操作数据库时，必须连接到其所在的服务器，该数据库称为本地数据库。在网络环境下其他服务器上的数据库称为远程数据库。用户要存取远程数据库时，必须建立数据库链路。

8.2　过程化 SQL

8.2.1　过程化 SQL 简介

过程化 SQL（Procedure Language/SQL，PL/SQL）是 Oracle 公司开发的一种对标准 SQL 扩展的过程性语言，该语言是服务器端的、易于使用的、与 SQL 无逢集成的、可移植的、安全的存储过程语言，用来实现比较复杂的业务逻辑。

1. PL/SQL 的优点

非过程化的结构化查询语言 SQL 对于开发者来说，使用极为便利。然而描述复杂的业务流程时，SQL 就有些无能为力了。PL/SQL 的出现正是为了解决这一问题。

PL/SQL 是一种过程化处理语言，可以理解为 PL/SQL＝标准 SQL＋过程控制与功能扩充语句。它集成了程序化设计语言中的许多特性。将 SQL 的强大性和灵活性与程序设计语言的过程性融为一体。PL/SQL 的优点如下：

（1）PL/SQL 是一种高性能的基于事务处理的语言，能运行在任何 Oracle 环境中，支持所有数据处理命令。

（2）PL/SQL 支持所有 SQL 数据类型和函数，同时支持所有 Oracle 对象类型。其代码可用任何 ASCII 文本编辑器编写。

（3）PL/SQL 程序块可被命名和存储在 Oracle 服务器中，能被其他的 PL/SQL 程序或 SQL 命令调用，任何 C/S 工具都能访问 PL/SQL 程序，具有很好的可重用性。

（4）PL/SQL 程序的安全性可通过数据工具来管理，用以授权或撤销用户访问 PL/

SQL 程序的能力。

（5）PL/SQL 可通过客户端将函数及其参数调用发给服务器，服务器处理后仅将结果返回的方式，降低网络拥挤。

2．PL/SQL 程序类型及运行

（1）PL/SQL 程序类型。PL/SQL 程序块分命名块和匿名块两种类型。匿名块每次执行都要编译，它不能被存储到数据库中，也不能在其他的 PL/SQL 块中调用。命名块可被独立编译并保存在数据库中，可被反复调用，运行速度快，可出现在其他 PL/SQL 程序块的声明部分。Oracle 提供可存储的命名程序块有存储过程、函数、触发器和包。

（2）PL/SQL 程序的运行。与 SQL 语句的运行一样，输入和运行 PL/SQL 程序的方式有使用 SQL 命令行工具（SQL＊Plus）、使用 SQL 命令页及使用脚本编辑页。

使用 SQL 命令行工具可以执行 SQL 语句、PL/SQL 程序及 SQL＊Plus 命令。具体包括：查询、更新数据；执行 PL/SQL 存储过程；检查表和对象的定义；开发和运行脚本程序等。启动 SQL 命令行工具的步骤如下：

① 安装 Oracle 数据库完毕后，在命令行中输入命令"sqlplus/nolog"，可以直接进入 SQL＊Plus 字符界面。

② 连接数据库。在 SQL 提示符下输入"CONN username/password"（如 CONN scott/tiger），系统提示"已连接"后，完成连接操作进入 SQL＊Plus 执行环境。可输入、执行语句、程序或命令。

③ 在 SQL 提示符下输入 exit 命令，退出 SQL＊Plus 环境。

8.2.2 PL/SQL 块结构

PL/SQL 程序的基本结构是块，一个 PL/SQL 程序包含了一个或多个逻辑块，块之间可互相嵌套。每个块都可划分为 3 个部分：声明部分、执行部分和异常处理部分。其中执行部分是必需的，其他两个部分可选。

PL/SQL 块的基本结构如下：

```
DECLARE <说明的变量、常量、游标等>        -- 可选的声明部分
BEGIN < SQL 语句、PL/SQL 的流程控制语句>   -- 可执行部分
[ EXCEPTION <异常处理部分> ]            -- 可选的异常处理部分
END;
```

声明部分：由关键字 DECLARE 开始，定义在该块中使用的变量、常量、游标等，包括变量和常量的数据类型和初始值。

执行部分：是 PL/SQL 块中的指令部分，由关键字 BEGIN 开始，至少包括一条可执行语句，NULL 是一条合法的可执行语句。所有的 SQL 数据操作语句都可用于该部分。在执行部分可使用另一个 PL/SQL 程序块，即允许嵌套块。

异常处理部分（可选）：出现异常时采取的措施或报告，执行部分的错误将在异常处理部分解决。

每一个 PL/SQL 块由 BEGIN 或 DECLARE 开始，以 END 结束。PL/SQL 块中的每一条语句都必须以分号结束，SQL 语句可以用多行，但分号表示该语句的结束。一行中可以有多条以分号分隔的 SQL 语句。

【例 8.1】　一个简单的 PL/SQL 块。

```
 -- 下面是可选的声明部分
DECLARE
  salary          NUMBER(6);
  days_worked     NUMBER(2);
  pay_day         NUMBER(6,2);
 -- 下面是可执行部分,以 BEGIN 开始,到 END 结束
BEGIN
  salary := 3500;
  days_worked := 21;
  pay_day := salary/days_worked;
 -- 下面显示输出部分中"||"为字符串连接运算符, TO_CHAR()为转换字符串函数
  DBMS_OUTPUT.PUT_LINE('The pay per day is ' || TO_CHAR(pay_day));
 -- 下面是可选的异常处理部分
EXCEPTION
  WHEN ZERO_DIVIDE THEN
     pay_day := 0;
END;
```

可选的声明部分一般定义类型和变量等,它们可在执行部分处理。在执行过程中发生的错误在异常处理部分处理。

8.2.3　数据类型与变量

1. 标识符

标识符(Identifier)用来为 PL/SQL 程序中项和单元命名,如常量、变量、异常和子程序。标识符以字母开头,后面可跟字母、数字、美元符号($)及下划线等。不能用在标识符中的字符有:&、-(连字符)、和空格。

PL/SQL 对标识符不区分大小写,即标识符中的字母可以大写、小写或大小写混合。但字符与字符串常量是区分大小写的。

PL/SQL 有一系列操作符。分类为算术操作符、关系操作符、比较操作符及逻辑操作符,与其他程序设计语言类同。

2. 常量

PL/SQL 中可以使用 5 种常量,它们分别是数值常量、字符常量、字符串常量、逻辑常量和日期时间常量。

(1) 数值常量。在数值表达式中可以使用两种类型的数值常量,即整数和实数。整数不带小数点,如+8。实数带小数点,如-3.14159、90.都是实数。也可用科学记数法表示数值常量,如-9.5e-3 表示-9.5×10^{-3}。字母 e 可为大写,数据类型为实数。

(2) 字符常量。字符常量是由单引号括起来的单个字符,如"x"、"?"。字符常量包括所有 PL/SQL 字符集中可打印字符,如字母、数字、空格和特殊符号。

PL/SQL 对字符常量是区分大小写的,如"z"是不同于字符"Z"的,字符"0"…"9"与数字也是不同的,但可以用在算术表达式中,因为它们可以自动转换成整数。

(3) 字符串常量。字符串也是由单引号括起来的 0 个或多个字符,如"Hello,World!"或"5,000,000"都是字符串。

(4) 逻辑常量。逻辑常量也叫布尔常量,它只有 3 个值:TRUE、FALSE 和 NULL。NULL 表示不存在的值、不知道的值或不可能的值。布尔常量是值,不是字符串。

(5) 日期时间常量。根据日期时间数据类型的使用不同有不同的格式。

【例 8.2】 在 PL/SQL 中使用日期时间常量。

```
DECLARE
  date1  DATE := '10 - AUG - 2012';           -- 日期常量
  time1  TIMESTAMP;
  time2  TIMESTAMP WITH TIME ZONE;
BEGIN
  time1 := '10 - AUG - 2012 11:01:01 PM';  -- TIMESTAMP 常量
  time2 := '10 - AUG - 2012 09:26:56.66 PM + 02:00';    -- 带时区的 TIMESTAMP 常量
END;
```

3. 类型与变量

Oracle 的数据类型分为标量(Scalar)类型、复合(Composite)类型、引用(Reference)类型和大对象(Large Object,LOB)类型 4 大类。常用的基本数据类型如下:

(1) 字符型数据类型。如 CHAR(n):存储定长字符串。若数据没有达到指定的长度 n,则补以空格。VARCHAR2(n):存储变长字符串。若数据没有达到指定的长度 n,以实际长度存储。

(2) 数值型数据类型。如 NUMBER 型数据可以存放整数和实数。定义数值数据时,还可以指定最大的位数 m 和小数位数 n:NUMBER(m,n)。高效率的 SIMPLE_INTEGER 为简单整数类型,该数据类型不为空,表示范围为$-2147483648 \sim 2147483647$。

(3) 日期时间数据类型。例如,DATE 用于定义日期时间类型的数据,其长度为固定 7B,分别描述年、月、日、时、分、秒。如 TIMESTAMP 类型数据还可以显示时间和上下午标记,如"11-09-2013 11:09:32.213 AM"。

(4) 大对象(LOB) 数据类型。大对象类型用来存放大量数据,如文本、音频、视频等。Oracle 的大对象类型 CLOB、BLOB 和 NCLOB 存储在数据库内,而 BFILE 类型是存储在数据库外的操作系统文件的大对象类型。

(5) BOOLEAN 数据类型。用于定义布尔型变量,其值只能为 TRUE(真)、FALSE(假)或 NULL(空)。需注意的是:该数据类型是 PL/SQL 数据类型,不能用于表的属性列。

变量可以是任何常用的数据类型或 PL/SQL 专用类型。也可以使用可变大小的数组和记录等组合数据类型。

常量的声明与变量声明类似。但需要加上 CONSTANT 关键字并立即为其赋值,赋值以后的常量不能再被赋值。

【例 8.3】 变量和常值变量的声明。

```
DECLARE            -- 变量的声明
  emp_name      VARCHAR2(30);
  emp_no        NUMBER(4) ;
  active_emp    BOOLEAN;
  salary        NUMBER(6);
```

```
    days_worked     NUMBER(2);
    pay_day         NUMBER(6,2);
    -- 声明一个常量并赋值
    days_worked_month CONSTANT NUMBER(2) : = 20;
BEGIN
    NULL;                        -- NULL 语句不执行任何操作,这里只用来测试
END;
```

注释是程序员写在 PL/SQL 程序中的用来说明程序功能的文本。PL/SQL 支持两种注释,即单行注释和多行注释。

单行注释以双连字符(--)开头,直到该行末尾;多行注释以"/ *"开头,以" * /"结束,可跨越多行。PL/SQL 编译器忽略注释。

4. 变量的赋值与输出

有多种方式为变量赋值:一种方式是使用赋值运算符(:=),另一种方式是使用语句。可以在变量声明时为其赋值;也可以在执行部分为其赋值。

【例 8.4】 声明变量并为变量赋值。

```
DECLARE
    wages          NUMBER(6,2);
    hours_worked   NUMBER : = 40;
    hourly_salary  NUMBER : = 50.50;
    bonus          NUMBER : = 150;
    country        VARCHAR2(128);
    counter        NUMBER : = 0;
    done           BOOLEAN : = FALSE;
    valid_id       BOOLEAN;
BEGIN
    wages : = (hours_worked * hourly_salary) + bonus; -- 计算 wages
    country : = 'China';           -- 赋予一个字符串常量
    country : = UPPER('news');     -- 赋予一个大写字符串
    done : = (counter > 100);      -- 赋予一个布尔值,这里为 FALSE
    valid_id : = TRUE;             -- 赋予一个布尔值
END;
```

声明变量时可以使用 DEFAULT 关键字代替赋值运算符为变量初始化。也可以用 DEFAULT 初始化子程序参数、游标参数及用户定义的记录项值。

除了指定一个值外,也可以为声明的变量施加一个 NOT NULL 约束,这样为其赋 NULL 值将产生错误。NOT NULL 约束后必须跟一个初始化子句。例如:

```
DECLARE
emp_no          NUMBER(4) ;
active_emp      BOOLEAN NOT NULL : = TRUE;
salary          NUMBER(6) NOT NULL : = 3000;
days_worked     NUMBER(2) DEFAULT 21;
```

大多数 PL/SQL 输入和输出是通过 SQL 语句实现的,如向数据库中存储数据或查询表。而其他 PL/SQL 的输入与输出是通过 API 实现的,如 DBMS_OUTPUT 包中定义了 PUT_LINE 过程可以用来输出。要在 SQL 命令行下输出结果,应该先执行下面的命令:

```
SET SERVEROUTPUT ON
```

在 SQL 命令页面中，结果的输出默认使用 DBMS_OUTPUT 包的 PUT_LINE 过程实现的，因此不需设置。

【例 8.5】 输出程序结果。

```
DECLARE
  answer VARCHAR2(20);
BEGIN
  answer : = 'Yes!';
  DBMS_OUTPUT.PUT_LINE('answer is: '||answer ); -- 使用标准输出显示数据
END;
```

5. 用语句为变量赋值

使用 PL/SQL 的 SELECT INTO 语句将查询结果赋给变量。首先介绍以后查询将要用到的 Oracle 系统自带示例数据库中的几个表：职员表记录了一个职员的基本信息，见表 8-3，部门表表示一个部门的具体信息，见表 8-4（注：这两个表是 scott/tiger、adams/wood 等测试用户含有的示例数据库表）。

表 8-3　emp 表（职员表）

NO	列名	类型	描述
1	empno	NUMBER(4)	职员编号
2	ename	VARCHAR2(10)	职员姓名
3	job	VARCHAR2(9)	工作职位
4	mgr	NUMBER(4)	职员的主管编号
5	hiredate	DATE	工作日期
6	sal	NUMBER(7,2)	职员工资
7	comm	NUMBER(7,2)	职员奖金
8	deptno	NUMBER(2)	职员所属的部门号

表 8-4　dept 表（部门表）

NO	列名	类型	描述
1	deptno	NUMBER(2)	部门号
2	dname	VARCHAR2(14)	部门名称
3	loc	VARCHAR2(13)	部门位置

【例 8.6】 根据职员表 emp 计算 7788 号职员的奖金。奖金的计算方法是：职员的工资（sal）＊15%。

```
DECLARE
  bonus_rate  CONSTANT NUMBER(2,2) : = 0.15;
  bonus       NUMBER(7,2);
  emp_id      NUMBER(4) : = 7788;
BEGIN
  SELECT sal * bonus_rate INTO bonus FROM emp
    WHERE empno = emp_id;
```

```
    DBMS_OUTPUT.PUT_LINE ( 'Employee: '|| TO_CHAR(emp_id)|| 'Bonus: '|| TO_CHAR(bonus) || '
Bonus Rate: '|| TO_CHAR(bonus_rate));
END;
```

程序输出结果为：

```
Employee: 7788 Bonus: 450 Bonus Rate: .15
```

6. 使用属性声明变量

有时声明的变量类型需要与表中某列的数据类型相同,这时可以使用%TYPE 属性来声明变量。还可以使用%ROWTYPE 属性声明一个变量为行类型。

【例 8.7】　使用属性来声明变量的简单示例。

(1) 使用%TYPE 声明变量。

```
DECLARE
-- 声明 empid 的数据类型与 emp 表的 empno 列具有相同的类型
  empid        emp.empno % TYPE;
  emp_name     emp.ename % TYPE;
BEGIN
  empid : = 7902;                   -- 该赋值是合法的.若 empid : = 7902001 则溢出
  emp_name : = 'Wangling';          -- 该赋值是合法的
  DBMS_OUTPUT.PUT_LINE('Employee ID: '|| empid);
  DBMS_OUTPUT.PUT_LINE('Employee name: '|| emp_name);
END;
```

(2) 使用%ROWTYPE 声明一个记录类型变量。

```
DECLARE
   -- 声明一个记录类型的变量表示 emp 表中的一行
   emp_rec emp % ROWTYPE;
BEGIN
   SELECT * INTO emp_rec FROM emp WHERE empno = 7902;
   DBMS_OUTPUT.PUT_LINE(TO_CHAR(emp_rec.empno)||''|| emp_rec.ename);
END;
```

8.3　PL/SQL 控制语句

控制语句是 PL/SQL 对 SQL 最重要的扩展。使用 PL/SQL 不仅可以管理 Oracle 数据,还可以通过条件选择、循环结构处理数据,常用的控制语句有 IF 条件控制语句、CASE 条件控制语句和循环控制语句。

8.3.1　条件控制语句

PL/SQL 提供了两种条件控制语句: IF 条件控制语句和 CASE 条件控制语句。
① IF 条件控制语句。其形式如下:

```
IF <条件> THEN <语句 1> ; ELSE <语句 2> END IF ;
```

该结构具体有 3 种形式: IF-THEN、IF-THEN-ELSE 和嵌套的 IF 语句。

数据库原理与技术(Oracle 版)(第 3 版)

② CASE 条件控制语句。通常用它来实现多分支结构。

【例 8.8】 条件控制语句的使用示例。

(1) IF 条件控制语句的使用。

```
DECLARE
  salary     NUMBER(7,2);
  bonus      NUMBER(6,2);
  hire_date  DATE;
  empid      NUMBER(4) : = 7698;
BEGIN
  SELECT sal, hiredate INTO salary, hire_date
  FROM emp
  WHERE empno = empid;
  IF hire_date > '1990 - 10 - 30') THEN
    bonus : = salary/10;
    DBMS_OUTPUT.PUT_LINE('Bonus:'||TO_CHAR(empid)||'is:'||(TO_CHAR bonus));
  END IF;
END;
```

(2) CASE 条件控制语句的使用。

```
DECLARE
  grade CHAR(1);
BEGIN
  grade : = 'B';
  CASE grade
    WHEN 'A' THEN DBMS_OUTPUT.PUT_LINE('Excellent');
    WHEN 'B' THEN DBMS_OUTPUT.PUT_LINE('Very Good');
    WHEN 'C' THEN DBMS_OUTPUT.PUT_LINE('Good');
    WHEN 'D' THEN DBMS_OUTPUT.PUT_LINE('Fair');
    WHEN 'E' THEN DBMS_OUTPUT.PUT_LINE('Poor');
    ELSE DBMS_OUTPUT.PUT_LINE('No such grade');
  END CASE;
END;
```

【例 8.9】 CASE 中嵌套 IF-THEN 结构的使用。

```
DECLARE
  empid     NUMBER(4) : = 7515;
  jobid     VARCHAR2(9);
  sal       NUMBER(7,2);
  sal_raise NUMBER(3,2); -- 工资增长率
BEGIN
  SELECT job, sal INTO jobid, sal from emp WHERE empno = empid;
  CASE
    WHEN jobid = 'pu_clerk' THEN
      IF sal < 3000 THEN sal_raise : = 0.18;
        ELSE sal_raise : = 0.17;
      END IF;
    WHEN jobid = 'sh_clerk' THEN
      IF sal < 4000 THEN sal_raise : = 0.16;
```

```
        ELSE sal_raise : = 0.15;
      END IF;
  WHEN jobid = 'st_clerk' THEN
      IF sal < 3500 THEN sal_raise : = 0.14;
        ELSE sal_raise : = 0.13;
      END IF;
  ELSE
  BEGIN -- 如果没有满足条件的
    DBMS_OUTPUT.PUT_LINE('No raise for this job: ' || jobid);
  END;
  END CASE;
  DBMS_OUTPUT.PUT_LINE('salary raise:'||TO_CHAR(empid)||'is:'|| TO_CHAR(sal_raise));
END;
```

8.3.2　循环控制语句

PL/SQL 提供了 3 种循环结构，并提供 EXIT、BREAK 等循环结束语句。形式如下：

① LOOP <循环体> END LOOP;　　　　　　　　 --<循环体>是一组 PL/SQL 语句
② WHILE <条件> LOOP <循环体> END LOOP;
③ FOR <循环变量> IN <下界> .. <上界> LOOP <循环体> END LOOP

【例 8.10】　循环结构的使用示例。

(1) 使用 LOOP 计算平方和。

```
DECLARE
  total     NUMBER(9) : = 0;
  counter   NUMBER(6) : = 0;
BEGIN
  LOOP
    counter : = counter + 1;
    total : = total + counter * counter;   -- 计算平方和
    EXIT WHEN total > 25000;               -- 当条件为真时结束循环
  END LOOP;
  DBMS_OUTPUT.PUT_LINE(TO_CHAR(counter)||'Total: '|| TO_CHAR(total));
END;
```

(2) 使用 WHILE-LOOP 计算前 10 个自然数的立方和。

```
DECLARE
  i         NUMBER : = 1;
  i_cubed   NUMBER;
BEGIN
  WHILE i < = 10 LOOP
    i_cubed : = i * * 3;
    DBMS_OUTPUT.PUT_LINE(||TO_CHAR(i)||'Cube:'||TO_CHAR(i_cubed));
    i : = i + 1;
  END LOOP;
END;
```

(3) 使用 FOR-LOOP 输出前 10 个自然数及其平方。

```
BEGIN
  FOR counter IN 1..10 LOOP
    DBMS_OUTPUT.PUT_LINE('Square:'|| TO_CHAR(counter * * 2));
  END LOOP;
END;
```

8.3.3 子程序定义与调用

子程序包括过程和函数,它们是命名的 PL/SQL 块,可以在 PL/SQL 块中被调用。过程是能执行某特定操作的子程序。可以为过程指定一个名称、参数、局部变量,并使用 BEGIN-END 结构组织代码和处理异常。函数是计算和返回一个值的子程序。函数与过程结构类似,但函数要返回一个值,而过程不需要。

当向过程和函数传递参数时,有 3 种类型的参数:IN 表示输入参数,在调用函数和过程时必须提供参数;OUT 表示输出参数,在函数和过程执行时为它设置值;IN OUT 表示输入输出参数,在调用时需提供参数,执行中函数或过程为其设置值。

下面的例子在 PL/SQL 块中声明了一个过程,然后在执行部分调用了该过程。

【例 8.11】 在 PL/SQL 块中定义的过程(注意过程参数类型为 IN OUT)。

```
DECLARE
  first    VARCHAR2(20) := 'very';
  last     VARCHAR2(25) := 'good!';
  -- 声明一个局部过程,它只能在该块中使用
  PROCEDURE upper_str ( v1 IN OUT VARCHAR2, v2 IN OUT VARCHAR2) AS
  BEGIN
    v1 := UPPER(v1); v2 := UPPER(v2); -- 将字符串变为大写
  END;
-- 块执行部分
BEGIN
  DBMS_OUTPUT.PUT_LINE(first || ' '|| last );
  upper_str (first, last); -- 调用过程
  DBMS_OUTPUT.PUT_LINE(first || ' '|| last );
END;
```

该程序的输出为:

```
very good!
VERY GOOD!
```

下面的例子是在 PL/SQL 中使用函数。注意函数的返回值直接用在输出语句中。v1 和 v2 被声明为子程序的 IN 参数,它们的值被传递给子程序,在子程序内对参数的任何改变不影响原来的值。

【例 8.12】 在 PL/SQL 块中定义的函数。

```
DECLARE
  first   VARCHAR2(20) := 'hello';
  last    VARCHAR2(25) := 'world!';
  -- 声明局部函数
  FUNCTION upper_str ( v1 IN VARCHAR2, v2 IN VARCHAR2)
```

```
    RETURN VARCHAR2 AS
    v3      VARCHAR2(45);                    -- 该变量是函数的局部变量
    BEGIN
      v3 := v1 || ' + ' || v2 || ' = ' || UPPER(v1) || '' || UPPER(v2);
      RETURN v3;                             -- 返回 v3 的值
    END;
-- 执行部分开始
BEGIN
-- 调用函数并显示结果
  DBMS_OUTPUT.PUT_LINE(upper_str (first, last));
END;
```

该程序的输出为：

Hello + world!= HELLO WORLD!

8.4 游标的使用

游标是系统为用户开设的一个数据缓冲区,存放 SQL 语句的执行结果。它在 PL/SQL 的编程中非常重要。PL/SQL 块不能在屏幕上显示 SELECT 语句的输出,故查询结果需通过 INTO 子句存入变量或者通过游标来处理。当对数据库的查询操作返回一组结果集时, 用游标来存储这组结果集,再通过对游标的操作来获取结果集中的每一数据,从而把对集合的操作转换为对单条记录的处理。

游标有两种类型:显式游标和隐式游标。当某一条查询语句返回多条记录时,必须显式地定义游标以处理每一行。其他的 SQL 语句(更新操作或查询操作只返回一条记录)都使用隐式游标。隐式游标由 PL/SQL 自动管理,但可以通过游标属性跟踪其当前的状态信息。

游标是一个指向内存工作区的指针。显式游标是由程序员定义和命名的工作区;隐式游标是由 PL/SQL 为 DML 语句和返回单行记录的查询语句隐式定义的工作区。这里仅介绍显式游标(简称游标)。

8.4.1 游标及其属性

1. 游标的定义

游标可看作是没有上限的、任意行的数组。它是在 DECLARE 部分中定义的。游标有一个名字及一个 SELECT 语句,且允许带 WHERE、ORDER BY、GROUP BY 等子句。

定义游标的一般格式如下:

CURSOR <游标名> IS < SQL 语句>;

当需要操作结果集时,必须完成打开游标、使用 FETCH 语句将游标里的数据取出及关闭游标操作。

【例 8.13】 游标的定义示例。

(1) 定义一个游标。

```
CURSOR c_emp IS                              -- 声明游标
SELECT  *  FROM emp WHERE deptno = 20;
```

其含义是定义一个游标 c_emp,它表示和存储 emp 表中所有 deptno 列值为 20 的结果集。

(2) 定义一个游标,并取游标中数据。

```
DECLARE
   v_ename    emp. ename % TYPE;
   CURSOR cur1 IS                            -- 声明游标
      SELECT ename FROM emp WHERE empno =  7120;
BEGIN
   OPEN cur1;                                -- 打开游标
   FETCH cur1 INTO v_ename;                  -- 取游标中当前数据
   DBMS_OUTPUT. PUT_LINE( 'Employee name: ' || '' || v_ename);
   CLOSE cur1;                               -- 关闭游标
END;
```

2. 游标属性

游标有 4 个属性,其值代表游标的状态信息。使用游标属性时,必须在属性名前面加
<游标名>%。游标属性的值返回最近执行的 SQL 语句的有用信息,由系统自动赋值,用户只能使用,不能改变。游标属性及其含义如表 8-5 所示。

表 8-5　游标属性及其含义

游标属性	含　义
<游标名>%ISOPEN	如果游标已打开,取值为 TRUE,否则为 FALSE
<游标名>%NOTFOUND	若最近一次 FETCH 操作无返回结果,则取值为 TRUE,否则为 FALSE
<游标名>%FOUND	若最近一次 FETCH 操作无返回结果,则取值为 FALSE,否则为 TRUE
<游标名>%ROWCOUNT	值是到当前为止 FETCH 返回的记录数,初值为 0,每取一条记录,该属性值加 1

下面的例子使用游标处理表中多行数据。

【例 8.14】　使用游标取多行数据。注意游标属性%ROWCOUNT 和%NOTFOUND的使用。

```
DECLARE
-- 变量声明
   empid     emp. empno % TYPE;
   jobid     emp. job % TYPE;
   v_ename    emp. ename % TYPE;
   rowcount   NUMBER;
   CURSOR cur1 is                            -- 游标声明
   SELECT empno, ename, job
   FROM emp
   WHERE job LIKE ' % MAN' OR job LIKE ' % MGR';
BEGIN
   OPEN cur1;                                -- 打开 cur1 游标
   DBMS_OUTPUT. PUT_LINE( 'cursor ');
```

```
   LOOP
      FETCH cur1 INTO empid, v_ename, jobid;
      EXIT WHEN cur1 % NOTFOUND;
      DBMS_OUTPUT.PUT_LINE(TO_CHAR(empid)||': '||v_ename||' '|| jobid );
   END LOOP;
   rowcount : = cur1 % ROWCOUNT;
   DBMS_OUTPUT.PUT_LINE('The number of rows : '|| TO_CHAR(rowcount) );
   CLOSE cur1;
END;
```

【例 8.15】 通过游标用 FOR 循环从 emp 表中取出某一部门的职工姓名和工资。

解：游标 FOR 循环的格式如下：

```
FOR <记录名> IN <游标名> LOOP
    <语句 1>; <语句 2>; …  …
END LOOP;
```

对应程序如下：

```
DECLARE
    v_deptno emp.deptno % type: = &dno;
                                        -- &dno 表示可在运行时接受输入的变量 dno
    CURSOR emp_cursor IS
SELECT ename, sal FROM emp WHERE deptno = v_deptno;
BEGIN
    FOR emp_record IN cmp_cursor LOOP
    INSERT INTO temp(ename, sal)           -- 查询结果——放入临时表
    VALUES(emp_record.ename,emp_record.sal);     -- 查询结果值在记录名.列名中
    END LOOP;
END;
```

其中记录变量 emp_record 不必事先定义，是由系统隐式地定义的，并且只能在循环内可用。在本段程序中，没有打开游标、取数据、关闭游标等语句，它们由 FOR 语句自动完成。

8.4.2　带参数与带锁游标

1. 带参数游标

游标可以带参数。使用带参数游标要求在声明游标时定义形式参数，打开游标时指定实际参数。

【例 8.16】 使用带参数游标实现根据职员工作月数计算年奖金。

```
DECLARE
    empid       emp.empno % TYPE;
    hire_date   emp.hiredate % TYPE;
    v_ename     emp.ename % TYPE;
    rowcount    NUMBER;                 -- 声明记录数的变量
    bonus_num NUMBER;                   -- 声明年奖金的变量
    worke_m NUMBER;                     -- 声明当年工作月数的变量
    -- 声明带参数的游标
```

```
    CURSOR cursor1 (thismonth NUMBER) IS
      SELECT empno, ename, hiredate FROM emp
        WHERE EXTRACT(MONTH FROM hiredate) = thismonth;
BEGIN
   -- 打开 cursor1 游标并为其传递一个参数
   OPEN cursor1(EXTRACT(MONTH FROM SYSDATE));
   DBMS_OUTPUT.PUT_LINE('emp with yearly bonus amounts:');
   LOOP
     FETCH cursor1 INTO empid, v_ename, hire_date;
     EXIT WHEN cursor1 % NOTFOUND;
   -- 根据工作月数计算年奖金
   worke_m : = ROUND( (MONTHS_BETWEEN(SYSDATE, hire_date)/12) );
   IF worke_m > 10 THEN bonus_num : = 5000;
   ELSIF worke_m > 8 THEN bonus_num : = 4000;
   ELSIF worke_m > 6 THEN bonus_num : = 3000;
   ELSIF worke_m > 4 THEN bonus_num : = 2000;
   ELSIF worke_m > 2 THEN bonus_num : = 1000;
   ELSIF worke_m > 0 THEN bonus_num : = 500;
   END IF;
   DBMS_OUTPUT.PUT_LINE( empid || ' ' || RPAD(v_ename, 26, ' ') || hire_date || TO_CHAR(bonus_
num, '$ 9,999'));
   END LOOP;
   rowcount : = cursor1 % ROWCOUNT;
   DBMS_OUTPUT.PUT_LINE('The number of rows fetched is ' || rowcount );
   CLOSE cursor1;
END;
```

2. 带锁游标

PL/SQL 提供了一种加锁后删除或更新游标中刚取出那条记录的方法。

要想操纵数据库中的数据，在定义游标的查询语句时，必须加上 FOR UPDATE 子句，表示要先对表加锁；然后在 UPDATE 或 DELETE 语句中加上 WHERE CURRENT OF 子句，指定从游标工作区中取出的当前行需要被更新或删除。当会话打开一个带 FOR UPDATE 子句的游标时，在游标区中的所有行拥有一个行级排他锁，其他会话只能查询，不能更新或删除。

(1) 定义对表加锁的游标。

定义带 FOR UPDATE 子句的游标格式如下：

```
CURSOR <游标名> IS
SELECT <目标列表>
FROM <表>
WHERE <条件>
FOR UPDATE [OF <列>][NOWAIT]
```

其中：使用 FOR UPDATE 子句表示对表加锁。假如行已经被另一个会话锁上了，指明 NOWAIT 表示不要等待，返回一个错误。

(2) 指定从游标区中取出的当前行需要被更新或删除。

带 WHERE CURRENT OF 子句的 UPDATE 语句和 DELETE 语句的格式如下：

```
DELETE FROM <表>
WHERE CURRENT OF <游标名>;
UPDATE <表> SET <列 1> = <值 1>[,<列 2> = <值 2> … ]
WHERE CURRENT OF <游标名>;
```

其中：使用 WHERE CURRENT 子句表示允许对语句取出的当前行进行更新和删除。使用此子句时，游标定义中必须包含 FOR UPDATE 子句用于锁定行，否则返回一个错误。必须先加锁，然后才能进行更新和删除操作。

【例 8.17】　为职工增加 10% 的工资。从最低工资开始，增加后工资总额限制在 90 万元以内。其程序如下：

```
DECLARE
CURSOR cul IS
SELECT empno, sal
FROM emp
ORDER BY sal
FOR UPDATE OF sal;                          -- 对表加行级排它锁
emp_num number: = 0;                        -- 声明员工数计数变量
s_sal emp. sal % TYPE;                      -- 声明员工总工资变量
e_sal emp. sal % TYPE;                      -- 声明员工工资变量
e_empno emp. empno % TYPE;                  -- 声明员工号变量
BEGIN
      OPEN cul;
      SELECT sum( sal) INTO s_sal FROM emp;
      WHILE s_sal < 900000
      LOOP
                FETCH cul INTO e_empno, e_sal;
                EXIT WHEN cul % NOTFOUND;
                UPDATE emp SET sal = sal * 1.1    -- 加工资
                   WHERE CURRENT OF cul           -- 对应游标当前记录
                s_sal: = s_sal + e_sal * 0.1;
                emp_num: = emp_num + 1 ;
      END LOOP;
CLOSE cul;
INSERT INTO msg VALUES(emp_num , s_sal) ;        -- 将员工数、工资总额存入表 msg
COMMIT;
END;
```

8.5　PL/SQL 数据结构

本节主要讨论 PL/SQL 两种数据结构，即：记录类型和集合类型。

8.5.1　记录类型

记录类型是组合的数据结构，它的值域可以是不同的数据类型。可以使用记录存放相关的数据，然后作为单一的参数传递给子程序。使用 TYPE 定义记录类型。

通常可以使用记录存放数据库表中一行的数据。可以使用 %ROWTYPE 属性声明一个记录。使用％ROWTYPE 属性时，记录类型定义是隐含的。

【例 8.18】 声明和初始化记录类型。

```
DECLARE                                      -- 声明 RECORD 类型变量
   TYPE loc_rec IS RECORD (
      room_no    NUMBER(4),
      building   VARCHAR2(25)
      );
   TYPE person_rec IS RECORD (
   -- 可以使用 % TYPE 属性声明表列的数据类型
      empno   emp.empno % TYPE,
      ename   emp.ename % TYPE,
      loc     loc_rec                        -- 可以嵌套另一种记录类型
      );
   person person_rec;                        -- 声明一个 person_rec 类型的变量 person
BEGIN
-- 向记录的域中插入数据
   person.empno: = 20;
   person.ename : = 'yinming ';
   person.loc.room_no : = 100;
   person.loc.building: = 'School of Education';
-- 显示记录的数据
   DBMS_OUTPUT.PUT_LINE( person.ename );
   DBMS_OUTPUT.PUT_LINE( TO_CHAR(person.loc.room_no) || ' '
                         || person.loc.building );
END;
```

下面的例子使用％ROWTYPE 属性声明一个记录类型，利用游标取出整个记录行。

【例 8.19】 使用％ROWTYPE 声明记录类型。

```
DECLARE
   CURSOR cur1 IS                            -- 游标声明
   SELECT * FROM emp WHERE deptno = 60;
   emp_rec cur1 % ROWTYPE;                    -- 声明记录类型的变量
BEGIN
   OPEN cur1;
   LOOP
    FETCH cur1 INTO emp_rec;                  -- 取游标中行放入记录类型的变量
    EXIT WHEN cur1 % NOTFOUND;                -- 当游标中行取完时退出
    DBMS_OUTPUT.PUT_LINE(emp_rec.ename ||', '|| emp_rec.job);
   END LOOP;
   CLOSE cur1;
END;
```

8.5.2　集合类型

使用 PL/SQL 集合类型可以声明类似于其他语言中的数组、集合、哈希表等高级数据类型。在 PL/SQL 中数组类型叫做可变数组（Varray），集合类型叫做嵌套表（Nested Table），哈希表类型叫做关联数组（Associative Array）。每种集合类型都是同类型的一组

有序的元素。每个元素都有唯一的下标确定其在集合中的位置。集合的声明使用 TYPE
关键字。对元素的引用使用带括号的下标。

【例 8.20】　使用可变数组（VARRAY）类型。可变数组使用之前必须初始化。

```
DECLARE
  TYPE jobids_array IS VARRAY(20) OF VARCHAR2(10);
  -- 声明可变数组类型(与创建可变数组类型略有差异)
  jobids jobids_array;                              -- 声明一个数组类型的变量
  num NUMBER;
BEGIN
  -- 初始化可变数组对象
  jobids := jobids_array('AC_ACCOUNT', 'AC_MGR', 'AD_ASST', 'AD_VP', 'FI_ACCOUNT', 'FI_MGR', '
HR_REP', 'IT_PROG', 'PU_MAN');
  -- 使用 COUNT 成员返回数组的大小
  DBMS_OUTPUT.PUT_LINE('数组中的元素数量为：'|| jobids.COUNT);
  -- 使用 LIMIT 成员返回数组元素的最大数量
  DBMS_OUTPUT.PUT_LINE('数组元素的最大数量为：'|| jobids.LIMIT);
  -- 检查是否可以向数组中添加元素
  IF jobids.LIMIT - jobids.COUNT >= 1 THEN
    jobids.EXTEND(1);                               -- 添加一个元素
    jobids(10) := 'PU_CLERK';                       -- 为元素赋值
  END IF;
  -- 从数组的第一个元素遍历到最后一个元素
  FOR i IN jobids.FIRST..jobids.LAST LOOP
  -- 得到每类职员的数量
    SELECT COUNT(*) INTO num FROM emp WHERE job = jobids(i);
    DBMS_OUTPUT.PUT_LINE ( 'Job ID: '|| RPAD(jobids(i), 10, '') || '职员数量：'|| TO_CHAR
(num));
  END LOOP;
  -- 显示当前数组的元素个数
  DBMS_OUTPUT.PUT_LINE('数组中元素数量：'|| jobids.COUNT);
END;
```

【例 8.21】　元素类型为记录的可变数组，初始化后若再添加元素，应该使用
EXTEND。

```
DECLARE
  CURSOR cur1 IS SELECT * FROM jobs;               -- 创建一个游标
  jobs_rec cur1 % ROWTYPE;                          -- 创建一个存放行数据的记录
  TYPE jobs_array IS VARRAY(50) OF cur1 % ROWTYPE; -- 声明数组类型
  jobs_arr jobs_array;                              -- 声明数组类型的变量
  num   NUMBER;
  i     NUMBER := 1;
BEGIN
  jobs_arr := jobs_array();                         -- 初始化数组
  OPEN cur1;
  LOOP
    FETCH cur1 INTO jobs_rec;
    EXIT WHEN cur1 % NOTFOUND;
    jobs_arr.EXTEND(1);                             -- 向数组中添加一个元素
```

```
        jobs_arr(i) := jobs_rec;                        -- 将取出的行赋给数组元素
         i := i + 1;                                     -- 计数器加 1
     END LOOP;
     CLOSE cur1;
     FOR j IN jobs_arr.FIRST..jobs_arr.LAST LOOP
         SELECT COUNT( * ) INTO num FROM emp
         WHERE job = jobs_arr(j).job;
         DBMS_OUTPUT.PUT_LINE('Job:'||jobs_arr(j).job||'职员数量: ' || TO_CHAR(num));
     END LOOP;
 END;
```

8.5.3　动态 SQL 的使用

PL/SQL 支持静态 SQL 和动态 SQL。使用动态 SQL 可以在运行时动态地构建 SQL 语句。通过使用动态 SQL 可以建立通用的、灵活的应用程序，因为完整的 SQL 文本在编译时可能是不知道的。

对大多数动态 SQL 语句需要使用 EXECUTE IMMEDIATE 处理。动态 SQL 语句在执行创建数据库对象的语句（如 CREATE TABLE）时特别有用。

【例 8.22】 使用动态 SQL 语句操纵数据。

```
DECLARE
   sql_stmt     VARCHAR2(200);
   dept_id      NUMBER(2);
   dept_name    VARCHAR2(14);
   addr         VARCHAR2(1);
BEGIN
   sql_stmt := 'INSERT INTO dept VALUES(:dptid, :dptname,:locid)';
   dept_id := 50;
   dept_name := 'Computer';
   addr := 'WuHan';
   EXECUTE IMMEDIATE sql_stmt USING dept_id, dept_name, addr;
END;
```

【例 8.23】 使用动态 SQL 语句创建表。

```
DECLARE
   tabname      VARCHAR2(30);                        -- 声明要创建的表名变量
   curr_date    VARCHAR2(8);                         -- 声明当前日期变量
BEGIN
   -- 从系统日期 SYSDATE 中得到年、月、日并格式化后存入 curr_date 变量
   SELECT TO_CHAR(EXTRACT(YEAR FROM SYSDATE)) ||TO_CHAR(EXTRACT(MONTH FROM SYSDATE),'FM09') ||
TO_CHAR(EXTRACT(DAY FROM SYSDATE),'FM09')
   INTO curr_date FROM DUAL;
   -- 使用当前日期作为后缀构造表名
   tabname := 'log_table_'|| curr_date;
   EXECUTE IMMEDIATE 'CREATE TABLE '|| tabname ||'(op_time VARCHAR2(10), operation VARCHAR2
(50))';                                              -- 创建的表有两列
   DBMS_OUTPUT.PUT_LINE(tabname || '已经创建');
   EXECUTE IMMEDIATE 'DROP TABLE '|| tabname;        -- 删除表
END;
```

　　说明：dual 是一个虚拟表，Oracle 保证 dual 里面永远只有一条记录。可用它来做很多事情，如查看当前用户，可以在 SQL Plus 中执行语句：select user from dual；获得当前系统时间：select to_char(sysdate,'yyyy-mm-dd hh24:mi:ss') from dual 等。

8.6　存储过程与存储函数

　　存储过程是存储在数据库中的命名的 PL/SQL 块。存储过程经编译后存储在 Oracle 数据库中，等待被执行或调用。存储函数是与存储过程类似的一种存储程序，它们的区别是存储过程没有返回值，而存储函数必须有一个返回值。

　　存储过程和存储函数与前面介绍的过程和函数的主要区别是：它们存储在 Oracle 数据库中，授权用户可在全局范围内调用，在服务器端执行。而过程和函数作为子程序仅在 PL/SQL 块中被调用。

8.6.1　存储过程的创建与使用

1. 创建存储过程

　　在 Oracle 数据库中可以使用 SQL 命令页面、对象浏览器页面、脚本编辑页面或 SQL 命令行工具(SQL＊Plus) 创建、修改和删除存储过程。在对象浏览器页面还可以查看现有的存储过程。

　　创建存储过程是使用 PL/SQL 语言中的 CREATE PROCEDURE 语句实现，其一般格式为：

```
CREATE [OR REPLCAE] PROCEDURE [<模式名>.]<过程名>
  [(<参数>[IN|OUT|IN OUT]<参数类型>[{DEFAULT|:=}<表达式>][,…])]
  [AUTHID { DEFINER | CURRENT_USER }]
  {IS | AS}
BEGIN
    <PL/SQL 块>                        -- 存储过程体,描述该存储过程的操作
END;
```

　　存储过程包括过程首部和过程体。其中，过程名是数据库服务器合法的对象标识。参数列表标识调用时需要给出的参数，须指定参数值的数据类型。存储过程的参数也可以定义输入、输出参数。默认为输入参数。

　　在 Oracle 服务器上创建存储过程时，用户应具有一定的权限：当用户在自己模式下创建存储过程时，需要拥有 CREATE PROCEDURE 权限，当用户在其他用户模式下创建存储过程时，需要拥有 CREATE ANY PROCEDURE 权限，当使用 OR REPLACE 选项修改其他用户模式下的存储过程时，需要拥有 ALTER ANY PROCEDURE 权限。

　　【例 8.24】　一个简单的存储过程。为工资低于 3000 元的职工增加 10％的工资。

```
CREATE OR REPLACE PROCDEDURE add_sal
  AS BEGIN
    UPDATE emp
    SET sal = sal ＊1.1
    WHERE sal < 3000;
END;
```

在 SQL 命令页面中输入上述代码，然后单击"运行"按钮即可创建该存储过程。如果存储过程创建成功，它将作为模式对象存储在数据库中。之后可以在 PL/SQL 块中或其他程序中调用该存储过程。

2. 创建带参数的存储过程

存储过程可以带一个或多个参数。参数有输入参数（IN）、输出参数（OUT）和输入输出参数（IN OUT）3 种类型。IN 参数是默认的，因此可以省略。

【例 8.25】 带参数的存储过程。该过程带有两个 IN 参数，一个是职员号（emp_id）、一个是奖金比率（bonus_rate）。

```
CREATE OR REPLACE PROCEDURE award_bonus (emp_id IN NUMBER, bonus_rate IN NUMBER)
AS
  emp_comm      emp.comm % TYPE;                    -- 声明职员奖金变量
  emp_sal       emp.sal % TYPE;                     -- 声明职员工资变量
  sal_miss      EXCEPTION;                          -- 声明表示无工资的变量
BEGIN
  SELECT sal, comm INTO emp_sal, emp_comm
  FROM emp WHERE empno = emp_id;
  IF emp_sal IS NULL THEN
    RAISE sal_miss;
  ELSE
    IF emp_comm IS NULL THEN
    UPDATE emp SET sal = sal + sal * bonus_rate
    WHERE empno = emp_id;
    DBMS_OUTPUT.PUT_LINE('Employee'||TO_CHAR(emp_id)||' receives a bonus: '|| TO_CHAR(emp_sal
* bonus_rate) );
    ELSE
    DBMS_OUTPUT.PUT_LINE('Employee'||TO_CHAR(emp_id)||'No bonus');
    END IF;
  END IF;
EXCEPTION
  WHEN sal_miss THEN
  DBMS_OUTPUT.PUT_LINE('Employee'||TO_CHAR(emp_id)||'no salary');
  WHEN OTHERS THEN NULL;
END ;
```

3. 调用存储过程

调用存储过程的方法为：＜过程名＞（[＜实参 1＞,＜实参 2＞…]）。

可以在 BEGIN…END 块中或其他子程序或包中调用存储过程。对于无参数的存储过程，调用时可以直接写存储过程名。对带参数的存储过程的调用需要为过程传递参数。参数传递有下面 3 种表示方法：

（1）位置表示法。按照过程定义的参数位置为每个参数指定一个实际参数。

（2）名称表示法。为每个参数指定名称和值，并用箭头（=＞）来关联名称和值。以这种方法传递参数不用考虑参数的顺序。

（3）混合表示法。可以对前面的参数用位置表示法，然后对后面的参数用名称表示法。

使用不同的表示法传递参数。使用位置表示法传递参数如下：

```
BEGIN
  award_bonus(7579, 0.15);
END;
```

使用名称表示法传递参数如下:

```
BEGIN
  award_bonus(bonus_rate => 0.15, emp_id => 7579);
END;
```

4. 创建带权限子句的存储过程

默认情况下,存储过程只能被创建它们的用户执行。

存储过程定义中的[AUTHID { DEFINER | CURRENT_USER }]选项表明程序在调用过程时所使用的权限模式。PL/SQL 存储过程和存储函数的权限模式分为定义者权限和调用者权限。

(1) 定义者权限 AUTHID DEFINER。如果用该选项创建过程,则 Oracle 使用创建该过程的用户的权限执行该过程。要正确执行过程,过程的创建者必须具有访问在该存储过程中引用的所有数据库对象的权限。该选项是默认选项。若使用该选项,就不必将有关的权限授予调用该过程的用户了。

(2) 调用者权限 AUTHID CURRENT_USER。如果用该选项创建过程,则 Oracle 使用调用该过程的用户的权限执行该过程。为了成功执行过程,调用者必须具有访问在该存储过程中引用的所有数据库对象的权限。如果允许其他用户执行存储过程,应该使用调用者权限模式。

【例 8.26】 带 AUTHID 子句的存储过程。

```
CREATE OR REPLACE PROCEDURE create_log_table
    AUTHID CURRENT_USER AS
    tabname        VARCHAR2(30);
    temp_name      VARCHAR2(30);
    curr_date      VARCHAR2(8);
BEGIN
  SELECT TO_CHAR(EXTRACT(YEAR FROM SYSDATE)) || TO_CHAR(EXTRACT(MONTH FROM SYSDATE),'FM09') |
| TO_CHAR(EXTRACT(DAY FROM SYSDATE),'FM09')
INTO curr_date FROM DUAL;
-- 使用当前日期作为后缀构造一个日志表名
  tabname := 'log_table_' || curr_date;
  SELECT TABLE_NAME INTO temp_name FROM USER_TABLES
  WHERE TABLE_NAME = UPPER(tabname);
  DBMS_OUTPUT.PUT_LINE(tabname||'already exists.');
  EXCEPTION
WHEN NO_DATA_FOUND THEN
  BEGIN
    EXECUTE IMMEDIATE 'CREATE TABLE'|| tabname || '(op_time VARCHAR2(10), '||'operation
VARCHAR2(50))';
    DBMS_OUTPUT.PUT_LINE(tabname || 'has been created');
  END;
END ;
```

5. 修改和删除存储过程

可以使用 SQL 命令页面和对象浏览器对存储过程修改。如果使用 SQL 命令页面修改存储过程,只需将修改过的存储过程重建即可。如果使用对象浏览器修改,则可在原来代码的基础上修改,修改后重新编译。具体步骤如下:

(1) 在对象浏览器中找到要修改的过程,单击"编辑"按钮进入编辑状态。

(2) 修改完后单击"编译"按钮,如果编译没有错误,则修改成功。

删除存储过程非常简单。可以使用 DROP PROCEDURE 语句删除,也可以使用对象浏览器删除。如删除 award_bonus 存储过程语句如下:

```
DROP PROCEDURE award_bonus;
```

8.6.2 存储函数的创建与调用

1. 创建存储函数

创建存储函数,可使用 SQL 的 CREATE FUNCTION 语句,其一般格式为:

```
CREATE [OR REPLACE] FUNCTION [<模式名>.]<存储函数名>
[(<参数> [IN | OUT | IN OUT] <参数类型> [{DEFAULT| :=} <表达式>] [,…])]
RETURN <返回值类型>
[AUTHID {CURRENT_USER| DEFINER}]
{IS | AS}
BEGIN
<PL/SQL 块>                              ---- 存储函数体,描述该函数的操作
END;
```

与创建存储过程格式的区别是,创建存储函数的格式中有 RETURN <返回值类型> 子句,另外,在存储函数体中还应该有一个或多个 RETURN 语句以返回函数值。

【例 8.27】 设计并创建存储函数。

(1) 在 emp 表中,由给定的职员号查询职员名称。

```
CREATE OR REPLACE FUNCTION emp_name (empid NUMBER)
    RETURN VARCHAR2 IS
    v_ename emp.ename % TYPE;
    BEGIN
    SELECT ename INTO v_ename FROM emp WHERE empno = empid;
    RETURN ( 'Employee: '|| v_ename) ;
END ;
```

(2) 根据 emp 表中同一工作职位的最低和最高工资计算某职员的工资排名。

```
CREATE OR REPLACE FUNCTION sal_rank (empid NUMBER)
    RETURN NUMBER IS
    minsal      emp.sal % TYPE;          -- 声明最低工资变量
    maxsal      emp.sal % TYPE;          -- 声明最高工资变量
    jobid       emp.job % TYPE;          -- 声明工作职位变量
    sal         emp.sal % TYPE;          -- 声明工资变量
BEGIN
    -- 根据职员号检索其工作职位和工资
```

```
  SELECT job, sal INTO jobid, sal FROM emp
  WHERE empno = empid;
-- 检索该工作职位的最低工资和最高工资
  SELECT MIN(sal), MAX(sal) INTO minsal, maxsal FROM emp
  WHERE job = jobid;
-- 根据下面的计算返回工资排名
  RETURN ((sal - minsal)/(maxsal - minsal));
END ;
```

2．调用存储函数

可以在 PL/SQL 块中调用存储函数。调用上例中的 sal_rank()存储函数求指定职员的工资排名代码如下：

```
DECLARE
  empid NUMBER : = 7563;
BEGIN
DBMS_OUTPUT.PUT_LINE('rank:'||ROUND(sal_rank(empid),4));
END;
```

也可以在查询语句中调用存储函数。

8.7　数据库触发器

数据库触发器是与数据库表、视图或事件相关的存储过程。触发器一旦由某用户定义，任何用户对触发器规定的数据进行更新操作，均自动激活相应的触发器采取应对措施。触发器本质上是一条语句，当对数据库做更新操作时，它被系统自动调用执行。触发器在某事件发生时可以被调用一次或多次。触发器可以在事件发生前调用，以防止错误操作，它也可以在事件发生后调用，以便做记录或采取后续动作。触发器的可执行部分可以包含过程语句和 SQL 数据操纵语句。

8.7.1　触发器的创建

1．触发器的类型

触发器的类型主要包括下面 3 类：

（1）表上的 DML 触发器。

（2）视图上的 INSTEAD OF 触发器。

（3）DATABASE 或 SCHEMA 上的触发器。

可以在下面的事件上创建触发器：

（1）DML 语句(DELETE、INSERT、UPDATE)。

（2）DDL 语句(CREATE、ALTER、DROP)。

（3）数据库操作(LOGON、LOGOFF)。

在一个模式中不允许有同名的触发器，但它可以与其他模式的对象同名，如同一模式下可以有与某个表同名的触发器。但为了避免混淆，不建议触发器与模式对象同名。

触发器的引发是由触发器的语句决定的，它指定了 SQL 语句或系统事件、数据库事件或 DDL 事件，包括 DELETE、INSERT、UPDATE 等操作。

2. 创建触发器

可以使用对象浏览器、SQL 脚本编辑器或 SQL * Plus 命令行工具创建触发器。创建触发器的语句是 CREATE TRIGGER。该语句的一般形式如下：

```
CREATE [OR REPLACE] TRIGGER <触发器名>
{BEFORE | AFTER | INSTEAD OF}
{DELETE | INSERT | UPDATE [OF <列名 1> [,<列名 2>] …]}
[OR {DELETE | INSERT | UPDATE [OF <列名 1> [,<列名 2>] …]}] ON <表名> }
FOR EACH ROW [WHEN <触发条件> ]
BEGIN
  <PL/SQL 块>                              --触发动作体
END;
```

创建触发器语句的说明：

(1) ON<表名>子句。它命名了触发器的表，即当其中数据被改变时引起触发器动作的基本表。这个表必须与要创建的触发器属于同一个模式，且创建者必须在这个表上拥有 TRIGGER 特权。

(2) BEFORE 和 AFTER。它定义了何时想要执行触发器动作。如果想要触发器动作在数据库更新操作之前出现，则触发器动作时间用 BEFORE，否则用 AFTER。

(3) FOR EACH ROW。它确定触发器是行级触发器还是语句级触发器。如果指定该选项，触发器将对触发语句影响到的每行引发一次触发器。如果没有该选项则表示对每个应用语句只引发一次触发器。

(4) WHEN 子句定义了触发动作的条件。当触发器被激活时，如果触发条件是 TRUE，则触发动作发生；否则触发动作不发生。

(5) INSTEAD OF 选项。使用该选项可以在不允许更新的视图上执行 UPDATE、INSERT、DELETE 语句。该选项只能用于在视图上创建的触发器并只能对每行触发一次。INSTEAD OF 触发器只对视图有效，对 DDL 和数据库事件无效。

(6) 触发动作体。它定义了当触发器被激活时想要 DBMS 执行的 PL/SQL 语句。

(7) 在行触发器中访问列值。在行触发器中，被修改表记录的每列都有两个相关的名称，一个表示列的旧值，一个表示列的新值，它们分别是":OLD. <列名>"和":NEW. <列名>"。

(8) 对于不同类型的触发语句，某些值可能没有意义：

① 由 INSERT 语句引发的触发器只对新列值的访问有意义，因为其旧列值为空。

② 由 UPDATE 语句引发的触发器对 BEFORE 和 AFTER 行触发器都能访问旧值和新值。

③ 由 DELETE 语句引发的触发器只能访问旧值，因为其新值为空，不能修改。

8.7.2　带选项的触发器

1. 创建带 AFTER 选项的触发器

【例 8.28】　在 emp 表上创建一个触发器，该触发器是一个行级触发器。当对 emp 表的某职员 sal 工资列修改后，会引发该触发器并在审计表 e_audit 中写一条记录。

（1）首先创建存放审计记录的表 e_audit。

```
CREATE TABLE e_audit
(audit_id NUMBER(4),up_date DATE,new_sal NUMBER(7,2),
old_sal NUMBER(7,2) );
```

（2）再创建触发器 audit_sal。

```
CREATE OR REPLACE TRIGGER audit_sal
   AFTER UPDATE OF sal ON emp
FOR EACH ROW
BEGIN
   INSERT INTO e_audit VALUES( :OLD.empno, SYSDATE,:NEW.sal,:OLD.sal);
END;
```

这里使用的 FOR EACH ROW 选项表示对每个工资更新都在 e_audit 表中插入一条记录，该记录包含职员号、系统日期、修改后的工资和原来的工资。注意，这里使用":OLD.sal"和":NEW . sal"表示修改前和修改后的工资值。

下列语句修改其主管号为 7122 的所有职员工资，然后检查审计表。

```
UPDATE emp SET sal = sal * 1.15
WHERE mgr = 7122;
```

此语句将更新 emp 表中多行数据，因此 e_audit 表中将有多条记录，可通过下面语句查询：

```
SELECT * FROM e_audit;
```

2. 创建带 BEFORE 选项的触发器

【例 8.29】　创建带 BEFORE 选项的触发器。

（1）创建一个临时表 emp_sal_log 用来存放日志记录。

```
CREATE TABLE emp_sal_log (
emp_id NUMBER,
log_date DATE,
new_salary NUMBER,
action VARCHAR2(50));
```

（2）创建触发器。下面的触发器带 BEFORE 选项和 FOR EACH ROW 子句，因此将对被更新的表每行执行一次触发器。注意这里 WHEN 子句的使用。

```
CREATE OR REPLACE TRIGGER log_sal_add
   BEFORE UPDATE of sal ON emp
   FOR EACH ROW
```

数据库原理与技术（Oracle 版）（第 3 版）

```
    WHEN (:OLD. sal < 5000)
BEGIN
    INSERT INTO emp_sal_log (emp_id, log_date, new_salary, action)
    VALUES (:NEW. empno, SYSDATE, :NEW. sal, 'New sal');
END;
```

使用下面的 UPDATE 语句修改职员工资。如果部门号为 60 的部门有 5 名职员且其工资都少于 5000，则将有 5 行记录被修改，触发器将被执行 5 次。

```
UPDATE emp SET sal = sal * 1.15
WHERE deptno = 60;
```

使用下面语句查看日志表：

```
SELECT * FROM emp_sal_log;
```

3. 创建 LOGON 和 LOGOFF 触发器

可以创建触发器，在用户登录（LOGON）到数据库或退出（LOGOFF）数据库时执行某些操作。

【例 8.30】 创建触发器，当用户以 scott 账户登录到数据库时，自动向日志表中写一条记录。

（1）创建一个表存放用户登录和退出信息。

```
CREATE TABLE log_table
( user_name VARCHAR2(30),                  -- 用户名
activity VARCHAR2(20),                      -- 用户状态
logon_date DATE,                            -- 日志日期
e_count NUMBER );                           -- 职员数
```

（2）创建用户登录时向日志表中写一条记录的触发器。

```
CREATE OR REPLACE TRIGGER on_scott_logon
    AFTER LOGON ON scott.schema
DECLARE
    emp_count NUMBER;
BEGIN
    SELECT COUNT( * ) INTO emp_count FROM emp; -- 统计职员数
    INSERT INTO log_table VALUES(USER, 'Log on', SYSDATE, emp_count);
END;
```

下面退出后再登录，可以查看 log_table 表的触发器结果。

```
DISCONNECT
CONNECT scott/tiger
SELECT * FROM log_table;
```

4. 创建带 INSTEAD OF 选项的触发器

实体化视图（也可称为快照）确保服务器能正确地通过一个视图将插入、修改和删除操作映射到该视图的基础数据表中。若视图不符合实体化视图是不可更新的。即使声明一个视图为可更新的，Oracle 也不会自动支持视图的 INSERT、UPDATE 和 DELETE 语句。

　　根据视图的定义,要求 Oracle 将视图上的 DML 语句明确地翻译成对其基本表的修改是不可能的。因此,视图上的 DML 操作受到很多限制。Oracle 允许为不能执行 DML 操作的视图创建带 INSTEAD OF 选项的触发器。用户可以在视图上创建一个这种触发器来手工定义基本表该如何响应视图上的 DML 操作。Oracle 执行触发器来代替 DML 操作,就能提供一种绕过视图上对 DML 操作限制的机制。

　　INSTEAD OF 触发器是为视图定义的一种特殊的行触发器。如果为视图定义了该触发器,则可使该视图是可更新的。一般格式如下:

```
CREATE [OR REPLACE] TRIGGER <触发器名>
INSTEAD OF {BEFORE | AFTER | INSTEAD OF}
{DELETE | INSERT | UPDATE [OF <列名 1> [,<列名 2>] … ]}
[OR {DELETE | INSERT | UPDATE [OF <列名 1> [,<列名 2>] … ]}]
ON <表名>| <视图名>}
FOR EACH ROW [WHEN <触发条件> ]
< PL/SQL 块>                                    -- 触发动作体
END;
```

【例 8.31】　创建一个带 INSTEAD OF 的触发器。

(1) 在多个基本表上创建一个视图。

```
CREATE OR REPLACE VIEW my_view AS
   SELECT d.dname, d.loc, e.ename, e.agr, e.sal, e.comm, e.job
   FROM dept d JOIN emp e ON d.deptno = e.deptno
   ORDER BY d.deptno;
```

对上述视图,不能使用 UPDATE 语句修改职员的详细信息。

(2) 创建一个带 INSTEAD OF 的触发器,当修改视图时,通过触发器修改基本表 emp。

```
CREATE OR REPLACE TRIGGER update_view
   INSTEAD OF UPDATE ON my_view
   FOR EACH ROW
BEGIN
-- 通过下面的更新语句更新 emp 基本表
   UPDATE emp
   SET
      job = :NEW.job,
      sal = :NEW.sal,
      comm = :NEW.comm
      WHERE empno = :OLD.mgr;
END;
```

创建了上面的触发器后,使用下面的语句更新视图时将通过该触发器更新基本表 emp。

```
UPDATE my_view SET sal = 8000 WHERE mgr = 7788;
```

8.7.3　复合触发器及管理

1. 复合触发器

Oracle 11g 中增加了一种新的复合触发器,这种触发器允许将多个不同类型的触发器合并表示为一个触发器，这样有助于同时管理不同部分的工作状态。该触发器可以捕获 4 个计时点的信息：激发语句之前/之后；激发语句中的每行变化之前/变化之后。当需要在语句级和行级事件中采取动作时，可以用这些类型的触发器来审核、检查、保存和替换值。

复合触发器的格式为：

```
CREATE [OR REPLACE] TRIGGER <触发器名>
FOR <触发事件> ON <表名>
COMPOUND TRIGGER [说明语句;]
[BEFORE STATEMENT IS    BEGIN   <语句>; END BEFORE STATEMENT;]
[BEFORE EACH ROW IS     BEGIN   <语句>; END BEFORE EACH ROW;]
[AFTER EACH ROW IS      BEGIN   <语句>; END AFTER EACH ROW;]
[AFTER STATEMENT IS     BEGIN   <语句>; END AFTER STATEMENT;]
END;
```

【例 8.32】 创建 emp 表上的复合触发器，用以限制插入或修改后每个部门员工人数不超过 90 人。复合触发器代码如下：

```
CREATE TRIGGER emp_limit
FOR INSERT OR UPDATE ON emp
COMPOUND TRIGGER  v_deptno emp.deptno % TYPE; v_num NUMBER;
BEFORE EACH ROW IS  BEGIN   v_deptno: = :new.deptno; END BEFORE EACH ROW;
AFTER STATEMENT IS   BEGIN
SELECT COUNT( * ) INTO v_num FROM emp WHERE deptno = v_deptno;
IF v_num > 90 THEN RAISE_APPLICATION_ERROR( - 20000,'部门'|| v_deptno||'职员人数超过 90!');
ENDIF;
END AFTER STATEMENT;
END;
```

关于复合触发器应当注意：在该触发器中不能通过 WHEN 子句过滤事件；:new 和 :old 记录只能在 BEFORE/AFTER EACH ROW 块中使用；在全局声明块中声明的变量对实现的所有计时块的执行都保持其值。

2. 管理触发器

触发器的管理包括修改、删除、禁止、激活触发器等。

（1）修改触发器。与存储过程类似，触发器不能显式修改，而必须使用新的定义替换。ALTER TRIGGER 语句只用于重新编译、禁止或激活触发器。要替换触发器，应该在 CREATE TRIGGER 语句中包含 OR REPLACE 选项，它允许用新的版本替换旧的版本。另外，还可以先使用 DROP TRIGGER 语句删除触发器，然后再运行 CREATE TRIGGER 语句创建触发器。若没有 DROP ANY TRIGGER 系统权限，用户只能删除自己模式下的触发器。

（2）删除触发器。当触发器不再需要时，可以使用对象浏览器或 SQL 的 DROP TRIGGER 删除触发器。如先删除 audit_sal 触发器，再删除使用触发器的表：

```
DROP TRIGGER audit_sal;
DROP TABLE e_audit;
```

（3）禁止触发器。默认情况下，触发器一经创建即生效。但有时为了提高性能可能需要暂时禁止触发器,如在大量加载数据时避免触发相应的触发器。要暂时禁止触发器,可以使用带 DISABLE 选项的 ALTER TRIGGER 语句。例如:

```
ALTER TRIGGER emp_update DISABLE;
```

可以使用一个语句禁止一个表上的所有触发器,这时需要使用带 DISABLE ALL TRIGGERS 选项的 ALTER TABLE 语句。例如:

```
ALTER TABLE dept DISABLE ALL TRIGGERS;
```

(4) 激活触发器。要重新激活被禁止的触发器,需使用带 ENABLE 选项的 ALTER TRIGGER 语句。例如,下面的语句重新激活被禁止的触发器 emp_update:

```
ALTER TRIGGER emp_update ENABLE;
```

也可使用带 ENABLE ALL TRIGGERS 选项的 ALTER TABLE 语句激活一个表上的所有触发器,例如:

```
ALTER TABLE dept ENABLE ALL TRIGGERS;
```

8.8　本章小结

Oracle 是一个面向网络计算环境的数据库平台。它适用于各类大、中、小、微型机环境,是一种具有高吞吐量、高效率、可靠性好的数据库产品。

PL/SQL 是一种过程化处理语言,可以理解为 PL/SQL ＝ SQL ＋ 过程控制与功能扩充语句。它将 SQL 的强大性和灵活性与程序设计语言的过程性融为一体。PL/SQL 程序的基本结构是块,每个块由声明部分、执行部分和异常处理部分组成。PL/SQL 提供了流程控制语句,主要有条件控制语句和循环控制语句。

Oracle 提供了 4 种类型的可存储的命名程序块:存储过程、存储函数、包和触发器。存储过程是一个 PL/SQL 程序块,接受零个或多个参数作为输入或输出源。触发器是一种特殊的存储过程,主要用于完整性约束与多表之间的消息传递。此外,PL/SQL 用游标来标注查询操作的结果集,通过对游标的操作来获取结果集中的数据。

习题 8

1. Oracle 数据库产品有哪些主要特点?
2. Oracle 数据库模式中的主要对象有哪些? 其作用是什么?
3. Oracle 数据库服务器主要作用是什么? 客户端由哪些部分组成?
4. 描述 Oracle 数据库的结构、数据库与表空间的关系。
5. 描述 PL/SQL 程序的基本结构、存储过程的概念及优点。
6. 游标的类型与游标的属性主要有哪些? 它们各有何特点?
7. 针对示例数据库表 8-3、表 8-4,创建存储过程:按照输入的部门号查询指定部门的工资总和,并获得该部门的人数。如果没有该部门,则进行异常处理。

数据库原理与技术(Oracle 版)(第 3 版)

8. 以 scott/tiger 身份登录到 Oracle 数据库,创建学生表 t_student(学号 NUMBER,姓名 VARCHAR2(20),班级号 NUMBER)和学生校园卡消费表 t_consume(学号 NUMBER,消费金额 NUMBER(4,2),消费时间 DATE),向表中插入若干记录。

设计带参数的存储过程:

(1) 查询指定日期的学生消费记录,按照班级分组,并显示班级以及每个学生的消费金额总和。

(2) 统计某个月中每天消费最多学生的信息。

Oracle 数据库应用　　第 9 章

本章通过两个数据库应用系统设计与实现的示例,说明数据库应用系统设计的方法,介绍以 Oracle 11g 为基础的数据库及其应用系统建立的过程(为便于理解,本节在内容上做了精简)。

9.1　学生成绩管理数据库系统

9.1.1　系统需求与设计目标

1. 系统需求

由于在各个高校中,学生的选课成绩管理是教务单位必不可少的工作之一,这对于学生、教师的信息管理来说都是至关重要的,人们若使用传统的人工方法来管理这些信息,这将会是件耗时、耗力的庞大工作。因此需要设计开发学生成绩管理系统,为用户提供方便、快捷的数据管理功能。该系统主要面向各高校的教务管理人员、教师和学生。

通过实际调查与分析,一个学生成绩管理系统具有以下基本需求:

(1) 系统中存在 3 种用户:系统管理员、教师、学生,不同的用户具有不同的权限。

(2) 系统需要为以上 3 种用户提供登录功能,用户登录验证成功后,系统会根据用户所属的类型(系统管理员、教师、学生)转向不同的界面。

(3) 系统管理员可以查询、添加和删除学生、教师和课程的基本信息。

(4) 教师可以查询学生信息、课程信息和学生选课信息。

(5) 学生可以查询个人信息、所有课程信息和个人选课信息。

学生成绩管理系统的总任务是完成学生信息、教师信息、课程信息和学生选课信息管理的自动化,从而提高信息管理的效率。

2. 设计目标

本系统属于小型的高校成绩管理系统,可以对学生选课成绩,各类课程信息等进行有效管理。系统力求实现以下目标:

（1）界面友好美观，使用方便且人性化。

（2）数据操作灵活，信息获取可靠。

（3）实现多种查询，支持模糊查询。

（4）检验关键数据，力保数据完整。

（5）体现易维护性、安全性。

9.1.2 系统模式及开发环境

1. 系统实现方式

设计的系统采用客户机/服务器模式，在校园的局域网上运行。服务器端的数据库设计内容主要包括：收集用户数据，进行需求分析，确定数据字典；通过 E-R 图表示数据库各实体间的关系，得到数据库概念结构；将 E-R 图转换成具体的数据模型，得到逻辑结构，即数据库中的表；需要时进行物理结构的选择，再根据用户处理要求，进行必要的安全性、完整性考虑。完成数据库的设计后，在 Oracle 11G 中创建该数据库，并设计相关的存储过程与触发器等。

客户机端的软件开发主要包括：对用户需求做进一步具体分析，进行功能模块详细设计，利用开发工具或编程语言对每个模块进行界面设计和具体功能实现。其中需要重点注意如何进行数据库连接，如何显示数据库中的内容，以及如何对数据库进行复杂查询、维护等。

2. 开发环境及准备流程

本应用系统采用数据库管理系统 Oracle 11G 和 C♯语言进行开发。开发工具为 Visual Studio 2008，它是 Microsoft 提供的一个集成开发环境，功能十分强大。其支持 C/C++、C♯等多种开发语言，提供多种控件，给程序的界面设计带来了极大的便利。

Oracle 数据库应用开发的准备流程如图 9-1 所示。

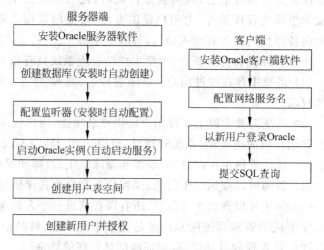

图 9-1　Oracle 数据库应用开发的准备流程

说明：开发过程中，有时使用一台计算机同时充当了服务器和客户机的角色。这样在安装 Oracle 数据库时会自动安装 Oracle 客户端，故不需要单独在该机上安装 Oracle 的客户端。

9.1.3　系统功能设计

　　本系统包括 3 种用户类型：学生、教师与系统管理员，需要有用户登录、用户信息管理、学生个人信息管理、选课信息管理、课程信息管理等功能模块。用户根据各自的权限进行不同的功能调用。对软件系统进行功能划分与模块化设计后，得到系统总体功能框架图，如图 9-2 所示。

　　本系统需对学生个人信息、学生选课信息、课程信息进行查询、更新等管理。用户登录后，能进行的操作根据用户类型有所差别，主要功能如下：

　　系统管理员权限：查询、更新（添加、删除、修改）用户表，更新学生个人信息与课程信息；系统安全性维护等。

　　教师权限：查询学生个人信息、查询课程信息、管理（添加、删除、计算平均分等）学生选课信息（仅限本人教授课程）。

　　学生权限：查询学生个人信息（限本人信息）、查询课程信息、查询学生选课信息（限本人信息）。

　　除了这 3 类用户可登录后直接访问系统，其他用户若想访问系统，需要先让系统管理员将他们添加入用户表中。而且修改密码只能由系统管理员完成。读者可在此基础上增加注册等其他功能模块，更方便用户的使用，使该系统更加完整。

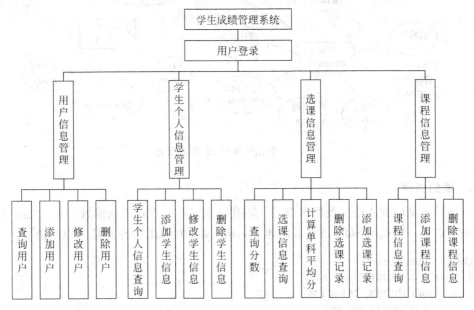

图 9-2　系统总体功能框架图

9.1.4　数据库设计

1. 数据库设计

　　经过需求分析、概念结构设计得到学生、课程及其选课联系的 E-R 图如图 9-3 所示，在该 E-R 图中，设教师和课程之间为 1:1 的授课关系。

根据所设计的 E-R 图，经过转换可以得到下面的 5 个基本表：

(1) 学生表：student(<u>sno</u>,sname,ssex,sbirthday,sclass)

(2) 教师表：teacher(<u>tno</u>,tname,tsex,tbirthday,prof,depart)

(3) 课程表：course(<u>cno</u>,cname,tno)

(4) 选课成绩表：score(<u>sno,cno</u>,grade)

(5) 用户表：userinfo(<u>userid</u>,password,type)

以上标有下画线的属性表示主键。

通过对系统需求分析，概念结构与逻辑结构设计，确定了系统要创建的数据库表及各表之间的关系，就可以创建数据库及其表了。

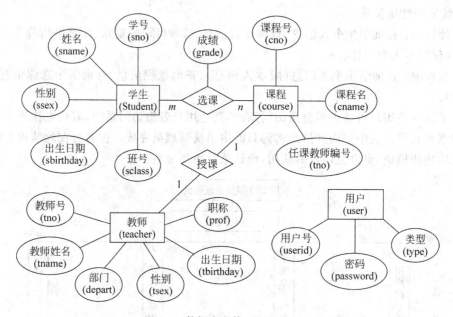

图 9-3　数据库实体、联系 E-R 图

2. 表的创建

有两种常见的方式创建数据库表：一是用 Oracle 界面方式来创建数据表；二是用 SQL 语句来创建表。这里用 SQL 语句来创建 userinfo 表，在 SQL 命令行输入以下语句：

```
CREATE TABLE userinfo
(   userid VARCHAR2(20) NOT NULL,
    password VARCHAR2(20) NOT NULL,
    type VARCHAR2(4) NOT NULL,
    CONSTRAINT userinfo_PK PRIMARY KEY (userid)        -- 建主键约束
)
```

单击"运行"按钮后，可以生成相应的表。

创建 student 表对应的 SQL 语句如下：

```
CREATE TABLE student
      (sno VARCHAR2(20) NOT NULL,
sname VARCHAR2(20) NOT NULL,
```

```
    ssex VARCHAR2(4),
    sbirthday DATE,
    sclass VARCHAR2(25),
    CONSTRAINT student_PK PRIMARY KEY (sno),          -- 建主键约束
    CONSTRAINT TEST_CK1 CHECK (ssex IN('男','女')),    -- 建检查约束
    CONSTRAINT student_FK FOREIGN KEY (sno)            -- 建外键约束
    REFERENCES userinfo (userid) ON DELETE CASCADE
      )
```

采用相同的方法,可分别完成对于 course、teacher 和 score 表的建立。

3. 建立存储过程

可以设计一些方便用户程序调用的存储过程。如建立存储过程,其功能是向 student 表中插入新记录。

```
CREATE PROCEDURE ins_student(ins_sno varchar2, ins_name varchar2, ins_sex varchar2, ins_birth
date, ins_class varchar2)
AS BEGIN
INSERT INTO student(sno, sname, ssex, sbirthday, sclass)
VALUES(ins_sno, ins_name, ins_sex, ins_birth, ins_class);
END;
```

执行该存储过程,即可以添加一条记录。通过程序重复调用该存储过程可添加多条记录。

4. 建立触发器

为进一步保证数据库数据的完整性,可以设计一些操作时用的触发器。例如:

(1) 当添加或修改的成绩不在 0~100 的范围,则提示用户。

```
CREATE OR REPLACE TRIGGER grade_change
AFTER INSERT OR UPDATE ON score                      -- 触发事件
FOR EACH ROW                                         -- 每修改一行都需要调用此触发器
BEGIN
    IF :NEW.grade < 0 or :NEW.grade > 100 THEN
    dbms_output.PUT_LINE('new grade is error!');
    END IF;
END;
```

(2) 建复合触发器,限制插入或修改后每个班级人数不超过 40 人。

```
CREATE TRIGGER st_limit
FOR INSERT OR UPDATE ON student
COMPOUND TRIGGER v_sclass student.sclass % TYPE; v_num NUMBER;
    BEFORE EACH ROW IS BEGIN v_sclass: = :new.sclass; END BEFORE EACH ROW;
    AFTER STATEMENT IS BEGIN
    SELECT COUNT( * ) INTO v_num FROM student WHERE sclass = v_sclass;
    IF v_num > 40 THEN RAISE_APPLICATION_ERROR( - 20000, '班级'|| v_sclass ||
    '人数超过 40!'); ENDIF; END AFTER STATEMENT;
END ;
```

9.1.5　系统应用程序设计

下面描述部分主要程序设计及其代码。

1. 创建数据库连接

这里介绍通过编码的方式实现数据库连接。数据库连接采用一个数据库连接类实现。在本系统中，命名为 database.cs。database.cs 的代码如下：

```
using System;
using System.Collections.Generic;
using System.Linq;
using System.Text;
using System.Data;
using System.Data.OracleClient;
```

上面是引用的命名空间，其中 System. Data. OracleClient 是必需的。其中包含了很多关于 Oracle 数据库的操作。在新建一个 vs（即 Visual Studio）工程的时候，默认这个命名空间是不可见的，需要自己手动添加这个组件。在单击添加引用之后，在. net 选项中可以找到 System. Data. Oracle，单击将其添加即可。

```
namespace teachingSys
{   class database
{   public static database dbcon = new database();
//声明一个静态实例,通过访问这个实例获数据库连接
    OracleConnection conn = null;              //声明 Oracle 数据库连接对象
    public database()                          //构造函数声明
    { createConnection(); }                    //调用此函数获取数据库连接 }
     private void createConnection()           //此函数用来创建数据库连接
    { string connection = "Data Source = XE;user = shilei;password = sl891220";
//字符串给出了连接的数据库名字及连接时使用的用户名和口令.其中"XE"为该版本的 Oracle 数据
//库默认的数据库名
    conn = new OracleConnection(connection);   //创建数据库连接对象
    conn.Open();                               //打开数据库连接
    }
    public OracleConnection getConnection()    //返回数据库连接
    {   return conn;   }
    }
}
```

数据库连接之后，可以具体设计并实现各程序模块。下面介绍主要的程序模块。

2. 登录模块

本系统所设计的登录模块的界面如图 9-4 所示（为便于描述，对相关的控件加了标号）。

vs 的控件给设计界面带来了很大的便利，使界面设计成为一件十分轻松的事。可以按照以下步骤来搭建所设计的界面：

（1）在工程中新添加一个 form，将其命名为 login.cs。

（2）直接在控件工具箱中拖两个 label 控件到 login 窗体上，然后将其 text 属性分别改为"学（工）号：""密码："，如图 9-4 中的 1 和 2 所示。

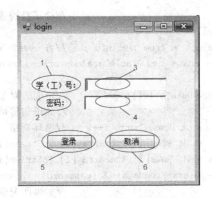

图 9-4　登录模块的界面

（3）对于图 9-4 中的 3 和 4，拖放两个 textBox 控件到窗体上，将其 name 属性分别改为
"textBox_username"、"textBox_pwd"（这种命名方式便于以后对于这个控件的使用，实际
编程中应该养成这个习惯），并且在 textBox_pwd 的 PasswordChar 属性中输入一个 ∗，这
样在输入密码时就会在文本框中显示 ∗ 了。

（4）再拖放两个按钮到窗体上，将其 name 属性分别改为 button_ok 和 button_cancle。
将其 text 属性分别改为"登录"和"取消"，如图 9-4 中的 5 和 6 所示。然后分别双击这两个
按钮，系统将自动为它们创建响应函数，分别为：

```
private void button_ok_Click(object sender, EventArgs e){}
private void button_cancle_Click(object sender, EventArgs e) {}
```

在程序执行中，当用户单击相应的按钮时，就会执行相应的函数。例如，单击"登录"按
钮时，将触发 button_ok_Click() 函数的执行。花括号内部的函数体中的代码需要自己添
加。一般添加的代码就是单击按钮之后需要程序完成相应的动作。代码如下：

```
using System;
using System.Collections.Generic;
using System.ComponentModel;
using System.Data;
using System.Drawing;
using System.Linq;
using System.Text;
using System.Windows.Forms;
using System.Data.OracleClient;
namespace teachingSys
{ public partial class login : Form
  { OracleConnection conn = null;
    public login()
    { InitializeComponent();
      conn = database.dbcon.getConnection();      //获取数据库连接 }
      private bool verify()                        //此函数实现用户验证功能，成功返回 true
      { string userid = textBox_username.Text;     //获取文本框中的用户标识
        string password = this.textBox_pwd.Text;   //获取文本框中的密码
        string useridFromdata = null;
        string passwdFromdata = null;              //将用来保存读取的用户标识和密码
```

```
            int flag = 0;                              //验证是否成功的标记
            string type = null;
            string cmd = "select * from userinfo";   //查 userinfo 表
            OracleDataAdapter ada = new OracleDataAdapter(cmd, conn);
//声明一个适配器
            DataTable dt = new DataTable();            //声明表对象,用来存读取的数据
            ada.Fill(dt);                              //此语句将填充 dt
            for (int i = 0; i < dt.Rows.Count; i++)    //循环判断
            { useridFromdata = dt.Rows[i].ItemArray[0].ToString();
              passwdFromdata = dt.Rows[i].ItemArray[1].ToString();
              if ((userid == useridFromdata) && (password == passwdFromdata))
              { flag = 1;                              //如果匹配成功,置 flag 为 1
                type = dt.Rows[i].ItemArray[2].ToString();
//读取此用户的类型值
            MessageBox.Show("登录成功" + type);
            if (type == "sys"){                        //判断用户类型转向不同的界面
                sys admin = new sys();
                admin.MdiParent = this.MdiParent;
                admin.Show();                          //实例化一个系统管理员界面并显示 }
            else if (type == "stu"){
                student admin = new student();
                admin.MdiParent = this.MdiParent;
                admin.Show();                          //实例化一个学生用户界面,并显示 }
                else {
                    teacher admin = new teacher();
                    admin.MdiParent = this.MdiParent;
                    admin.Show();                      //实例化一个教师用户界面,并显示 }
                return true;
                }
            }
            if (flag == 0) MessageBox.Show("登录失败!");
            return false;
        }
    private void button_ok_Click(object sender, EventArgs e)
//单击登录按钮的响应函数
    {   bool b = verify();                             //调用用户身份验证函数
      if (b) this.Close();                             //如果验证成功,关闭登录窗口 }
    private void button_cancle_Click(object sender, EventArgs e)
//此函数为取消按钮的响应函数
    {   this.Close();   }
}
}
```

3. 学生信息管理模块

本系统所设计的学生信息管理界面如图 9-5 所示。图中对比较重要的几个控件做了标记。1、2、3、5 标记的是 richtextbox 控件，它们分别命名为 richTextBoxSno、richTextBoxSname、richTextBoxSex、richTextBoxClass，4 标记的是一个 dateTimePicker 控件，将其命名为 dateTimePicker_birth，这个控件可以用来选择一个日期。6 标记的是一个按钮，单击该按钮可以插入一条记录。7 标记的是一个 listview 控件，它可以用来显示从

数据库中查询的学生信息。另外，这个窗体还有一个功能，就是右键单击一条记录时，会弹出一个右键菜单，上面有一个"删除"命令，如果单击"删除"命令，就会删除选中的 listview 中的记录。

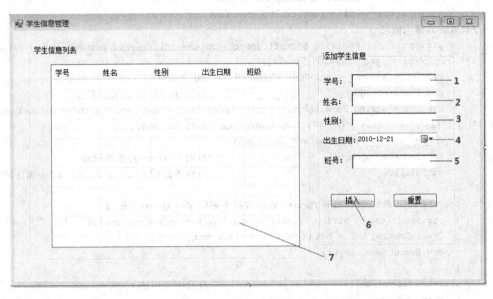

图 9-5　学生信息管理界面

实现代码如下：

```
using System;
using System.Collections.Generic;
using System.ComponentModel;
using System.Data;
using System.Drawing;
using System.Linq;
using System.Text;
using System.Windows.Forms;
using System.Data.OracleClient;
namespace teachingSys
{ public partial class sysstudent : Form
  { OracleConnection conn = null;              //声明数据库连接
    public sysstudent()
    { InitializeComponent();
      conn = database.dbcon.getConnection();   //获取数据库连接
    }
    private DataTable getInfo()                //获取 student 表的信息
    { string cmd = "select * from student";
      OracleDataAdapter ada = new OracleDataAdapter(cmd, conn);
//声明一个数据适配器
      DataTable dt = new DataTable();
      ada.Fill(dt);                            //装填数据集
      return dt;
    }
    private void insertNewinfo()               //此函数用于添加学生信息
```

```
        {   string sno = this.richTextBoxSno.Text;
            string sname = this.richTextBoxSname.Text;
            string sex = this.richTextBoxSex.Text;
            string birth = this.richTextBoxBirth.Text;
            string sclass = this.richTextBoxClass.Text;
//获取界面输入信息
            string str_cmd = string.Format("insert into userinfo(userid,password,type) values('
{0}','{1}','{2}')",sno,"123456","stu");
            OracleCommand cmd = new OracleCommand(str_cmd, conn);
            cmd.ExecuteNonQuery();                       //向 userinfo 表添加记录
            str_cmd = string.Format("insert into student(sno,sname,ssex,sbirthday,sclass) values
('{0}','{1}','{2}','{3}','{4}')", sno, sname, sex, birth, sclass);
            cmd = new OracleCommand(str_cmd, conn);
            cmd.ExecuteNonQuery();                       //向 student 表添加记录
            setNull();                                   //将界面的 richtextbox 的 value 属性清空
        }
    private void delInfo(string sno) /此函数用于删除学号为 sno 的记录
        {   string str_cmd = string.Format("delete from userinfo where userid = '{0}'", sno);
            OracleCommand cmd = new OracleCommand(str_cmd, conn);
            cmd.ExecuteNonQuery();
        }
    private void setNull()                               //清空界面的 richtextbox
        {   this.richTextBoxSno.Text = null;
            this.richTextBoxSname.Text = null;
            this.richTextBoxSex.Text = null;
            this.richTextBoxClass.Text = null;
            this.richTextBoxBirth.Text = null;
        }
    private void updataListview()
//此函数用于在数据库更新时,更新 listview 的显示信息
        {   this.listView_studentinfo.Items.Clear();
            DataTable dt = getInfo();                     //获取当前数据库中的学生信息
            ListViewItem temp = null;
            for (int i = 0; i < dt.Rows.Count; i++)
            {   temp = new ListViewItem(dt.Rows[i].ItemArray[0].ToString(), 0);
                temp.SubItems.Add(dt.Rows[i].ItemArray[1].ToString());
                temp.SubItems.Add(dt.Rows[i].ItemArray[2].ToString());
                temp.SubItems.Add(dt.Rows[i].ItemArray[3].ToString());
                temp.SubItems.Add(dt.Rows[i].ItemArray[4].ToString());
                listView_studentinfo.Items.Add(temp);
            }
        }
    private void sysStudent_Load(object sender, EventArgs e)
//界面加载响应函数
        {   updataListview();       }
    private void buttonInsert_Click(object sender, EventArgs e)
//插入按钮响应函数
        {   insertNewinfo(); updataListview();  }
    private void buttonReset_Click(object sender, EventArgs e)
        {   setNull();  }
    private void listView_studentinfo_MouseClick(object sender, MouseEventArgs e)
```

```
//单击鼠标右键响应函数
    {    if (e.Button == MouseButtons.Right)
      {   Point p = new Point();
        p.X = e.Location.X + this.Location.X + 100;
        p.Y = e.Location.Y + this.Location.Y + 200;
//设置右键菜单的显示位置
        contextMenuStrip1.Show(p);
      }
    }
    private void DELToolStripMenuItem_Click(object sender, EventArgs e)
//单击右键菜单的"删除"命令后的相应动作
    {    if (this.listView_studentinfo.SelectedItems.Count != 0)
      {   string sno = this.listView_studentinfo.SelectedItems[0].Text;
        delInfo(sno);
        MessageBox.Show("已删除!");
        updataListview();
      }
    }
  }
}
```

由于其他部分的实现方法与上面类似，这里就不再赘述。

9.1.6　系统测试运行图

下面给出管理员登录后创建的一个学生用户，该学生用户利用此账户登录后的一个示例。

（1）管理员输入账户（工号）和密码，如图 9-6 所示。单击"登录"按钮进入管理员界面，如图 9-7 所示。

图 9-6　管理员输入账户和密码

图 9-7　管理员界面

（2）单击"学生信息管理"按钮，进入学生信息管理界面。在其右侧填入相应信息，即一条学生记录，如图 9-8 所示。

（3）单击"插入"按钮，该学生记录被插入，如图 9-9 所示。

（4）使用刚插入学生的账号（学号）进行登录，如图 9-10 所示。单击"登录"按钮，进入学生界面，如图 9-11 所示。

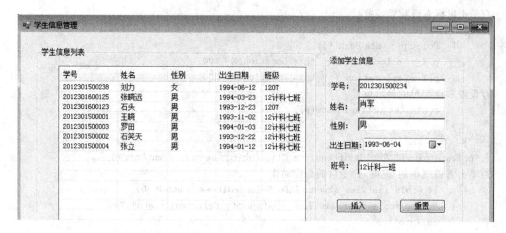

图 9-8　填入相应信息

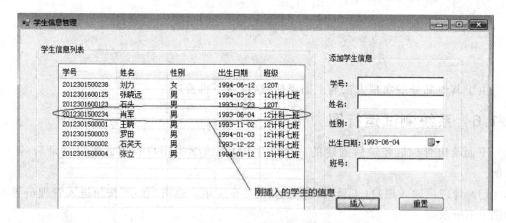

图 9-9　学生记录被插入

图 9-10　用学生账号登录

图 9-11　学生界面

总之,Oracle 数据库应用开发的一般过程如下:
① 进行需求分析,确定应用系统的功能需求和性能需求。
② 根据需求分析的结果划分系统的功能模块,并进行数据库各种结构设计。

③ 建立数据库与创建数据库连接。

④ 应用程序设计与编码(包括界面)的实现。

⑤ 装入数据、测试及维护。

9.2　新闻发布网站后台管理系统

本节将介绍利用 PHP 基于 Oracle 11g 数据库实现的一个新闻发布网站的后台管理系统,描述其基本功能,包括新闻栏目管理、新闻内容管理、网站用户管理等,主要讲解数据库应用系统的构建技术及实现方法。作为设计示例,为便于初学者学习与理解,对系统功能进行了精简设计与描述。

9.2.1　后台管理系统设计

1. 功能需求

根据新闻发布网站管理的基本需求,本系统要实现的主要功能如下:

(1) 新闻栏目的设置与管理。可以设置新闻所属栏目,并可以对新闻栏目进行增加、删除和修改操作,新闻栏目可以设置不同的级别,每个新闻栏目下还可以有子栏目。

(2) 新闻发布与更新。通过后台可以发布、修改和删除新闻。发布新闻时可以对新闻文本设置不同格式(字体大小、字体颜色、字体样式、超链接等)。新闻发布时可以预览新闻,并可以生成静态页面。

(3) 用户权限分级管理。后台管理员可以根据网站管理任务的授权情况,对不同用户赋予不同的系统权限。用户隶属于不同的用户组,每个用户组拥有默认权限,一个用户组中的用户默认情况下继承用户组的权限,系统管理员也可以指定用户赋予其他的系统权限。

(4) 其他功能。包括日志管理、专题管理、发布控制等。

系统设计目标是实现新闻发布信息的后台数据库管理,方便、快捷地完成新闻信息的存储与发布、查询与更新等多种操作,实现新闻信息的动态管理与服务。界面简洁友好,系统安全可靠。

2. 功能设计

在经过调研、了解与分析用户需求的基础上,设计出新闻网站后台管理系统功能结构,如图 9-12 所示。本系统实现功能主要包括网站用户管理、新闻栏目管理和新闻内容管理 3 个主要功能模块,其他功能模块可由学生在现有模块基础上进行扩展实现。本系统新闻栏目管理、新闻内容管理两个功能模块在执行过程中,先要由用户管理模块判断当前用户是否有权限执行操作,以确保数据库系统的安全。

(1) 新闻栏目管理。新闻栏目管理模块是新闻管理的基础,由网站管理员负责新闻栏目的添加、删除和修改。新闻栏目为层次分级关系,每个新闻栏目都可以拥有相应的父栏目和子栏目,每个栏目都只能有一个父栏目,可以有多个子栏目。

(2) 新闻内容管理。新闻内容管理是整个后台的核心和基础,包括以下主要功能:

① 新闻提交。提交发布新闻内容,支持丰富的新闻内容格式管理功能,包括标题颜色控制,可以在新闻提交时设置新闻标题在前台显示时的颜色。

② 新闻修改。修改或者删除新闻内容,修改的形式与新闻发布相同。

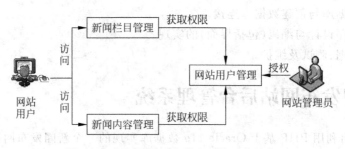

图 9-12　新闻网站后台管理系统功能结构

③ 新闻发布。新闻提交后,由拥有新闻审核权限的用户对新闻内容进行审核,只有通过审核的新闻才能在新闻前台发布显示。

(3) 网站用户管理。网站用户管理模块的主要功能包括:创建、编辑和删除用户组;创建、修改或者删除用户。可以对用户组和用户的操作权限进行授权。

针对新闻网站的特点,系统中不同用户行使不同的管理权限,要求分级操作。故本应用系统中用户操作权限指对本系统各个功能模块进行操作的权限,设计与划分的应用系统操作权限如表 9-1 所示。

表 9-1　应用系统操作权限

操作权限	权限说明	调用模块
新闻管理	可以对新闻进行增、删、改、查操作	新闻内容管理模块
新闻审核	可以完成对待发布新闻的审核操作	新闻内容管理模块
栏目管理	对新闻栏目设置、栏目关系进行管理	新闻栏目管理模块
用户管理	对用户、用户组进行管理	网站用户管理模块
日志管理	对网站日志进行查询、删除、归档操作	网站日志管理模块

9.2.2　系统实现方式

1. 实现模式

新闻发布网站后台管理系统的实现遵循软件工程及数据库开发方法。设计的系统采用客户机/服务器模式,在校园的局域网上运行。

(1) 服务器端的数据库与管理设计。主要包括:收集用户数据,进行需求分析,确定数据字典;通过 E-R 图表示数据库各实体间的关系,得到数据库概念结构;将 E-R 图转换成具体的数据模型,得到逻辑结构,即数据库中的表;进行物理结构的选择及设置,再根据用户处理要求,进行必要的安全性、完整性考虑。完成数据库的结构设计后,在 Oracle 环境中创建数据库,并设计实现管理功能程序及相关的存储过程、触发器。其中重点注意如何构建合理的数据库结构,如何存储显示数据库中多媒体类型数据,以及如何对数据库进行复杂查询、安全性、完整性维护等。

(2) 客户机端的软件开发。主要考虑:对用户需求做进一步具体分析,进行功能模块详细设计,利用开发工具或编程语言对每个模块进行界面设计和具体功能实现。其中需要重点注意如何进行数据库连接,如何显示及输出数据库中的复杂类型数据,以及如何对用户进行验证与控制等。

新闻发布网站后台管理系统主要针对服务器端的数据库管理进行设计与实现。

2. 开发环境

本应用系统采用 Oracle Database 11g 作为数据库平台。采用 PHPdesigner 开发工具进行 PHP（超级文本预处理语言）开发。PHPdesigner 是一个集成开发环境，功能十分强大，支持多种开发语言，提供多种控件，给程序设计带来了极大的便利。

系统运行平台为 Windows XP/Windows 2000/Windows Vista/Win 7。

数据库服务器硬件环境同 Oracle 安装环境。

9.2.3　数据库表设计

1. 数据库表结构的设计

通过系统需求分析，概念结构与逻辑结构设计，确定了系统要创建的数据库表。本系统的基本功能需要 5 张数据表：存储用户组信息的用户组表；存储用户基本信息的用户表；存储系统操作权限信息的操作权限表；存储新闻栏目信息的新闻栏目表；存储新闻内容的新闻内容表。下面给出各表的具体数据结构信息。

（1）用户组信息表。用户组信息表用来存储用户组信息，其表结构如表 9-2 所示。

表 9-2　用户组信息（t_ groups）

列名	数据类型	主键	是否允许为空	数据说明
group_id	NUMBER(7)	是	否	用户组唯一标识（ID），构建自增序列
group_name	CHAR(20)	否	否	用户组名称
section_right	VARCHAR2(100)	否	是	对应操作栏目对象，存储格式为"栏目标识 1，栏目标识 2，…"
operate_right	VARCHAR2(100)	否	是	存储各个操作栏目的操作权限，存储格式为"操作权限 1，操作权限 2，…"
description	VARCHAR2(250)	否	是	用户组备注描述信息

（2）用户信息表。用户信息表用来存储用户组信息，其表结构如表 9-3 所示。

表 9-3　用户信息（t_users）

列名	数据类型	主键	是否允许空	数据说明
user_id	NUMBER(7)	是	否	用户唯一标识，构建自增序列
login_name	VARCHAR2(50)	否	否	用户登录名
password	VARCHAR2(50)	否	否	用户登录系统密码
group_id	NUMBER(7)	否	是	用户所属用户组标识
real_name	VARCHAR2(50)	否	是	用户真实姓名
email	VARCHAR2(100)	否	是	用户 Email 地址
section_right	VARCHAR2(100)	否	是	用户拥有的操作栏目对象，存储格式为"栏目标识 1，栏目标识 2，…"
operate_right	VARCHAR2(100)	否	是	用户拥有的各操作栏目的操作权限，存储格式为"操作权限 1，操作权限 2，…"

（3）操作权限表。操作权限表用来存储系统操作权限，其表结构如表 9-4 所示。

表 9-4　操作权限信息（t_ operations）

列名	数据类型	主键	是否允许为空	数据说明
operation_id	NUMBER(7)	是	否	操作权限唯一标识,构建自增序列
operation_name	CHAR(20)	否	否	操作权限名称
operation_description	VARCHAR2(250)	否	是	操作权限描述信息

（4）新闻内容表。新闻内容表用来存储新闻信息,其表结构如表 9-5 所示。

表 9-5　新闻内容信息（t_ news）

列名	数据类型	主键	是否允许为空	数据说明
news_id	NUMBER(7)	是	否	新闻唯一标识,构建自增序列
title	VARCHAR(100)	否	否	新闻标题
contents	BLOB	否	否	新闻内容
section_id	NUMBER(7)	否	否	新闻所属栏目
pub_date	DATE	否	是	发布日期
author	NUMBER(7)	否	是	发布人标识
audit_user	NUMBER(7)	否	是	审核人标识
audit_statues	VARCHAR2(50)	否	否	审计状态
pub_statues	VARCHAR2(50)	否	否	发布状态,包括正常、隐藏
click	NUMBER(7)	否	是	访问次数信息

（5）新闻栏目表。新闻栏目表用来存储新闻栏目信息,表结构如表 9-6 所示。

表 9-6　新闻栏目信息（t_ sections）

列名	数据类型	主键	是否允许为空	数据说明
section_id	NUMBER(7)	是	否	新闻栏目唯一标识,构建自增序列
section_name	VARCHAR(100)	否	否	新闻栏目名称
parent_id	NUMBER(7)	否	是	父栏目的标识,为 0 或 null 表示新闻栏目为顶级栏目
description	VARCHAR2(100)	否	是	新闻栏目描述信息
img	VARCHAR2(100)	否	是	栏目图片地址
tabindex	NUMBER(2)	否	是	栏目显示顺序
visible	NUMBER(1)	否	是	记录栏目是否可见,0 为不可见,1 为可见

2. 建立数据库表之间的关系

根据上述系统功能需求分析,给出新闻发布网站后台管理数据库表之间的联系图,如图 9-13 所示。

实现时,需在 Oracle 数据库中建立上述关系表,同时为各个表主键建立自增序列。

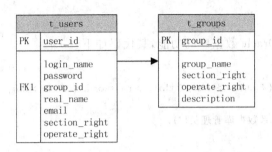
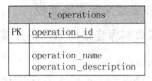
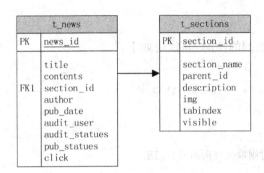

图 9-13　数据库表之间的联系图

9.2.4　数据库编程

1. 数据库封装类函数

应用系统中需要反复、频繁地读取、访问数据库,因此本系统设计中,将所有数据库访问类封装到一个通用类 func.php 中,func.php 在连接 Oracle 数据库时使用(本系统所有数据库连接都由 func.php 实现,后续章节将不再赘述)。本系统设计实现并提供的函数如下:

```
db_logon                                   //连接 Oracle 数据库
db_query( $ sql, $ define = "", $ start = - 1, $ end = - 1)   //通用数据库查询
db_change( $ sql, $ bind = "")           //通用数据库更新
db_insert( $ sql, $ bind = "")           //数据库插入操作
db_delete( $ sql)                        //删除操作
db_update( $ sql, $ bind = "")           //修改操作
db_commit()                              //数据库事务提交操作
db_rollback()                            //数据库事务回滚操作
db_logoff()                              //断开 Oracle 数据库连接
```

应用程序进行数据库连接时,调用上述方法函数,访问数据库。为实现上述函数操作,需要定义以下数据库操作变量:

```
var $ user = "scott";                    //Oracle 数据库用户名为 scott
var $ password = "tiger";                //Oracle 数据库口令为 tiger
var $ db = "ORAC";                       //数据库名,ORAC 为示例
var $ linkID = 0;                        //连线句柄
var $ stmtID = 0;                        //查询句柄
```

2. 开启数据库连接函数

开启数据库连接函数提供连接 Oracle 数据库的功能,其代码如下:

```
function db_logon()
{   $ this -> linkID = @OCIPLogon( $ this -> user, $ this -> password, $ this -> db);
if( $ this -> linkID == 0)
    AlterExit('数据库连接失败,请联系数据库管理员!');
return  $ this -> linkID;
}
```

3. 数据库查询函数

数据库查询函数提供通用数据库查询的功能,其代码如下:

```
/ *
函数名: db_query(sql,define = "",start = - 1,end = - 1)
函数功能: 查询 Oracle 数据库
参数说明: sql,查询的 SQL 语句
    define,需绑定的列
    start,开始取记录的位置,取 - 1 时则取出查询的所有记录
    end,结束取记录
返回值:二维数组 rs
 * /
function db_query(sql, define = "",start = - 1,end = - 1)
{   if(!sql|| $ this -> linkID == 0)
    AlertExit("查询函数参数错误!");
    $ this -> stmtID = OCIParse( $ this -> linkID, $ sql);
    if(! $ this -> stmtID)
    AlertExit("查询语句格式错误!");
    if( $ define == "")
    {     $ cur = explode("select", $ sql);
        $ cur = explode("from", $ cur[1]);
        $ define = explode(",", $ cur[0]);
    }
    //绑定数据库表中的列
    if(gettype( $ define) == "array")                          //查询列是数组
    {     for( $ i = 0; $ i < count( $ define); $ i++)
        { $ define_up[ $ i] = trim(strtoupper( $ define[ $ i]));    //大写并去除空格
        }
        for( $ i = 0; $ i < count( $ define_up); $ i++)
    {OCIDefineByName( $ this -> stmtID," $ define_up[ $ i]",& $ $ define[ $ i]);
        //绑定查询列   }
    }
    elseif(trim( $ define)<>"") //只有一个查询列
    { $ define_up = trim(strtoupper( $ define));
    OCIDefineByName( $ this -> stmtID," $ define_up",& $ $ define);
    }
    //执行绑定后的 SQL 语句
    if(!OCIExecute( $ this -> stmtID))
    {echo"< font color = red ><b>执行 SQL 语句出错: </b></font > SQL Error:< font color = red >
$ sql </font >< br >";
```

```
return false;
}
$ lower = 0;                                              //返回二维数组的第一维下标控制变量
$ cnt = 0;                                                //开始取记录
while(OCIFetchInto( $ this - > stmtID, & $ cur, OCI_ASSOC + OCI_RETURN_LOBS))
{//取查询到的全部记录
if( $ start == - 1)
        {if(gettype( $ define) == "array")                //查询列是数组
        {for( $ i = 0; $ i < count( $ define); $ i++)
        {if( $ cur[ $ define_up[ $ i]]<> $ $ define[ $ i])
        {   $ $ define[ $ i] = $ cur[ $ define_up[ $ i]]; }
        $ rs[ $ lower][ $ i] = $ $ define[ $ i];            //访问数组对象
        $ rs[ $ lower][ $ define[ $ i]] = $ $ define[ $ i];  //访问数组对象
        $ rs[ $ lower][ $ define_up[ $ i]] = $ $ define[ $ i]; //访问数组对象
        }
        }
        elseif(trim( $ define<>""))                        //只有一个查询列
        {if( $ cur[ $ define_up]<> $ $ define)
        { $ $ define = $ cur[ $ define_up];    }
        $ rs[ $ lower][0] = $ $ define;                    //访问数组对象
        $ rs[ $ lower][ $ define] = $ $ define;             //访问数组对象
        $ rs[ $ lower][ $ define_up] = $ $ define;          //访问数组对象
        }
        $ lower++;
        }
        //取出指定的记录
        if( $ start <> - 1)
        {if( $ cnt >= $ start)
            { $ cnt++; if( $ end <> $ start)
            { $ end -- ;
            if(gettype( $ define) == "array")
        {    for( $ i = 0; $ i < count( $ define_up); $ i++)
          {   if( $ cur[ $ define_up[ $ i]]<> $ $ define[ $ i])
            { $ $ define[ $ i] = $ cur[ $ define_up[ $ i]];    }
            $ rs[ $ lower][ $ i] = $ $ define[ $ i];        //访问数组对象
            $ rs[ $ lower][ $ define[ $ i]] = $ $ define[ $ i];
            $ rs[ $ lower][ $ define_up[ $ i]] = $ $ define[ $ i];
        }
        }
        elseif(trim( $ define<>""))                        //只有一个查询列
        {if( $ cur[ $ define_up]<> $ $ define)
        { $ $ define = $ cur[ $ define_up];        }
        $ rs[ $ lower][0] = $ $ define;                    //访问数组对象
        $ rs[ $ lower][ $ define] = $ $ define;             //访问数组对象
        $ rs[ $ lower][ $ define_up] = $ $ define;          //访问数组对象
        }
        $ lower++;
        }
        else {    break;                                  //已经取出全部记录 }
        }
        else{    $ cnt++;  }
```

```
            }
        }
        //释放句柄,返回查询数据
        OCIFreestatement( $ this -> stmtID);
        return $ rs;
    }
```

4. 数据库更新函数

数据库更新函数集成了数据库的写函数,包括插入、更新和删除操作。其代码如下：

```
/*
函数名:    db_change(sql,bind = ""1)
函数功能: 写 Oracle 数据库
参数说明: sql,SQL 语句;   bind,需绑定的列
返回值:    布尔值,表示 SQL 语句执行是否成功;
*/
function db_change( $ sql, $ bind = "")
{   if(! sql || $ this -> linkID == 0)
    AlertExit("SQL 语句参数错误!");
    if( $ this -> linkID == 0)
    AlertExit("数据库繁忙,请稍后再试!");
     $ this -> stmtID = OCIParse( $ this -> linkID, $ sql);
    if(! $ this -> stmtID)
    AlertExit("SQL 语句格式错误!");
    if(gettype( $ bind) == "array")                         //查询列是数组
    {for( $ i = 0; $ i < count( $ bind); $ i++)
    {global $ $ bind[ $ i];
     $ $ bind[ $ i] = StripSlashes( $ bind[ $ i]);          //去掉反斜线
     $ $ bind [ $ i] = str_replace("<?","<?", $ bind[ $ i]); //大写并去除空格
    }
    for( $ i = 0; $ i < count( $ bind); $ i++)
    {OCIDefineByName( $ this -> stmtID," $ bind[ $ i]",& $ $ bind[ $ i], - 1);
            //绑定 SQL 语句   }
    }
    elseif(trim( $ bind)<>"")                                //是字符形式
    {global $ $ bind;
     $ $ bind = StripSlashes( $ bind);
     $ $ bind = str_replace("<?","<?", $ bind);
    OCIDefineByName( $ this -> stmtID," $ arrBind",& $ $ bind, - 1);
    }
    //执行 SQL 语句
    if(!OCIExecute( $ this -> stmtID, OCI_DEFAULT))
    { echo"< font color = red >< b >执行 SQL 语句出错: </b ></font > SQL Error:< font color = red >
 $ sql </font >< br >";
        return false;
    }
    //传回写入后发生变化的行数
    global $ changenum;
     $ changenum = OCIRowCount( $ this -> stmdID);
    //释放资源
```

```
return $ changenum; }
```

db_change 函数可以实现所有的数据库写入操作，为了方便使用，读者可以基于 db_change 重写 db_insert、db_update 和 db_delete 函数。

5. 其他函数

（1）数据库事务提交函数：提供数据库事务提交操作，其代码如下：

```
function db_commit()
{ retuen (OCICommit( $ this.linkID)); }
```

（2）数据库事务回滚函数：提供数据库事务回滚操作，其代码如下：

```
function db_rollback()
{ retuen (OCIRollback( $ this.linkID));
}
```

（3）断开数据库连接函数：提供断开 Oracle 数据库连接操作，其代码如下：

```
function db_logoff()
{ retuen (OCILogoff( $ this.linkID));
}
```

func.php 中还包含一个实例化语句，具体如下：

```
$ cla = new c_ora_db;
$ cla -> db_logon();
```

只要在其他文件中包含此文件，将会自动创建一个本类的实例，并且自动获得一个 Oracle 数据库连接。

9.2.5　新闻栏目管理

1. 逻辑设计

新闻栏目管理界面设计如图 9-14 所示，操作时先在属性下拉列表框中选择需要操作的新闻栏目，再选择进行操作的功能，在下方的操作区间内进行功能操作。

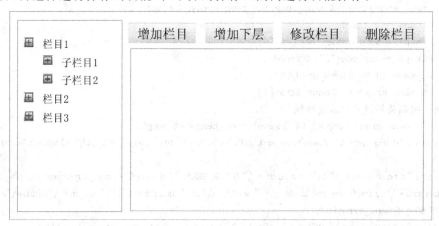

图 9-14　新闻栏目管理界面设计

新闻栏目管理模块的主要功能包括：增加同层次新闻栏目，为某一栏目增加下层所属子栏目，修改栏目，删除栏目。

2. 功能实现

（1）新闻栏目树形下拉框显示。树形新闻栏目选择框显示采用一个子页面 menus.php 来展示。其程序代码如下：

```
//树状导航栏显示函数
function
show_menus( $ menu_content, $ i, $ menu_grade_temp, $ menu_superior_temp){
//定义全局变量
global $ PHP_SELF;                          //调用函数本身
global $ G_menu_array;                      //各级目录以'/'进行分隔,构成数组
global $ G_menu_id;                         //目录级别号
global $ tem1;                              //上级目录的节点号
global $ tem2;                              //按照目录级别分别存储各个数组的值
 $ temp1 = $ menu_grade_temp + 1;
 $ menu_superior_temp_array = split ("/", $ menu_superior_temp);
for( $ t = 0; $ t <= $ i; $ t++)
{ $ menu_array = split("/", $ menu_content[ $ t]);
if(( $ menu_array[2] == $ menu_grade_temp)&&( $ menu_array[3]
  == $ menu_superior_temp_array[ $ menu_grade_temp - 1]))
{for( $ p = 2; $ p <= menu_grade_temp; $ p++)
{if( $ p < $ menu_grade_temp)
{ echo "< img src = \"./img/tree_vertline. gif\" width = \"20\" height = \"16\" align = \"
baseline\">";
continue; }
else
{echo "< img src = \"./img/tree_end.gif\" width = \"20\" height = \"16\" align = \"baseline\">"; }
}
 $ temp3 = $ menu_superior_temp_array;
 $ temp3[ $ menu_grade_temp] = $ menu_array[0];
 $ temp2 = implode("/", $ temp3);
if( $ menu_array[0] == $ menu_superior_temp_array[ $ temp1 - 1])
{   $ temp5 = $ temp1 - 1;
    $ temp3[ $ menu_grade_temp] = "";
    $ temp6 = implode("/", $ temp3);
    $ G_menu_id = $ menu_array[0];
    $ G_menu_array = $ menu_array[1];
//第一级新闻栏目不显示连接线
    if( $ menu_grade_temp > 1 && $ menu)grade_temp <> $ temp5)
    { echo "< img src = \"./img/tree_end.gif\" width = \"20\" height = \"16\" align = \"middle\">";
    }
    echo "< font size = \"2\">< a href = \" $ PHP_SELF?". $ temp5"&menu_superior_temp = $ temp6\"
"< img src = \"./img/tree_collapse.gif\" width = \"16\" height = \"16\" align = \"middle\"></a>";
    $ tn = $ menu_array[0];
    echo "< font size = \"2\">< a href = \" $ item_edit.php?sid = $ menu_array[0]
&pid = $ menu_array[3]\" target = \"rightFrame\"> $ menu_array[1]</a>< br>";
```

```
    $ tep1 = temp1 - 1;
    $ tep2 = $ temp2;
    show_menus( $ menu_content, $ i, $ temp1; $ temp2);   }
    else
    { $ temp3[ $ menu_grade_temp + 1] = "";
     $ temp6 = implode("/", $ temp3);
    echo "< font size = \"2\"> < a href = \" $ PHP_SELF? menu_grade_temp = ". $ temp1" &menu_
superior_temp =
$ temp6\" "< img src = \"./img/tree_expand. gif\" width = \"16\" height = \"16\" align = \"
middle\"></a>";
    echo "< font size = \"2\"> < a href = \" $ item_edit. php? sid = $ menu_array[0] &pid = $ menu_array
[3]\" target = \"rightFrame\"> $ menu_array[1]</a>< br>";
} } }   }
//从数据库中读取新闻栏目数据,并调用 show_menus 函数显示
$ query_string = "select section_id, section_name parent_id from t_sections order by parent_
id, tebindex";
$ DB_data = $ cla -> db_query( $ query_string);
if ( $ menu_grade_temp == "")
{ $ menu_superior_temp = 0; }
$ i = 0;
while(list( $ menu_id, $ menu, $ menu_grade, $ menu_superior) = $ db_data[ $ i])
{   $ menu_id = strip_tags( $ menu_id);
    $ menu = strip_tag( $ menu);
    $ menu_grade = strip_tag( $ menu_grade);
    $ menu_superior = strip_tag( $ menu_superior);
    $ menu_content[ $ i]
    $ menu_id. "/". $ menu. "/". $ menu_grade. "/". $ manu_superior;
    $ i++;
}
//调用树状导航栏显示函数
show_menus( $ menu_content, $ i,1, $ menu_superior_temp);
```

(2) 增加同级别栏目页面。增加同级别栏目页面是通过左侧的树形导航栏传递栏目参数给 menu_add. php 页面,如果 URL 变量 $ sid 为空,要求用户先选择一个栏目。用户选择添加栏目操作后,在 Oracle 数据库中增加一条栏目记录。同时,在 itemfiles 目录下新增一个子目录,目录名字即为栏目名称,该目录用来存储栏目下所有新闻对应和生成的静态文件。menu_add. php 的程序代码如下:

```
if( $ sid == "") {show_msg("请选择新闻栏目!"); }
if( $ action == "add")
{   $ sqldo = "select parent_id from t_sections where section_id = ' $ sid'";
    $ res_array = $ cla -> db_query( $ sqldo);
    $ parent = $ res_array[0][0];
    $ sqldo = "insert into t_sections(section_id, section_name, parent_id, description, img,
tabindex, visible)values(section_id. nextval, 'sname',' $ parent',' $ desciption',' $ imgfilepath',
' $ tabinde',' $ visible')";
    if( $ cla -> db_insert( $ sqldo))
      {   $ cla -> db_commit();
```

```
            //创建栏目目录
            $ sqldo = "select MAX(section_id) from t_sections";
            $ res_array = $ cla->db_query( $ sqldo);
            $ dir_name = $ res_array[0][0];
        if(!id_dir("sectionfiles/ $ dir_name"))
          {  mkdir("sectionfiles/ $ dir_name"); }
            show_msg("新栏目". $ section_name."创建成功!");
          }
      else{   show_msg("新栏目". $ section_name."创建失败,请与管理员联系!");
          }
}
```

增加下级新闻栏目、删除新闻栏目和编辑新闻栏目与增加同级新闻栏目功能类似，为节省空间，在此不详细列出，请读者自行完成。实现的新闻栏目管理界面如图 9-15 所示。

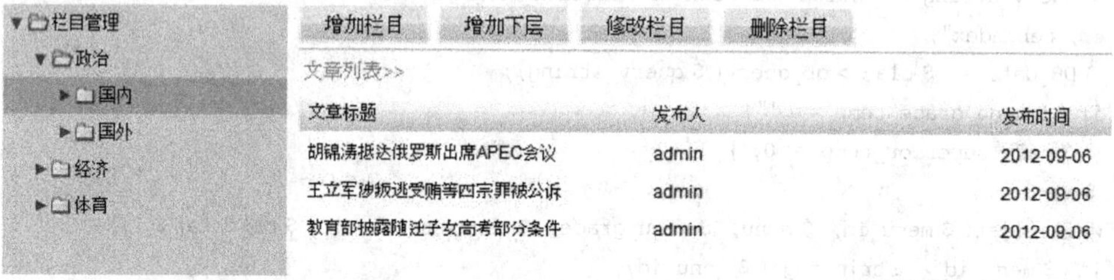

图 9-15　实现的新闻栏目管理界面

9.2.6　新闻内容管理

新闻管理是新闻后台管理系统的核心功能模块，其管理功能主要包括新闻提交、新闻修改、新闻审核等。

1. 逻辑设计

新闻提交处理流程比较复杂，其流程如图 9-16 所示。
新闻修改、删除流程与添加流程类似，这里不再赘述。

2. 功能实现

新闻提交模块除了使用到 PHP 和数据库技术外，还需要使用各种页面端技术，本章节通过 JavaScript 实现。

将新闻插入数据库中，由于新闻内容庞大，中间还包含图片等多媒体信息，所以 Oracle 数据库中采用 BLOB 列进行存储，PHP 页面在插入 BLOB 类型数据时，必须先将其绑定到一个变量上，实现代码如下：

```
$ conn = OCILogon( $ cla->db_getUser(), $ cla->db_getPassword,
$ cla->getDB());
$ blob = OCINewDescriptor( $ conn,OCI_D_LOB);
//预处理,提取 session 中的各个变量,作为新闻的基本信息
$ pub_time = date("Y-m-d H:i:s");
$ uploader = $ ses_loginname;
$ sqldo = "select MAX(section_id) from t_sections";
```

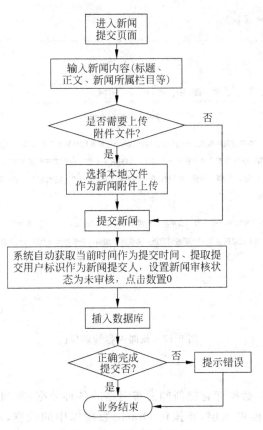

图 9-16　新闻提交流程

```
$ res_array = $ cla -> db_query( $ sqldo);
$ newid = $ res_array[0][0] + 1;
$ newstitle = $ ses_newstitle;
$ sectionid = $ ses_secid;
$ sql = "insert into t_news values( $ newid, $ newstitle, EMPTY_BLOB()
RETURNING newstext INTO : newstext, $ sectionid, $ uploader,
$ pub_time,'','未审核','正常', '0')";
$ stms = OCIParse( $ conn, $ sql);
OCIBinfByName( $ stms, ':newstext', & $ blob, -1, OCI_B_LOB);
OCIExecute( $ stms, OCI_DEFAULT);
if ( $ blob -> save( $ newstext)) {    OCICommit( $ conn);    }
else {   echo"请上传新闻内容!"; }
OCIFreeStatement( $ stms);
OCICommit( $ conn);
```

　　这里只列举出实现的主要功能代码。新闻删除、新闻修改等功能请读者参照新闻添加
功能自行完成。实现的新闻内容管理界面如图 9-17 所示。

　　总之,Oracle 数据库应用开发的一般过程是:首先,通过需求分析确定应用的功能需求
和性能需求;其次划分系统功能模块,并进行数据库结构设计;之后建立数据库与创建数
据库连接,再进行应用程序设计与编码实现;最后装入数据、测试及维护。

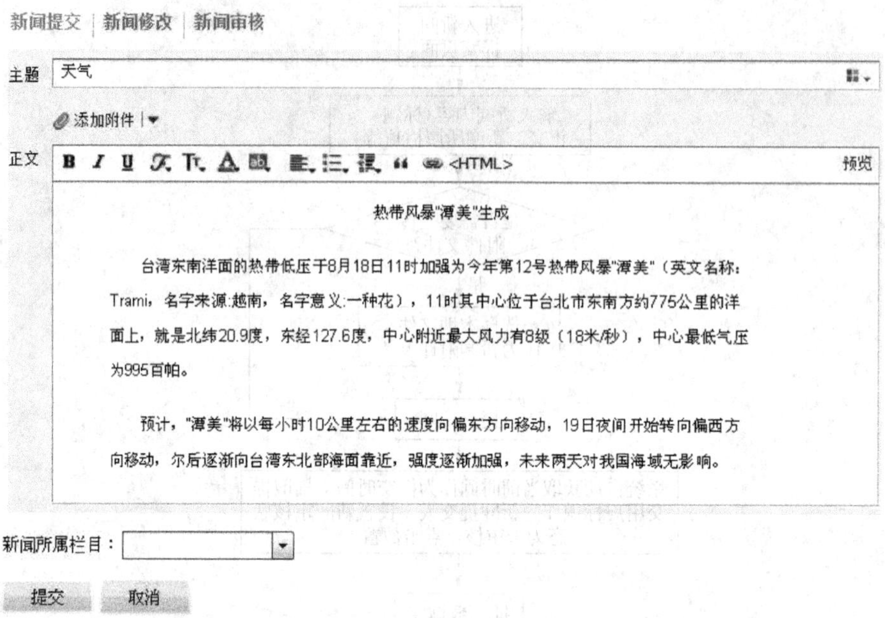

图 9-17　新闻内容管理界面

3. 系统功能特点

本系统利用 Oracle 数据库存储新闻发布网站的各种数据(新闻、栏目、用户、日志等),采用 PHP 设计实现页面展示层,并操作 Oracle 数据库中的数据,本系统具有以下特性及功能:

(1) 新闻栏目设置与管理。

(2) 内容动态展示及更新。

(3) 权限分级与分层控制。

(4) 优化的数据操作及查询。

本节通过小型系统的案例介绍 PHP 对 Oracle 的操作及访问技术,从而达到实战的目的。这里仅描述了主要的功能模块,其他功能模块包括用户管理、日志管理、审核功能等,可以由读者自行完成,以掌握 PHP 开发 Oracle 数据库应用的方法与技术。

9.3　本章小结

本章通过数据库应用系统设计与实现的示例,说明数据库应用系统设计的方法,介绍以 Oracle 11g 为基础的数据库及其应用系统建立的过程。

Oracle 数据库应用开发的一般过程是:进行需求分析、划分系统的功能模块并进行数据库结构设计、建立数据库与创建数据库连接、应用程序设计编码、装入数据、测试及维护。

本章简化描述了系统的设计过程。通过描述主要功能模块的实现及关键技术,使读者了解 Oracle 数据库开发的技术要点,在了解系统设计方法及过程后,读者可以进一步扩展与完善整个系统的实现。Oracle 数据库应用开发有一定的特点与规律,只有把握好其特点才能更好地掌握数据库开发的规律与技能。

习题 9

1. 一般数据库应用系统的开发有哪些主要步骤及工作？

2. 用 Oracle 设计并实现一个小型的数据库应用系统：

有一个公司需要对该公司的职员进行计算机人事管理，管理的具体内容包括部门信息、员工信息、员工奖惩信息。每个部门的信息包括部门名称、部门编号、部门负责人编号、部门电话。员工信息包括员工姓名、员工编号、员工联系电话、员工地址、身份证编号、薪水、进公司的日期、员工所在部门编号。员工奖惩信息包括奖惩日期、内容、进行奖惩的部门。

要求：设计合理的数据库结构。在日常使用中，人事经理能够对员工的信息和员工奖惩信息进行各种插、删、改，其他人员只能进行查询，包括能进行以下查询：

(1) 根据某个特定员工的姓名查询它的全部信息和奖惩信息。

(2) 按不同条件查询员工的基本信息。

(3) 查询某一阶段员工奖惩情况。

(4) 按部门查询所属的员工情况，并给指定的员工加薪。要求通过使用授权、使用存储过程、触发器等保证该数据库的安全性和完整性。

CHAPTER 10

第 10 章　现代数据库技术及发展

现代数据库技术是继关系数据库之后发展起来的众多新型数据库技术，它们继承、扬弃和扩展了关系数据库理论与技术，人们称之为"后关系数据库"时代的产物。本章将介绍现代数据库技术发展的主要特点，描述 XML 数据库、数据仓库与数据挖掘，讨论云数据库及物联网数据库相关论题（为简单起见，用数据库泛指数据库系统）。

10.1　现代数据库技术概述

10.1.1　数据库技术的发展

1. 数据库技术发展阶段

随着计算机应用领域不断扩大，数据库系统的功能、适应范围也越来越广，数据库及其产品已成为信息系统的基础和主要的支撑软件，其相应数据库技术的发展也经历了若干个阶段。数据库技术发展简图如图 10-1 所示。

继层次、网状数据库之后，关系数据库得到蓬勃发展，在 20 世纪 80 年代以后一直占据数据库领域的主导地位。由于它适合于事务处理领域而在非事务处理领域的应用受到限制，于是在 20 世纪 80 年代末兴起的主要专用及通用数据库，如分布式数据库、面向对象数据库、统计数据库、图形或图像数据库、工程数据库、演绎数据库等。它们的出现带来了数据库发展的百花齐放和又一个应用高潮。后来，一些专用数据库专用性有余而通用性、扩展性不足，因此严重影响了其推广和使用，人们又一次进行反思，认为发展通用数据库是数据库发展的必然之路，因此将研究与发展重点集中于具有通用性的3 种数据库，它们是：

（1）面向对象数据库。用面向对象方法构筑面向对象数据模型，使其具有比一般关系数据库更为强大的复杂数据表示能力。

（2）知识库。用人工智能中的方法，特别是用谓词逻辑知识表示方法构筑数据模型，使其模型具有特别通用的能力。

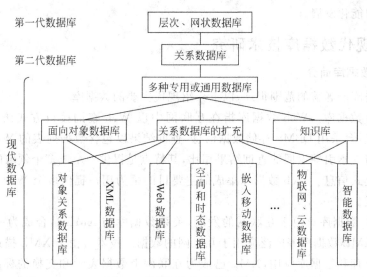

图 10-1 数据库技术发展简图

（3）关系数据库的扩充。利用成熟的关系 DBMS 做进一步扩展，使其在模型的表达能力上有进一步的加强，在功能上有进一步的扩展。

这样，数据库技术在发展、完善过程中经历了不断演化的复杂过程，它已从第一代层次、网状数据库，第二代关系数据库，发展到现代基于网络或云计算、面向新的应用与服务为主要特征的高级数据库技术。其研究和发展导致了众多不同于第一、二代数据库的诞生。这些数据库无论它是基于扩展关系数据模型的，还是基于新数据模型的，是采用分布式结构还是客户/服务器模式，是通用的还是专用于某一领域的数据库，都可泛称为现代数据库。尽管由于互联网应用的兴起，XML 格式的数据的大量出现，需要新的数据模型与新技术支持，但关系技术仍然是主流，无论是多媒体的内容管理、XML 数据支持还是复杂对象管理等，大多是在关系系统内核技术基础上的扩展，由此发展成为现代数据库的大家族。

此外，数据库体系结构也由主机/终端的集中式结构发展到网络环境的分布式结构，随后又扩展成 3 层或多层 C/S 结构、B/S 结构，现在又进一步延伸到物联网及移动环境下的动态结构。多种数据库体系结构满足不同应用的需求，适应不同的应用环境。

2．数据库技术发展的特点

计算机应用的发展要求计算机能处理更为复杂的数据，如 CAD 数据、图形图像数据及递归嵌套的数据等，这些都需要更丰富的数据模型与更高级的数据库技术来实现；随着软件、硬件技术的发展、丰富的媒体交流方式及用户应用需求的提高，促进了数据库技术与云计算、网络技术、面向对象技术、人工智能技术和传感器技术等相互渗透、互相融合，从而形成数据库新技术；数据库技术用于工业、农业、商业、军事、教育、医疗等行业后，就会出现一种新的数据库家族成员。所以，数据库技术发展的主要特点如下：

（1）研究与扩展形成新的数据模型，研制新型的数据库产品或产品升级。

（2）数据库技术与多学科技术的融合，开拓数据库系统新技术。

（3）数据库技术向不同应用领域拓展，形成特种数据库及其服务系统。

总之，数据库已从被动功能型向主动服务型的高级数据库阶段迈进，向大数据的集成化、虚拟化、智能化发展。

10.1.2 现代数据库技术研究

1. 现代数据库简介

现代数据库所涵盖的范围很广,以下介绍现代主要的数据库

(1) Web 数据库。Web 数据库指在互联网中以 Web 查询接口方式访问的数据库资源,其结构是后台采用 DBMS 存储数据信息,查询结果以包含数据列表的 Web 页面形式返回给用户。与搜索引擎返回的查询结果相比,其特点是提供一个或多个领域的数据记录,且具有完整的模式信息。Web 数据库集成的主要目的是为用户提供多个 Web 数据库资源的统一访问方式。

(2) XML 数据库。由于互联网的发展,关系数据库与 XML 结合成为一个重要方向,因此出现了 XML 数据库等广泛应用于互联网的数据库技术。由于 XML 描述数据的内容,适合于机器处理和数据库应用,XML 已成为互联网上数据表示和交换的标准,故 XML 数据库成为一个研究实现的热点技术。

(3) 数据仓库。关系数据库由传统事务性处理向决策、统计型发展,从而出现了数据仓库技术。数据处理多样化要求将数据从原来分散的数据库中抽取出来,并加以加工和集成,统一和综合为新的系统,面向不同的应用主题就会有不同的集成和综合结果,像这样由传统数据库经过加工处理、集成综合而面向不同应用主题和决策需要的服务系统即为数据仓库。

(4) 主动数据库。主动数据库是结合人工智能和面向对象技术而产生的新技术。主动数据库技术引入规则的描述和处理机制,用于描述和自动维护具体应用中的商业规则。由于规则的维护及处理由 DBMS 而不是应用程序完成,因此有高的可靠性和应用性能。实现主动数据库系统有许多需要解决的关键问题,这些问题包括实现有效的事件监视器、有效的规则表示和执行机制,数据库中的事件描述、运算和复合,以及在主动数据库中的有效事务处理机制等。

(5) 嵌入式与移动数据库。关系数据库发展的另一个方向是微型化方向,其主要应用领域是嵌入式系统与移动通信领域。微型化应用要求关系数据库具有更为精练的功能、更强的兼容性以及与其他系统更紧密的配合能力。嵌入式数据库不仅可以嵌入到其他的软件中,也可以嵌入到硬件设备中,同时具有比较好的移动性和可伸缩性。

(6) 空间和时态数据库。空间数据库指的是地理信息系统在计算机物理存储介质上存储的与应用相关的地理空间数据的总和。它弥补了传统关系数据库在空间数据的表示、存储、管理、检索上存在的缺陷。存储现实世界的时间经历状态信息的数据库叫做时态数据库。它主要用于记录那些随着时间而变化的值的历史,其应用有金融、保险、预订系统、决策支持系统等。

(7) 内存数据库。其研究与发展受到两方面的影响。一方面是现代应用对数据库技术的高要求。另一方面是内存容量大幅度提高及其价格的大幅度降低。现代应用如超媒体的信息检索、航天实时数据处理、机器人和机器视觉等,要求数据库的反映要"硬实时",对时间方面的苛刻要求使传统的磁盘数据库无法完成。内存数据库通过将数据库的"主版本"常驻内存,使 I/O 操作、事务的状态转换大量减少、锁的竞争下降等,从而使其性能大幅度提高。

(8) 物联网数据库。物联网是在互联网基础上延伸和扩展的网络,其用户端延伸和扩

展到了任何物品与物品之间进行信息交换和通信。物联网时代,可以把一切的物质进行数字化、信息化。因而需要构造物联网支撑系统的"数据海"——物联网数据库。

(9) 云数据库。云数据库作为广义云计算的一种高级应用,它蕴含着前所未有的数据服务交付能力。移动开发、社会化数据模型和事件驱动是未来的发展趋势,需要云数据库来支持下一代企业应用,它将会带来数据存储的变革、浏览器的改变。使用云数据库的用户不需控制运行着原始数据库的机器,也不必了解它身在何处。

(10) 知识与智能数据库。知识库是知识工程中结构化、易操作、全面有组织的知识集群,是针对某些领域问题求解的需要,采用某种知识表示方式在计算机中存储、组织、管理和使用的互相联系的知识片集合。智能数据库是研究利用人的推理、想象、记忆原理,实现对数据库的存储、搜索和主动服务。它将计算机科学中近年的主要技术,即面向对象技术、数据库技术、人工智能、超文本/超媒体和联机信息检索技术等集成于一体。智能数据库思想的提出,预示着人类的信息处理即将步入一个崭新的时代。

2. 现代数据库技术的研究

现代应用的复杂性、主动性和时态性等特性对数据库系统的要求是多方面的,它涉及数据库的很多方面,从高级数据建模到复杂数据查询,从高效数据存储到数据库智能管理等多方面,现代数据库本身就是应用需求的产物,因此形形色色的数据库技术应运而生。

数据库技术研究范围很广,以下列出一些主要的研究技术:

(1) 大数据管理。大数据是指超出了普通数据库存储与处理能力的数据集合。其特征是:海量的数据规模、复杂的数据类型、快速流动和巨大的数据价值。要求要在合理的时间内达到对大数据的收集、管理、分析等,并提供积极的咨询和预测。研究涉及大数据架构设计、大数据的捕获、大数据有效分析、海量数据存储等。

(2) 基于网络的自动化管理。伴随着技术的发展,数据库的管理除了更加自动化之外,将会提供更多基于互联网环境的管理工具,完成数据网络化之后的数据库管理网络化、自动化。数据管理的接口将会更加开放,这样无论是原厂商还是第三方厂商都提供基于浏览器端技术的网络管理套件,便于分布在世界各地的数据管理员、开发人员使用浏览器管理位于世界另一端的数据库。

(3) 数据内容融合。数据库将更多作为信息服务支撑的角色出现。对于新一代创新应用,数据不再集中于一个逻辑上的中心数据库,而是分布在企业甚至整个互联网的各个角落,为了支持上述能力,数据聚集及其聚集之后基于业务语义的数据内容融合也将成为数据库发展的亮点,各数据库产品除了在商务智能领域不断加强对应用的支持外,也会着力加强数据集成与服务的能力。

(4) 数据库和信息检索融合。其主要研究探讨如何将传统的信息检索领域的关键字查询方法应用到半结构化数据查询以及结构化的关系数据库中。探讨能否用关键字检索作为统一的手段,使得搜索引擎能够支持用户实现 XML 数据的关键字检索、关系数据的关键字检索、万维网上混合数据的关键字检索。

(5) 云数据库与物联网数据库。其主要研究涉及数据流管理、数据的"隐私权"和"可信度"(数据完整性和保密性)、云数据库语言、业务基础中间件、嵌入式中间件、应用模型、安全标准等。

(6) 知识管理与智能服务。其主要研究高效的知识流转、共享、发现与主动服务,涉及知识表示、自动存储、推理和搜索方法、分布式机器学习和知识获取与处理、自然语言理解、计算机视觉、智能机器人、数据挖掘等技术。

10.2 XML 数据库

10.2.1 XML 数据库概述

1. XML 与数据库

XML 文件是数据的集合,它是自描述的、可交换的,能够以树型或图形结构描述数据。XML 提供了许多数据库所具备的工具:XML 的文档存储、模式、查询语言、编程接口等。但其并不能完全替代数据库技术。XML 缺少作为实用的数据库所应具备的特性:高效的存储、索引和数据修改机制;严格的数据安全控制;完整的事务和数据一致性控制;多用户访问机制;触发器、完善的并发控制等。XML 的好处是数据的可交换性,同时在数据应用方面还具有以下优点:

(1) XML 文件为纯文本文件,不受操作系统、软件平台的限制。

(2) XML 具有自描述语义的功能,这种描述能够被计算机理解和自动处理。

(3) XML 不仅可以描述结构化数据,还可有效描述半结构化,甚至非结构化数据。

于是,数据库和 XML 的结合——XML 数据库就应运而生。由于 XML 数据库存放的是 XML 文本,只要是格式良好(Well-Formed)的 XML 文本,都可以随时添加到数据库里去。而 XML 文本本身不仅包含了内容还涵盖结构信息,正所谓一举两得。这就是 XML 数据库可以存取半结构数据的原理所在。可以说,XML 数据库兼有关系数据库和面向对象数据库两者的优势。

2. XML 数据库的分类

随着 XML 数据使用的增多,迫切需要一种能够直接处理 XML 数据的数据库来管理这些结构或半结构化的数据。之前处理 XML 数据都是在作为文本存储在关系数据库中。由于 XML 数据格式是层次关系,而且同类文件格式也可能不同,用关系数据库很难表示,并且无法对 XML 数据中节点进行检索,故使用新型存储格式及检索方式已成为必然。随着处理 XML 文件的一些方法被定义为标准,如 XPath、XQuery、SQL/XML 等,XML 数据库的应用越来越广泛。

XML 数据库即使用 XML 文件作为数据存储格式、支持对 XML 文档进行数据管理的数据库。根据数据库实现模式,目前 XML 数据库有两种类型:

(1) 能处理 XML 文件的数据库(Enable-XML Database)。DBMS 内部含有处理 XML 数据的模块,可以和 XML 数据文件交换数据,即实现了 XML 数据的读取、写入、删除、更新等操作,但数据库本身并不是为 XML 数据设计的。目前大部分流行的 DBMS 都支持 XML 数据。

(2) 纯 XML 数据库(Native-XML Database)。数据以纯 XML 文件格式保存,针对 XML 的数据存储和查询特点专门设计适用的数据模型和处理方法,可直接操作 XML 数据文件。由于省去了数据转换过程,在处理 XML 数据时相对效率较高。纯 XML 数据库由于可以保持原 XML 文件的物理格式不变,并且可以按照原格式检索,所以有时纯 XML 数据库也被称为原生态数据库。

（3）混合 XML 数据库（Hybrid XML Database，HXD），即根据应用的需求，可以视其为能处理 XML 文件的数据库和纯 XML 数据库的综合数据库。

能处理 XML 文件的数据库中，由于底层实现模块中并不是专为 XML 数据设计，所以在使用 XML 文件数据时必须通过接口程序进行数据交换。接口程序把 XML 数据读入数据库并转换成数据库可以识别的数据格式后才能操作数据，操作完的数据再通过接口程序转换成 XML 数据格式，这使得执行效率大幅降低。

纯 XML 数据库和关系数据库比较。其优点是：可以直接操作 XML 文件，处理效率明显高于关系数据库；可以保持原文件的物理格式不变；原生检索方式；以分层的树形结构描述数据，能够检索各个节点。缺点是：XML 文件中带有大量非数据的内容；检索普通数据效率低；纯 XML 数据库的 XQuery 语言标准不完善。

10.2.2　XML 数据模型

1．XML 文档的结构

XML 文档包括 3 部分：XML 声明、处理指示（可选）、XML 元素。一个结构良好的 XML 文档应该遵守 XML 语法规则必须包含这 3 个部分。

XML 文档的基本组成是元素（Element）。这里的元素是起始标签和结束标签的组合及其之间出现的文本。每个 XML 文档必须有一个根元素，它内含文档中的其他元素。

标记（Markup）有 3 类意义：结构、语义和样式。结构将文档分成元素树。语义将单个的元素与外部的实际事物联系起来，样式指定如何显示元素。

2．命名空间

因为设计 XML 文档是为了在程序之间交换数据，所以为了避免文档之间存在同名的标签需要用一个命名空间的机制来生成唯一的名称。如果计算机学院与商学院之间要交换学生的花名册，必须要在每个标签前面加一个唯一的标识符。计算机学院可能用 Web 的 URL（统一资源定位符）地址做标识符：http://www.cs.whu.edu.cn。此时，命名空间的机制就提供了一种定义标识符的缩写方法。

```
<学生花名册 xmlns: CS = "http: //www.cs.whu.edu.cn">
…
  <CS: 学生>
  <CS: 名字>李华</CS: 名字>
  <CS: 籍贯>河北</CS: 籍贯>
  <CS: 年龄> 19 </CS: 年龄>
  <CS: 电话号码> 62421234 </CS: 电话号码>
</CS: 学生>
…
</学生花名册>
```

该例中，根元素有个属性 xmlns：CS，它把 CS 定义成前面所提到的 URL 地址的缩写。这个缩写可以用在该文档中的每个元素标签中。

3．XML 文档的类型定义

一个 XML 文档的类型定义（Document Type Definition，DTD）指定该文档具有哪些元素、这些元素是怎样嵌套的以及每个元素具有哪些属性。一个 XML 文档可以有选择地使用一个 DTD。DTD 主要目的和数据库中的模式很像:限制和定义文档中的数据形式。但是 DTD 并不会限制数据的类型,它只限制一个元素中是否有子元素和属性。实际上,DTD 主要是一个定义一个元素中的子元素的类型的清单。

DTD 的意图在于定义 XML 文档的合法建筑模块。它通过定义一系列合法的元素决定了 XML 文档的内部结构。符合 DTD 规则的 XML 文档称为有效的 XML 文档。一个有效的 XML 文档也是一个结构良好的 XML 文档。

4. XML 模式

DTD 有很多局限性。XML 模式 (XML Scheme)是为克服 DTD 的局限性而提出的用于指定 XML 文档模式的新标准,其有很强的表达能力,但很复杂。XML 模式是功能强大的文档模式语言,它的独特功能包括强类型、模块化、继承及一致性约束。XML 模式相当复杂,XML 模式对 DTD 的主要改进如下:

(1) 允许创建用户定义的类型;允许创建特定类型而对类型进行限制。

(2) 允许定义唯一性和外键参照完整性约束,而这正是 DTD 最大的不足之处。

(3) 允许使用一种形式的继承来扩展复杂类型。

(4) 允许文档的不同部分遵从不同的模式。

(5) XML 模式自身由 XML 语法指定。

5. XML 数据模型

由于 XML 文档是严格的层级结构,所以形象地称 XML 文档为文档树,其中每一对元素称为树的一个节点。根元素就是根节点。

XML 数据模型用树结构作为数据的组织形式,每个 XML 文件都是一棵有向树。

如描述空间数据的 XML 模型,根节点有两棵子树,一棵是对模型总体描述的元数据,包括版本、字符集、索引、坐标系、列信息等;另一棵是所有地理的实体集。实体包括属性特征和空间特征,属性数据是由若干个属性构成的属性集。

属性数据是由若干个属性构成的属性集;空间数据按照实体的不同形状分为不存在、点、点集、线、折线、弧、线集、面、矩形、圆角矩形、椭圆、文本、集合。同时,这些形状还包含了描述自身样式的数据,如符号、笔、刷子、光滑等。

XML 数据模型包括两种描述实体的方法——索引型和嵌套型,以及一种描述关系的方法——链接型。索引型用于描述并列结构或不具有明显结构特征的实体;嵌套型用于描述具有主从结构特征的实体;链接型用于描述 $n:n$ 的关系(1:1 与 1:n 关系视为特例)。该模型不依赖于特定的应用,仅提供了用于反映结构特征的标记,具有一般性。同时,模型覆盖了对象的描述方法,具有通用性。

索引型实体具有并列结构的特征(或者不具备明显的结构特征,由于数据彼此之间的独立性,可以视为并列结构);嵌套型实体具有层次结构或嵌套结构的特征,父元素与子元素间是 1:n 关系;链接型数据表征两个实体之间的 $n:n$ 关系,并配合索引型描述的实体使用。

10.2.3 XML 查询语言

既然越来越多的程序用 XML 来交换和存储数据,那么操作与管理 XML 数据的语言工具就显得尤其重要。特别是在两种情况下,一种是从大量的 XML 数据中提取并操作数据,另一种是转换不同模式之间的 XML 数据。因为 XML 查询的输出还是 XML 文档,因此一个好的语言工具是可以同时具有查询和转化两种功能的。

几种典型的 XML 查询语言如下:

XPath 是一种路径表达式的语言。XPath 是路径表达式的一种标准语言,它允许用类似文件系统中的路径表达式来指定所需的元素。

XQuery 是 W3C(World Wide Web Consortium,万维网联盟)开发的 XML 查询语言。在诞生的时候就被设计成 XML 数据的查询标准,它是一种较复杂的编程语言,组成了 XPath 的一个超集。XQuery 语言与 SQL 语言很相似。

SQL/XML 是 SQL 的扩展语言,它扩展了 SQL 语法,定义了数据库语言与 XML 的结合方式。各主流 DBMS 均发布了对其功能的支持。

本节简要介绍 SQL 的扩展语言 SQL/XML。

1. SQL/XML

SQL/XML 是 SQL 标准的一个新的分支,属于 SQL 标准 SQL:2003 中的第 14 部分,包括大量和 XML 有关的对 SQL 的扩展。

SQL/XML 可将 SQL 表或整个数据库中的内容当作 XML 发布;从 SQL 查询结果中生成 XML 文档;将 XML 文档存储在关系数据库中并高效查询。其对 SQL 的主要扩展功能分类如下:

(1) 数据类型定义。

(2) 强制数据类型转换。

(3) XML 与字符串的相互转换(双向)。

(4) XML 发布函数。

(5) XML 提取函数。

例如,XML 与字符串的转换函数 XMLSERIALIZE 将 XML 值转化成存储为 CHAR、VARCHAR 或 CLOB 值的字符串。它是一个类型转换函数。参数必须是 XML 数据类型的表达式。

2. 在关系数据库中存储和操作 XML

(1) XML 数据类型。虽然 XML 文档能够以字符串类型的属性存储在关系表中,但这样做使得查询文档的效率很低。例如,在计算一个表达式之前,XPath 必须扫描整个字符串并解析它,因此 SQL/XML 希望支持 XML 文档作为树状结构自然存储,这样才能方便文档内的导航。例如,这种结构可以很快地定位每个节点的子节点。已开发了支持 XML 文档自然存储的高效存储和索引技术,为此,SQL 增加了新的数据类型——XML。

例如,要存储以下学生信息,并以自然的 XML 格式存储成绩单:

```
CREATE TABLE stud_xml (
    id        INTEGER,
    details   XML )
```

其中:设 details 属性包含以下形式的 XML 文档:

```
< student >
```

```
<Name><First>John</First><Last>Doe</Last></Name>
<Status>good</Status>
<CrsTaken code = "CS308" semester = "20091"/>
<CrsTaken code = "MAT123" semester = "20092"/>
</student>
```

但是,因为指定 details 类型为 XML,这种文档不是以字符串形式存储,而是以特殊的数据结构存储,以支持高效的导航和查询。

使用 CHECK 约束,可以让数据库验证在插入 XML 文档之前,检查该 XML 文档是否满足某个适当的模式:

```
CREATE TABLE stud_xml (
id          INTEGER,
details    XML,
CHECK(details IS VALID INSTANCE OF 'http://www.edu/student.xsd' ) )
```

这里假设模式已存储在 http://www.edu/student.xsd 中。

(2) SQL/XML 的发布函数。SQL/XML 包含将关系数据转化成 XML 的发布函数。可使用 SQL/XML 发布函数从关系数据生成带标记的 XML 文档。

主要的发布函数如下:

① XMLELEMENT 函数构造一个命名的 XML 元素节点。返回类型为 XML 的值。参数包括一个元素名、可选的名称空间声明、可选的属性以及零个或多个组成元素内容的表达式。

② XMLATTRIBUTES 函数为 XML 元素节点构造一个或多个 XML 属性节点。返回 XML 类型的值。

③ XMLFOREST 函数构造一个 XML 元素节点序列(森林)。返回值和参数一样都是内部 XML 数据类型。

④ XMLCONCAT 函数连接两个或多个 XML 值(XML 数据类型的表达式)。返回值和参数一样都是内部 XML 数据类型。

⑤ XMLAGG 函数在生成的 XML 值中将 XML 值聚合为一系列的项。XMLAGG 是一种聚合(列)函数。

⑥ XMLNAMESPACES 函数从参数中构造 XML 名称空间声明。声明在 XMLELEMENT 和 XMLFOREST 函数生成的元素的作用范围内。返回 XML 类型的值。

下面是 XMLELEMENT 和 XMLATTRIBUTES 函数的使用例子。

由于 SQL 为关系语言,SQL 查询不直接生成 XML 文档,但是对于 SQL 查询结果中的元组来说,它的某列的值可能就是一篇 XML 文档。可使用 XMLELEMENT 函数,输入参数为元素标签的名字以及(可选的)元素的属性和内容。如,以下查询生成一个包含 XML 文档列的关系:

```
SELECT p. id,XMLELEMENT
    (name "Prof"
    XMLATTRIBUTES (p. deptid AS "dept"),
    p.name
    ) AS info
```

```
FROM professor p
```

提供标签名的参数由 name 关键字确定,在本例中为 Prof。XMLATTRIBUTES 函数生成元素的属性,例子中只有单个属性 dept,其余的参数指定元素的内容。在这个例子中,元素没有子节点,内容只是简单的 P. name 与 P. id 相连的值。

XMLELEMENT 构造可嵌套使用,利用该特点可生成任意复杂的元素。

3. Oracle 的 XML 数据库特性

高端的 Oracle 版本已经通过数据库的 XML DB 组件实现了 XML 数据库基本特性。

(1) XML 数据类型——XMLType。它允许用 SQL 访问数据库中的 XML 文档,可用于创建表、列或视图,还可用作参数和变量的数据类型。内置的 XML 方法可以处理文档内容,允许创建、提取和索引 XML 数据。

(2) 存储结构。Oracle 数据库为将 XML 标准与数据合并在内,引入了 XML 技术,并提供大对象及结构化存储选项。实现提供了以两种不同方式存储数据的灵活性:结构化存储和非结构化存储。XML 类型的数据在存储为单个大对象列时是非结构化的,在实现为对象集时是结构化的。

(3) 命名空间。命名空间用于描述 XML 文档中的一组相关属性或元素。它可用于确保文档构造有完全唯一的名称。XML 模式尤其要利用该特性,因为目标命名空间通常与 XML 模式的 URL 相同。该 URL 用于唯一标识数据库中注册的 XML 模式的名称,而且无需是文档所处位置的物理 URL。Oracle 提供的 XML DB 命名空间是 http://xmlns. oracle. com/xdb。

(4) 数据操作。Oracle 数据库通过 XML XQuery 语言增强了 XML 支持,该语言包括 XMLQuery() 和 XMLTable() 函数。这些特性的组合简化了 Oracle 数据库中关系数据和 XML 数据间的相互转换使用。SQL 查询可以操作 XML 数据,而 XML 查询能够访问关系数据。其中的关键是 Oracle 对 XMLQuery() 和 XMLTable() 的 SQL/XML 实现。

10.3 数据仓库与数据挖掘

数据库应用于数据处理大致分为两大类,即联机事务处理和联机分析处理。联机事务处理(On-Line Transaction Processing,OLTP)是指对数据库联机的日常操作,通常是对数据记录的查询和修改,主要是为企业的特定应用服务的,人们关心的是响应时间、数据的完整性和安全性。联机分析处理(On-Line Analytical Processing,OLAP),主要用于企业管理人员的决策分析,需要经常访问大量的历史数据,两者之间存在很大差异。

针对应用中的问题,人们专门为业务的统计分析建立一个数据中心,它的数据可以从 OLTP 系统、异构的外部数据源、脱机的历史业务数据中得到,专门为分析统计和决策支持应用服务,这个数据中心称为数据仓库。

尽管许多决策支持查询可以用 SQL 书写,但是仍然有很多查询不能用 SQL 表示,或者用 SQL 表示起来非常复杂。因此人们对 SQL 做了一些扩展以方便数据分析。OLAP 领域涉及数据分析的工具和技术,在大规模数据库的情况下,OLAP 仍能对汇总数据的查询请求做出快速的响应。

除了 OLAP,另一种从数据中得到知识的方式是使用数据挖掘(Data Mining),这种方式的目的在于从大量数据中发现不同种类的模式。它将人工智能中的知识发现技术和统计分析结合起来,同时有效地把它们运用在超大型数据库中。

10.3.1 数据仓库的特征与组成

1. 数据仓库的主要特征

数据仓库概念的创始人 W. H. Inmon 对数据仓库的定义是:数据仓库是一个面向主题的、集成的、稳定的、随时间不断变化的数据集合,它用于支持经营管理中的决策制定过程。

在这个概念中,数据仓库的主要特征如下:

(1) 面向主题。主题是一个抽象的概念,是在较高层次上对企业信息系统中的数据综合、归类并进行分析利用的抽象。在逻辑意义上,主题是某一宏观分析领域中所涉及的分析对象。例如,一个商场要分析各类商品的销售情况,商品就是一个主题。为了便于决策分析,数据仓库是围绕着这个主题(如商品、供应商、地区和客户等)而组织的,故只提取那些对主题有用的信息,以形成某个主题的完整且一致的数据集合。

(2) 集成。数据仓库的数据来自于不同的数据源,要按照统一的结构、一致的格式、度量及语义,将各种数据源的数据合并到数据仓库中,目的就是为了给用户提供一个统一的数据视图。当数据进入数据仓库时,要采用某种方法来消除应用数据的不一致。这种对数据的一致性预处理称为数据清理。

(3) 稳定且不可更新。数据仓库的数据主要供决策分析使用,所涉及的数据操作主要是数据查询。这些数据反映的是一段时间内历史数据的内容,是不同时间点的数据库快照的统计、综合等导出数据。它们是稳定的,不能被用户随意更改。这一点与联机应用系统有很大的区别,在联机应用系统中,数据可以随时被用户更新。

(4) 随时间不断变化。对用户来说,虽然不能更改数据仓库中的数据,但随着时间变化,系统会进行定期的刷新,把新的数据添加到数据仓库,以随时导出新综合数据和统计数据。在这个刷新过程中,与新数据相关的旧数据不会被改变,新数据与旧数据会被集成在一起。同时,系统会删除一些过期数据。故数据仓库数据的键中都包含有时间项,以表明数据的历史时期。

总的来说,数据仓库的最终目的是将不同企业之间相同的数据集成到一个单独的知识库中,然后用户能够在这个知识库上做查询,生成报表和进行分析。因而,数据仓库是一种数据管理和数据分析的技术。

2. 数据仓库的组成

数据源中的数据就是实时应用系统中的数据,数据加载器将数据源的数据抽取出来,然后装载进数据仓库中。数据仓库的 DBMS 负责存储和管理数据,查询处理器负责处理来自查询和分析工具的查询请求。数据仓库结构如图 10-2 所示。

数据仓库的主要组成如下:

(1) 数据装载器。数据装载器执行的操作是将数据源中的数据抽取并装载到数据仓库中,可以是只将数据做简单的转换就装载进仓库。它主要是由数据转载工具和一些专门的程序组成。

(2) 仓库管理器。仓库管理器的全部工作就是管理仓库中的数据,它是由数据管理工

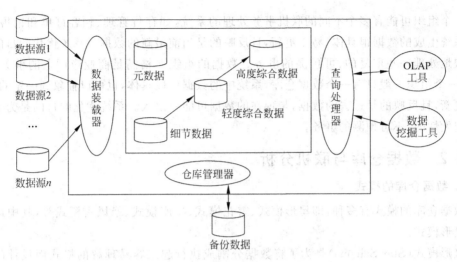

图 10-2　数据仓库的结构

具和专门程序组成。它的操作有：数据一致性分析；将数据从易失性的介质转移到数据仓库中时的转换和综合；基本表上索引的建立和备份数据。

（3）查询管理器。查询管理器负责管理所有的用户查询,它由用户终端工具、数据仓库监管工具、数据库工具和专门工具组成。它的操作有为查询选定合适的表、调度查询的执行。

（4）数据仓库的数据。数据仓库中的数据分为 3 个级别,即细节级数据、轻度综合数据和高度综合数据。数据源中的数据进入数据仓库时首先是细节级,然后根据具体需求进行进一步的综合,从而进入轻度综合乃至高度综合。数据仓库中这种不同的综合程度称为"粒度"。粒度越大,表示细节程度越低,综合程度越高;反之,粒度越小,表示细节程度越高,综合程度越低。

（5）元数据。元数据就是关于数据的数据,它描述了数据的结构、内容、键、索引等内容。数据仓库中的元数据内容除了与数据库的数据字典中的内容相似外,还应包括数据仓库的关于数据的特有信息。

3．联机事务处理与数据仓库的比较

为联机数据事务处理而设计的 DBMS 不能用来管理数据仓库,因为两种系统是按照不同的需求来设计的。比如联机事务处理要求能够及时地处理大量的事务,而数据仓库要求支持启发性的查询处理。表 10-1 是联机数据事务处理与数据仓库的比较。

表 10-1　联机数据事务处理与数据仓库的比较

联机事务处理	数据仓库
存储的是具有实时性的数据,可以随时更新 细节性数据	存储的是历史数据,不可更新,但是周期性地刷新 综合性和提炼性数据
重复性的,可预测的处理	非结构型的,启发式的处理
事务处理占主导地位,对事务的吞吐率要求高	分析处理占主导地位,对事务的吞吐率要求不高
面向应用,事务驱动	面向主题,需求驱动
一次处理的数据量小	一次处理的数据量大
面向操作人员,支持日常操作	面向决策人员,支持管理与服务

一个组织可能有多个不同的联机事务处理的系统，如存货管理、顾客订单和销售管理。这些系统生成的数据很具体，易于更新，且反映的是当前最新的数据。系统优化的目的是为了更快地处理一些重复的、可预测的事务。数据的组织严格满足商业应用上的事务要求；相反，一个组织一般只有一个数据仓库，系统中的数据可以具体，也可以抽象到一定的程度，不能更新，且反映的是过去的数据，与现在的数据可能有出入。系统优化的目的是为了处理一些启发性的、不可预测的事务。

10.3.2　数据仓库与联机分析

1. 数据仓库的模式

数据仓库的模式有多种，即星形模式、雪花模式、星座模式、暴风雪模式等，其中最流行的是星形模式。

星形模式（Star Schema）是为了将数据分割成执行起来容易理解的格式而设计的。星形模式是由两种类型的表组成的，即事实表和维表。

（1）事实表。事实表通常是数据仓库中数据量很大的表。事实表包含两种类型的列。第一种类型的列包含了用于计算的信息，如销售额、盈余百分比、销售佣金、折扣、制造产品成本等。这些项一般是数值型的，但也可能是文本型的。这些事实数据组成了表的主要部分。另一种类型的列是对维表的索引列，这些列存储了维表的主键值。

（2）维表。维是人们观察数据的特定角度，它是数据仓库与联机分析处理中的重要概念。在维表（Dimension Table）中包含的数据一般用于选择（包含或排除）从事实表中返回的数据。存储在维表中的数据通常是文本，但有时也是数值。例如，邮政编码是一个数值，它可以用来筛选从事实表中返回的数据，如查询邮政编码为 430075 的地区的销售情况。这将使用邮政编码维属性列来选择事实表中邮政编码为 430075 的销售数据。维表通常比事实表要小得多。

图 10-3 所示为某数据仓库的星形模式中有一个事实表，多个维表以及从事实表到维表的参照外键的模式，这种模式就是星形模式。复杂的数据仓库中可以有多级维表，也可能有不只一个的事实表。

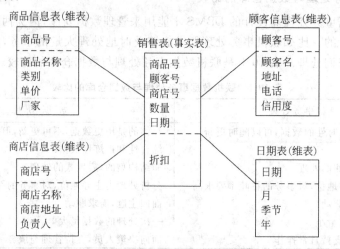

图 10-3　某数据仓库的星形模式

2．数据仓库与数据集市

以数据仓库为基础的决策支持系统,要求数据仓库能够满足所有最终用户的需求。这就要求数据仓库存储的数据一方面要具有灵活性;另一方面,用户要求信息检索具有高性能。对数据仓库而言,灵活性和高性能是一对矛盾体:要保障灵活性以满足尽可能多用户的查询需求会影响整个数据仓库的性能。为了解决该矛盾,数据仓库体系结构中增加了数据集市(Data Marts)。它是一种小型的部门或工作组级别的数据仓库,如图 10-4 所示。数据集市存储为特定用户预先计算好的数据,从而满足用户对性能的需求。

数据集市有很多优点,比如数据规模小,开发周期短,对终端用户的响应快,提供了部门级或特殊商业应用的数据视图,对用户的支持度高。因此,作为快速解决企业当前存在的实际问题的一种有效方法,数据集市成为一种既成事实。

数据集市可以分为两种类型—独立型数据集市和从属型数据集市。独立型数据集市直接从操作型环境的数据源中获取数据,从属型数据集市从企业级的数据仓库中获取数据。图 10-4 是一个从属型数据集市的体系结构。

多个独立的数据集市的累积,是不能形成一个企业级的数据仓库的。这是由数据仓库和数据集市本身的特点决定的。数据集市为各个部门或工作组所用,各个集市之间不可避免地会存在不一致性。因为脱离数据仓库的缘故,当多个独立型数据集市增长到一定规模后,由于没有统一的数据仓库协调,只会又增加一些信息孤岛,仍然不能以整个企业的视图分析数据。这说明了数据集市和数据仓库有本质的不同。

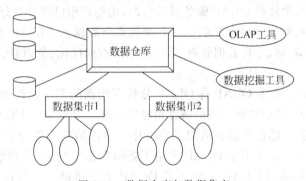

图 10-4　数据仓库与数据集市

如果企业最终想建设一个全企业统一的数据仓库,想要以整个企业的视图分析数据,独立型数据集市不是合适的选择。从长远的角度看,从属型数据集市在体系结构上比独立型数据集市更稳定,可以说是数据集市未来建设的主要方向。

3．联机分析处理

联机分析处理(OLAP)可以对大量的多维数据进行动态地合并和分析,是一个支持复杂查询的工具,属决策支持领域的一部分。OLAP 的目标是满足决策支持或多维环境特定的查询和报表需求,它的技术核心是"维"这个概念,因此 OLAP 也可以说是多维数据分析工具的集合。OLAP 的特点是对共享的多维信息的快速分析,这也是设计人员或管理人员用来判断一个 OLAP 设计是否成功的准则。OLAP 的特点如下:

(1) 共享。这意味着系统要能够符合数据保密的安全性要求,即使多个用户同时使用,也能够根据用户所属的安全级别，让他们只能看到自己应该看到的信息。

（2）多维。OLAP 的显著特征就是它能提供数据的多维视图，系统必须提供对数据分析的多维视图和分析，包括对层次维和多重层次维的完全支持。

（3）快速。系统响应用户的时间要相当快捷。这是所有 OLAP 应用的基本要求。要达到这个目标，数据库的模式应该朝着更广泛的技术发展，包括特殊的数据存储格式、预先计算和硬件配置等。

（4）分析。系统应能处理与应用有关的任何逻辑分析和统计分析，用户无需编程就可以定义新的专门计算，将其作为分析的一部分，并以用户理想的方式给出报告。用户可以在 OLAP 平台上进行数据分析，也可以连接到其他外部分析工具上，同时应提供灵活、开放的报表处理功能，以保存分析结果。

不论数据量有多大，也不管数据存储在何处，OLAP 系统应能及时获得信息，并且管理大容量信息。这里有许多因素需要考虑，如数据的可复制性、可利用的磁盘空间、OLAP 产品的性能及与数据仓库的结合度等。

4. OLAP 的分类

OLAP 系统按照其数据在存储器中的存储格式可以分为以下 3 种类型：

（1）关系 OLAP。关系 OLAP 将分析用的多维数据存储在关系数据库中，并根据应用的需要有选择地定义一批实视图作为表也存储在关系数据库中。这样做的好处就是无需将每个 SQL 查询都作为实视图保存，只定义那些应用频率比较高、计算工作量比较大的查询作为实视图。对于每个针对 OLAP 服务器的查询，优先利用已经计算好的实视图来生成查询结果以提高查询效率。同时为关系 OLAP 提供查询数据的 RDBMS 也做了相应的优化，比如并行存储、并行查询、并行数据管理、基于费用的查询优化、位图索引、SQL 的 OLAP 扩展等等。

（2）多维 OLAP。多维 OLAP 将 OLAP 分析所用到的多维数据物理上存储为多维数组的形式，形成"立方体"的结构。维的属性值被映射成多维数组的下标值或下标的范围，而汇总数据作为多维数组的值存储在数组的单元中。多维数据库管理系统（MDDBMS）负责管理和分析多维数据。由于多维 OLAP 采用了新的存储结构，从物理层开始实现，因此又称为物理 OLAP（Physical OLAP）；而关系 OLAP 主要通过一些软件工具或中间软件实现，物理层仍采用关系数据库的存储结构，因此称为虚拟 OLAP。

（3）混合型 OLAP。由于多维 OLAP 和关系 OLAP 有着各自的优点和缺点，且它们的结构迥然不同，这给分析人员设计 OLAP 结构提出了难题。为此人们提出了混合型 OLAP，它能把多维 OLAP 和关系 OLAP 两种结构的优点结合起来。混合型 OLAP 工具既能够从一般数据库中提取数据，又能够从多维 OLAP 服务器上获得数据。

10.3.3 多维数据的表示和操作

1. 多维数据的表示

维是人们观察数据的特定角度，是考虑问题时的一类属性，属性集合构成一个维（时间维、地理维等）。对于一个要分析的关系，可以把它的某些属性看作是度量属性，因为这些属性测量了某个值，而且可以对它们进行聚集操作。而其他属性中的某些（或所有）属性可以看成是维属性。因为它定义了观察度量属性的角度。比如：某连锁店销售表中，"商品名称，季节和城市"都是维属性，而"销售量"则是度量属性。

为了分析多维数据，分析人员需要查看数据表，表 10-2 是城市销售商品的统计交叉表，该表显示了不同的商品和地点之间的销售额及总量。交叉表中，一个属性 A 构成其行标题，另一个属性 B 构成其列标题。每个单元的值记为 (a_i, b_i)，其中 a_i 表示属性 A 的一个值，b_i 表示属性 B 的一个值。每个单元的值按以下方式得到：

表 10-2　城市销售商品的统计交叉表

(第 1、2 季)	武汉	北京	总量
衬衫	2500	2300	4800
休闲裤	2340	3100	5440
领带	500	1100	1600
总量	5340	6500	11840

① 对于任何 (a_i, b_i)，如果只存在一个元组与之相对应，那么该单元的值由那个元组推出。

② 对于任何 (a_i, b_i)，如果存在多个元组与之相对应，那么该单元的值必须由那些元组上的聚集推出。

通常，交叉表与存储在数据库中的关系表是不同的，这是因为交叉表中的列的数目依赖于关系表中的实际数据。当关系表中的数据变化时，可以增加新的列，这是数据存储所不愿看到的。尽管存在一些不稳定性，但是交叉表显示出了汇总数据的一种视图，这是很有用的。

将二维的交叉表推广到 n 维，就形成了一个 n 维立方体，称之为数据立方体。三维数据立方如图 10-5 所示，立方体中的三维是商品名称、城市、季节，并且其度量属性是销售量，和交叉表一样，数据立方体中的每个单元都有一个值，这个值由 3 个维对应的元组确定。

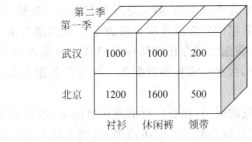

图 10-5　三维数据立方

一个维属性的不同级别上的细节信息可以组成一个层次结构。比如时间维可分为(年，季节，月，小时，分钟，秒)这几种不同细节的层次。这是为了满足不同分析人员希望从不同级别的细节上观察一个维的需要。比如有的分析人员要分析一年内每个月的销售情况，而有的分析人员可能要分析一个月每天的销售情况。

2．多维数据的分析操作

OLAP 的基本多维分析操作有钻取(Roll-up 和 Drill-down)、切片和切块(Slicing and Dicing)及旋转(Pivoting)等。

（1）钻取。钻取是改变维的层次，变换分析粒度的操作。它分为上卷（Roll-up）和下钻（Drill-down）上卷是在某一维上将低层次的细节数据概括到高层次的汇总数据，即减少维数；而下钻则相反，它从汇总数据深入到细节数据进行观察，即增加维数。当然，在实际中，细节数据不可能由汇总数据生成，它们必须由原始数据或由粒度更细的汇总数据生成。

（2）切片和切块。切片和切块是在一部分维上选定值后，关心度量数据在剩余维上分布的操作。如果剩余的维只有两个，则是切片；如果有 3 个或以上，则是切块。

（3）旋转。旋转是改变维的操作，即选择交叉表的维属性，从而能够在相同的数据上查看不同内容的二叉表。例如，数据分析人员可以选择一个在"商品名称"和"季节"上的二叉表，也可以选择一个在"商品名称"和"城市"上的二叉表。

10.3.4 数据挖掘

大量信息在给人们带来方便的同时也带来了一大堆问题：第一是信息过量，难以消化；第二是信息真假难以辨识；第三是信息安全难以保证；第四是信息形式不一致，难以统一处理。另外，随着数据库技术的迅速发展及广泛应用，人们积累的数据越来越多。激增的数据背后隐藏着许多重要的信息，人们希望能够对其进行更高层次的分析，以便更好地利用这些数据。目前的数据库系统无法发现数据中存在的关系和规则，无法根据现有的数据预测未来的发展趋势。缺乏挖掘数据背后隐藏的知识的手段，导致了"数据爆炸但知识贫乏"的现象。因此，数据挖掘和知识发现技术应运而生，并显示出强大的生命力。

数据挖掘的核心模块技术历经了数十年的发展，其中包括数理统计、人工智能、机器学习。这些技术，加上高性能的关系数据库引擎及广泛的数据集成，让数据挖掘技术在当前的数据仓库环境中进入了实用的阶段。

1. 数据挖掘的概念与作用

数据挖掘（Data Mining）就是从大量的、不完全的、有噪声的、模糊的、随机的应用数据中，提取隐含在其中的、人们事先不知道的、但又是潜在有用的信息和知识的过程。

数据挖掘所关心的是对数据的分析以及从大量数据中找到隐含的、不可预知的信息的软件技术，它的关键在于发现数据之间存在的某些人们未知的模式或关系。数据挖掘的数据有多种来源，包括数据仓库、数据库或其他数据源。所有的数据都需要再次进行筛选，具体的筛选方式与任务相关。

数据挖掘在商业上有大量的应用，比较广泛的应用有两类，即对某种情况的预测和寻找事物之间的关联。例如，当某位顾客购买了一本图书时，网上商店可以建议购买其他的相关图书。在商业应用中最典型的例子就是一家连锁店通过数据挖掘发现了小孩尿布和啤酒之间有着惊人的联系。好的销售人员知道这样的模式并发掘它们以做出额外的销售。数据挖掘所能解决的典型商业问题包括数据库营销、客户群体划分、背景分析、交叉销售、客户流失性分析、客户信用记分、欺诈发现等市场分析行为以及与时间序列分析有关的应用。

原始数据可以是结构化的，如关系数据库中的数据；也可以是半结构化的，如文本、图形和图像数据；甚至是分布在网络上的异构型数据。因此，数据挖掘是一门交叉学科，它把人们对数据的应用从低层次的简单查询，提升到从数据中挖掘知识，提供决策支持。

2. 数据挖掘流程

数据挖掘流程如图 10-6 所示。它主要包括以下几项工作：

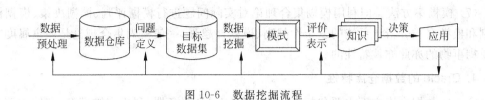

图 10-6　数据挖掘流程

（1）数据预处理。包括选择数据、预处理（涉及检查数据的完整性、一致性、去噪声、填补丢失的域、删除无效数据等）。

（2）问题定义。清晰地定义所要表示、处理的业务问题，确定数据挖掘的目的。

（3）数据挖掘。根据数据功能的类型和和数据的特点选择相应的算法，在净化和转换过的数据集上进行数据挖掘。

（4）评价表示。对数据挖掘的结果进行解释、分析和评价，转换成为能够最终被用户理解的知识。

（5）决策运用。将分析所得到的知识集成到业务信息系统的架构中去。

3．数据挖掘的方法

（1）神经网络方法。神经网络由于本身良好的鲁棒性、自组织自适应性、并行处理、分布存储和高度容错等特性非常适合解决数据挖掘的问题。典型的神经网络模型主要分为 3 大类：用于分类、预测和模式识别的前馈式神经网络模型；用于联想记忆和优化计算的反馈式神经网络模型；用于聚类的自组织映射方法。其缺点是人们难以理解网络的学习和决策过程。

（2）遗传算法。遗传算法是一种基于生物自然选择与遗传机理的随机搜索算法，是一种仿生全局优化方法。遗传算法具有的隐含并行性、易于和其他模型结合等性质使得它在数据挖掘中被加以应用。遗传算法的应用还体现在与神经网络、粗集等技术的结合上。但遗传算法较复杂，收敛于局部极小的较早收敛问题尚未解决。

（3）决策树方法。决策树是一种常用于预测模型的算法，它通过将大量数据有目的分类，从中找到一些有价值的、潜在的信息。它的主要优点是描述简单、分类速度快，特别适合大规模的数据处理。

（4）粗集方法。粗集理论是一种研究不精确、不确定知识的数学工具。粗集方法有几个优点：不需要给出额外信息；简化输入信息的表达空间；算法简单，易于操作。粗集处理的对象是类似二维关系表的信息表。目前成熟的 DBMS 和新发展起来的数据仓库管理系统，为粗集的数据挖掘奠定了坚实的基础。但粗集的数学基础是集合论，难以直接处理连续的属性。

（5）覆盖正例、排斥反例方法。它是利用覆盖所有正例、排斥所有反例的思想来寻找规则。首先在正例集合中任选一个种子，到反例集合中逐个比较。与属性取值构成的选择子相容则舍去；相反则保留。按此思想循环所有正例种子，将得到正例的规则。

（6）统计分析方法。利用统计学原理对数据库中的信息进行分析。可进行常用数据总和、平均值等统计、回归分析（用回归方程来表示变量间的数量关系）、相关分析（用相关系数来度量变量间的相关程度）、差异分析（从样本统计量的值得出差异来确定总体参数之间是否存在差异）等。

(7) 模糊集方法。即利用模糊集合理论对实际问题进行模糊评判、模糊决策、模糊模式识别和模糊聚类分析。系统的复杂性越高、模糊性越强,一般模糊集合理论是用隶属度来刻画模糊事物的亦此亦彼特性的。

4. Oracle 的数据仓库特性

Oracle 数据仓库方案主要包括:提供多维 OLAP 服务器,利用多维模型,存储和管理多维数据库;提供前端数据分析工具支持图形化建模和分析功能,支持可视化开发;提供通用的、面向最终用户的报告和分析工具;支持基于 Web 的动态多维数据展现。

Oracle 提供商业智能工具、按多维数据集组织物化视图(快照)、通过分区变化跟踪功能识别刷新、扩展到子查询和远程表的查询重写以及提供数据仓库构建高级功能(支持数据抽取、清洗、转换和装载的工具、数据质量构建)等许多性能,这些使 Oracle 数据库成为强有力的数据仓库平台。

10.4 新型数据库

随着云计算和大数据时代的到来,行业数据和移动互联网应用对数据交易处理的实时性和规模提出更高的要求。例如,淘宝网每天千万量级交易,7 亿条日志记录,1.5PB 原始数据记录。传统数据库面临前所未有的挑战,在性能和成本的双重压力下,数据库需要寻找突破之路,面向不同应用的各种新型数据库应运而生。新型数据库采用分布式并行计算架构,部署于高端通用服务器,在数据库新技术的支持下,满足大数据实时交易需求,成本低、扩展性高,突破了传统数据库性能瓶颈。主要包括基于云计算的云数据库和物联网环境下的物联网数据库。

10.4.1 云数据库

1. 云数据库及其特性

云数据库是在云计算环境中部署和虚拟化的数据库。云计算可实现资源集中构建和管理,按需采购、配置,能够更好地满足用户不断变化的需求。海量存储催生了云数据库,极大地增强了数据库的存储能力,消除了系统的重复配置,虚拟化了许多后台功能,让软、硬件升级更加容易。云数据库具有高可扩展性、高可用性,采用多租形式和支持资源有效分发等特点。云数据库是数据库技术的未来发展方向。

在云数据库应用中,客户端不需要了解云数据库的底层细节,就像运行在单一服务器上的数据库一样,非常方便、容易,同时又可以获得理论上近乎无限的存储和处理能力。

云数据库具有以下特性:

(1) 动态扩展。理论上,云数据库具有无限可扩展性,可以满足不断增加的数据存储需求。在面对不断变化的条件时,云数据库表现出很好的可伸缩性。

(2) 高可用性。不存在单点失效问题。如果一个节点失效了,剩余的节点就会接管未完成的事务。而且在云数据库中,数据通常是复制的,在地理上是分布的,即使整个区域内的云设施发生失效,也能保证数据持续可用。

(3) 低租代价。用户采用按需付费的方式使用各种软、硬件资源,以及多租户的形式对于用户而言可节省开销。另外,云数据库底层存储常采用大量廉价的商业服务器,也大幅度降低了用户开销。

（4）易使用性。使用云数据库的用户不必控制运行原始数据库的机器，也不必了解它身在何处。用户只需要一个有效的链接就可以使用云数据库。

（5）并行处理。运用大规模并行处理技术，云数据库可有效地支持实时的面向用户的应用、科学应用和新类型的商务应用。

2．NoSQL 数据库

关系数据库自诞生以来，从理论发展到现实产品，逐渐在数据库领域里上升到霸主地位。但近年来，对于规模日益扩大的海量数据，其 I/O 瓶颈、性能瓶颈都难以有效地突破，开始出现了大批针对特定场景，以高性能和使用便利为目的的功能特异化的数据库产品，NoSQL 数据库就是其中的佼佼者，如 BigTable、Cassandra、CouchDB 等。这些数据库在设计上与传统的 SQL 数据库有很大差异，非常关注对数据高并发地读写和海量数据的存储，更加注重数据库的扩展性和并发可访问性。这些数据库也被统称为 NoSQL 类数据库，它已成为云数据库中的一支主流队伍。

NoSQL 数据库是电子商务、社交网站兴起催生的面向大数据的解决方案，是对传统关系型数据库的革新和挑战。NoSQL 的原意是 Not Only SQL，它并非要彻底地否定关系型数据库，而是作为其有效补充，在特定的场景下能发挥出难以想象的高效率和高性能。例如，专注于关键字查询的 Redis，面向文档的数据库 Mongodb，面向列的数据库 Hbase，面向图的数据库 Neo4J 等。它们的共同特点是以"大道至简"作为设计理念，把一切与高性能目标无关的架构删去，大部分的 NoSQL 数据库产品属于开源，支持分布式，使用户以最小的付出获得最高的性能。

作为下一代数据库技术，NoSQL 数据库的主要特点是非关系、分布式、水平可扩展，非常适合云计算中的海量数据运算。它具有极高的并发读写性能，在保证海量数据存储的同时，还具有良好的查询性能，具有弹性的可扩展能力。现在，NoSQL 数据库以独特多变、超凡脱俗的姿态，正在为越来越多的使用者所接受，并投入实际应用环境。但是，NoSQL 数据库的安全远没有关系型数据库那样强键，它缺乏保密性和完整性的特质，缺少模式，不能在表、行或列上分隔权限，缺乏内在的安全机制，故对其研究还有较长的路要走。

3．云数据库模型

云数据库模型分为两大类，即基于云计算的关系模型和 NoSQL 数据模型。

（1）基于云计算的关系模型。关系型云数据库采用扩展的关系模型。此模型的数据结构为表结构，并包含用来对表进行分区的键，具有相同分区键的多个表的集合称为表组。在表组中，具有相同分区键值的多个行的集合称为行组，一个行组分配到一个数据节点上。每个表组会包含多个行组，这些行组会被分配到不同的数据节点上。微软的 SQL Azure 云数据库就是基于此模型的。

（2）NoSQL 数据模型。NoSQL 类数据库非常关注对数据高并发读写和海量数据的存储，在架构和数据模型方面做了简化，而在并发及扩展等方面做了增强。其数据模型主要有以下 4 类：

① 键值模型。其数据结构为哈希表，表中存有一系列的键值对（一个键和一个指向值的指针）。它适于通过主键对数据进行查询和更新等操作，能够提供海量数据存储及其之上

的快速查询和高并发度操作。缺点是数据缺少结构化,不支持复杂数据的操作。运用此模型的数据库有 BigTable、Redis 等。

② 列式模型。该模型的主要特点是按"列"来存储数据,将同一列数据存放在一起,以提高存储和查询效率。其数据库查找速度快,可扩展性强,十分适用于数据仓库类应用(每次需处理数据的列数较少但量大)。缺点是其功能有一定的局限性。运用此模型的数据库有 Cassandra、HBase 等。

③ 文档模型。这种模型也是一个关键字对应一个值的结构,但该值主要以 XML 等格式的文档进行存储,是有语义的,并且文档数据库还可以对值创建二级索引,以方便上层的应用,而这点是普通键-值模型数据库所无法支持的。其缺点是查询性能不高,且缺乏统一的查询语法。运用此类模型的数据库有 MongoDB、CouchDB 等。

④ 图形模型。其数据结构为图结构,可以很方便地利用图的相关算法。其缺点是需要对整个图做计算才能得出结果,不易做分布式的集群方案。运用此类模型的数据库有 Neo4J、InfoGrid 等。

云数据库的数据模型有着各自的优、缺点,它们适用于不同的领域,需要根据实际应用的场景进行选择,有时单一的数据模型并不能满足实际需求,对于许多大型应用需要集成多种数据模型。目前,有的云数据库产品可以同时支持关系模型和键值模型,还有的可以同时维护多种不同模型的数据存储,从而有效处理各种不同类型的负载。针对一个具体的应用而言,采用何种数据模型组织、存储数据,取决于应用环境、负载类型特点和服务需求等因素。

4. 云数据库产品与研究

(1) 云数据库产品。云数据库的供应商主要分为 3 类:传统的数据库厂商、涉足数据库市场的云供应商和一些新兴小公司。常见的云数据库产品主要有以下几种:

① 基于关系模型的微软 SQL Azure 云数据库。它是以微软 SQL Server 2008 为主,建构在 Windows Azure 云操作系统之上,关系型云数据库产品,提供网络型的云存储服务。在数据中心其架构可分为服务提供层、平台提供层、基础建设层 3 个部分。

② 基于键值模型的 Google BigTable 云数据库。它是分布式数据存储系统,用来处理海量数据的一种非关系型的数据库,它采用稀疏的、分布式的、持久存储的、多维度排序映射存储。能可靠地处理 PB 量级的数据,并且能够部署到上千台机器上,具有适用性广、可扩展、高性能和高可用性。

③ 基于列式模型的 Facebook Cassandra 云数据库。它不是一个独立数据库,而是由一堆数据库节点构成的一个分布式网络数据服务,对于一个写操作,会被复制到其他节点上去,对于一个读操作,也会被路由到某个节点上去读取。其主要特征是分布式、基于列的结构化及高伸展性。

(2) 云数据库应用的需求。云计算时代的应用对数据库技术提出了新的需求,主要有以下几个方面:

① 海量数据处理。大型应用需要能处理 PB 或 EB 量级的数据,应对百万级的流量。

② 大规模集群管理。分布式应用需要更加简单地部署、应用和管理大规模集群。

③ 低延迟读写速度。海量数据处理中,响应速度快能够极大地提高用户的满意度。

④ 建设及运营成本。云计算应用的基本要求是大幅度降低应用系统成本。

（3）云数据库领域研究的问题。云数据库的研究势必催生新一代的数据库技术，如云数据库的体系架构和新型数据模型等。这将会极大地改变数据库的服务方式，要求数据库能够更灵活地处理各种类型的数据，在分布式的云环境中获得更好的性能。云数据库的 DBMS 要想提供类似现有 DBMS 的丰富功能，仍有许多亟待解决的问题。诸如：如何更好地支持事务，如何保证云数据库的安全性，如何使数据库管理与服务更好地适应云计算环境等。云数据库的主要研究包括云数据库的数据模型、事务一致性、容灾和监控、安全管理、访问体系的调优、云数据生命周期管理等。这些都有必要深入探讨，以更好地适应未来云计算的各种应用需求。

5. 云数据库的安全问题

由于云数据库发展时间较短，技术还不够成熟，云计算环境下的数据库存在一些安全问题，主要有以下几个方面：

（1）区域划分。关系数据库主要通过物理上和逻辑上来划分安全域，可以明确地划分边界、保护设备及用户数据。但是在云环境下却因虚拟化而难以实现。

（2）非授权访问。非授权访问主要是指没有得到相应的权限，却能够任意访问网络中的各种资源。在云环境下，一般是云服务提供商具有对数据最优先的访问权限，这是云计算存在的安全问题之一，如何合理分配数据有限访问权限是一个关键问题。

（3）数据完整性与保密性。由于技术的不成熟性，在数据帧传输和保存过程中，很可能因恶意的删改、插入或重发而改变信息的真实性，从而干扰用户的正常使用，也可能由于服务商的问题而出现机密信息的泄露。

（4）数据一致性。为了实现系统的可靠性和可用性，云环境数据库中常采用冗余存储的方式，将用户的多个数据副本存储在不同数据中心，因此如何解决冗余副本之间数据的一致性成为云数据库需着力解决的问题。

（5）版权保护和监管审计。由于云计算中所有数据都交给云服务商保管，使得提供商的权利巨大，用户的权利很难得到保证，如何在云服务过程中保护云中数据信息的版权和所有权问题，还需要建立第三方监管审计及相关法律。

除了利用已有的数据库安全技术外，还需考虑云环境下的数据库安全策略：

（1）设置多级安全域。在云数据库中设置多个不同级别的安全域，对于处在不同安全域之间的操作必须进行相互鉴别。

（2）实施复杂安全认证。运用双重安全机制的身份验证和访问控制方式，以有效地防止黑客破坏系统数据库。常用的身份验证有密码认证、证物认证及生物认证。

（3）采用对等实体鉴别。通过对等实体鉴别的方法，可在用户建立连接后有效地保护数据的完整性，同时保证用户在连接期间，使用完整性服务并进行讹误检测。

随着云计算平台的日益普及，云数据库势必会成为未来数据库的一个发展趋势。虽然云数据库产品，在一定程度上实现了对于海量数据的管理，但是这些系统还不完善，只是云数据库的雏形。需要人们不断努力，以支持更加丰富的操作、更加完善的数据库管理以及提供更加丰富的服务。

10.4.2 物联网数据库

物联网数据库是物联网技术与数据库技术结合的产物。物联网是一个基于互联网、电信网等信息承载体,让普通物理对象实现互联互通的网络。如果把物联网比喻成人体的话,传感器好比五官、皮肤,传输机制好比神经,应用层好比人体的行为或反应,而数据库就好像是大脑,在整个物联网中发挥着数据存储记忆、数据挖掘分析的作用,故一个完善物联网系统离不开数据库的支持。

1. 物联网数据的特性

物联网环境下数据包括用于对象、处理和系统的可描述性数据、定位和环境数据、传感器数据(多维时间序列数据)、历史数据、模拟现实的物理模型等数据。物联网数据的特性如下:

(1) 数据多态又具异构性。物联网中的数据有文本数据,也有图像、音频、视频等多媒体数据,有静态数据,也有动态数据。物联网中有多种结构不同、性能各异的传感器,有大量电子标签、多种读写器。由此产生数据的多态性、异构性使得数据处理和管理较复杂。

(2) 海量数据又具连续性。物联网是由无数个无线识别的物体连接形成的动态网络。在实时监控领域,无线传感网需记录多个节点的多媒体信息,数据量惊人。在应急处理的实时监控系统中,数据是以流的形式,实时、高速、源源不断地产生的,形成连续的、海量的大数据。

(3) 数据传输难又有时效性。无线传感器网络中,文本型数据易传输难感应,多媒体数据易感应难传输。在出现数据传输故障时,很难判定是网络中断还是软件故障,故数据采集、传输元器件的性能也会成为数据管理的瓶颈。物联网的数据采集工作是周期性向服务器发送数据,由于被感知事物的状态瞬息万变,数据更新很快,故系统的响应时间是系统实用性和可靠性的关键。

上述特性给数据的质量控制、压缩存储、集成融合、数据操作等带来极大挑战,迫使人们不断探索行之有效的技术手段。以满足以上特性的要求,针对物联网数据特性的策略如下:

(1) 针对数据多态又具异构性的策略。对于多态变化着的物联网系统,必须感知事物的时空信息、反映复杂数据形态。其处理归根结底属于多媒体数据处理和数据挖掘问题。解决异构性的关键是数据库及中间件。不同的感知信息需要不同的数据模型和 DBMS,不同的系统需要不同的中间件。其中,数据库解决数据的存储、挖掘、检索问题,中间件解决数据的传递、过滤、融合问题。这些基础软件的正确选择有助于屏蔽数据的异构性,实现数据的顺利传递、过滤与融合,及时、正确地感知事物的存在及其现状。

(2) 针对海量数据又具连续性的策略。连续不断的海量数据带来的问题是存储不便、计算结果迟滞。一方面可借助云数据库进行海量数据存储,云计算可为其提供后端处理能力与应用平台,既享用其所有功能又可省去大量资金。另一方面可利用海计算即化整为零,提高物联网中每个元素的智能和计算能力,使其自身能够完成数据中间处理,再传到服务器完成最终处理。海计算对于处理流式数据是很有效的方式。

(3) 针对数据传输难又有时效性的策略。只有保证数据的采集、传输工作高效运行,才能保障高效的数据处理,而传感器、节点、电子标签、读写器等是物联网数据的源头和枢纽,是数据采集和传输的关键。为满足数据时效性的要求,可利用实时数据库实现高效的响应与处理。此外,系统硬件低功耗、可靠性、抗干扰性是物联网系统长期、可靠运行的基础。

2. 物联网数据库的基础

根据以上物联网数据的特性及对策,物联网数据库是在物联网环境下建立的综合服务性数据库,其系统由软件、硬件平台、多种数据库、各类管理服务人员、数据采集器及接口组成。物联网数据库需要实时数据库、多媒体数据库的技术支持,下面简介两种基础数据库。

(1) 实时数据库。实时数据库就是其数据和事务都有显式定时限制的数据库。系统的正确性不仅依赖于事务的逻辑结果,而且依赖于该逻辑结果所产生的时间。实时数据库适用于处理不断更新、快速变化的数据及具有时间限制的事务处理。实时数据库的一个重要特性就是实时性,包括数据实时性和事务实时性。数据实时性是指现场 I/O 数据的更新周期;事务实时性是指数据库对其事务处理的速度。实时数据库并非是数据库和实时系统两者的简单结合,需要对一系列的概念、理论、技术、方法和机制进行研究开发。实现实时数据库的关键理论与技术主要有:实时数据模型及其语言;实时事务的模型与特性;实时事务的处理;实时存储管理;实时恢复技术等。

(2) 多媒体数据库。多媒体数据库是多媒体信息内容的载体,可用来存储和管理多媒体信息以及为搜索引擎提供必要的支持,其主要特点是可存储处理那些量大、模型复杂、长度不定且连续的数据。物联网环境下的多媒体数据又具有一些独特的性质:数据的多态性、实时性、数据量巨大且维度高。这就需要研究面向物联网的基于内容的数据库检索技术。基于内容的检索就是从媒体数据中提取出特定的线索,然后据此从大量存储在数据库中的媒体中进行搜索,查出具有相似特征的媒体数据。它可以更深层次、更有效地利用存储的多媒体信息。多媒体数据库主要研究包括大容量、高带宽的存储器系统、多媒体数据模型、元数据及其生成、查询和索引技术等。

3. 物联网数据库研究

物联网数据库的研究课题主要涉及数据模型、查询语言、过程建模和事务处理、数据流处理技术、数据保护等。这些研究对物联网 DBMS 的发展有重要的作用。

(1) 数据模型。由于物联网中包含众多不同类型的数据对象,数据特性复杂,这些对象的数据结构及其关系的表示,包括如何高效索引将是一个首要问题。物联网数据量和数值范围极其巨大,所以数据必须通过本地方式进行管理,需要能够操纵两个层面的数据:公有数据和私有数据。这些需要综合数据模型组织与管理数据。

(2) 查询语言。当前主流的 DBMS 查询语言基于结构化数据。XML 提供了一种更为松散结构的数据表现方式,并且还支持自定义数据描述,其查询语言能对整合的文档、Web页面及关系数据库等数据源进行查询。用于半结构化的查询语言通常采用层次模型,但层次模型存在与生俱来的问题,如难以表现多对多关系等。此外,需要为不同类型的使用者提供不同的数据访问工具。

(3) 过程建模和事务处理。在物联网领域中,众多的处理都将以服务方式提供。面向服务的体系结构成为基于 Web 的系统中支持互操作性的重要方式。有一些基于 Web 的事务处理的方法和模型,主要通过使用平衡事务和使事务特性更加松散的事务系统来解决。而这样的事务系统需要实现与完善。

(4) 数据流处理。传统的 SQL 语言,已不适合进行时间序列数据的查询。人们已提出针对流数据使用新的模型并进行流数据捕获,已经开展针对异常情况下丢失数据的评估工作。这些研究对物联网应用中的智能数据流捕获具有重要的意义。对于物联网来说,最佳的时间采样周期极大地依赖于数据性质和应用领域,提供连续数据采样服务者必须解决查询设备的问题。

(5) 数据保护。物联网数据库将面临特有的信息安全挑战：异构、多级、分布式网络导致统一的高级别安全体系难以实现；设备、存储和处理能力的差异导致安全信息的传递和处理难统一；难以做到物体被数量庞大的设备识别和接受的同时，还要保证其信息传递的安全性和隐私权。此外，多租户的服务模式对安全框架的设计也提出了更高的要求。

4. "云""海"结合

物联网的目的是要实现物物互联，从而融合物理信息的感知、传输、处理、控制及提供高效智能的应用服务。当前，物联网前端设备的计算与控制能力较薄弱，很多操作都需要通过网络把数据传输到后端服务器完成，不仅消耗能量，而且效率低下。因此，人们考虑物联网前端也应该具有较强的计算、处理能力，以提高整个物联网的工作效率，这就是物联网的海计算。海计算通过在各种物体内部融入信息设备，实现物体和信息设备的紧密融合，自然地获取物质世界信息；同时，通过海量的独立个体之间局部的即时交互和分布式智能处理，使物体具备自组织、自计算和自反馈的海计算功能。

云计算是服务端的计算模式，而海计算则是物理世界客户端的计算模式，它们处在物联网应用的两头。随着物联网技术的发展，这两种模式将统一在物联网架构之下。物联网有涉及全球物体的数据规模、及其广泛的应用需求，并具有感知层数据，这些特性决定了物联网的架构需要"云"和"海"相结合。一方面，前端利用海计算，使感知数据存储在本地现场，智能前端在协同感知的基础上，通过实时交互共同完成事件判断、决策等处理，及时对事件做出反应。另一方面，后端基于云计算的数据库提供面向全球的存储和处理服务。物联网的各种前端把处理的中间或最后结果源源不断地存储到后端。前端在本地独立处理，必要时后端提供存储信息和处理能力的支持。这样既满足前端实时交互，又满足全球物体的互联互动，具有良好的动态可扩展性。总之，未来的"云""海"结合将会开辟一个全新的、广阔的天地。

10.5 本章小结

现代数据库技术发展的主要特点是：研究与扩展形成新的数据模型，从而研制新型的数据库产品；数据库技术与多学科技术的融合，开拓数据库系统新技术；数据库技术向不同应用领域拓展，形成多种类的特种数据库服务系统。

XML 数据库即使用 XML 文件作为数据存储格式，支持对 XML 文档进行数据管理的数据库。XML 数据模型用树结构作为数据的组织形式，每个 XML 文件都是一棵有向树。随着处理 XML 的 SQL/XML 等查询语言被定义为标准，XML 数据库的应用越来越广泛。

数据仓库是一个面向主题的、集成的、稳定的、随时间不断变化的数据集合，它用于支持经营管理中的决策制定过程。联机分析处理使分析人员用不同的方式查看汇总数据。数据挖掘是从大量数据中提取隐含在其中的有用的信息和知识的过程。数据挖掘的应用包括对某种情况的预测和寻找事物之间的关联。

云数据库是在云计算环境中部署和虚拟化的数据库。云数据库具有高可扩展性、高可用性、采用多租形式和支持资源有效分发等特点。云数据库是数据库技术的未来发展方向。物联网数据库是在物联网环境下建立的综合服务性数据库，它由多种数据库、数据采集及接口组成。物联网数据库技术需要云计算和海计算的支持。

习题 10

1. 描述数据库技术发展的几个阶段，讨论你所知道的现代数据库。
2. 数据库技术发展的特点是什么？
3. 什么是 XML？说明 XML 数据库的概念及分类。
4. 试说明 XML DTD 和 XML 模式的区别。
5. XML 查询语言有哪几种？XML/SQL 定义了哪些功能？
6. 什么是数据仓库？试述数据仓库的结构和主要组成部分。
7. 什么是数据挖掘？多维数据如何表示和操作？
8. 数据挖掘的技术和方法有哪些？
9. 云数据库与物联网数据库的联系与区别是什么？
10. 讨论并归纳当前数据库的一些新技术、新方法。

附录 A　　主要数据库产品简介

常用的典型的数据库产品见表 A-1。

表 A-1　常用的数据库产品

产品名称	开发公司	数据库产品简介
Oracle	Oracle	Oracle 是商业界领先的 RDBMS。它可以在多种操作系统及硬件平台上运行。它可升级(扩充)且结构可靠,这便是许多用户选择此平台的原因,是世界上使用最广泛的大型关系型 DBMS。近期版本为 Oracle 12C
MS-SQL Server	Microsoft	是 Windows 平台上最为流行的中型关系型 DBMS,采用客户/服务器体系结构,图形化用户界面,支持 Web 技术,支持多种数据库文件的导入。是一个可扩展的、高性能的 DBMS。以其内置的数据复制功能、强大的管理工具、与 Internet 的紧密集成和开放的系统结构,提供了一个出众的数据库平台。近期版本是 SQL Server 2012 版
DB2	IBM	DB2 UDB(通用数据库)是为 UNIX、OS/2、Windows NT 提供的关系型数据库解决方案,能够在各种系统中运用,近期版本为 DB2 10.5
MySQL	MySQLAB	MySQL 是很流行的开放源码 DBMS,以性能卓越而著称。它可以在多种操作系统上运行,包括大多数 Linux 版本。为了提升性能,它的功能较大多数 DBMS 精简。近期版本为 MySQL 5.7
PostgreSQL	加州大学伯克利分校	PostgreSQL 是功能最多的开放源码数据库平台。以最佳 ANSI 标准支持、扎实的事务处理功能及丰富的数据类型及数据库对象支持来取胜。它除了具有完整的功能外,还可以在多种操作系统及硬件平台上运行。近期版本为 PostgreSQL 9.3 版

续表

产品名称	开发公司	数据库产品简介
Sybase	Sybase	是一个以"客户/服务器数据库体系结构"为开发目标的面向联机事务处理的大型关系型 DBMS。近期版本为 Sybase ASE 15.5
Access	Microsoft	基于 Windows 平台的桌面式的小型关系型 DBMS,单文件型数据库,是 Office 软件包的一个组成部分,有可视化开发环境。目前比较流行的开发工具都支持 Access 数据库。近期版本为 Access 2010
Visual FoxPro	Microsoft	基于 Windows 平台的兼备应用程序开发和数据库管理功能的小型关系型 DBMS,其数据库可以升迁为 Oracle 和 MS-SQL Server,可以开发桌面、客户/服务器体系结构和 Web 的数据库应用程序,新版支持 .NET 框架。近期版本为 VFP 9.0

附录 B 录像出租公司数据库设计案例

本部分讨论数据库设计过程中的一些技术问题。从某录像出租公司数据库设计的需求分析入手,逐步进行数据库结构特性的设计。并通过应用实例的需求分析和具体结构设计讲解数据库设计过程。

B.1 应用需求

用户应用的需求描述如下:

某全国连锁性的录像出租公司,随着公司的壮大,公司使用和产生的数据日益增大,管理变得非常困难。为确保公司的持续发展,公司主管强烈要求建立数据库应用系统以解决日益庞大的数据管理问题,并便于在各个连锁店之间进行信息和资源共享。

出租公司在全国的许多城市开设有连锁店。当有新员工加盟公司时,需要使用员工注册表格,员工注册表上的信息包括姓名、职务、工资、分公司编号、分公司地址(街道、城市、省份、邮政编码)、电话。

每个分公司都有一名经理和数名主管。经理负责日常操作,而主管则监督旗下员工。在分公司员工列表上包含有分公司编号、分公司地址、分公司电话以及所有员工的信息(编号、姓名、职务)。

每个分公司都有库存的录像以备出租。每盘录像用分类号码唯一标识。多数情况下,在一个分公司中,同一盘录像有多份副本,因此每份副本用录像号码来区分。在分公司可以出租的录像清单上包含有分公司编号、分公司地址、分公司电话以及所有可以出租的录像信息(分类号、录像号、片名、种类、日租费用)。

顾客在租录像之前,必须先成为公司的一名会员。顾客加入时要填写会员注册表格,会员注册表上的信息包括会员号、姓名、会员地址、注册日期、分公司编号、分公司地址、注册人。一个顾客可以在不同的分公司分别注册,但每次注册都要填写一张注册表格。在分公司会员清单上包含有分公司编号、分公司地址、分公司电话、以及所有会员的信息(会员号、姓名、地址、参加日期)。

会员注册后,可以自由租借录像,一次最多借 10 盘录像。当会员租借录像时,要填写录像租借表格,顾客租借表上包含有会员号、姓名、分公司编号、分公司地址以及顾客所借的所有录像信息(录像号、片名、日租费用、租出日期、归还日期、总租金)。

B.2 需求分析

B.2.1 确定任务与目标

为了确定录像出租公司数据库应用系统的任务与目标,应该首先和公司主管谈话,并和主管指定的人员会谈。通过调查,可以确定录像出租公司数据库应用的目标是:维护公司产生的数据,支持面向会员的录像出租业务,方便分公司之间的合作和信息共享。

为了获得明确的任务,应该与公司中不同角色的人员交谈。典型的问题有:"你做什么工作? 和什么数据打交道? 需要用哪些类型的数据? 公司提供哪些服务?"等。这些问题可以问公司的不同员工。当然,随着采访用户的不同,有必要调整问题。此外,还要与公司中主管、助理、监理等交谈。通过各种问题的调查,有助于开发人员形成明确的任务。交谈后,可确定录像出租公司数据库应用的任务如表 B-1 所示。

表 B-1 录像出租公司数据库应用的任务

任 务	内 容
维护(录入、修改、删除)	维护各个分公司、员工、录像、会员、录像出租业务、录像供应与订单等数据
实现查询	查询录像、录像租借、会员、录像供应商及订单
跟踪信息	跟踪库存录像状态、录像租借业务与订单信息
情况报告	报告各个分公司员工、录像、会员以及各录像租借、供应商、录像订单的情况

B.2.2 收集系统的详细信息

1. 确定系统边界与标识用户

需对收集到的数据进行分析,以便定义数据库应用的主要用户。有关各个用户的大部分数据是在和主管、经理、监理、助理和采购员面谈时收集到的。录像出租公司数据库应用的主要用户如表 B-2 所示。

表 B-2 录像出租公司数据库应用的主要用户

用户	需 求
主管	报告所有分公司的员工、录像、会员与所提供的录像情况
经理	维护(录入、修改、删除)给定分公司与员工的数据; 实现对所有分公司的员工的查询; 报告给定分公司的员工、录像、会员、录像租借情况
采购员	维护(录入、修改、删除)录像、录像供应商、录像订单数据; 实现对所有分公司的录像、录像供应商、录像订单的查询; 跟踪录像订单的状态,报告在所有分公司的录像、会员、录像供应商及录像订单
…	…

数据库原理与技术(Oracle 版)(第 3 版)

系统需求说明描述了在新的数据库应用中所要包含的各种特性,如网络需求、共享访问需求、效率需求及安全级别需求。在收集用户需求和整个系统需求的数据时,开发人员将会了解当前系统的运行方式,在新系统引进新的优良特性的同时还应该尽量保留原系统好的方面。

2. 收集用户的应用需求

为了找到每个用户更多的需求信息,可以采用面谈和跟班作业的方法,以了解用户所需要数据的情况。

例如,可以问一个分公司经理以下问题:

开发人员:在员工情况中,你要包含哪些类型的数据?

经理:在员工情况信息中需要包含姓名、职务、薪水。每个员工有员工号,在整个公司是唯一的。

开发人员:你要对员工信息做哪些操作?

经理:我要录入新员工的详细情况,删除离开公司的员工记录,随时修改员工信息,并列表打印分公司员工的姓名、职务、薪水。我需要分配监督人去照看员工们的工作,有时候我想与其他分公司联系,这时我需要查到其他分公司经理的名字。

可以针对数据库中要存储的所有数据问类似的问题,这些问题的回答有助于确定用户需求定义中的必要细节。

在和用户商讨用户需求的同时,还应该收集关于系统需求更一般的信息。可以问以下一些问题:

(1) 数据库中经常要进行什么操作?

(2) 什么操作对这种业务是非常关键的?

(3) 什么时候运行这些关键操作?

(4) 对于这些关键操作,它们运行的高峰期、正常期和低谷期各是什么?

(5) 数据库应用需要哪种类型的安全机制?

(6) 是否存在只能由某些成员使用的敏感数据?

(7) 要保存哪些历史数据?

(8) 对数据库应用的网络和共享访问有哪些需求?

(9) 你们需要哪种类型的操作失败保护和数据丢失的保护?

可以针对系统的各个方面问一些类似的问题,这些问题的回答有助于确定系统需求定义中的必要细节。

B.2.3 分析用户与数据关系

对于有多个用户的数据库应用来说,可以采用集中式或视图综合方法来管理。一种有效的方法是列出所有用户所使用的主要数据类型,如表 B-3 所示。

表 B-3 用户与所使用数据间的关系

使用数据 用户	供应商	录像订单	录像	分公司	员工	租借	会员
主管	√	√	√	√	√	√	√
经理			√	√	√	√	√
监理			√	√	√	√	√
助理			√		√	√	√
采购员	√	√	√	√		√	

从表 B-3 中可以看出,所有用户之间都有数据重叠。然而,主管和采购员视图对附加数据的需求(供应商和录像订单)和其他视图是不同的。基于这个分析,可以使用集中式方法,首先把主管视图和采购员视图的需求合并起来(命名为业务视图),把经理、监理和助理视图的需求合并起来(命名为分公司视图),再开发代表业务视图和分公司视图的数据模型,再使用视图综合的方法合并这两个数据模型。

B.2.4 确定分公司的用户需求

各分公司的用户需求分两个部分列出。首先是数据需求,需描述分公司视图使用的数据;其次是操作需求,应提供分公司在数据上执行的操作。

1. 数据需求

(1) 录像出租公司的一个分公司的数据包括分公司地址(由街道、城市、省份、邮政编码组成)、电话(最多 3 行)。每个分公司有个名称,在公司是唯一的。

(2) 录像出租公司的每个分公司都有若干员工,包括一名经理、一到多名监理和一些其他员工。经理负责分公司的日常运营,监理负责监督员工,员工数据包括姓名、职务、薪水。每位员工有员工号码,在全公司是唯一的。

(3) 每个分公司有录像库存。录像数据包括分类号、录像号、片名、种类、日租费用、购买价格、状态、主要演员名字、导演。分类号唯一地表示一盘录像。通常一个分公司有一盘录像的多份拷贝,每个副本由录像号唯一地表示。录像的种类有动作、成人、儿童、恐怖、科幻。状态指出一盘录像的某份副本是否可以出租。

(4) 在分公司租借录像之前,顾客必须首先注册成为当地分公司的一名会员,会员信息包括姓名、地址、注册日期。每个会员有会员号,会员号对所有分公司是唯一的,而且可以在多个分公司使用同一会员号注册。负责注册该会员的员工姓名也要加上。

(5) 注册后,会员可以租借录像,一次最多租借 10 部。租借业务数据包括租借号、会员姓名、会员号、录像号、片名、每日费用、租出日期、归还日期。租借号在整个公司是唯一的。

2. 操作需求

(1) 数据录入。需要录入:新分公司的详细情况;某分公司新员工的情况;新发行的录像的情况;某分公司某部录像拷贝的情况;某分公司新会员的情况;租借协议的情况;数据修改/删除;分公司信息;某分公司员工信息;给定录像的信息;给定录像的某份拷贝的信息;给定会员的信息;某会员租借某部录像的信息等。

(2) 数据查询：

① 列出给定城市的分公司情况。

② 按照员工的名字顺序列出指定分公司的员工姓名、职务、薪水。

③ 列出每个分公司可能的租金收入，按照分公司号排序。

④ 按照分公司号顺序列出每个分公司的经理名称。

⑤ 分类列出某分公司的录像名称、种类和可租借情况。

⑥ 按片名顺序列出某分公司指定演员的录像名称、种类和是否可租借。

⑦ 列出某个会员租借的全部录像的详细情况。

⑧ 列出某个分公司指定录像的备份情况。

⑨ 列出指定种类的所有录像名称，按片名排序。

⑩ 列出每个分公司每种录像的数量，按照分公司号排序。

⑪ 列出所有分公司的录像价值。

⑫ 列出每个演员的录像数量，按照演员名字排序。

⑬ 列出每个分公司在某年注册的会员数量，按照分公司号排序。

B.2.5 确定系统需求

在系统需求中应描述的内容：初始数据库大小、数据库增长速度、记录查找的类型和平均数量、网络和数据共享要求、性能、安全性、备份和恢复、法律问题。

1. 初始数据库大小

(1) 全公司有 20000 盘录像，400000 盘录像备份可供出租。每个分公司平均有 4000 盘录像，最多有 10000 盘录像副本供出租。

(2) 大约 2000 名员工在各分公司工作。每个分公司平均有 15 名员工，最多有 25 名。

(3) 大约有 100000 名会员在各个分公司注册。每个分公司平均有 1000 名会员，最多有 1500 名会员。

(4) 大约有 1000 名导演和 30000 名主要演员出演的 60000 个角色。

(5) 大约有 50 个录像供应商和 1000 盘录像订单。

2. 数据库增长速度

(1) 每月大约有 100 部新片，每盘录像有 20 份副本加到数据库中。

(2) 一旦某盘录像的一份副本不能再租借出去(如画面质量差、丢失、被盗)，则相应的记录从数据库中删除。每月大约有 100 个这样的记录。

(3) 每月会有 20 名员工加入或离开。离开公司一年的员工记录从数据库中删除。每月大约删除 20 条员工记录。

(4) 每月大约有 1000 名新会员注册。如果一个会员两年没有租借任何录像，将删除该会员记录。每月大约有 100 条会员记录被删除。

(5) 每天各分公司共有 5000 条新的录像出租记录，该记录在创建两年后被删除。

(6) 每个星期大约有 50 份新的录像订单。订单记录在创建两年后被删除。

3. 记录查找的类型和平均数量

(1) 查询分公司的详细情况，大约每天 10 次。

　　(2) 查询一个分公司的员工详细情况,大约每天 20 次。

　　(3) 查询指定录像的情况,每天约 5000 次(周日到周四),10000 次(周五和周六)。每天下午的 6 点到 9 点是高峰时期。

　　(4) 查询某盘录像的某份拷贝的情况,每天约 10000 次(周日到周四),20000 次(周五和周六)。每天上午的 6 点到 9 点是高峰时期。

　　(5) 查询指定会员的详细情况,每天大约 100 次。

　　(6) 查询会员租借录像的详细情况,每天约 10000 次(周日到周四),20000 次(周五和周六)。每天下午的 6 点到 9 点是高峰时期。

4．网络和共享访问需求

　　(1) 所有分公司都必须安全地和总公司的中央数据库实现网络互联。

　　(2) 系统必须能支持每个分公司的 5 人同时访问,并考虑大量同时访问的需求。

5．性能

在上班时间但不是高峰期的时候要求:

　　(1) 单个记录的搜索时间少于 1s,在高峰期少于 5s。

　　(2) 多条记录的搜索时间少于 5s,在高峰期少于 10s。

　　(3) 修改/删除记录的时间不少于 1s,在高峰期少于 5s。

6．安全性

　　(1) 数据库必须有多级(口令、授权、视图等)保护。

　　(2) 每个员工应该分配一个特定用户的数据库访问权限,主要是主管、经理、监理、助理和采购员。

　　(3) 员工只能在他们自己的工作窗口中看到需要的数据。

7．备份、恢复与法律问题

数据库必须在半夜 12 点备份。必须遵守国家关于管理个人数据的计算机存储方式的法律,同时调查并实现公司关于录像出租数据库应用所要遵守的法律。

B.3　概念结构设计

B.3.1　建立局部概念结构

1．确定局部结构范围

通过需求收集与分析,可以为录像出租公司数据库应用定义以下两个局部视图:

分公司视图:由经理、监理、助理用户组成。

业务视图:由主管和采购员视图组成。

2．设计局部概念结构

　　(1) 标识实体。构建局部概念结构的第一步就是标识在数据库中必须描述的实体。标识实体的一种方法是仔细研究用户需求说明,从说明中,可以定义提到的名词或名词短语,还应该查找主要对象,如人物、地点或利润,排除那些只表示其他对象特征的名词,例如,可以把员工号、员工名组成实体“员工”,分类号、名称、日租金、购买价格等组成实体“录像”;

标识实体的另一种方法是查找那些有存在必要的对象。由以上的数据需求和操作需求,可以得到分公司视图实体表如表 B-4 所示。

(2) 标识联系。

① 标识联系及确定联系的类型。标识实体之间的联系时,可以在用户的需求说明中寻找动词或动词短语,如分公司有员工、分公司被分派了出租录像、出租录像是出租协议的一部分等。由以上的数据需求和操作需求,可得分公司视图的实体间联系与其类型如表 B-5 所示。

表 B-4　分公司视图的实体表

英文名称	中文名称	英文名称	中文名称
branch	分公司	member	会员
staff	员工	rental agree	出租协议
video	录像	actor	演员
video forrent	出租录像	director	导演

表 B-5　分公司视图的实体间联系与其类型表

实体	联系	实体	联系类型
分公司	有	员工	$1:m$
	被分派	出租录像	$1:m$
分公司,员工	登记	会员	$1:m$
员工	管理	分公司	$1:1$
	监督	员工	$1:m$
录像	是	出租录像	$1:m$
出租录像	是一部分	出租协议	$1:m$
会员	需求	出租协议	$1:m$
演员	出演	录像	$m:n$
导演	导演	录像	$1:m$

② 标识实体和联系的属性。根据需求说明和 E-R 图得到实体的属性,如表 B-6 所示。

对于描述会员在分公司登记的日期的属性 datejoined 很难与会员实体或分公司实体相关联,因为一个会员可以在多个分公司登记。事实上,这个属性不能与以上任何一个实体相联,它应该与会员、分公司和员工之间的三元联系"登记"相联。

表 B-6　实体的属性

实体	属性
分公司	分公司号(branchno)、地址(address)(复合:街道(street)、城市(city)、省份(province)、邮政编码(zipcode))、电话号码(多值,telno)
员工	员工号(staffno)、姓名(name)、职务(position)、工资(salary)
录像	分类号(catalogno)、名称(title)、种类(category)、日租金(dailyrental)、价格(price)
导演	导演姓名(directorname)

续表

实体	属 性
演员	演员姓名(actorname)
会员	会员号(memberno)、姓名(name)、地址(address)
出租协议	出租号(rentalno)、出租日期(dateout)、归还日期(datereturn)
出租录像	录像号(videno)、可否出租(available)

同样,描述演员在录像中的角色名称的属性 character 应与演员与录像之间的多对多联系"出演"相联。联系的属性如表 B-7 所示。

表 B-7 联系的属性

联系	属性	联系	属性
登记	登记日期(datejoined)	出演	角色名称(character)

③ 使用实体—联系(E-R)方法建模。根据以上标识的实体和它们之间的联系得到如图 B-1 所示的分公司局部 E-R 图。

同理,可得到业务视图的局部 E-R 图,如图 B-2 所示。

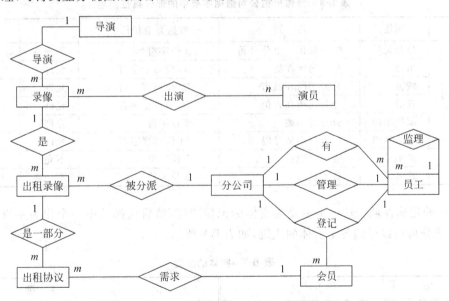

图 B-1 分公司视图局部 E-R 图

④ 属性存档。在标识属性时,应为它们取有意义且直观的名字,然后为每个属性记录以下信息:属性名称和描述、类型和长度;属性的默认值、别名或同义词;属性可否为空、是否为多值;属性是否为复合,若是,则组成复合属性的简单属性是什么;属性是否派生,若是,则应该怎样计算。表 B-8 显示了录像出租公司数据库应用数据字典中部分属性的文档。

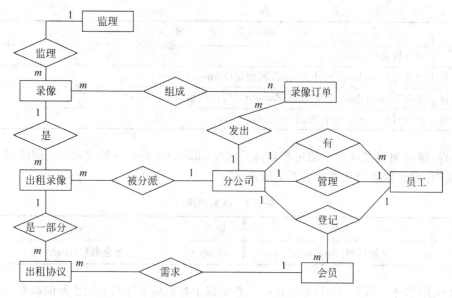

图 B-2　业务视图局部 E-R 图

表 B-8　录像出租公司数据字典中的部分属性描述

实体	属性	描　述	数据类型和长度	空	多值
分公司	分公司号	唯一标识一个分公司	4 位字符型	不允许	否
	街道	分公司所在街	30 位可变字符	允许	否
	城市	分公司所在城市	20 位可变字符	允许	否
	省份	分公司所在省份	10 位可变字符	允许	否
	邮政编码	分公司邮编	6 位字符	允许	否
	电话号码	分公司电话号码	11 位可变字符	允许	是
员工	员工号	唯一标识员工	5 位字符	不允许	否
	姓名	员工姓名	8 位字符	不允许	否

（3）确定属性域。这一步主要为实体标识候选键,然后选择其中一个作为主键。通过以上需求分析可以得到各个实体的主键,如表 B-9 所示。

表 B-9　实体的主键

实　体	主　键	实　体	主　键
分公司	分公司号(branchno)	演员	演员号(actorno)
员工	员工号(staffno)	会员	会员号(memberno)
录像	分类号(xatalogno)	出租协议	出租号(rentalno)
导演	导演号(directorno)	出租录像	录像号(videno)

B.3.2　建立全局概念结构

可以采用二元合并法将多个局部 E-R 图合并为一个全局 E-R 图。为了合并模型,可以使用已有的内容来标识模型间的相似和不同之处,并注意解决局部模型间存在的各种冲突。合并后的全局 E-R 图如图 B-3 所示。

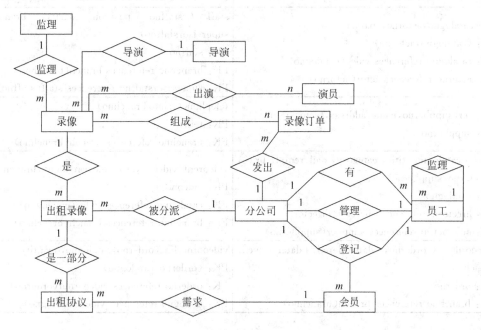

图 B-3 合并后的全局 E-R 图

B.4 逻辑结构设计

这里采用关系数据库的逻辑结构的设计方法。

1. 将 E-R 图转换为关系模式

利用转换规则,得到转换结果如表 B-10 所示。其中,PK 代表主键,FK 代表外键。

表 B-10 由 E-R 图转换得到的表结构

出租录像相关情况	分公司相关情况
actor(actorno,actorname) PK:actorno	branch (branchno, street, city, province, zipcode, mgrstaffno) PK:branchno FK:mgrstaffno references staff(staffno)
director(directorno,directorname) PK:directorno	member(memberno,name,address) PK:memberno
registration (branchno, memberno, staffno, datejoined) PK:(branchno,memberno) FK:branchno references branch(branchno) FK:memberno references member(memberno) FK:staffno references staff(staffno)	rentalagree (rentalno, dateout, datereturn, memberno,videno) PK:rentalno FK:memberno references member(memberno) FK:videno references vide(videno)

续表

出租录像相关情况	分公司相关情况
role(catalogno,actorno,character) PK：(catalogno,actorno) FK：catalogno references video(catalogno) FK：actorno references actor(actorno)	staff（staffno，position，salary，branchno，supervisorstaffno) PK：staffno FK：branchno references branch(branchno) FK：supervisorstaffno references staff(staffno)
supplier(supplierno,name,address,telno,status) PK：supplierno	telephone(telno,branchno) PK：telno FK：branchno references branch(branchno)
video（catalogno，title，category，dailyrental，price，directorno,supplierno) PK：catalogno FK：directornoreferences director(directorno) FK：supplierno references supplier(supplierno)	videorent(videono,available,catalogno,branchno) PK：videono FK：catalogno references video(catalogno) FK：branchno references branch(branchno)
videoorder（orderno，dateordered，datereceived，branchno) PK：orderno FK：branchno references branch(branchno)	videoorderline(orderno,catalogno,quantity) PK：(orderno,catalogno) FK：orderno references videoorder(orderno) FK：atalogno references video(catalogno)

2．用关系规范化理论检查表

在这一步中，要确保上一步所建每个表至少是第 3 范式（3NF）的。如果所标识的表不是第 3 范式的，可能表明 E-R 图的某部分是错误的，或转换时产生了错误。如果必要的话，可能需要重新构造概念结构或者表。结果表明，所创建的表满足第 3 范式。

3．检查表是否支持操作

在这个步骤中，要检查从实体到表和联系到表的映射是否正确完成，以及所创建的表能否支持前面所列出的各种操作。

检查表是否支持操作的一种方法是检查是否支持操作的数据需求，以确保数据在一个或多个表中存在。同时，如果操作所需求的数据在多个表中，则应该检查这些表是否能够通过主键/外键机制连接起来。

B.5 物理结构设计

1．分析操作

要进行有效的物理数据库设计，必须很好地理解数据库中的操作。为了能较清楚地标识出要研究的那些操作，可以使用操作/表交叉引用矩阵，如表 B-11 所示，它显示了每个操作访问的表，还可以在矩阵的每个小格中，写出在一定时间间隔（如每小时、每天、每周）内访问的数量。表中的操作分别代表：

（1）输入在一指定分公司登记的新会员的详细信息。

（2）修改/删除指定会员的详细信息。

（3）根据种类排序，列出指定分公司中的所有录像的名称、种类和可用性。

（4）根据名称排序,列出分公司中指定演员姓名的录像名称、种类和可用性。

（5）列出指定会员当前出租的所有录像的详细信息。

表 B-11　操作/表交叉引用矩阵（）

操作 表	(1)				(2)				(3)				(4)				(5)				(6)			
	I	R	U	D	I	R	U	D	I	R	U	D	I	R	U	D	I	R	U	D	I	R	U	D
branch																								
staff		×																						
video										×				×				×				×		
videorent										×				×								×		
rentalagree																						×		
member	×								×	×	×													
registration	×																							
actor														×										
role														×										
director																		×						

注：I＝插入；R＝读取；U＝修改；D＝删除。

在考虑每个操作时,不仅要知道每小时运行的平均次数和最大次数,而且还应该知道操作运行的日期和时间,包括最大负荷可能发生的时间。若操作需要经常访问某些表,那么这些操作以独立的方式进行操作,会减少许多系统性能问题。

2．数据应用分析

在标识了重要操作以后,在这一步应该开始更详细的分析每个操作。对每个操作而言,应该确定：

（1）该操作访问的表和列及访问（插入、修改、删除、查询）的类型。

（2）在查询条件中使用的列。检查条件是否有范围查找、准确匹配的键查询。

（3）查询中包含在两个或多个表中用于连接的列。

（4）查询中用于排序、分组的列。

（5）操作运行的预期频率。

（6）操作的性能目标。

3．选择索引

为了提高各种查询的性能和操作执行的效率,必须建立一些索引。对于小表,因为数据可一次调到内存进行处理,故不需要额外的索引。根据 B.2.4 小节中分析的录像出租公司数据库应用中数据查询的操作需求,可建立如表 B-12 所示的索引。

表 B-12　录像出租公司数据库应用建立的索引

表	列	事务（数据查询）	建立索引原因
branch	city	①	查询条件
staff	name	②	排序

续表

表	列	事务（数据查询）	建立索引原因
video		④	排序
	category	⑨	查询条件
		⑩	分组
	title	⑤、⑥、⑨	排序
		⑧	查询条件
actor	actorname	⑤	查询条件
		⑫	分组、排序
director	directorname	⑥	查询条件
member	name	⑦	查询条件
rentalagree	datareturn	⑦	查询条件
registration	datejoined	⑬	查询条件

4. 冗余的考虑

关系的规范化可以减少数据冗余，避免数据操作异常，但并不是规范化程度越高越好，因为数据冗余的减少，往往会降低系统的查询效率。所以，如果系统性能达不到要求，并且表的更新频率较低，查询频率较高，则可考虑降低某些表的规范化程度。

（1）派生数据的考虑。

一个列的值可以由其他列的值得到的列叫做派生列或者计算列。从物理设计的观点来看，一个派生列是存储在数据库中还是每次在需要的时候进行计算，它的代价是不一样的。为了确定，应该计算：

① 存储派生数据以及与派生它的数据操作保持一致的额外开销。

② 每次在需要时进行计算的开销。

在此基础上，应该选择较小开销的方式实现。例如，可以在 member 表中增加一个额外的列 noofrentals 存储每个成员当前租借的数量。具有新的派生列的 member 表结构为：member(memberno, name, address)。

如果 noofrentals 列不直接存储在 member 表中，则每当需要这个值时就必须进行统计，这包括 member 表和 rentalagree 表的连接。如果经常进行这类查询或者对于性能的考虑是很关键的时候，那么保存派生列要比每次计算它要好得多。

（2）规范化程度的考虑。

例如，考虑 branch 表的定义：

```
branch(branchno, street, city, province, zipcode, mgrstaffno)
```

严格地说，该表并不满足 3NF，因为 zipcode 函数决定了 city 和 province。换句话说，如果知道了邮政编码，那么也就可以知道省和城市。因此，规范化该表，把该表一分为二是必要的，如下所示：

```
branch(branchno, street, zipcode, mgrstaffno)
zip (zipcode, city, province)
```

但人们不会希望访问分公司地址时没有省和城市。这就意味着当想得到完全的地址时,将不得不执行连接。所以,通常实现原始的 Branch 表并且满足 2NF。

5. 设计访问规则

关系 DBMS 通常提供两种类型的数据库安全,即系统安全和数据库安全。

系统安全包括系统级的数据库访问和使用,如用户名和口令。数据安全包括数据库对象的访问和使用权限以及用户在这些对象上可执行的操作。具体设计与选择的 DBMS 相关功能与提供的支持有关。

参 考 文 献

[1] (美)Abraham Silberschatz,Henry F. Korth,S. Sudarshan. 数据库系统概念(原书第 6 版). 杨冬青,李红燕,唐世渭译. 北京:机械工业出版社,2012.

[2] Michael Kifer,Arthur Bernstein, Philip M. Lewis. 数据库系统面向应用的方法(第 2 版). 陈立军,赵加奎译. 北京:人民邮电出版社,2006.

[3] [美] Jeffrey A. Hoffer. 现代数据库管理(第 7 版). 袁方译. 北京:电子工业出版社,2006.

[4] Date C J. 数据库系统导论(第 8 版). 孟晓峰,王珊,姜芳苊译. 北京:机械工业出版社,2007.

[5] Really(加) Peter Gulutzan Trudy Pelzer. SQL3 参考大全 (SQL-99 Complete). 齐舒创作室译. 北京:机械工业出版社,2000.

[6] Thomas Connolly. 数据库系统设计、实现与管理(英文第 3 版). 北京:电子工业出版社 2003.

[7] 王珊,萨师煊. 数据库系统概论(第 4 版). 北京:高等教育出版社,2006.

[8] 尹为民,李石君,曾慧,刘斌. 现代数据库系统及应用教程. 武汉:武汉大学出版社,2005.

[9] 尹为民,宋伟,曾慧,吴迪倩. 数据库技术与应用实验教程. 北京:清华大学出版社,2013.

[10] 黄玮. Oracle 高性能 SQL 引擎剖析:SQL 优化与调优机制详解. 北京:机械工业出版社,2013.

[11] 刘炳林. 构建最高可用 Oracle 数据库系统:Oracle 11g R2 RAC 管理、维护与性能优化. 北京:机械工业出版社,2012.

[12] Jai Krishna, Narendra M. Thumbhekodige. Oracle J2EE 应用开发. 周悦芝译. 北京:清华大学出版社,2005.

[13] 谭建豪. 数据挖掘技术. 北京:中国水利水电出版社,2009.

[14] 教育部高等学校计算机科学与技术教学指导委员会. 高等学校计算机科学与技术专业公共核心知识体系与课程. 北京:清华大学出版社,2008.

[15] 林子雨,赖永炫,林琛,谢怡,邹权. 云数据库研究[J]. 软件学报,2012,23(5):1148-1166.

[16] 程莹,张云勇,房秉毅,徐雷. 云计算时代的数据库研究[J]. 电信技术,2011(1):27-28.

[17] 林信川. 物联网环境下数据库管理系统的挑战[J]. 软件导刊,2011(12):160-162.

[18] 吴功宜. 智慧的物联网:感知中国和世界的技术[M]. 北京:机械工业出版社,2010.